中国地质大学(武汉)“211工程”重点教材建设项目
国　家　理　科　基　地　基　金　项　目
湖北省“周口店实践教学基地野外地学实验室开放建设及辐射功能研究(重点项目,99075)”
联合资助

高等学校教材

周口店地质及野外地质工作方法与高新技术应用

主　编：赵温霞

编　委：赵温霞　李方林　周汉文　张雄华

中国地质大学出版社

内 容 简 介

本书集多年来的教学、科研和生产成果，对具有板内造山演化特征的周口店及其邻区之地层、侵入岩、变质岩、区域构造和资源概况等进行了综述；对常规野外地质工作方法和数字化国土资源调查的操作应用系统作了详尽介绍；在优化精选若干经典地质路线、区段用于野外教学的同时，对教学内容、教学方法、教学程序等野外实践教学体系也给予总结和说明。为方便野外工作，尚附有典型岩石描述实例、常见矿物鉴定表、常用图例等。

本书不仅适用于地质类本科生、研究生实践教学，其板内造山研究思路以及若干常规野外工作方法和高新技术应用均具普适性，亦可供地质教学、科研和生产人员参考。

图书在版编目（CIP）数据

周口店地质及野外地质工作方法与高新技术应用，赵温霞主编．—武汉：中国地质大学出版社，2003.8(2019.7 重印)

ISBN 978-7-5625-1770-2

Ⅰ．周…
Ⅱ．赵…
Ⅲ．周口店（考古地名）-区域地质-研究
Ⅳ．P562.13

中国版本图书馆 CIP 数据核字（2008）第 113551 号

周口店地质及野外地质工作方法与高新技术应用　　赵温霞　主编

责任编辑：赵来时　高勇群　　技术编辑：阮一飞　　责任校对：胡义珍

出版发行：中国地质大学出版社（武汉市洪山区鲁磨路 388 号）　　邮编：430074
电话：(027) 67883511　　传真：67883580　　E-mail：cbo @ cug. edu. cn
经　销：全国新华书店

开本：787 毫米×1092 毫米　1/16　　字数：410 千字　印张：15.875
版次：2003 年 8 月第 1 版　　印次：2019 年 7 月第 7 次印刷
印刷：荆州市鸿盛印务有限公司　　印数：8551—9150 册

ISBN 978-7-5625-1770-2　　定价：28.00 元

如有印装质量问题请与印刷厂联系调换

序

周口店北京人遗址是研究古人类演化、全球古气候变迁和古中华文明的圣地，是著名的世界文化遗产之一。周口店及其邻区不大范围内地学研究、教学资源亦十分丰富且独具特色：从太古宙到新生代漫长地史演化过程中，形成并保留较为完整的地质记录成为我国基础地质研究的宝库；该区是古老且相对稳定的华北陆块在后期（尤其是中生代以来）又被改造活化的地质单元，现已被视为探讨板内造山机制等方面的经典区段；更值称道的是，独特的大地构造属性所铸就的类型齐全、典型直观的诸多地质遗迹，它们既不像标准造山带那样复杂，又不像稳定陆块那样简单而构成难易适中的野外地学教育资源，加之区位优势和便利的交通条件，为我们提供了一个难得的野外实践教学场所。

包括周口店在内的北京西山地区地学调查与研究始于1867年，我国最早的地质专修班在此进行野外实习（1914年）和中国地质大学正式创建野外实践教学基地（1954年）已分别渡过了九十与五十个春秋。在这漫长艰苦创业岁月里，作为我国地质调查研究与人才培养的发源地，曾开创了国人野外地质填图之先河并自测完成了第一幅详细地质图（1916—1918），出版了第一部区域地质专著（1920）。业已问世的数百篇（部）精辟论著不乏真知灼见，其中许多为师生共同所完成。地质专修班初创人章鸿钊、翁文灏先生在《地质研究所师弟修业记》（1916）文中述及“殆无日不携粮负笈奔驰于崎岖山谷之间”；该班优秀实习生叶良辅曾在《老师作育的成功》（1947）文中忆及“就学术成绩言，这班人是调查本国地质矿产的先锋队；带了极简单的设备，遍地满山跑，真是筚路蓝缕，以启山林”。其后裴文中院士也曾讲过周口店“是很好的训练人才的地方”。可以看出，早期从事周口店实践教学的师生野外实际工作能力以及不怕艰苦、脚踏实地的优良传统成为后人沿袭的楷模。

中国地质大学正式在周口店创建野外实践教学基地的50年历程中，为培养出数十名中国科学院院士及党和国家领导人、数百名资深地质学家和教育家、数以万计地学人才发挥了举足轻重的作用，该基地堪称为地球科学家的摇篮。中国地质大学的师生为基地的教学建设、科学研究付出了几代人的艰辛劳动，成就斐然，这些在该书有关章节中编者已有详尽介绍，故不再赘述。

《周口店地质及野外地质工作方法与高新技术应用》是编者在学习总结前人成果和多年从事周口店实践教学及地质研究基础上完成的。编者依据地球科学发展的新理论、新方法和现代新型地学人才的培养模式，用板内造山的新思路对周口店及其邻区地质特征进行了综述；在野外工作方法部分，将常规方法与高新技术应用并举，对野外地质信息采集、分析、处理等数字化操作系统均进行了详尽介绍；以培养学生动手能力、创新意识、艰苦奋斗、求实进取为宗旨而设计或采用的教学路线、教学内容、教学方法等实践教学体系也颇有新意。

本书是中国地质大学周口店实践教学基地建设的重要组成部分，也是实践教学改革的结晶。它的出版将在新世纪地球科学人才培养方面发挥积极的作用。虽然本书很有特色，但是对周口店这样一个地学研究-教育历史之久、成果之丰、人才辈出的基地而言，仍需在今后的实践中不断探索、研究和总结，以使周口店实践教学的传统、优势和特色得以持续发扬和光大。

本书出版之际正值中国地质大学周口店实践教学基地创建50周年，特向地质院校师生和广大地质工作者推荐此书，并对辛勤劳动的编者致以衷心感谢。

姚书振

二〇〇三年六月

前　言

周口店及其邻区得天独厚、势得天成。她不仅因其为“北京猿人遗址”（“北京猿人”在不同文献中曾被称为“中国猿人”、“中国猿人北京种”、“北京人”等）而闻名于世，且具有丰富的科学研究和地学教育资源。该区地学研究史已逾百年，研究历史之久、涉面之广、程度之深、成果之丰在国内实属罕见。野外地学教育史亦近百年，早在 1914 年作为我国第一个地质启蒙野外实践训练场所以及中国地质大学（原北京地质学院）1954 年正式创建野外实习基地以来，长期接纳 10 余所大专院校师生进行野外地质实习；许多科研、生产单位在此培养学员和干部；一些外国地质代表团、留学生亦来基地观摩访问或参与实践教学活动。因此，这里被誉为地质工程师和地球科学家的摇篮。

在实践教学过程中，我校教员曾为基地教学建设与研究及地学教育资源开发付出了几代人的艰辛劳动，陆续编写了数种版本的教学实习指导书和数条国际参观路线指南，这些成果极大丰富了实习基地的教学内容。但是，在面向 21 世纪的进程中，为培养新型地学人才和推动“数字国土工程”实施，必须通过理论和实际相结合的实践教学活动，使学生在系统掌握常规野外地质调查和研究所具备的基本知识、基本方法和基本技能的同时，也应对现代地球科学技术发展的新思想、新理论、新方法和新技术有所了解和训练。鉴于此，本教材的特色体现在三个方面：其一，对周口店及其邻区区域地质概况及最新研究成果进行了介绍，其目的是将该区作为一个地质载体，在对岩石、地层、构造等各单科内容学习了解的基础上进行综合分析以探讨其发展演化规律，从而达到为解剖某一地质单元而必须具备的、全面的地质思维能力；其二，对常规野外地质调查和利用现代高新地质技术进行野外工作的程序和方法介绍的同时，附有若干经典地质路线和独立实践区，以训练学生野外地质信息采集、处理和分析能力，为现代复合型人才的培养和储备奠定基础；其三，提供若干典型地质观察研究点（区段），以培养学生科研意识和创新能力。

本教材是以教学-科研立项的形式（国土资源部矿产资源定量预测及勘查评价开放研究实验室研究基金项目（MGMR2001-17）、中国地质大学（武汉）教学研究项目（9631）等）且在前人诸多教学、科研成果基础上集体完成的（由于篇幅所限未能一一列出部分项目名称、参考文献和内部文献，望能谅解并表示歉意和谢意）。本教材由赵温霞担任主编，编写分工如下：前言、绪论、第四章、第八章、第九章、第十一章、第十二章、第十三章，赵温霞；第五章、第十章，李方林；第二章、第三章，周汉文、赵温霞；第七章，周汉文；第一章、第六章，张雄华；附件一，周汉文、赵温霞；附件二，李方林、赵温霞；附件三，邢作云、赵温霞；区域地质图件，赵温霞、李方林；全书最终由赵温霞统稿。

在本书编写过程中，校领导姚书振、赵克让、张汉凯、邢相勤教授，教务处处长欧阳建平教授、副处长杨伦教授，人事处处长杨力行教授，地球科学学院院长杜远生和副院长杨坤光教授，地球表层系统学科群冯庆来教授，资源学院副院长吕新彪和姚光庆教授，科技处处长马昌前教授，区调所张克信、章泽军教授，工程学院副院长陆愈实教授，构造教研室主任侯光久教授，教研与教材科尹民科长和实践教学科李鹏翔科长等领导均给以热情关心和支持。其中姚书振教授对教材的编写思路提出了许多指导性建议；欧阳建平和杜远生教授在积极促成本书编写出版过程中，分别认真地审阅了编写提纲和部分初稿并提出了修改建议和方案；杨巍然、陈北岳教授和廖群安副教授精心地主审、统审了全书原稿和样稿，提出许多宝贵建议和意见；这些在定稿时均作了妥善处理。同时还有谭应佳、叶俊林、杨巍然、曾广策、索书田、李昌年、樊光明、边秋娟、郭铁鹰、胡以铿、王方正、宋鸿林、梁定益、何海之、葛梦春、田明中、陈北岳、金振民、张吉顺、曾克峰、朱志澄、吴冲龙、曲梅兰、杨逢清、薛重生、秦松贤、鲍征宇、邬金华、张旺生、童金南、刘东健、刘刚、汪新庆、李伟忠、蒋敬业、陈四清、谢树成、赖旭龙、龚一鸣、张志、郑建平、王华、胡光道、王学平、张瑞生、方世明、张夏林、廖群安、张志坚、卢杰、陈源、王根厚、颜丹平等关心本书编写出版并参与基地教学建设的前辈和同仁以及长期赴周口店进行实践教学活动的北京大学、中国科技大学、石油大学、焦作工学院、河北农业大学、内蒙古工程学校等兄弟院校带班老师均给笔者极大帮助、指导和鼓励，无私提供了诸多研究成果和资料，在此一并表示真诚谢意。

尽管我们在周口店地区进行野外研究和参与实践教学多年，但仍感到完成此项严肃任务之水平有限，不足甚或错误之处恳望批评指正。

本书编写出版之际，恰逢基地创建五十周年，谨将此书做为贺庆的一份献礼。

编者

2003 年 8 月

目　　录

绪　论

一、周口店实习区交通位置及自然经济地理概况

周口店实习区位于北京市西南约50km，中国地质大学实习基地设在周口店镇内，是举世闻名的“北京猿人遗址”所在地，行政区划属北京市房山区管辖。京原铁路斜贯实习区域，沿线良各庄、孤山口、十渡各站均布有教学观察点；京广铁路的琉璃河站则有工矿支线与周口店相连。公路交通主要有莲花池—张坊、天桥—房山等干线与北京市相通；周口店到各实习场所均有乡村级公路通行，故交通十分便利（图0-1）。

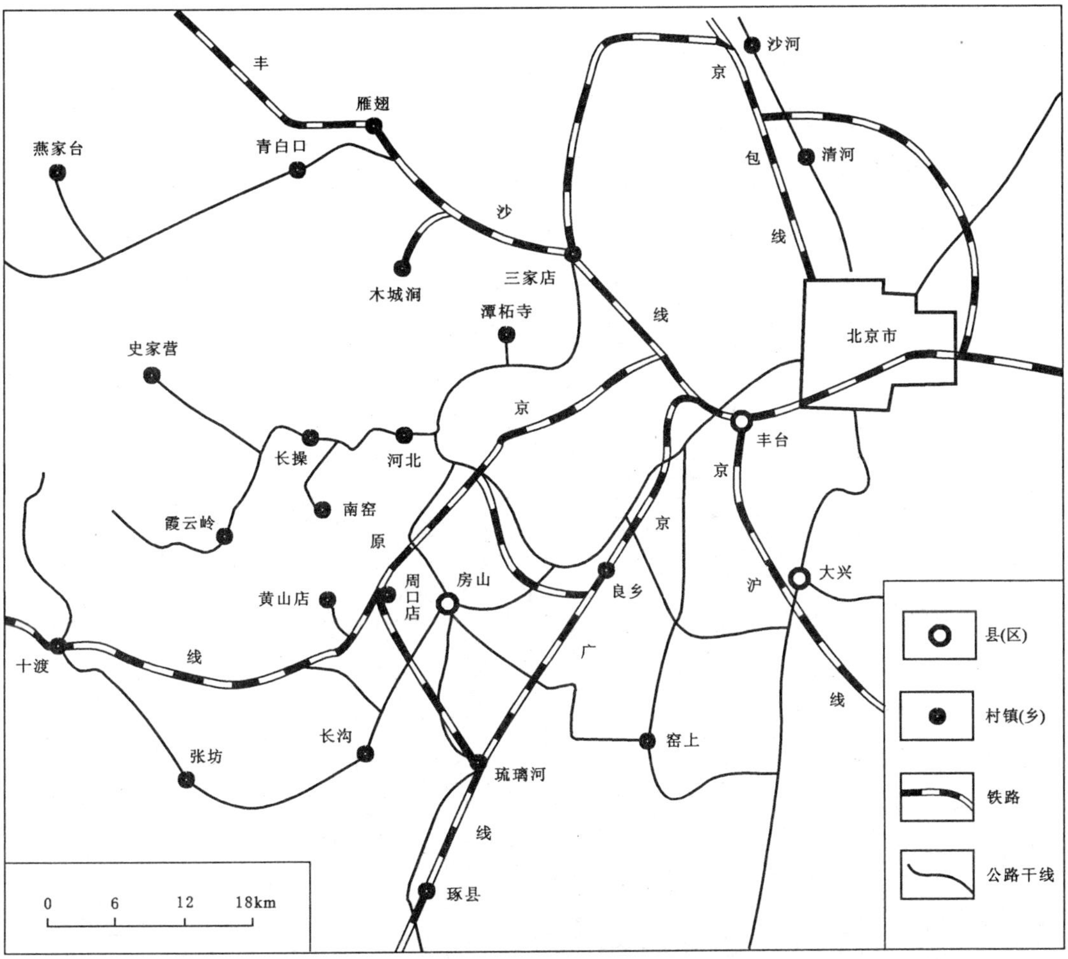

图0-1　周口店实习基地交通位置图

（据五万分之一周口店幅区调报告，1988，中国地质大学周口店实习队：赵温霞、李方林修编，2002）

实习区基础教学路线和独立实践区集中分布在房山以西、黄山店—孤山口以东的周口店镇附近，少数区域地质参观路线可北延门头沟，西至十渡等处（图0-2）。

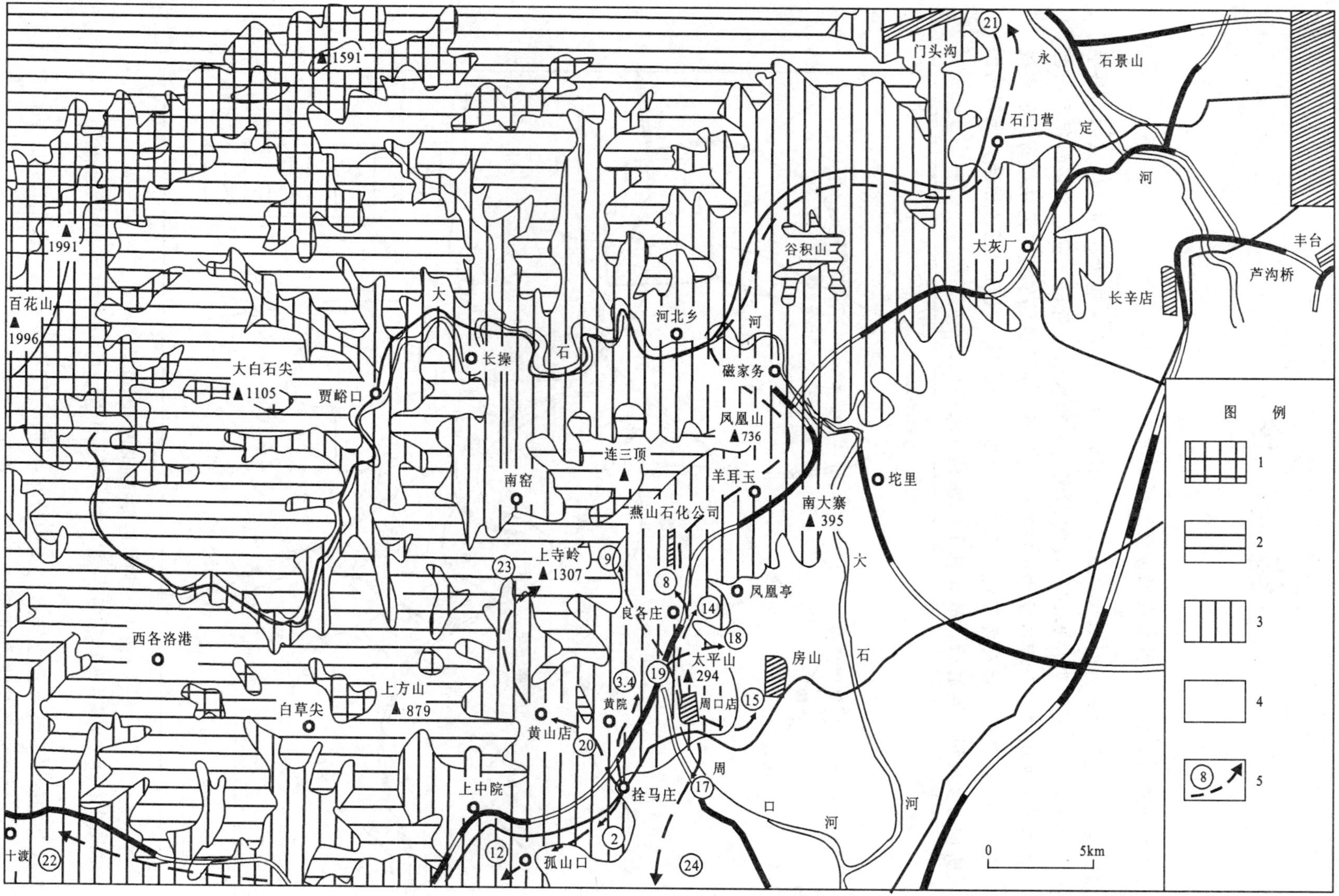

图 0-2　北京西山南部地势图及实习路线分布图

（据谭应佳等，1987；五万分之一周口店幅区调报告，1988，中国地质大学周口店实习队；赵温霞、李方林修编，2002）

1. 中山区（>1 000m）；2. 低山区（1 000～500m）；3. 丘陵区（500～100m）；4. 山前倾斜平原区（<100m）；

5. 教学路线（除 24 为韩村河社会调查路线外，余者编号与正文吻合；删去了周口店附近部分路线；其他图例参图 0-1）

该区位于太行山山脉北段与华北平原的邻接处，属北京西山的一部分。地势西北高、东南低，除东南侧一小部分为平原—丘陵外，大部为中高山区。中北部的上寺岭海拔 1 307m，山前平原地带海拔一般为 50～100m（图 0-2）。区内河流多为间歇河，平时水量很少甚至干涸，雨季水量则较大，主要有大石河、周口河、黄山店河等。另有处于太平山、向源山、房山西之间的牛口峪水库，现已成为工业废水排泄、净化的场所。

本区属大陆性气候，温度变化较大，雨季主要在 7～8 月份，年降雨量约 650～700mm。冬季寒冷，从 11 月份至次年 2 月份常有大雪封山。

周口店及其邻区的工矿业以石油化工为主，燕山石化公司建在房山复式岩体之上，是 20 世纪 70 年代以来兴建的大型石化城。其次是煤矿，主要有长沟峪煤矿和散布于太平山—升平山等区段的小型煤矿。另外，水泥、石灰、大理石、花岗岩、耐火材料等也很闻名。农业以小麦、玉米为主，山区则有较丰富的柿子、核桃、苹果等干鲜水果。本区旅游资源丰富且品位甚高，周口店龙骨山是举世闻名的“北京猿人”发源地，而云居寺、兜率寺、云水洞、石花洞以及十渡等处则是人文与自然景观游览极佳场所。近年来，随着地质研究程度不断深入，在本区又发现了很多典型而精彩的地质遗迹，业已逐步开发出十余条集研究-教育-科普-旅游等于一体的多功能地学路线。

二、周口店实习区地学调查研究史与野外地学教育史

包括实习区在内的北京西山地区，地质调查及研究工作在我国开展得最早，研究程度高且成果颇丰。据谭应佳等（1987）、五万分之一周口店幅区调报告（1988）资料及笔者对前人成果的理解和文献积累概述如下。

最早研究北京西山地质的是美国学者庞培勒（R. Pumpelly，1867）、德国人李希霍芬（F. V. Richthofen，1869—1871）和北京大学教授梭尔格（F. Sollger，1910—1912）等。他们主要是在地层和岩石方面进行了若干初浅工作并获得一些启蒙性的认识。

在 1914—1915 年期间，我国第一个地质启蒙教育野外实践训练班的初创人章鸿钊、丁文江、翁文灏等及实习学生叶良辅、谢家荣、谭锡畴等 23 人在此实习。章鸿钊先生撰文述及“殆无日不携粮负芨奔驰于崎岖山谷之间”，学生叶良辅曾在《老师作育的成功》文中忆及“就学术成绩言，这班人是调查本国地质矿产的先锋队。带了极简单的设备，遍地满山跑，真是筚路蓝缕，以启山林……这些人自有其特征：奉公守法，忠于职务，虚心容忍，与人无争，无嗜好，不贪污，重事业，轻权利……颇富于雍雍和睦，与实事求是的风气……”。毋庸置疑，该班师生野外实际工作能力及不怕艰苦、实事求是、脚踏实地的优良传统成为后人沿袭的楷模。此间及其后他们对北京西山进行地质调查过程中完成了该区第一幅地质图（1：100 000），开创中国人野外地质填图之先河，并据其成果编写了《北京西山地质志》（1920）。这是我国第一部区域地质专著，它纠正了前人的错误，建立了较完整的地层系统，描述了周口店花岗岩等岩浆岩的分布状况和特征，并论述了地壳运动及构造变动的时期。其时学者之一翁文灏（1920）在阐明该区地质构造特征时就明确提出了“静久则动，三叠纪后变故丛生，褶皱、断裂、火成岩侵入、喷发，尤以髫髻山砾岩层下之不整合表征的造山运动及构造运动最重要”的观点；以燕山为标准地区创名“燕山运动”（1927），后又将此运动划分为 A、B 两幕（1929）。这些成果不仅反映了我国当时的地质调查研究水平，也为后来的工作和研究奠定了基础。1932—1933 年北京地质调查所与北京大学、清华大学及燕京大学地质系合作，用 1：25 000 军用地形图对北京西山进行了第二轮地质填图，其中与实习区有

关的如周口店幅及上方山娄子水一带地质图等。在此基础上，陈凯、熊永先（1935）编制了北京西山地质构造图，并发表了关于逆掩断层的论文；谢家荣（1937）则发表了《北京西山地质构造概况》，重点论述了燕山运动。此间许多学者如黄汲清、何作霖等也分别对该区诸如地层划分、房山岩体矿物成分和化学成分某些重要的基础地质问题进行了研究。

裴文中于1929年12月2日在龙骨山发现了完整的中国猿人头盖骨化石，这项成果轰动了全世界，从此周口店闻名中外。在此过程中有不少地质学家参加了该项工作并先后发表了一系列著作。

解放后，周口店及其邻区地质研究随着矿产普查、勘探及区域地质测量工作的进行而不断深入。许多著名地质学家、科研部门、地质院校和生产单位都在这里作过大量的工作和专门研究。如北京建材局勘探队等单位对本区的石灰岩、白云岩、大理岩、耐火粘土等矿产和矿点进行了评价；北京地质学院西山队按当时1：50 000区测规范要求进行正规地质调查，所填地质图精度较高（1963，内部出版），至今仍有实用价值，其后各单位实测或编制的各类不同比例尺的地质图件皆以该图为蓝本。在此期间还有许多地质学家在本区进行过各种专题研究，比较突出的有：贾兰坡（1950、1951）、汤英俊（1964）对周口店第四纪冰川的研究；王嘉荫（1951）对北京西山硬绿泥石带的研究；杨杰（1957）对火山岩的研究；王述平（1950）、王人镜（1964）、张德全（1978、1981）等对房山岩体的研究；刘国惠（1977）、郭泸祺（1982）等对房山岩体接触变质带及片麻岩系的研究；马宗晋、马瑾等（1965）和宋鸿林（1966）等对北京西山褶皱构造的研究；万天丰（1981）、邓乃恭（1976）、陈福明（1965）等对南大寨-八宝山断裂带的研究；许志琴等（1985）对北京西山的深部韧性滑脱剪切带的研究等等。

还需提及的是中国科学院曾于1978—1981年组织了以吴汝康、贾兰坡为首的50多位专家、学者在周口店及大石河一带进行了“北京猿人遗址”会战，从多种学科、不同角度作了全面、深入的研究，并发表了《北京猿人遗址综合研究》专辑（1985）。

特别应该强调的是，中国地质大学（原北京地质学院）自1954年在周口店建立地质教学实习基地以来，对周口店地区的地质研究起了很大的推动作用。池际尚、高平、马杏垣等著名教授于初期就先后主持过周口店教学实习，并对许多基础地质做了开拓性的研究。1954年夏，前苏联专家帕夫林诺夫（В. Н. павленов）指导周口店的教学实习，对房山侵入体的岩相划分和原生构造提出了一些新的见解。1956年夏，高平教授领导周口店教学实习，对周口店、黄院一带前寒武纪和下古生代地层进行对比，基本上搞清了周口店地区地层系统和构造轮廓。1962年夏，马杏垣教授领导周口店教学实习，第一次比较全面地从地质构造、第四纪地质和地貌、水文地质等各方面总结了历年教学实习成果，编出了1：10 000的实习区地质图和第四纪地貌地质图。

自1981年以来基地功能全面拓展为教学、科研、生产并举。在中国地质大学（原武汉地质学院）教务处组织下由谭应佳、叶俊林负责并有王方正、王人镜、赵温霞、杨坤光等参与的教学-科研队伍，在对基础地质详细研究的同时，全面系统地对地质教学路线进行选择建设，正式出版了《北京周口店地质及地质教学实习指导书》（1987），此书对实践教学的总结和对基本地质事实的论述至今具有重要意义；中国地质大学（武汉）受北京地质矿产局委托，以张吉顺、单文琅为首，以地球科学学院师生为主组成北京西山队承担周口店幅新一代1：50 000区调任务，在完成区调报告（1988，本书数处引用此项成果，以“五万分之一周口店幅区调报告，1988”署出）基础上正式出版了《北京西山地质研究》（1990）论文集；

单文琅、宋鸿林、傅昭仁等应用构造解析的方法，对北京西山地质构造进行研究，撰写系列论文及其代表专著《构造变形分析的理论、方法和实践》(1991)；王方正、陈能松等对区内变质岩岩石学及其变质带的研究和成果（1996)；马昌前、王人镜、杨坤光等对房山复式岩体成分分带及其岩浆动力学的研究和成果（1996)；曹伯勋、田明中、程捷等对周口店洞穴堆积物及第四纪地质与环境的研究和成果（1994，1996)；宋鸿林、吴正文、张长厚、赵温霞等用板内造山的新观点对本区及其邻区大地构造属性与演化规律、构造特征的研究和成果(1990至今)；郭铁鹰、何诲之、梁定益、赵温霞、王根厚等在长期主持实践教学期间对周口河以东地区逐年分段（片）进行了1∶10 000地质填图（1986至今)；吴冲龙、刘刚、汪新庆、赵温霞、李方林、周汉文、张志坚等“计算机辅助区域地质填图系统”在周口店基地研制开发过程中（1999至今)，为推进“数字国土工程”的实施，采用新一轮国土资源大调查的规范要求，应用“多S”集成技术逐年完成了黄院、官地、太平山、牛口峪等区段第一代1∶10 000数字化地形图、遥感解译图、实际材料图、全要素彩色地质图、构造纲要图、1∶2 000实测地层剖面图、综合地层柱状图以及电子化地质报告和地质信息查询报告等；该系统研制开发、普及推广在周口店基地乃至我国地学教育史上是一次革命，具有重大意义。前述诸项成果在研究者大力支持和无私奉献的情况下不仅极大丰富了实践教学内容，也为本书编写奠定了良好的基础。近年来在学校大力支持下，由教务处组织协调地球科学学院、资源学院、工程学院、《地质科技情报》编辑部、网络教育学院、后勤管理处及后勤集团、财务处、学工处和设备实验处等单位于基地建立了地质陈列室、岩矿鉴定室、信息技术实验室、图书资料室和地质展景（简称“四室一景”)；用新思路对野外地学教育资源进行研究精选、优化组合，对10余条主干地质路线（其中4条为30届国际地质大会参观路线）进行补充建设，配置完成了标本、光片、薄片、图片、中、英、俄文字简介并制作了多媒体软件。这些教学研究和建设成果为培养学生动手能力、科研创新意识，提高学生综合素质以及培养新型人才等方面起了极大推动作用，同时亦增强了基地辐射功能和扩大了我校对外影响。

第一篇

周口店及其邻区区域地质概况

周口店及其邻区处于NNE向太行山山脉、近EW向燕山山脉和华北平原接壤地带，大地构造单元隶属于华北陆块燕山板内（陆内）构造带（图0-3）；用板块构造观点分析可谓一典型的板内（陆内）造山带，是在长期演化形成稳定陆块的基础上后期又被改造而成为活动区。正因为独特的大地构造位置和漫长的地质演化历史，使其不仅保存有不同阶段较为完整的地质事件记录，而且形成了丰富多彩、类型齐全、典型直观且颇具意义的各种地质构造现象，共同组合呈现出一幅复杂的地质构造图景（图0-4）。

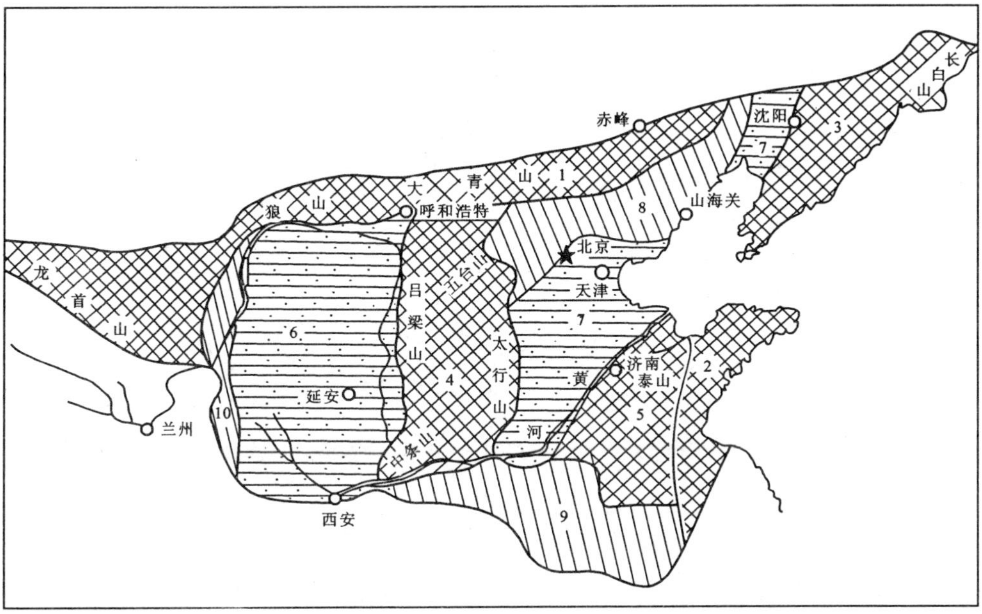

图0-3　华北陆块大地构造分区略图（据杨森楠、杨巍然，1985，修改）

1. 内蒙地块；2. 鲁东地块；3. 辽东地块；4. 山西地块；5. 鲁西地块；6. 鄂尔多斯构造盆地；冀构造盆地；8. 燕山板内（陆内）构造带；9. 豫淮板内（陆内）构造带；10. 贺兰-六盘板内（陆内）构造带

第一章　区域地层概况

周口店及其邻区地层属华北型，出露齐全。现据谭应佳等（1987）、五万分之一周口店幅区调报告（1988）资料及笔者研究成果，自下而上对太古宇，中、新元古界，古生界和中、新生界分述如下（见表 1-1，图 0-4、图 4-3）。

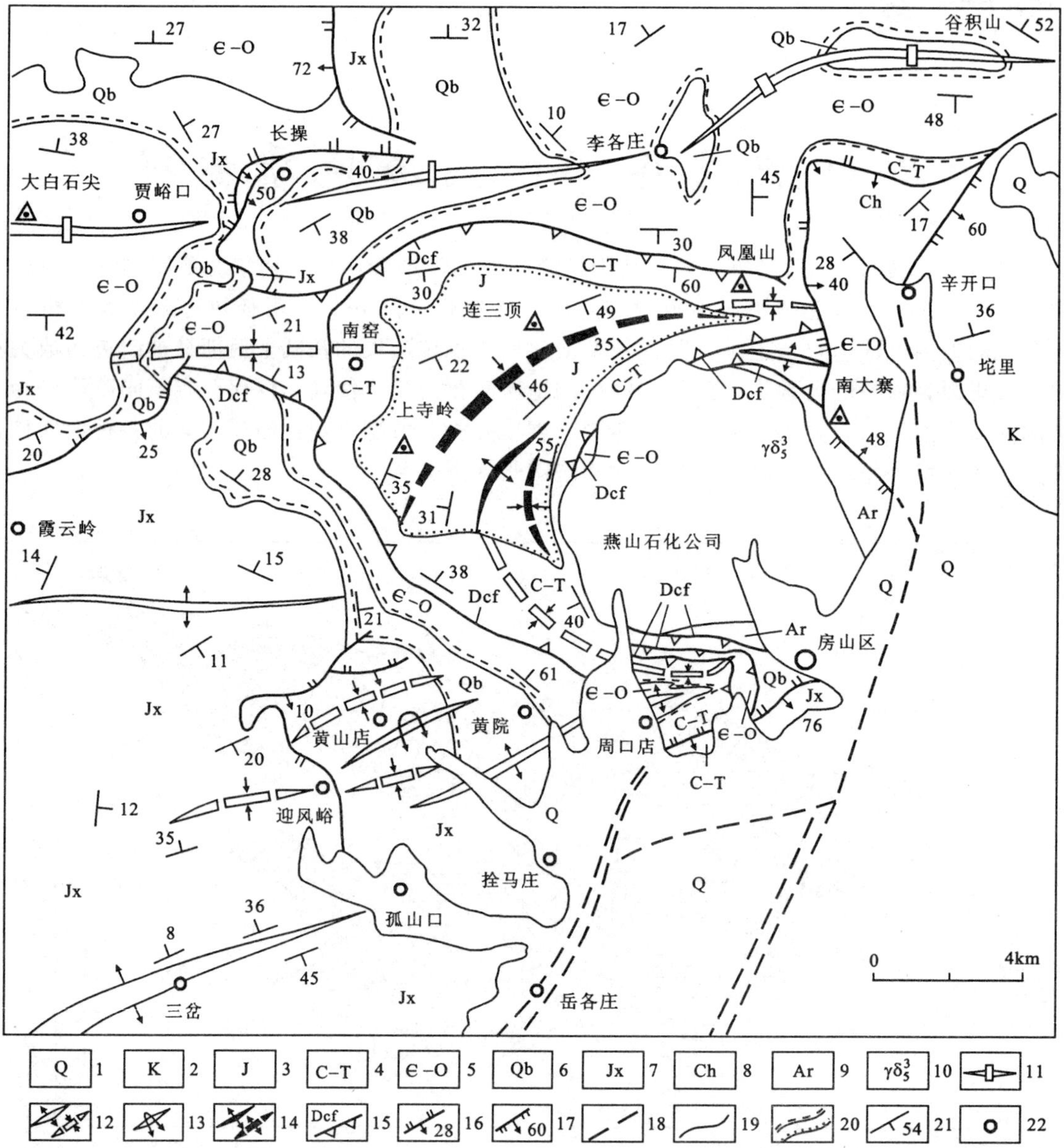

图 0-4 北京西山南部区域地质构造略图（中国地质大学周口店实习队：赵温霞、李方林编制，2002）
构造层：1. 新生界第四系山前冲积层；2. 中生界白垩系山前断陷盆地沉积地层系统；3. 中生界侏罗系上叠盆地沉积地层系统；4. 上古生界上石炭统—中生界三叠系板内盖层型褶叠层；5. 下古生界寒武系—下奥陶统板内盖层型褶叠层；6. 新元古界青白口系板内盖层型褶叠层；7. 中元古界蓟县系板内盖层型褶叠层；8. 中元古界长城系外来岩块沉积地层系统；9. 太古宇官地杂岩（结晶基底）；岩浆岩地质体：10. 燕山晚期花岗闪长岩（复式岩体）；构造形迹：11. 箱状背形（D_2）；12. 直立背形及向形（D_2）；13. 倒转背形（D_2）；14. 背斜及向斜（D_4）；15. 剥离断层（D_1）；16. 逆断层；17. 正断层；18. 推测断层；构造界面：19. 地质界线；20. 平行不整合及角度不整合；21. 面理产状（主示 S_0）；其他：22. 城镇及乡村居民点

表 1-1 周口店地区地层简表

年代地层			岩石地层		代号	厚度（m）	岩性简述及化石
界	系	统	群	组			
新生界	第四系（Q）	全新统			Q_4	4～20	残坡积亚砂土层，洪—冲积砂砾层、土壤层
		更新统			Q_3	4～16	残积黄土状堆积层，洪—冲积砂砾层，洞穴角砾层，灰色土层，产 *Homo sapiens*（山顶洞人），*Ursus spelaeus*（洞熊）
				周口店组	Q_2zh	37.6	坡积红色角砾亚砂土层、红色土层、洪—冲积砂砾层，洞穴内多层角砾层、砂层、砂质粘土及多层灰烬层。产 *Sinanthropus pekingensis*（北京人），*Sinomegaceros pachyosteus*（肿骨鹿），*Hyaena sinensis*（中国鬣狗）
				太平山组	Q_1t	9.1	棕红色砂质粘土及红色粗砂土与砂砾互层，风化深的杂色粘土层 ～～～～～～～～～～～～～～～～～～～～
	新近系（N）	上新统（N_2）		东岭子组	N_2d	12.5	红色砂砾层及红色钙质胶结粘土，粉砂质粘土层
				新庄组	N_2x	1.5～4	残坡积粉砂质粘土、粘土层
				鱼岭组	N_2y	18.2	下部为黄、灰绿色砂层及砂砾层，上部为杂色砂砾石层 ～～～～～～～～～～～～～～～～～～～～
中生界	侏罗系（J）	中统（J_2）		九龙山组	J_2j	>1 000	上部浅灰色凝灰质砂岩、粉砂岩夹含砾火山岩屑砂岩；中部紫红、灰绿色变质凝灰质细砂岩夹多层变质砾岩、砂岩；下部灰白、灰绿变质凝灰质砂岩，夹变质砾岩
				龙门组	J_2l	300	灰黑色粉砂质板岩、千枚状板岩及变质砂岩，底部为灰白色巨厚层变质砾岩
		下统（J_1）		窑坡组	J_1y	321	黑色、浅灰色中厚层变质砂岩夹黑色含炭质粉砂质板岩、千枚岩。产 *Annulariopsis simpsoni*（辛普森拟轮叶），*Tyrmia nathrorsti*（那氏特尔马叶），*Cladophlebis pekingensis*（北京枝脉蕨）
				南大组岭	J_1n	91.6	灰紫色变质玄武岩，拉斑玄武岩 ～～～～～～～～～～～～～～～～～～～～
	三叠系（T）			双泉组	$P_3—T_s$	181	上部灰绿色含泥砾板岩；中部灰绿、紫灰色凝灰质板岩；下部灰绿色中粗粒变质砂岩。下部产 *Gigantopteris shangqianensis*（双泉大羽羊齿）
上古生界	二叠系（P）	上统（P_3）		红庙岭组	$P_{2-3}h$	>200	肉红色及灰白色变质石英砂岩、长石石英砂岩夹多层砖红色粉砂质板岩
		中统（P_2）		杨家屯组	P_2y	70～120	灰色变质中粗粒岩屑砂岩、含砾岩屑砂岩，夹黑灰色炭质板岩，底部为灰色变质细角砾岩
		下统（P_1）		山西组	$P_{1-2}s$	90	下部为褐灰色变质中粗粒砂岩、黑色炭质板岩；上部为黑色炭质板岩及黑灰色变质细粒岩屑砂岩。含 *Lobatannularia sinensis*（中华瓣轮叶），*Sphenophyllum thonii*（汤氏楔叶）
				太原组	$C_2—P_1t$	64	上部黑色炭质板岩与黄绿色粉砂质板岩互层，夹劣质煤层；下部灰色变质砂岩与黑灰色红柱石角岩互层。产 *Neuropteris ovata*（卵脉羊齿），*N. plicata*（镰脉羊齿）
	石炭系（C）	上统（C_2）		本溪组	C_2b	54	上部为灰色压力影板岩、红柱石角岩及凸镜状生物碎屑灰岩；中部为杂色粉砂质板岩；下部为灰色红柱石角岩及硬绿泥石角岩。底部为褐铁矿、铝土矿风化壳，局部为底砾岩，产 *Fusulina* sp.（纺锤䗴），*Dictyoclostus* sp.（网格长身贝）

续表 1-1

年代地层			岩石地层		代号	厚度(m)	岩性简述及化石
界	系	统	群	组			
下古生界	奥陶系(O)	下统(O_1)		马家沟组	O_1m	200～300	青灰色厚层结晶灰岩、纹带状灰岩夹白云质灰岩。产 *Armeroceras* sp.(阿门角石)
				亮甲山组	O_1l	70	浅灰色中厚层结晶白云岩、白云质灰岩，夹 2～3 层膏溶角砾岩
				冶里组	O_1y	67	青灰色纹带状结晶灰岩、豹皮状白云质灰岩，夹黄绿色板岩。底部普遍存在一层灰色钙质千枚岩
	寒武系(∈)	上统($\in_3$)		黄院组	$\in_3h$	123	灰黄色、黄绿色薄层泥质条带灰岩，夹少量鲕状灰岩和“竹叶状”灰岩。产 *Ptychaspis* sp.(褶盾虫)，*Blackwelderia* sp.(蝴蝶虫)
		中统($\in_2$)		张夏组	$\in_2zh$	36	青灰色中厚层鲕状灰岩，夹青灰色千枚岩或二者互层，产 *Damesella* sp.(德氏虫)
				徐庄组	$\in_2x$	41	灰绿色页岩夹薄—中层灰岩
				馒毛组	$\in_{1+2}m$	46	灰色、灰黄色页岩夹白云质灰岩凸镜体
		下统($\in_1$)		府君山组	$\in_1f$	25～45	上部为灰色中厚层纹带灰岩夹豹皮灰岩；下部为深灰色豹皮灰岩夹白云质灰岩
新元古界	青白口系(Qb)	上统(Qb_2)	青白口群	景儿峪组	Qb_2j	36～55	上部为绿灰色钙质千枚岩、钙质板岩；下部为灰白色薄—中层大理岩夹黑色大理岩
				龙山组	Qb_2l	＞20	上部为浅灰色千枚状板岩或斑点状板岩，下部为灰色中—厚层变质中粗粒石英砂岩
		下统(Qb_1)		下马岭组	Qb_1x	120～170	上部为灰色粉砂质千枚状板岩、灰黑色炭质千枚状板岩；中部为褐灰色粉砂质板岩夹薄层变质细砂岩，小型交错层理发育；下部为褐绿色千枚状板岩、含磁铁矿粉砂质板岩。底部具古风化壳
中元古界	蓟县系(Jx)	上统(Jx_2)	蓟县群	铁岭组	Jx_2t	186	上部灰色中—厚层结晶白云岩、叠层石结晶白云岩；中部为深灰色薄层含燧石条带(或结核)结晶白云岩；下部为灰白色厚层结晶白云岩。交错层理发育
				洪水庄组	Jx_2h	38	灰褐色锰质板岩，顶部和底部夹含锰白云岩及白云岩凸镜体
		下统(Jx_1)		雾迷山组	Jx_1w	＞500	灰色、浅灰色中—薄层结晶白云岩、灰质白云岩，夹较多燧石条带或团块
	长城系(Ch)	上统(Ch_2)	长城群	大红峪组	Ch_2d	335	砖红、灰白色长石石英砂岩夹灰白色石英岩
		下统(Ch_1)		团山子组	Ch_1t	91	灰白、深灰色含砂白云岩与石英岩、千枚岩互层
				串岭沟组	Ch_1c	106	灰黑色砂质板岩和变质细砂岩互层
				常州沟组	Ch_1ch	20～30	灰白色中厚层石英砂岩
							断层接触
太古宇				官地杂岩	Arg	＞200	条带状混合岩、黑云斜长片麻岩、斜长角闪岩、角闪岩

第一节 太古宇

本区太古宇零星分布在房山岩体边缘部，称为官地杂岩（Arg），与上覆地层呈剥离断层接触。其主要岩性为黑云母角闪斜长片麻岩、混合片麻岩、斜长角闪岩及黑云母角闪变粒岩等，因遭受了强烈动力变质作用，普遍发生糜棱岩化。

官地杂岩的变质程度、变质相及时代归属等详见变质岩和构造有关章节叙述。

第二节　中元古界

中元古界在周口店地区出露广泛，主要分布在磁家务—南大寨、一条龙—房山及黄院西南地段，自下而上分为长城群常州沟组、串岭沟组、团山子组、大红峪组；蓟县群雾迷山组、洪水庄组和铁岭组。岩石普遍轻微变质，局部地段受房山复式岩体的影响变质程度加深。

一、长城群

1. 常州沟组（Ch_1ch）

仅在南大寨及东流水一带出露。岩性为灰白色中厚层石英砂岩，内含少量斜长石，交错层理发育。厚23～30m，与下伏太古宇官地杂岩呈断层接触。

2. 串岭沟组（Ch_1c）

分布在磁家务—南大寨一带，未见其顶底。岩性为灰黑色薄层砂质板岩和变质细砂岩互层，厚度大于106m。

3. 团山子组（Ch_1t）

分布在北大寨和磁家务一带，岩性以灰、灰黑色薄层含砂白云岩、硅质白云岩和厚层纹层或纹带白云岩为主，夹两层肉红色、浅黄色厚层中细粒石英长石砂岩和长石石英砂岩。由于含铁高，风化面常呈橘红色。厚度大于97.3m，区内可见其与下伏串岭沟组呈断层接触。

4. 大红峪组（Ch_2d）

零星分布在北大寨一带。自下而上分为三段，下段以砖红色、肉红色、灰白色厚层长石石英砂岩为主，通常含有少量长石和石英砾石，交错层理普遍发育，并见不对称波痕，厚383m；中段以灰白色中厚层—厚层石英砂岩为主，夹有多层长石石英砂岩，局部发育交错层理，厚213m；上段为红色厚层长石石英砂岩，厚8.5m。

二、蓟县群

和天津蓟县剖面相比，本群仅出露了雾迷山组上部、洪水庄组和铁岭组。

1. 雾迷山组（Jx_1w）

本组在区域上分为四个岩性段。其中第一段下部为泥质、砂质白云岩、硅质条带白云岩，上部为纹层藻叠层石白云岩、藻团白云岩、硅质条带白云岩；第二段为泥质白云岩及硅质条带白云岩，叠层石发育；第三段以泥质白云岩、含屑白云岩及硅质条带白云岩为主，叠层石发育；第四段以块状藻团白云岩、硅质粒屑白云岩及硅质条带白云岩为主。总厚为1 616m。

本组在周口店地区西南黄山店、孤山口一带大面积分布，以孤山口至八角寨一带发育较完整（图1-1）。主要岩性为灰色中厚层硅质条带白云岩、泥质白云岩夹褐黄色藻层泥质白云岩，局部具含砾白云岩。发育大量波纹状叠层石及锥柱状叠层石，局部可见变形层理。就其岩性特征而言，其层位相当于邻区雾迷山组第三、四段。

由于普遍发育水平薄纹层和波状藻层，应属一套潮坪沉积，旋回性明显，显现潮下—潮间—潮上有规律的交替。

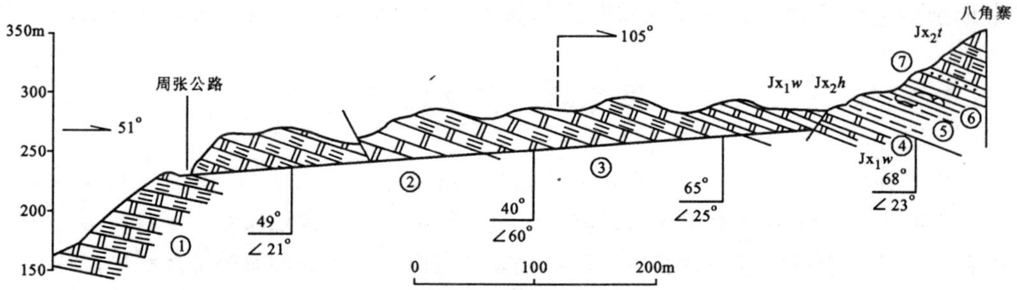

图 1-1　八角寨西坡迷雾山组实测剖面图（据谭应佳等，1987，修改补充）

硅质条带白云岩；②纹带白云岩；③硅质条带白云岩；④板状白云岩夹千枚岩；⑤黑灰色砂质千枚状板岩；⑥深灰色千枚状板岩夹灰质白云岩透镜体；⑦白云岩夹薄层石英岩（或透镜状石英岩）

2. 洪水庄组（Jx_2h）

分布在黄山店、八角寨一带（图 1-1）。岩性以灰黑色含锰质板岩为主，底部和顶部夹灰黑色薄层含锰质白云岩或透镜体，可见不规则黄铁矿顺层分布，厚 38m。区内本组厚度及岩性非常稳定。

由于该组沉积物细，色暗，且发育水平层理及含黄铁矿，反映了宁静、还原的环境，属陆架氧化界面以下的低能沉积。

3. 铁岭组（Jx_2t）

主要分布在黄山店、八角寨一带，一条龙、周家坡等地亦有出露，以八角寨东坡沿公路的剖面最完整（图 1-2）。

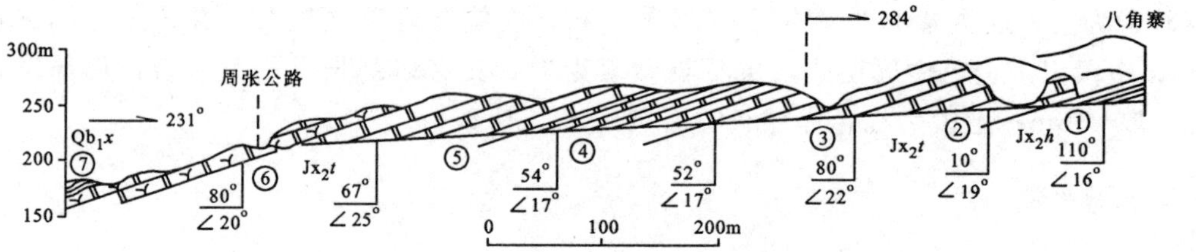

图 1-2　八角寨东坡沿公路铁岭组实测剖面图

（据谭应佳等，1987，修改补充）

①黑色千枚岩夹千枚状板岩；②灰色厚层白云岩夹薄层石英岩或透镜状石英岩；③中厚层硅质条带白云岩；④黑色板状白云岩与千枚岩、片岩互层；⑤中厚层硅质条带白云岩；⑥含叠层石白云岩；⑦铁质风化壳及含黄铁矿千枚状板岩

铁岭组与下伏洪水庄组为整合突变接触。底部为灰色厚层—巨厚层含锰质白云岩夹薄层或透镜状石英岩，发育交错层理；下部为浅灰色厚层—块状结晶白云岩，发育大型板状交错层理，含少量硅质条带；中部为黑色、深灰色薄—中层结晶白云岩夹板岩、片岩，或互层；上部为灰色中—厚层结晶白云岩，含少量硅质条带和硅质透镜体；顶部为灰色中—厚层含叠层石白云岩，叠层石发育，与上覆下马岭组为平行不整合接触，厚 186～215m。

铁岭组底部及下部由于单层厚，发育大型交错层理，局部可见内碎屑，且含较高的铁、锰，代表潮下高能环境。中部单层厚度减小，具水平层理，属浅海低能环境，也可能是海侵最大时的产物，上部至顶部单层厚度增大，水平藻纹层和波状藻纹层发育，偶见鸟眼构造，叠层石发育。为一潮下高能—潮坪的海退演化序列。之后地壳一度上升遭到剥蚀，形成了平行不整合。

第三节　新元古界

新元古界青白口群在本区出露齐全，分布在黄院、拴马庄、长流水以及一条龙、山顶庙和房山一带。自下而上分为下马岭组、龙山组和景儿峪组，以长流水西沟剖面发育最全（图1-3）。

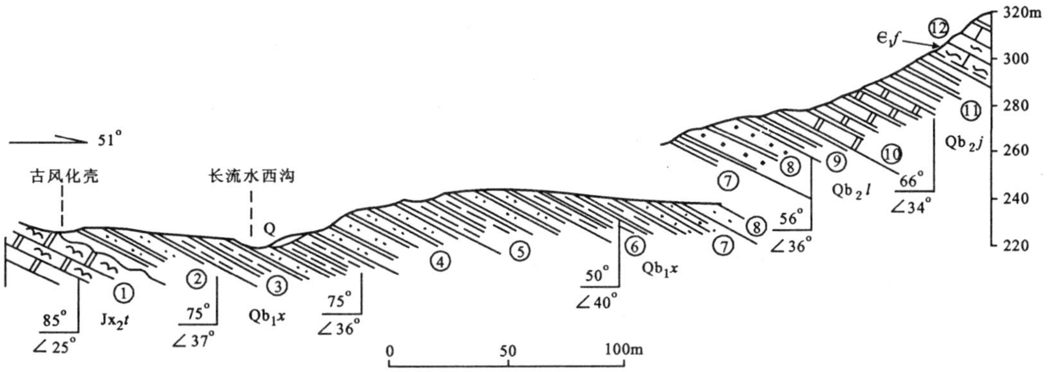

图 1-3　长流水西沟青白口群实测剖面图

（据谭应佳等，1987，修改补充）

①含叠层石白云岩；②含黄铁矿砂质千枚岩及千枚状板岩；③砂质千枚岩夹灰色千枚岩；④粉砂质千枚岩；⑤灰色千枚岩夹粉砂质千枚岩；⑥炭质千枚岩；⑦砂质千枚岩夹薄层石英岩；⑧厚层石英岩夹少许粉砂质千枚岩；⑨黄色粉砂质千枚岩；10薄—中层大理岩；11灰绿色钙质千枚岩夹千枚状板岩；12泥质灰岩及豹皮状灰岩夹纹带状灰岩

1. 下马岭组（Qb_1x）

岩性以千枚状板岩及粉砂质板岩为主，厚120～170m。明显四分，底部为褐绿色含磁铁矿千枚状板岩；下部为灰绿、褐绿色千枚状板岩及粉砂质千枚状板岩，由粉砂与泥质组成的韵律层清楚，每一韵律的间距1～10cm；中部为暗绿色板岩夹灰黑色、暗色炭质板岩，或互层，含黄铁矿，水平层理发育，反映了一种富含有机质还原的泻湖环境；上部为褐灰色粉砂质板岩夹薄层变质细砂岩，具低角度交错层理和小型“人”字形交错层理（图1-4），反映了双向水流作用，属潮坪沉积。

下马岭组和铁岭组之间为平行不整合接触（图1-5），不整合面起伏不平，具1～3m厚的褐铁矿质古风化壳，是铁岭组沉积后地壳上升遭受长期风化作用导致铁质富集的结果。部分地点可见白云岩角砾形成的底砾岩层。

2. 龙山组（Qb_2l）

明显分为两部分，总厚大于20m。下部为灰色—褐灰色厚层变质中粗粒石英砂岩，局部含有海绿石，发育海滩冲洗交错层理、平行层理及波痕，属海滩砂坝沉积。上部为浅灰色千枚状板岩或斑点状板岩，发育水平层理，含黄铁矿，代表较宁静的浅海环境。

3. 景儿峪组（Qb_2j）

下部为白色薄—中层大理岩夹灰黑色薄层大理岩，风化后多呈沙糖状；上部为灰色、灰黄色钙质板岩。产 *Chauria* sp.（乔氏藻），总厚36～55m，属一套正常浅海沉积。

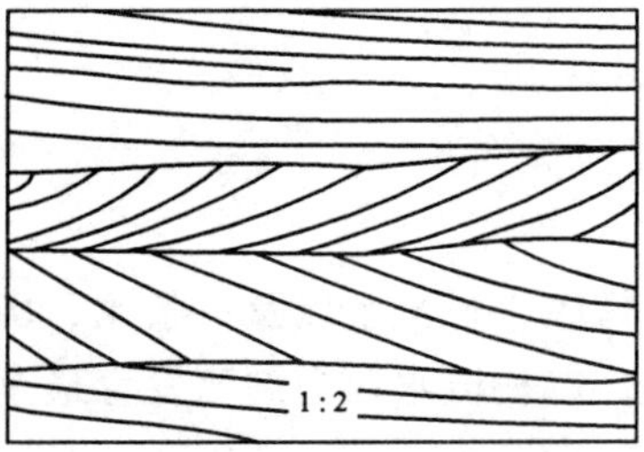

图 1-4　黄院下马岭组千枚状板岩夹石英岩的“人”字形交错层理

（据谭应佳等，1987）

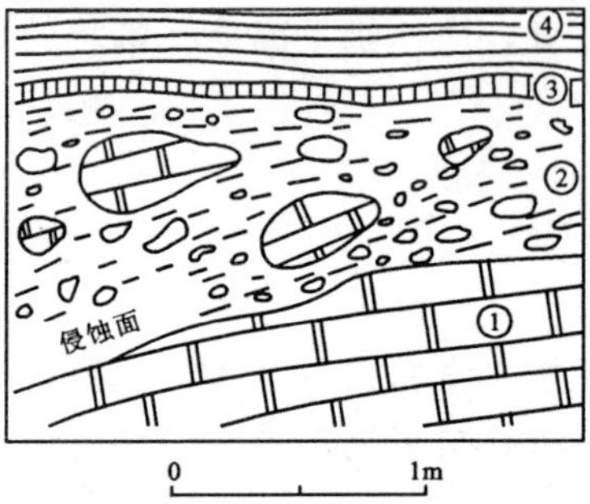

图 1-5　黄山店大北沟下马岭组与铁岭组平行不整合接触关系（据谭应佳等，1987）

①白云岩；②底砾岩；③紫红色铁质角岩（古风化壳）；④灰绿色含磁铁矿千枚状板岩

第四节　下古生界

周口店地区下古生界只发育寒武系和下奥陶统，其分布较广，周口店、黄院、南窖及磁家务一带均有出露，黄院、长流水等地发育较好（图 1-6）。岩层遭受过轻度区域变质作用。

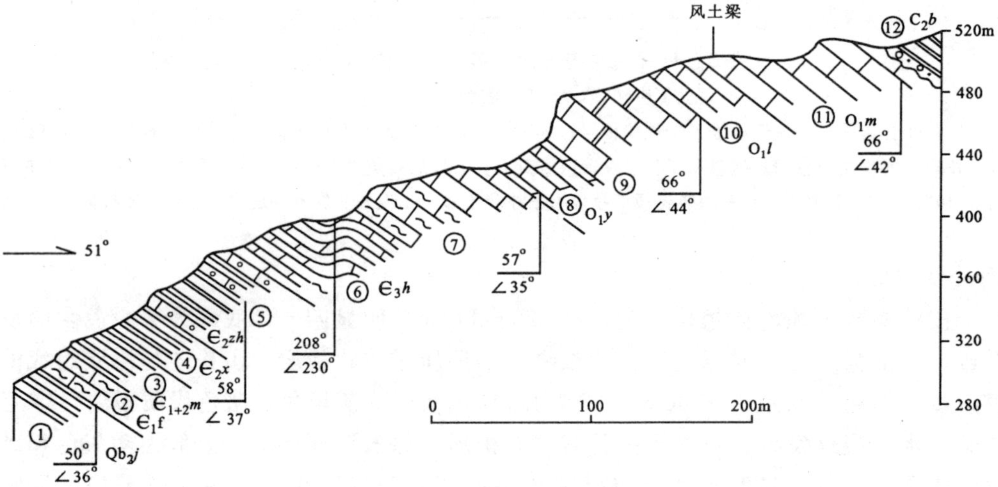

图 1-6　长流水风土梁下古生界地层实测剖面图

（据谭应佳等，1987，修改补充）

①绿灰色钙质千枚岩；②豹皮灰岩夹少许纹带灰岩；③灰色千枚岩；④绿灰色千枚岩夹薄层泥灰岩；⑤鲕状灰岩夹千枚岩；⑥黄灰色条带状泥质灰岩夹少许薄层鲕粒灰岩；⑦豹皮状灰岩及纹带灰岩；⑧泥质、白云质灰岩夹少许灰黄色板岩；⑨白云质灰岩；⑩薄—中层灰岩、白云质灰岩；⑪中—厚层灰岩夹白云质灰岩；⑫含砾变质砂岩及红柱石角岩

一、下中寒武统

1. 府君山组（$\epsilon_1 f$）

底部为青灰色薄—中厚层纹层灰岩夹灰色钙质板岩；下部为深灰色中厚—厚层豹皮（或云斑）灰岩夹白云质灰岩；上部为青灰色中厚层纹带灰岩夹豹皮（或云斑）灰岩，产三叶虫 *Redlichia chinensis Walcott*（中华莱得利基虫），厚 25～45m。

本组与下伏景儿峪组为平行不整合接触，接触界面平整。根据同位素年龄测定，府君山组小于6亿年，而景儿峪组为8亿～9亿年，二者之间缺失了2亿～3亿年的沉积记录。

2. 馒毛组（$\in_{1+2}m$）

周口店地区馒头组及毛庄组界线不易划分，故而合之。其岩性为灰色、银灰色、灰黄色、浅灰绿色页岩（也称杂色页岩）夹灰黄色大理岩透镜体。太平山北坡曾采得三叶虫化石碎片，厚46m。邻区该组下部产早寒武世（$\in_1$）的 *Redlichia* cf. *chinensis*（中华莱得利基虫）和 *Palaeo-lenus* sp.（古油栉虫），属中寒武世（$\in_2$）的 *Shantungaspis* sp.（山东壳虫），*Ptychoparia montoneais*（馒头褶颊虫）。此外，该组上覆徐庄组底部薄层鲕粒灰岩中产属中寒武世（$\in_2$）的 *Bailiella* sp.（雷氏虫），故馒毛组应属跨早—中寒武世的地层单位。

3. 徐庄组（$\in_2x$）

灰色千枚状板岩、粉砂质板岩夹中厚层鲕状灰岩和泥质灰岩，顶部板岩中具孔雀石薄膜，产三叶虫 *Bailiella* sp.（毕雷氏虫），厚41m。

4. 张夏组（$\in_2z$）

灰绿色千枚状板岩、粉砂质板岩夹中厚层鲕状灰岩和结晶灰岩，或互层，板岩与灰岩之比为3∶2～4∶1。产三叶虫：*Damesella* sp.（德氏虫），厚134m。

和下伏徐庄组相比，本组灰岩的鲕粒大而明显，鲕粒灰岩层增多，两组为渐变过渡关系。由于鲕粒发育，代表一种水动力较强的潮下高能环境。

二、上寒武统

下部为灰、灰黄色薄层泥质条带灰岩夹少量薄层鲕粒灰岩，局部见少量竹叶状（砾屑）灰岩；上部为灰色薄—中层纹带状灰岩，总厚123m。产三叶虫：*Blackwelderia* sp.（蝴蝶虫），*Ptychaspis* sp.（褶盾虫），腕足类：*Obolus* sp.（圆货贝），时代应属晚寒武世（$\in_3$）。据其在实习区总体特征，与邻区业已详细划分的层组无法对比，故五万分之一周口店幅区调报告（1988）以黄院东山梁剖面作为层型命名为黄院组（$\in_3h$），在层位上相当于山东张夏地区的崮山组、长山组和凤山组。

三、下奥陶统

1. 冶里组（O_1y）

浅灰色—青灰色中厚层纹带状灰岩夹少量灰色豹皮状白云质灰岩及灰黄色板岩，产角石：*Piloceras* sp.（枕角石），*Cameroceras* sp.（房角石），腹足类：*Ophileta* sp.（蛇卷螺），古杯类：*Archaeocyathus* sp.（原古杯），厚67m。

区域上本组底部是一层灰色钙质板岩（在某些区段因变质程度差异可为钙质千枚岩），而与下伏黄院组区分。

2. 亮甲山组（O_1l）

灰色中—厚层结晶白云岩，夹2～3层灰色膏溶角砾岩，含少量燧石团块，厚70m。白云岩及膏溶角砾岩的存在反映了一种炎热、强蒸发的潮坪环境。

3. 马家沟组（O_1m）

青灰色厚层结晶灰岩、纹带状灰岩夹少量白云质灰岩，局部地段夹灰褐色钙质板岩，产角石：*Armenoceras* sp.（阿门角石），厚200～300m。

第五节　上古生界—中生界

本区上古生界缺失泥盆系及下石炭统，上石炭统及二叠系主要分布在上寺岭—凤凰山的南、北坡和黄院、升平山及太平山一带（图 1-7、图 1-8），岩层遭受过轻度区域变质作用，局部受到岩浆侵入作用的影响。

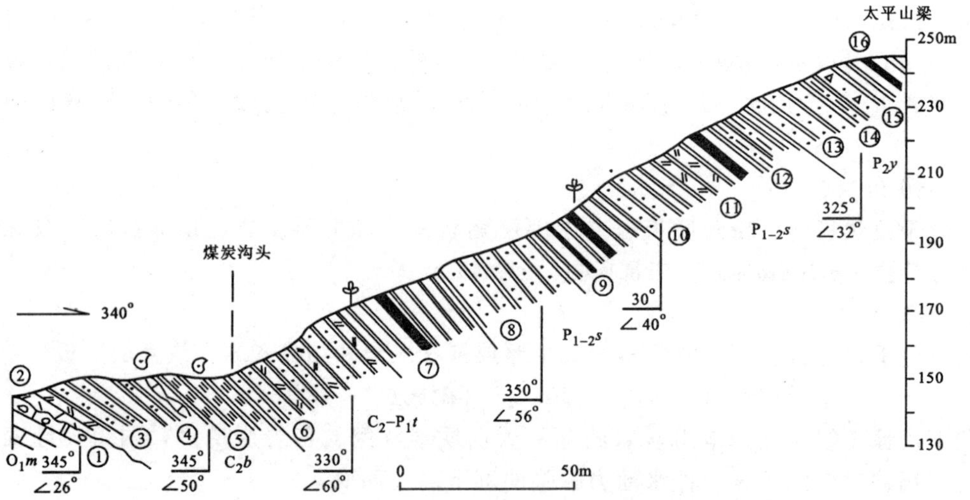

图 1-7　煤炭沟—太平山石炭系、二叠系实测剖面图

（据谭应佳等，1987，修改补充）

①砾状白云质灰岩；②硬绿泥石角岩及红柱石角岩；③杂色粉砂岩、砂质板岩；④凸镜体状泥质灰岩；⑤含黄铁矿黑色板岩（压力影板岩）；⑥变质杂砂岩夹红柱石角岩；⑦杂色板岩夹炭质板岩、煤层（煤线）；⑧变质中—粗粒杂砂岩；⑨黑色板岩夹煤层（煤线）；⑩变质砂岩、粉砂岩夹少许黑色板岩；⑪黑色板岩夹煤线；⑫灰色砂质板岩；⑬变质杂砂岩；⑭砂质板岩；⑮灰色厚层状变质复成分角砾岩、变质含砾杂砂岩；⑯黑色板岩；⑰变质中—粗粒砂岩夹黑色板岩；⑱炭质板岩；⑲浅红灰色变质含砾长石石英砂岩夹同色粉砂质板岩；⑳灰色砂质板岩；㉑褐红色—灰黄色变质含砾长石石英砂岩夹同色板岩；㉒灰色—褐灰色砂质板岩与细砂岩互层

一、上石炭统—中二叠统

1. 本溪组（C_2b）

底部普遍发育硬绿泥石角岩及红柱石角岩。下部为杂色（灰—深灰色、黄—黄灰色、褐色、粉红色等）粉砂质板岩及变质粉砂岩。中部为灰色、浅灰色板岩，含黄铁矿假晶构成的压力影构造，也称“压力影板岩”，产大量海相生物化石，包括有 *Aviculopecten* sp.（燕海扇），*Anthroconsia* sp.（石炭蚌），*Naticopsis* sp.（似玉螺），*Fenestella* sp.（网格苔藓虫），*Isognamma* sp.（等纹贝）。下部和中部之间普遍夹 1 层灰色、灰黄色泥质生物碎屑灰岩透镜体，含 *Fusulina* sp.（纺锤䗴），*Fusulinella* sp.（小纺锤䗴），*Dictyoclostus* sp.（网格长身贝），*Choristites* sp.（分喙石燕），*Chaetetes* sp.（刺毛珊瑚）。上部为灰色、灰黑色红柱石角岩，区域上本组顶部可

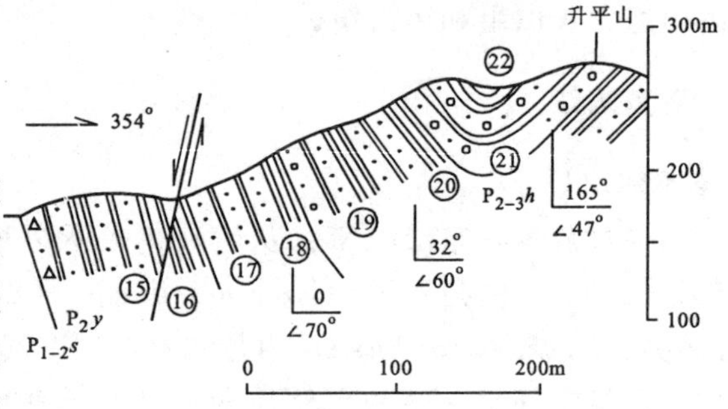

图 1-8　升平山南坡二叠系地层实测剖面图

（据谭应佳等，1987，修改补充）

见黑色薄层炭质板岩，含植物化石碎片。

由于所含化石大多为晚石炭世早期的代表分子，因此本组应为上石炭统。本溪组总厚54m。与下伏下奥陶统马家沟组之间为平行不整合接触，接触面凹凸不平，普遍存在厚度不等的古风化壳，灰岩表面古岩溶现象较发育，常见有岩溶角砾岩。本溪组底部富铁、铝沉积的形成及底砾岩的出现，证明中奥陶世至早石炭世期间，本区经历了漫长的风化、剥蚀作用和准平原化过程。其后地壳下沉，接受海侵，至生物碎屑灰岩层位海侵规模最大，由于大量化石具原生破碎现象，反映了一种能量较高的潮下高能环境。此后发生海退，海退初期，水体多与外界隔离，出现还原、宁静的泻湖环境，生物化石分异度低，只能出现适应能力较强的双壳类和腹足类，富含黄铁矿，“压力影板岩”属这种条件下的产物。随后海退进一步加强，出现了本组上部反映近海沼泽环境的、含植物碎片的泥质沉积。

需要说明的是，太平山北坡大砾岩山和小砾岩山一带本溪组和马家沟组之间分布一套分选好、磨圆好、成分单一的砾岩（又称为“三好砾岩”）。过去一直把它作为石炭系本溪组的底砾岩。但考虑到华北地区本溪组及其相当的地层中没有类似的岩性，其物源也存在疑问，且无确切的时代证据，故暂不定其时代，将其作为实习区的一个重要地层问题留待深一步的研究。

2. 太原组（C_2—P_1t）

由1～2个沉积旋回组成。旋回的下部主要为灰色、褐灰色中厚层变质细粒石英砂岩夹灰黑色板岩；上部主要为灰黑色、褐灰色薄层粉砂岩、板岩、粉砂质板岩，并夹有薄煤层。产植物化石：*Neuropteris ovata*（卵脉羊齿），*N. plicata*（镰脉羊齿），*N. otozamioides*（耳脉羊齿），*Lepidodendron oculus*（鳞木），*Pecopteris* sp.（栉羊齿）。此外在太平山、磨盘山、大杠山一带，本组下部还发现有海相化石：*Isognamma* sp.（等纹贝），厚64m。

区域上本组下部产䗴类 *Triticites* sp.，时代属晚石炭世，上部则产䗴类 *Pseudoschwagerina* sp.（假希瓦格䗴），时代属早二叠世，因此本组为跨石炭纪和二叠纪的地层单位。

每个沉积旋回下部砂岩成分成熟度较高，分选磨圆较好，发育交错层理，所夹板岩内含海相化石，为滨海砂坝及潮上泥质沉积，旋回上部由于以粉砂及粘土质沉积为主，含较丰富的植物化石，代表近海沼泽环境。

3. 山西组（$P_{1-2}s$）

由两个沉积旋回组成。下部旋回底部为褐灰色中厚层变质中粗粒岩屑砂岩，局部底部见含细砾级的角砾岩，与下伏太原组冲刷接触关系明显。向上沉积粒度变小，发育交错层理。旋回上部为黑色炭质板岩夹煤层。上部旋回下部为深灰色中厚层变质中细粒变质岩屑砂岩，上部为黑色炭质板岩、粉砂质板岩夹煤层。本组植物化石丰富，一般产在旋回上部，主要分子有 *Lobatannularia sinensis*（中华瓣轮叶），*Annularia stellata*（星轮叶）*A. gracilescens*（纤细轮叶），*Sphenophyllum thonii*（汤氏楔叶），*S. laterale*（侧楔叶），*S. oblongifolium*（椭圆楔叶），*Tingia carbonica*（石炭丁氏蕨），*Pecoptenis fminaeformis*（镶面栉羊齿），*P. candoleana*（长舌栉羊齿），*P. arboresens*（小羽栉羊齿），*Alethopterissp.*（座延羊齿），*Sphenopteris tenuis*（纤弱楔羊齿），*Neuropteris ovata*（卵脉羊齿），*Calamites suckowii*（钝肋节木），*Cordaites principais*（带科达）。山西组厚90m。

本组各旋回下部砂岩成分成熟度差，岩屑中燧石约占10%～15%，分选较好，但磨圆尚差，局部地段具有植物茎干化石，代表平原河流或曲流河河床沉积。旋回上部的炭质、泥质岩代表潮湿气候下的湖沼相沉积，是华北地区的一个重要含煤层位。

4. 杨家屯组（P_2y）

由2～3个沉积旋回组成，以粗碎屑沉积为主。旋回下部为灰色厚层变质中—粗粒岩屑砂岩，含砾岩屑砂岩；上部为灰色中—厚层变质细粒岩屑砂岩、粉砂岩及板岩。本组底部多为灰色厚层变质复成分角砾岩，砾石多为棱角状或次棱角状，砾径一般5～10mm，成分较复杂，分选差，泥质胶结，杂基含量高。冲刷构造明显，属近距离快速堆积，与其旋回下部的砂岩代表一种山区河流或辫状河河床沉积环境。旋回上部局部可见薄煤层，含植物化石 *Lobatannularia* cf. *sinensis*（中华瓣轮叶比较种），*Sphenophllum verticillatum*（轮生楔叶）等，代表了山区河流漫滩及内陆沼泽环境。本组厚70～120m。

二、上二叠统—三叠系

1. 红庙岭组（$P_{2-3}h$）

由多个沉积旋回组成。旋回下部主要是土黄色、褐黄色厚层—巨厚层变质含砾长石石英粗砂岩，向上过渡为变质细砂岩，发育板状交错层理及水流波痕；上部为红色板岩、粉砂质板岩、粉砂岩，局部具炭质板岩。厚>200m。

本组为河流沉积，二元结构清楚，每个旋回构成一个二元结构，下部属河床沉积，上部为漫滩沉积。

2. 双泉组（P_3—Ts）

下部由灰紫色、灰绿色、黄褐色中—厚层变质中细粒砂岩及板岩组成，全区分布稳定，水平层理发育。底部普遍具一层局部含细砾的细砂岩或粉砂岩，砾石多为紫色变质泥岩及变质粉砂岩。代表了一种水体较稳定的浅水湖泊沉积。

上部以灰色中厚层变质细砂岩为主，夹变质粉砂岩及板岩，泥砾发育。局部层面上具泥裂及波痕，常见小型楔状交错层理，代表滨湖及浅湖环境。本组厚181m。

区域上本组下部产植物化石：*Gigantopteris shangqianensis*（双泉大羽羊齿），属晚二叠世。而本组上部发现的植物化石属三叠纪，因此本组跨晚二叠世及三叠纪。

三、侏罗系

本区中生界侏罗系主要分布在上寺岭—凤凰山地区及坨里一带。

1. 南大岭组（J_1n）

灰紫色变质玄武岩及拉斑玄武岩，具石英质杏仁状构造，厚度很不稳定，属火山喷出岩。与下伏双泉组呈角度不整合接触。厚91m。

2. 窑坡组（J_1y）

灰黑色、浅灰色中厚层变质砂岩夹黑色含炭质粉砂质板岩和千枚岩及数层可采煤。厚321m。为一套滨湖、湖沼及河流沉积。

3. 龙门组（J_2l）

底部为灰白色巨厚层石英岩质变质砾岩，冲刷面清楚。主要岩性为灰黑色含炭质粉砂质板岩、千枚状板岩及变质砂岩。砂岩岩屑含量50%～70%。厚300m。

4. 九龙山组（J_2j）

底部为灰绿中—粗粒变质砾岩，砾石成分复杂，分选较差。下部为灰白色、灰绿、黑灰色变质凝灰质砂岩，夹变质砾岩；中部为紫红、灰绿色变质凝灰质细砂岩夹多层变质砾岩、砂岩、板岩；上部为浅灰色凝灰质砂岩、粉砂岩夹含砾火山岩屑砂岩。本组厚>1 000m。

第六节　新生界

新生界大面积分布在本区东部及东南部山前平原地区。山区、丘陵区分布零星。

一、上新统

本区上新统主要分布在山前海拔150m的唐县期夷平面上，在山区则残存于同期高位宽谷内，自下而上分为鱼岭组、新庄组和东子岭组，其中，前者为地下岩溶洞穴堆积，而后二者为地表堆积。

1. 鱼岭组（N_2y）

下部为灰黄色、灰色细粉砂层及砂砾层，发育交错层理，含鲃鱼化石，内具侵蚀面。与下伏地层呈角度不整合。

上部为杂色（棕黄色、棕红色、灰白色）砂砾层，含 *Viverrapeii*（斐氏大灵猫），与非洲的 *V. leakeyi*（李氏大灵猫）关系接近，时代大概在3～4Ma。本组厚18.2m。

2. 新庄组（N_2x）

本组为红色粘土风化壳，主要分布在山前海拔150m左右倾斜的唐县期夷平面上。太平山南北坡平缓地带保存较好，其余皆分布于山区高位宽谷内。其岩性主要为红色高岭土层、粉砂质粘土及具残余结构的红色高岭土层。本组厚1.5～4m。

3. 东子岭组（N_2d）

红色砂砾层、红色钙质胶结粘土、粉砂质粘土层。厚12.5m。

二、第四系

1. 下更新统太平山组（Q_1t）

下部为杂色（灰黑色、棕红色、棕黄色）粘土及粉砂层，具水平层理。

上部为红色粘土、亚粘土及含砾砂层，含 *Allocricetusehiki*（艾可变异仓鼠），*Leptus wongi*（翁氏野兔），发育古冰楔遗迹。本组厚9.1m。

2. 中更新统周口店组（Q_2zh）

以周口店龙骨山剖面为本组标准剖面。剖面海拔最高128m，最低已发掘到81m（图1-9）。

本组下部包括第15层～12层，主要为棕红色砂砾及含砾细砂层，含受冲刷破碎的脊椎动物化石，为地下洞穴河流堆积；中部包括第11层～8层，为含“北京猿人”化石的角砾层及灰烬层，含丰富的化石及大量石器，故称“下文化层”；上部包括第7层～第1层，为灰色角砾层，杂色灰烬层，含灰烬、石器及烧过的兽骨及石块，称“上文化层”。本组产化石：*Sinonthnopus pekingensis*（北京人），*Sinomegaceros pachyosteus*（肿骨鹿），*Hyaena sinensis*（中国鬣狗），总厚37.6m。

3. 上更新统（Q_3）

上更新统分布于坳谷中和河谷斜坡上，主要为残积黄土状堆积层，洪—冲积砂砾层、洞穴角砾层、灰色土层，产 *Homo sapiens*（山顶洞人），*Ursus spelaeus*（洞熊）。周口店山顶洞沉积属本期，角砾中除发现“山顶洞人”外，还有大量石器、骨器、装饰品及赤铁矿粉等。

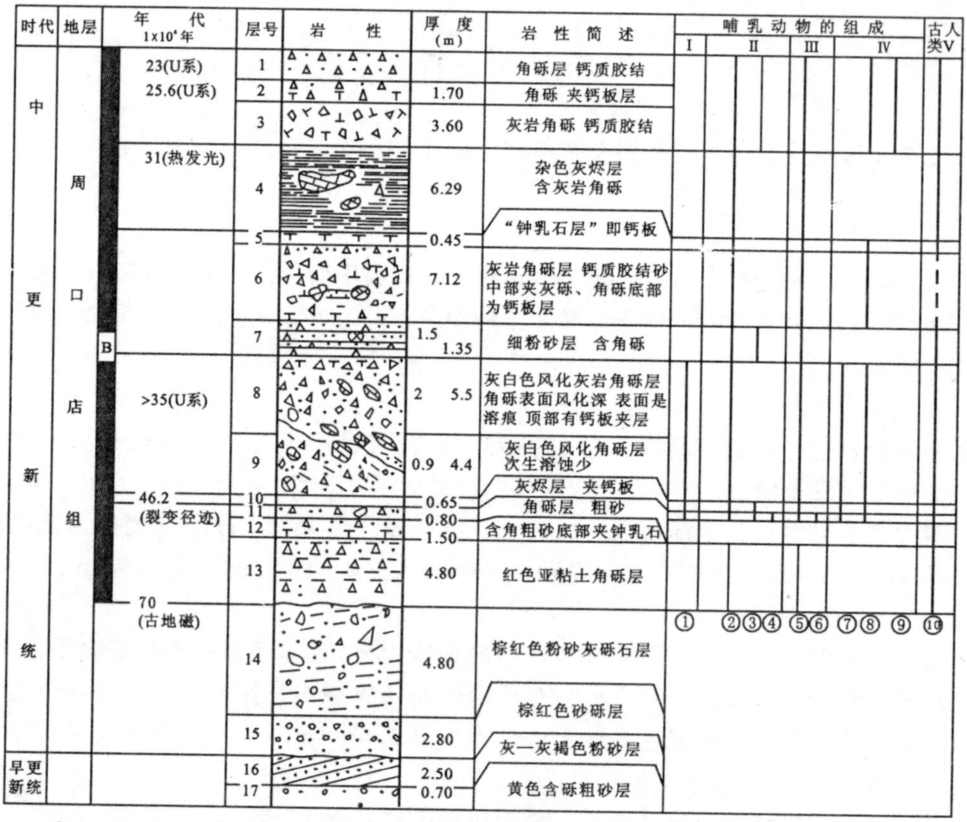

图 1-9 周口店组年代、岩性、化石简图（据五万分之一周口店幅区调报告，1988）

Ⅰ、上新世残存种类：①剑齿虎（*Machalrodusinexpectatus*）；Ⅱ、早更新世常见种类：②三门马（*Equussameniensis*）；③李氏野猪（*Suslydekkeri*）；④巨副驼（*Paracamelusgigas*）；Ⅲ、中更新世较进步类型：⑤肿骨鹿（*Megaloceros pachyosteus*）；⑥大丁氏鼢鼠（*Myospalax epitingi*）；Ⅳ、新出现的种类：⑦洞熊（*Ursus* cf. *spelaeus*）；⑧狐（*Vulpes* sp.）；⑨最后的鬣狗（*Crocuta ultima*）；Ⅴ、古人类：⑩北京猿人（*Homo erectuspekingensis*）

^{14}C 年代测定为 1.8 万年，总厚 4～16m。

4. 全新统（Q_4）

全新统在本区分布较零散，主要为残存堆积亚砂土层，洪一冲积砂砾层、土壤层，厚 4～20m。

第二章　侵入岩

周口店地区岩浆侵入活动以中、酸性为主，面积最大者为房山复式侵入体（图 0-4、图 2-1）。此外在牛口峪、一条龙等处尚有规模较小的侵入体出露；各类岩脉在房山复式侵入体内及围岩中较为发育。现以前人（谭应佳等，1987；五万分之一周口店幅区调报告，1988；张吉顺等，1990；马昌前等，1996）资料为基础，结合笔者长期教学实践和研究简述如下。

第一节　房山复式侵入体

房山复式侵入体西界车厂，东临羊头岗，北抵东岭子，南至东山口，平面上近于圆形，直径 7.5～9km，面积约 60km^2，为一中等规模的岩株。其接触面产状较陡，一般倾向围岩。复式岩体早期侵位的是石英闪长岩体和闪长岩体，后期侵位的是花岗闪长岩体，前者因后者的侵入穿插而破裂成若干个小岩体散布于外缘。在官地村北 127.2 高地等处可见石英闪长岩体的流面被花岗闪长岩体切割等现象，可视为复式岩体相继侵入活动的依据。

一、花岗闪长岩体

1. 岩相带（单元）划分

花岗闪长岩体内钾长石斑晶呈有规律的变化。据其大小、含量和环带特征的差异性，将花岗闪长岩体从外向内划分为边缘相、过渡相和中央相，其间无明显分界。据钾长石斑晶含量统计研究，钾长石斑晶的高含量区在过渡相带内。

岩体内部相带（单元）的划分尚有不同观点。张吉顺等（1990）将整个复式岩体从边缘至中央依次分出暗色细粒石英闪长岩（A）、中粒石英闪长岩（B）、似斑状花岗闪长岩（C）和巨斑状花岗闪长岩（D）4 个相带，其中 B—D 三个相带分别相当于上述的边缘相、过渡相和中央相；而 A 相带则是相对较早侵位的石英闪长岩（图 2-1）。周正国等（1992）则认为花岗闪长岩体内部不是相带，而是岩浆多次上涌的产物，并进一步将房山岩体划分为 4 个基本单元。经笔者野外观察研究，现阶段仍以张吉顺等（1990）的划分方案开展教学活动。

2. 岩石定名

由于岩石为粗粒似斑状结构，单凭薄片定名有误，故前人采用野外和室内相结合的方法对斑晶和基质矿物的含量分别进行统计，八个点的统计结果见表 2-1。

可以看出，从边缘到中央，造岩矿物的含量具有明显的变化规律：暗色矿物从多到少，石英由少变多，钾长石斑晶含量由无到逐渐增多，后又减少，反映了岩浆从边缘到中央，由较基性向较酸性的演化。经对比分类，岩体的过渡相和中央相岩石的正确命名应为花岗闪长岩，仅在岩体西北部由于钾长石斑晶含量增多而出现石英二长岩；边缘相的基本名称为石英闪长岩，仅在岩体东部丁家洼一带由于钾长石增多也出现石英二长岩种属。

3. 矿物组成

花岗闪长岩的主要造岩矿物为斜长石、条纹微斜长石和石英；次要矿物是绿色普通角闪石和黑云母；副矿物常见者有磁铁矿、磷灰石、榍石、锆石等，偶尔可见褐帘石。

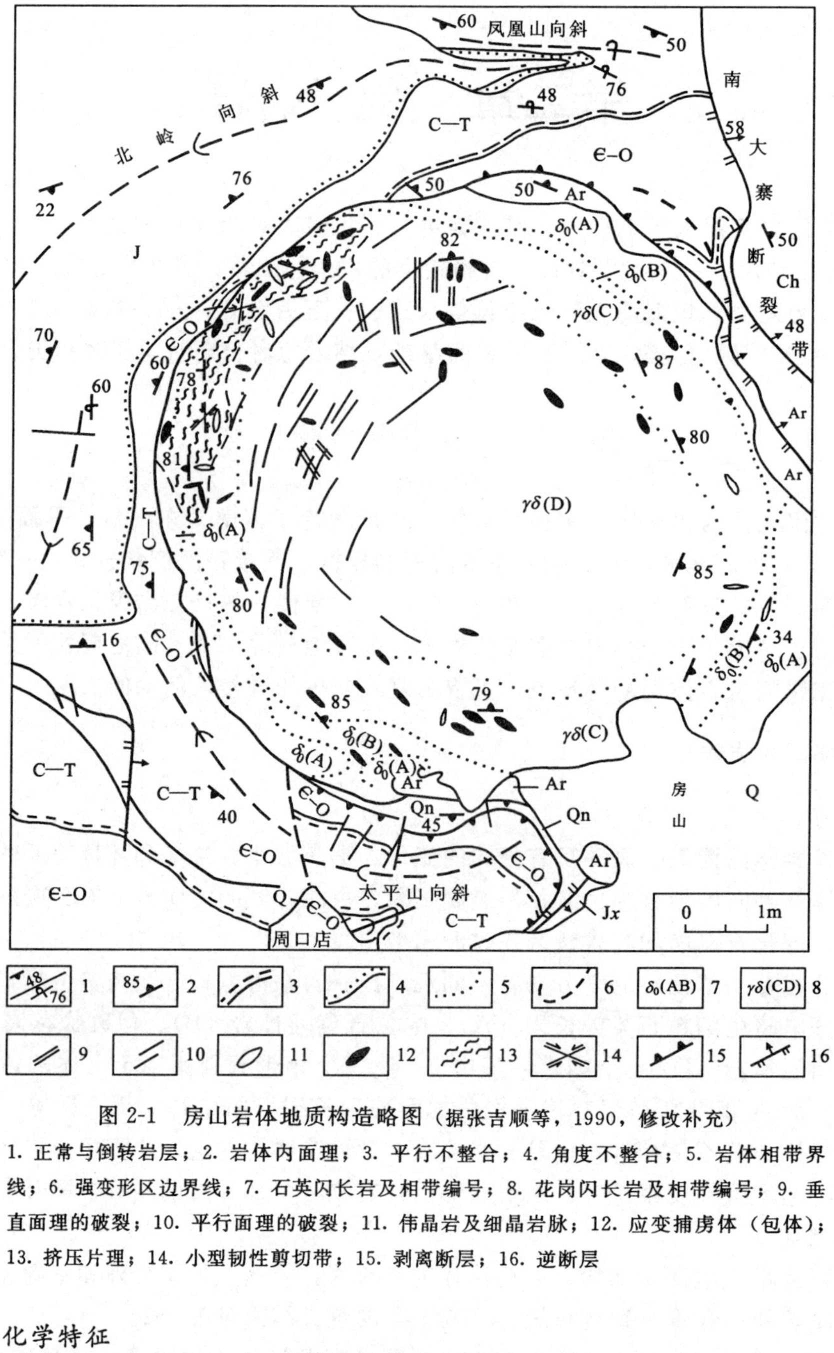

图 2-1 房山岩体地质构造略图（据张吉顺等，1990，修改补充）

1. 正常与倒转岩层；2. 岩体内面理；3. 平行不整合；4. 角度不整合；5. 岩体相带界线；6. 强变形区边界线；7. 石英闪长岩及相带编号；8. 花岗闪长岩及相带编号；9. 垂直面理的破裂；10. 平行面理的破裂；11. 伟晶岩及细晶岩脉；12. 应变捕虏体（包体）；13. 挤压片理；14. 小型韧性剪切带；15. 剥离断层；16. 逆断层

4. *岩石化学特征*

根据表 2-2 测试数据分析，从边缘向中央，SiO_2 增加较快，Na_2O 和 K_2O 增加缓慢，而 CaO、Al_2O_3、MgO、Fe_2O_3、FeO 等则下降，反映了向岩体中心岩石酸性程度增加的一般岩浆演化方向。本岩体另一岩石化学特征是 Si、Na、K 高，Ca、Mg、Fe 低，故应属于正常的、SiO_2 过饱和的钙碱性岩类。

5. *岩体形成温度*

从业已获得的中央相全岩化学成分（表 2-2）和中央相斜长石（An_{27}）斑晶含量（平均 1%）的实际资料，选用 $p_{H_2O}=0.1$GPa 的斜长石斑晶与熔体交换平衡反应热力学公式

(M. Kudo, 1970) 来估算，中央相开始结晶的温度为 909°C；根据 J. A. Whitny 和 J. C. Stormer (1977) 提出的低温系列二长温度公式计算，中央相的成岩温度为 669°C，这些结果与前人（邓晋福，1978）计算房山岩体接触变质带矽线石形成温度必须大于 800°C 的结论吻合（据五万分之一周口店幅区调报告，1988）。

表 2-1　花岗闪长岩体各相带矿物成分平均含量

矿物成分＼岩相带		边缘相	过渡相	中央相
矿物成分含量（%）	石英	12.6	19.5	21.6
	斜长石	46.8	50.0	40.1
	钾长石	20.4	17.6	20.8
	黑云母	10.4	6.3	9.7
	普通角闪石	8.0	5.1	6.3
	磁铁矿	0.8	0.7	0.5
	榍石	0.4	0.4	0.6
	磷灰石	0.3	0.3	0.3
	单斜辉石	0.2	/	/
	其他	0.1（绿帘石、锆石、褐帘石）	0.1（绿帘石等）	0.1（绿帘石等）
岩石名称		石英闪长岩	花岗闪长岩	花岗闪长岩

（据五万分之一周口店幅区调报告，1988）

表 2-2　花岗闪长岩体各相带岩石平均化学成分（%）

相带	SiO_2	TiO_2	Al_2O_3	Fe_2O_3	FeO	MnO	MgO	CaO	Na_2O	K_2O	P_2O_5	H_2O	总和
边缘相（12个）	60.57	0.73	17.07	2.17	3.47	0.07	2.39	4.74	4.35	3.44	0.34	0.57	99.91
过渡相（14个）	62.64	0.72	16.53	2.16	2.90	0.07	2.17	4.06	4.41	3.51	0.30	0.50	99.97
中央相（12个）	65.45	0.72	16.38	1.78	2.10	0.05	1.42	3.00	4.82	3.63	0.24	0.42	100.01

（据五万分之一周口店幅区调报告，1988）

6. 岩体形成时代

岩体直接侵入的地层为下二叠统，但接触热变质晕影响的地层为中侏罗统龙门组。因此，岩体侵入时代应在中侏罗世以后。据前人同位素年龄资料统计，其值变化在 100～140Ma 之间，为燕山运动晚期的产物（谭应佳等，1987）。

7. 捕虏体（包体）

花岗闪长岩体中捕虏体（包体）主要集中于边缘相和过渡相，长轴多在 10～50cm 之间。处于边缘相中包体因经受强烈的压扁作用而呈铁饼状，其长轴或扁平面大致平行于接触带。它们可大致分为两类：一类为来自围岩的碎块（如大理岩、变质砂岩、角闪岩、各种片麻岩、细粒石英闪长岩等，如官地附近 125.5 高地所见）；另一类为深部包体。经研究，从边缘相到中央相捕虏体（包体）具有一定的变化规律：数量由多到少；成分由复杂到单一；形状上从次棱角到纺锤状；界线由截然到不清楚至模糊（微粒暗色者除外）；从没有长石变斑晶（交代斑晶）到出现白色斜长石变斑晶及浅肉红色钾长石变斑晶；改造程度由浅到深。

8. 伴生脉岩

岩体内发育有多种脉岩，一般宽几厘米、长数米至几十米不等。根据穿插关系判断，各种脉岩的生成顺序为：花岗闪长岩脉→花岗岩脉→细晶岩脉→长英岩脉及伟晶岩脉→煌斑岩脉。岩性以酸性为主。多数岩脉较集中发育于岩体的边缘相及过渡相内，平面上则呈放射状展布。

二、细粒石英闪长岩体

石英闪长岩体是相对早期侵位的岩体，呈小型零散状分布于羊耳峪、丁家洼、官地及东山口等地（图 2-1）。

根据各个小岩体的岩石化学鉴定结果，可知官地一带的岩性为暗色闪长岩，东山口、丁家洼等地的小岩体为石英闪长岩。它们皆以细—中粒等粒结构、颜色深、暗色矿物含量高等特征而区别于花岗闪长岩体边缘相。其造岩矿物特征如下：

普通角闪石：绿色。电子探针分析结果及晶体化学式计算表明属钙质角闪石族的镁角闪石。

黑云母：黑色、暗绿色。电子探针分析结果和晶体化学式计算结果表明属镁黑云母。

斜长石：手标本以乳白色、灰白色为主。电子探针分析其牌号在 30～44 之间，故为中长石。

钾长石：肉红色者常见。无双晶或偶见格子双晶。电子探针分析为中微斜长石和正长石系列。

另外，东山口石英闪长岩体的全岩钾氩法同位素年龄为 131.1Ma（宜昌地质矿产研究所，1988），证明与前已述及的花岗闪长岩基本同时。

三、复式岩体侵位机制及热动力构造

复式岩体侵位于房山变质核杂岩之内并成为其构造要素之一，在此过程中岩浆不断膨胀并由中心向四周推挤围岩和较早侵位的岩体而占据空间，属于典型的气球膨胀式深成岩体。据野外观察及章泽军（1990）、张吉顺等（1990）、马昌前等（1996）研究成果，综合其主要特征有：

（1）复式岩体平面轮廓近于圆形，从边缘向中心，由四个相带构成了明显的同心环状构造（图 2-1）。除最外侧的石英闪长岩与花岗闪长岩之边缘相带具有明显的侵入接触关系外，其他各相带或为渐变过渡关系，或在局部发育黑云母条带。后者可视为相带的间隔标志和岩体脉动侵位的分界线。这些特点与 Ramsay（1981）提出的气球膨胀式侵位机制及相关效应十分吻合。

（2）由黑云母等矿物及扁平状捕虏体（包体）显示的面状组构在复式岩体边缘最为发育，向内渐弱，至中央相则基本消失。通过数个观察点测量统计，面理一般与岩体接触界面平行，多倾向围岩，一般表现出西北部倾角较陡，而东南部则缓。岩体边缘的面状构造皆为挤压面理或剪切面理，镜下可见明显的晶体破裂、晶格位错等现象，为典型的同侵位变形构造。对捕虏体（包体）进行观察及应变测量表明：边缘相数量多且压扁度高，压扁面与岩体接触面近于平行。愈向中央，数量渐少，压扁度也变小，至中央相则基本无变形。其平面长宽比一般为 1∶1～1∶50，最大可达 1∶100。在龙门口附近，三度空间轴比 $a:b:c=10:7:1$。由 90 多个测点近 3 000 个长短轴比数据对应变强度的估算，结果显示应变从中心到边缘由弱变强，岩体西北边缘变形强度最大，东西向的压缩为40%，这可能反映了岩浆侵位时从东南向西北斜向上升之效应。

（3）岩体边缘（尤其是西北边缘）发育有韧性剪切带、同构造片麻岩、挤压片理等构造强变形带，车厂——龙门口一带最为发育，该带长约6km、最宽处达0.7km，总体呈新月形展布且弧顶指向北西20°。带内花岗闪长岩、似斑状花岗岩普遍经受不同程度的糜棱岩化和后期重结晶作用而发育片状、片麻状构造。在透入性片理、片麻理基础上又叠加了小型分划性韧性剪切带，它们一般长数米到数百米、宽数厘米到数十厘米，产状近直立，切割了片理和片麻理而构成了新月形强应变带中的局部高应变带。小型韧性剪切带平面组合为雁列式或共轭式。与脆性破裂变形的共轭式节理判断受力方向不同，共轭式韧性剪裂面之钝夹角平分线指示了挤压方向。它们所示挤压方向在新月形变形带内因部位不同略有变化，但总体呈放射状展布且来自岩体中心。强变形带中能够反映韧性变形及剪切指向标志者诸如曲颈瓶状捕虏体、S-C组构、旋转碎斑、“多米诺骨牌”等现象十分发育，均属岩浆由中心向外扩张过程中形成的侵位构造。

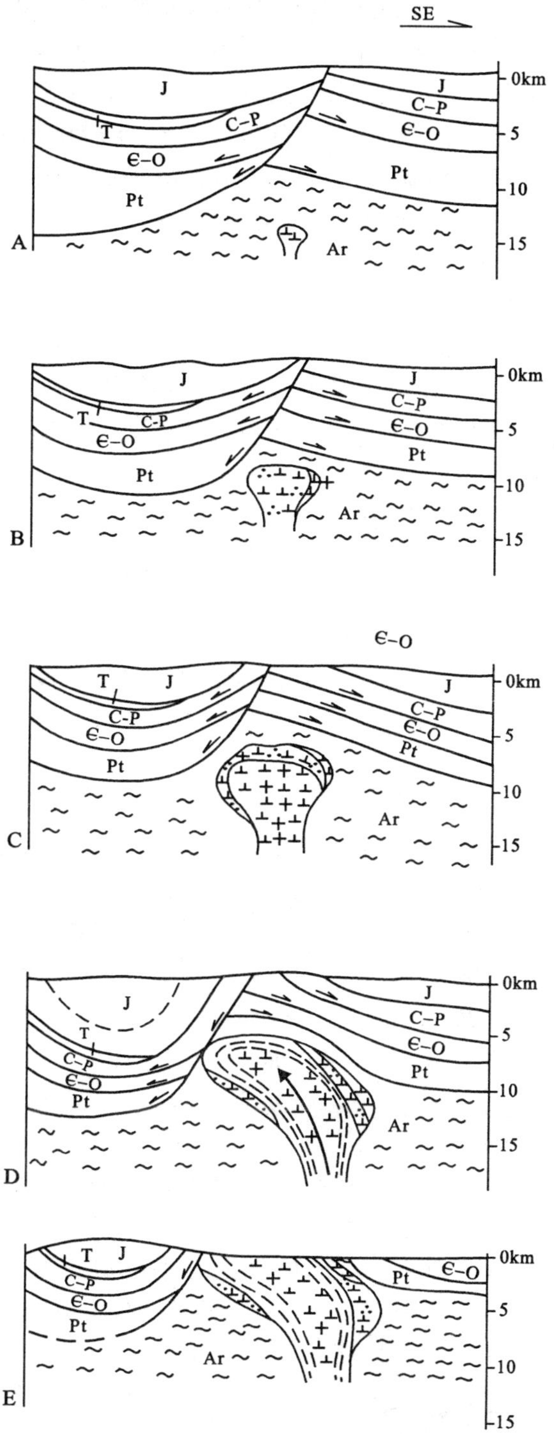

图 2-2 房山岩体侵位过程（据马昌前等，1996）

A. 官地闪长岩的侵位（190～160Ma）；B. 石英闪长岩的侵位（约 150Ma）；C. 中粒和斑状花岗闪长岩的侵位（约 132Ma）；D. 粗斑状花岗闪长岩的侵位；E. 现今剖面

（4）航片解译成果显示出岩体内部发育有配套的环状和放射状构造。野外验证其为相互近于正交的节理系统或沿裂隙贯入的岩脉。此种节理阵列亦为岩浆在未完全固结之前，后续岩浆持续上拱和强力横向拓宽作用而形成的侵位构造。

(5) 岩体接触带和临近围岩中发育有与岩体内部节理系统协调一致的环状和放射状节理；临近的围岩中还发育一组倾向岩体、平面上呈环状展布的挤压片理；近岩体的围岩普遍变薄、变陡甚至倒转；早期的地层以及褶皱和断裂被调整改造到同岩体构造一致而呈现出区域构造线平行环绕岩体接触带展布的平面格局（见图 0-4 及第四章相关阐述）。章泽军(1990) 对接触带所作的应力场分析表明，主应力中间轴有从岩体中心向外呈放射状分布之态势。

可以看出，岩体之围岩构造特征与其内部诸多反映岩体强力侵位的标志协调一致，似乎反映了最先上涌的（石英）闪长岩体，是以热动力作用方式改造围岩且形成了与接触带一致的面理构造；当前者还未完全固结时，新的岩浆即贯入其中并向四周膨胀拓宽，持续脉动，使得早期侵入者不断外移、压扁、改造以及后期岩脉沿先期裂隙充填，从而导致了复式岩体边缘多期变形叠加、多期岩脉活动和边缘相残缺不全之特征。图 2-2 形象地再现了这种侵位过程。

第二节　小型侵入体

散布于房山一带的小型侵入体规模不大，彼此孤立（图 4-3）。现将教学过程中涉及到的小型岩体简要介绍。

一、“灯泡”花岗岩体

出露于牛口峪水库一副坝两侧，南北长 400m，东西宽 250m，因平面形态似“灯泡”而得名。岩体与周围古生界地层均为侵入接触，其中最新地层为石炭系。接触带处往往出现白云母角岩，在大杠山—磨盘山一带表现较为清楚。

岩石风化强烈，色浅，细粒。镜下可见较强的绢云母化及菱铁矿化。组成矿物有半自形的斜长石（22.2%）、它形钾长石（46.3%）、它形石英（25.8%）、白云母（交代黑云母，2.2%）及菱铁矿（2.5%）等。

二、“龙眼”花斑岩体

此岩体分布于东山口一条龙西端，因形似“龙眼”而得名。岩体规模不大，长几十米，侵入于下马岭组地层中。

岩石为黄白色，组成矿物主要是微斜长石（54%）、更长石（An_{15}，10.9%）、石英（30.2%）以及少许黑云母、白云母等。偶见有微斜长石的大斑晶，基质细粒，具显微文象结构，定名为白云母花斑岩。

三、牛口峪岩体

岩体自牛口峪向西沿沟延伸，长 700 余米，宽约 100m。岩体侵入于上古生界的砂页岩中，使其变质成为白云母角岩。

岩石呈带褐色斑点的灰白色，缺少暗色矿物，细粒结构。绢云母化及菱铁矿化强烈。主要组成矿物有斜长石（50.7%）、微斜长石和条纹长石（21.1%）以及石英（25.9%），另外有少量呈黑云母假象的白云母、菱铁矿。根据矿物含量应为花岗岩类。

房山复式侵入体以南的这些小型侵入体，其共同特点是较房山岩体更酸性，色浅，后期有菱铁矿化，围岩因受其热变质作用形成白云母角岩。虽然这些小型岩体之间以及它们与房山复式侵入体之间无直接接触关系，但从岩浆活动一般规律和区域构造背景分析，应属燕山运动产物，其形成可能晚于房山侵入体。

第三章　变质岩

实习区多数岩石都遭受了程度不同的变质作用，包括有太古宙变质杂岩、元古宙和古生代区域变质岩、岩体周围的接触热变质岩及与构造变形作用有关的动力变质岩（谭应佳等，1987；五万分之一周口幅区调报告，1988；张吉顺等，1990；王方正等，1996）。

第一节　太古宙变质杂岩——官地杂岩

官地杂岩主要由片麻岩、斜长角闪岩、变粒岩等组成的一套变质岩系，分布于房山岩体南北两侧及东缘，面积小于0.5km²（图0-4、图4-3）。

一、岩石学特点

1. 黑云母斜长片麻岩

见于官地以东、以北等地，为官地杂岩的主要组成岩石。岩石呈浅灰色、灰色，片麻状构造，粒度为中细粒，镜下具鳞片花岗变晶结构，亦见镶嵌变晶结构。主要矿物是斜长石、石英、黑云母，亦可见角闪石、微斜长石和条纹长石。在有的地段由于矿物含量及结构的变化可以定名为黑云角闪斜长片麻岩、角闪黑云斜长片麻岩等。

2. 混合花岗岩

该类岩石多见于山顶庙西沟及周家坡一带。岩石浅灰色、灰白色。呈不等粒的花岗变晶结构且发育有多种交代结构。块状构造为主。有的具弱片麻状或阴影状构造。曾广泛受到碎裂岩化作用。浅色矿物为各种长石和石英；暗色矿物分布不均且大多变为绿泥石。另外尚有少许黑云母及白云母。

3. 斜长角闪岩

多呈薄的夹层或透镜体赋存于不同区段的浅色片麻岩中，官地东侧打谷场附近及官地—李家坡大路旁均有出露。岩石黑色、暗绿色、墨绿色。块状构造为主，偶见弱定向构造。若具有轻度混合岩化时则有条痕状、条带状、树枝状、网脉状、角砾状构造出现。由于混合岩化使岩石总的色调变浅。岩石呈粒状变晶结构到花岗变晶结构，亦见有多种交代结构。主要矿物为角闪石和斜长石。如角闪石含量大于80%，可称其为角闪石岩。

4. 黑云母、角闪石变粒岩

该类岩石见于官地、周家坡、山顶庙一带。在房山复式岩体边缘相（官地村西北125.5高地）中亦可见此类岩石的捕虏体存在。露头上多呈层状产出，块状构造为主；因经常发育有沿裂隙注入之长英质脉体而具有条带状或网脉状构造。岩石色调变化颇大，具灰绿色、深绿色、墨绿色、褐黄色等，混合岩化加强时颜色变浅而呈浅灰色、浅肉红色。细粒花岗变晶结构。主要造岩矿物为长石、石英、角闪石、黑云母、绿帘石等，含量变化较大。若暗色矿物以黑云母为主时称黑云母变粒岩；角闪石为主时称角闪变粒岩；绿帘石较多时称绿帘黑云（角闪）变粒岩；当暗色矿物含量小于10%时则称为浅粒岩。白云母亦可见到，其他副矿物可见磁铁矿、磷灰石、榍石等。

二、官地杂岩的成因及时代分析

关于官地杂岩的成因及时代曾有两种观点：其一认为是太古宙古老变质岩系；其二认为是元古宙乃至下古生代变质沉积岩经房山复式岩体侵入时岩浆混染所致。近年来通过岩石学、岩石化学、副矿物及稀土元素分配特征等方面的研究并结合野外地质产状，多数研究者认为该杂岩时代应为太古宙，属于华北陆块（板块）古老结晶基底的一部分。其依据是：

（1）杂岩与房山岩体呈明显的侵入关系。李家坡—乱石垅区段可见花岗岩岩枝侵入杂岩中，官地村西可见岩体边缘相中有大量片麻岩捕虏体存在。

（2）杂岩与中新元古界及古生界地层皆成断层接触。在周家坡区段即分别与铁岭组、下马岭组呈断层接触。经区域对比研究分析，这些断层是沿基底与盖层间不整合界面发育的剥离断层。

（3）选择混合岩化微弱或基本无混合岩化的岩石类型进行化学分析（据五万分之一周口店幅区调报告，1988），斜长角闪岩的样品投点结果，除一个样品外均为正斜长角闪岩，说明其由基性岩浆岩变质而来（图 3-1）；为进一步判别斜长角闪岩的岩石类型，图解投影的结果（图 3-2）得出，两个样品为玄武质科马提岩，而其他四个点属于富镁拉斑玄武岩，其组合属苦橄质—科马提质玄武岩浆系列，而华北地区元古宙及早古生代均无基性岩浆活动，故应为太古宙绿片岩带的产物。

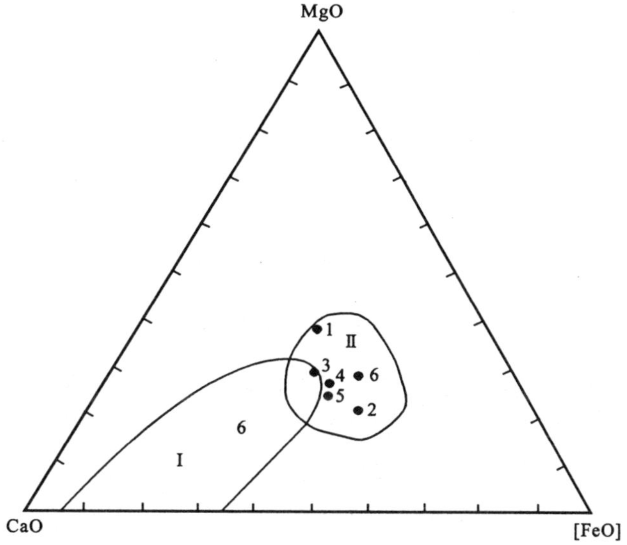

图 3-1　CaO-MgO-［FeO］图解（据五万分之一周口店幅区调报告，1988）

Ⅰ. 负斜长角闪岩；Ⅱ. 正斜长角闪岩

（4）杂岩中各种片麻岩的稀土分配特点皆与世界太古宙花岗质岩石稀土元素的特征相似。

（5）杂岩中有多期糜棱岩化及碎裂岩化的变形特点，但房山岩体除侵位时有一次糜棱岩化外，其后再无与糜棱岩化相伴的构造运动，故多期糜棱岩化也是古老变质岩系之特点。

（6）杂岩曾叠加混合岩化作用而在某些区段成为混合花岗岩，其中正、反条纹长石的存在代表了区域变质作用时的混合岩化之特点。研究表明，由于房山岩体的侵入作用而导致的

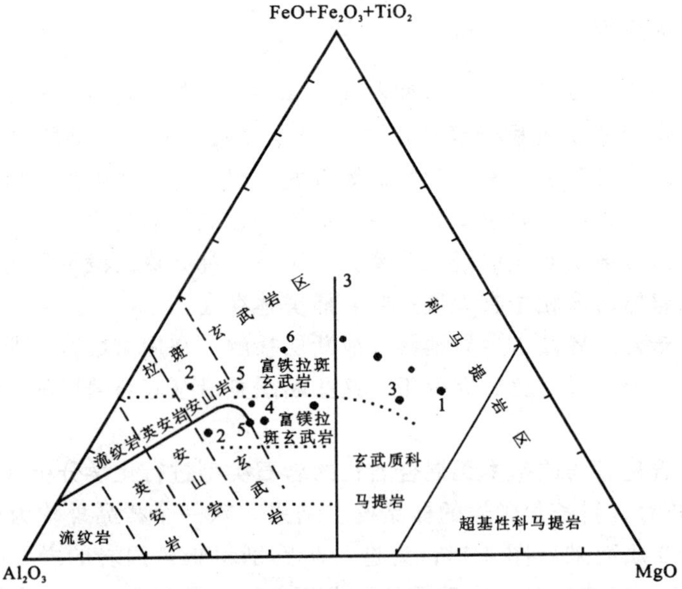

图 3-2 变基岩性 $FeO+Fe_2O_3+TiO_2$-Al_2O_3-MgO 的原岩类型成因图解

（据五万分之一周口店幅区调报告，1988）

（注：以阳离子数投点，据 Lene，1976，图中点号同图 3-1）

围岩接触热变质作用的上限并未达到花岗质低共熔的温度，因此，混合花岗岩及其中的正、反条纹长石的形成与岩浆混染作用无关。

(7) 杂岩的副矿物组合特点以锆石含量为高，且锆石经历了变质作用、重结晶作用及溶蚀、沉积作用的复杂历史。而混染成因的副矿物组合应当反映房山复式岩体副矿物的组合特点，即榍石含量占绝对优势且经历简单，这说明杂岩混染成因的可能性不大。另外，获得杂岩中自形锆石的 Pb-Pb 年龄约为 2 449Ma（Wang 等，1996），亦证明其为太古宙变质岩系。

三、太古宙变质杂岩的变质相及矿物共生的温压条件

由于太古宙变质杂岩仅以零星露头散布于房山复式岩体的周缘，加之岩石普遍遭受不同程度的混合岩化作用，故为变质相带的划分带来一定困难。经对混合岩化后矿物共生情况等方面综合分析并与经典的变质相进行对比可知，目前看到的太古宙变质杂岩的变质相相当于中压角闪岩相，而遭受动力变质之后则退变为绿片岩相。

据混合片麻岩中共存的不同长石的成分，用二长石地温计求知其温度约为 400°C；据斜长石与角闪石的成分，用斜长石和共存的角闪石中 XCa 分配地质温度计，求出其共存的温度为 400～450°C，二者计算结果吻合，说明混合片麻岩的形成温度在 400～450°C 之间。另外，利用其他测试手段进行温度计算，结果也都表明是属于中压绿片岩相的温度范围，即代表了遭受动力变质作用之后退变质作用的温压条件。

第二节 显生宙区域变质岩

周口店地区 75％以上的面积均属显生宙区域变质岩出露区，但在房山复式侵入体周围 1 000～1 500m 范围内则叠加了接触变质作用。

一、岩石学特点

1. 板岩

代表性岩石如洪水庄组黑色板岩、下马岭组黑色炭质板岩、景儿峪组灰绿色钙质板岩及太平山南北坡石炭系—二叠系杂色板岩、粉砂质板岩、炭质板岩和压力影板岩等。岩石中普遍见有变余粉砂—泥质结构及变余层理构造，板劈理发育。镜下为显微变晶—隐晶质结构，亦常见斑状变晶结构，变斑晶多为黄铁矿且表现出压力影构造。此类岩石有时由于具有一定的丝绢光泽或板理面上略具皱纹而显示出千枚状构造的某些特征，如下马岭组含磁铁矿千枚状板岩、龙山组上部灰白色千枚状板岩等。

2. 千枚岩

千枚岩是实习区内广布的岩石类型之一。从元古宇到侏罗系均可见到，但主要发育在元古宙的泥质变质岩中，如洪水庄组黑色千枚岩、下马岭组灰色—灰黑色千枚岩、粉砂质千枚岩、炭质千枚岩、龙山组黄色粉砂质千枚岩、馒头组及毛庄组灰色或黄色千枚岩等。岩石色调较杂，具丝绢光泽，但随颜色加深则光泽变弱。面理上有时呈现皱纹，断面上可见细纹状变余层理。常见的结构是基质为显微鳞片（花岗）变晶结构的斑状变晶结构。变斑晶主要是红柱石（多发育为空晶石），基质主要成分是绢云母、石英以及少许绿泥石和黑云母。

3. 变质砂岩

变质砂岩亦为实习区内常见岩石类型，尤以太平山南北坡石炭系—二叠系中分布较多。岩石色杂，常呈暗灰、灰黄、浅灰、灰黑等色。镜下则可见变余砂状结构。主要矿物成分为长石和石英；暗色矿物多系胶结物变质而成，如黑云母、绿帘石等。

根据观察研究，其原岩既有长石砂岩、石英砂岩，也有杂砂岩，其中以岩屑砂岩最多。在某些区段可见为含砾变质砂岩或变质砂砾岩。

4. 片岩

这种岩石主要出露于一条龙、羊屎沟、骆驼山一带，构成下马岭组主体部分。以灰色、灰黑色、黑色者为多。岩石一般呈鳞片花岗变晶结构或花岗鳞片变晶结构，有时也见斑状变晶结构。本区片岩以不含或少含长石为特征，主要矿物有黑云母、白云母、石英、红柱石、矽线石、石榴石、十字石、堇青石和磁铁矿等。

主要岩石有硬绿泥石绢云母绿泥石片岩、硬绿泥石二云母片岩、硬绿泥石蓝晶石片岩、硬绿泥石十字石石榴石云母片岩、十字石蓝晶云母片岩、十字石石榴石云母片岩、蓝晶石硬绿泥石片岩、硬绿泥石红柱石片岩、红柱石片岩等。其中红柱石片岩见于太原组以下地层中，而含蓝晶石的片岩则与印支期剥离断层空间展布密切相关，含石榴石、十字石的片岩仅在下马岭组地层中见到。

5. 大理岩

常见岩石有纯大理岩（又可进一步分为白云石质大理岩及方解石质大理岩两类）、石英大理岩、含云母大理岩、透闪石大理岩、滑石大理岩等。它们赋存于元古宙—早古生代铁岭组、景儿峪组等层位。其成因与区域变质作用及接触热变质作用皆有联系。

二、岩石化学特点

由于区域变质作用程度浅，变余沉积的结构、构造特征大多有保留，故其原岩恢复仅据肉眼观察即可确定。

根据51个显生宙区域变质岩全岩化学分析结果可知（据五万分之一周口店幅区调报告，1988），区内板岩、千枚岩、片岩类岩石，除钙质片岩和少许硬绿泥石片岩外，所有样品都属于 SiO_2 饱和、过饱和类型，且多显示出 Al_2O_3 过剩而 K_2O 不足的特点，说明原岩大多数为 K_2O 不足的粘土岩类，仅有少数为砂质沉积岩类。

另外，周口店地区大理岩与世界显生宙大理岩相比，其 SiO_2、TiO_2、Al_2O_3、Na_2O、K_2O 均较接近。

三、显生宙区域变质岩变质带、变质相及形成条件

1. 变质带、变质相的划分及相关的温压条件分析

周口店地区变泥质岩及变长英质岩类可明显地分为以下几个变质带：

(1) 硬绿泥石带。其矿物共生组合除常见的石英、绢云母、绿泥石等矿物外，主要特点则是以硬绿泥石出现为标志，且不出现黑云母、石榴石等矿物。

(2) 黑云母带。该带与前者的不同是普遍出现了黑云母，在某些岩石中亦出现了石榴石或蓝晶石，但它们仍与硬绿泥石共生。

(3) 十字石带。该带的特点是以泥质岩出现十字石为特征，且蓝晶石、石榴石继续稳定。但它们均不与硬绿泥石共生。

周口店地区显生宙大理岩类岩石，按其矿物共生组合可以分为两套：

(1) 石英、绢云母大理岩带与泥质岩硬绿泥石带相当。该带以碳酸盐中的 SiO_2 重结晶变成石英，或其泥质条带中出现绢云母为特征。

(2) 绿帘石、透闪石大理岩带与泥质岩的黑云母带相当。该带以大理岩中出现含水的Ca、Mg硅酸盐矿物如透闪石、滑石以及铝硅酸盐绿帘石等为特征。如果 SiO_2 含量少时则不出现石英。

对上述三个变质带矿物组合进行综合分析得知，硬绿泥石带相当于中压绿片岩相的绿泥石带；黑云母带包括两个同类型的矿物组合，一为含蓝晶石的黑云母带；另一个则是与红柱石共生的黑云母带。前者属中压相系，而后者为低压相系；十字石带则属中压相系的低角闪岩相。利用矿物地质温压计定量估算各相应变质带的温压范围如下：

硬绿泥石带：温度	350～450°C	$p=?$
黑云母带：温度	450～575°C	$p>2.5\times10^8$ Pa
十字石带：温度	575～700°C	$p>5\times10^8$ Pa

2. 特征变质矿物的时、空分布与变质作用及区域构造的关系

前已述及，变质矿物组合可区分出不同的压力类型，说明分属于不同的区域变质作用。根据特征变质矿物和矿物组合在时间上的分布规律，结合变质矿物与变形作用的关系，以及不同变质带空间分布与区域构造的关系，可将周口店地区区域变质作用建立如下序列：

印支（或更早）期热动力区域变质作用。进一步可划分为两个阶段：

(1) 以中压相的变质矿物组合的形成为特征，特征变质矿物为十字石、蓝晶石等，其分布与本阶段发生的、具强应变特征的顺层韧性剪切带及剥离断层关系密切。

(2) 变质矿物组合以云母类矿物为主，间或有硬绿泥石。本阶段变质作用的空间分布与印支主期面理褶皱的轴面褶劈理发育有密切关系。相对第一阶段的变质作用来说，是一次退级变质作用。

燕山早期低压区域变质作用。本期区域变质作用以形成低压相系的矿物组合为特征，以

红柱石型矿物组合为主。变质带的空间分布受燕山期北北东向的构造所控制。

第三节　接触热变质岩

周口店地区接触热变质岩主要分布于房山复式侵入体周围。

一、岩石学及岩石化学特征

由于接触热变质作用叠加在区域变质岩之上，加之大部分接触热变质岩都发育有明显的片理构造，故此种变质作用形成的各种板岩、片岩、大理岩与区域变质岩很难区别，仅能从野外产状及矿物组合上加以鉴别。

1. 角岩类

此类岩石在实习区太平山南北坡石炭系—二叠系地层中常见。

(1) 红柱石角岩类。暗灰色—黑灰色，块状构造，肉眼可见红柱石变斑晶，大小在 2～8mm，无定向排列，有的呈放射状集合体形似菊花被称之为菊花石。岩石为基质为角岩结构的斑状变晶结构，基质亦可见显微鳞片花岗变晶结构或放射状花岗变晶结构。

除此之外尚见有十字石、红柱石角岩，硬绿泥石红柱石角岩。

(2) 硬绿泥石角岩。新鲜岩石为灰绿到暗绿色，风化后呈褐红色。变斑晶硬绿泥石镜下呈蒿束状集合体，无定向排列。基质以炭质尘点及细粒石英为主。硬绿泥石含量达 90%时则称硬绿泥石岩。

2. 接触片岩

此类岩石在羊屎沟等地下马岭组地层中常见，尚可细分为：

(1) 红柱石云母片岩。与区域变质的红柱石片岩明显不同，其差异是红柱石粒度大，具环带结构，核心是具有粉红色多色性的红柱石，外环是不带多色性的无色红柱石。可与矽线石共生，而不与蓝晶石共存。基质中黑云母鳞片较大。其他变质矿物尚有石榴石等。与之相应的岩石可有石榴石红柱石片岩、红柱石白云母石英片岩、红柱石二云母片岩等。

(2) 矽线石云母片岩。岩石可以渐变为石榴石红柱石片岩，故有一系列过渡的岩石种属如含矽线石的石榴石云母片岩、石榴石红柱石矽线云母片岩等。岩石呈暗灰色、灰黑色。中细粒纤维—鳞片变晶结构或斑状变晶结构，具片状构造至片麻状构造。

3. 大理岩类

实习区大理岩有两种成因类型，一类为区域变质作用的产物，如景儿峪组大理岩；另一类为与房山岩体的接触热变质作用有关。后者展布于岩体周缘，时代因地而异，在东山口等处以铁岭组为主，在周家坡一带下古生界地层中亦有零星出露。主要岩性有：

(1) 透闪石大理岩。灰色、暗灰色。中、细粒纤维状嵌晶变晶结构。主要矿物为白云石、方解石、透闪石和少许白云母、斜长石。其中透闪石含量 5%～10%甚或更少，一般呈条带或不规则的团块产出。原岩恢复为硅质白云岩。

(2) 透辉石大理岩。浅绿、浅黄、浅灰等色。中、细粒柱粒状变晶—嵌晶结构。特征矿物透辉石为柱状晶体，常相对集中成条带或形状各异的团块，其柱粒度在 0.3～0.8mm，含量约 10%。另有透闪石、绿帘石、黑云母、钙铁榴石、符山石、斜长石等，一般含量不超过 5%。其原岩可能是含铁泥质的硅质白云岩。

(3) 含橄榄石大理岩。岩石呈暗灰色、浅黄褐色。块状构造，可见变余层理。花岗变晶及嵌晶结构。主要矿物方解石约60%，其次是白云石，约20%。特征变质矿物是镁橄榄石，无色，圆形及它形粒状，粒径0.1～0.3mm，含量变化较大，在8%～15%之间，经常沿裂隙发生蛇纹石化而形成蛇纹石化大理岩。此外，橄榄石常与透辉石同时出现，形成橄榄石、透辉石大理岩。它们的原岩是含硅质的白云质灰岩。此种岩石在一条龙西端、东山口等处铁岭组中常见。

接触热变质作用基本上是等化学变化，其岩石化学特点与相对应的区域变质岩基本相同。经测试分析，SiO_2 皆是过饱和且 K_2O 均为不足，总体反映这些岩石的原岩具富铝特性。

二、接触热变质晕、变质相的划分及区域地质背景分析

离房山复式侵入岩体越近，接触变质强度越强。根据不同原岩和有新矿物或新矿物组合出现，房山岩体周围接触热变质晕由远到近进行对比后可依次划分出以下几个带：

1. 红柱石—黑云母带

主要岩石类型是角闪岩、变质砂岩及大理岩。与区域变质作用形成的绿泥石带区别是出现红柱石及黑云母两种变质矿物。该带之泥质岩及长英质岩矿物共生组合如图3-3所示。变质岩及长英质岩中常见金属矿物磁铁矿，有些组合中还有石墨与其共生。考虑到钙质岩及基性岩情况，其矿物组合则用图3-4示出。

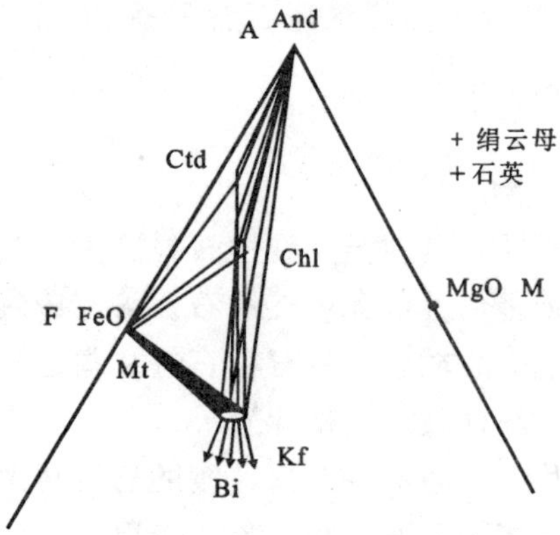

图3-3 变泥质接触变质作用红柱石—黑云母带矿物共生的AFM图解

（据五万分之一周口店幅区调报告，1988）

其中矿物点投影系根据电子探针分析结果

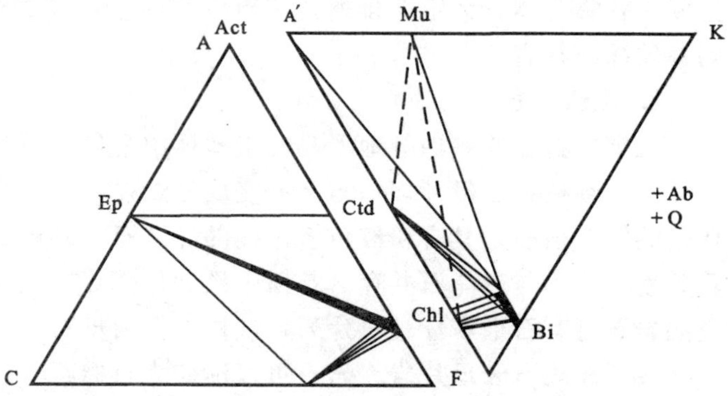

图3-4 接触变质岩黑云母—红柱石带矿物共生的ACF及A′KF图解

（据五万分之一周口店幅区调报告，1988）

该带在空间上远离岩体，房山岩体西部及西北部距离岩体接触带大约在200～250m之外，而南侧羊屎沟一带则离岩体约在400m之外，向外一直延伸到距岩体约500～800m处，逐渐过渡为区域变质的硬绿泥石带。

2. 石榴石—十字石带

主要岩石是各种接触变质岩及各种角闪岩、大理岩，以出现十字石、石榴石、铝直闪石、普通角闪石为特征，在长英质岩及基性程度较高的岩石中出现角闪石、黑云母、白云母、绿帘石等矿物。其变质泥岩及长英质碎屑岩矿物共生组合见图3-5；如果将变泥质岩、变长英质岩及钙质岩矿物共生情况综合图解则如图3-6所示。

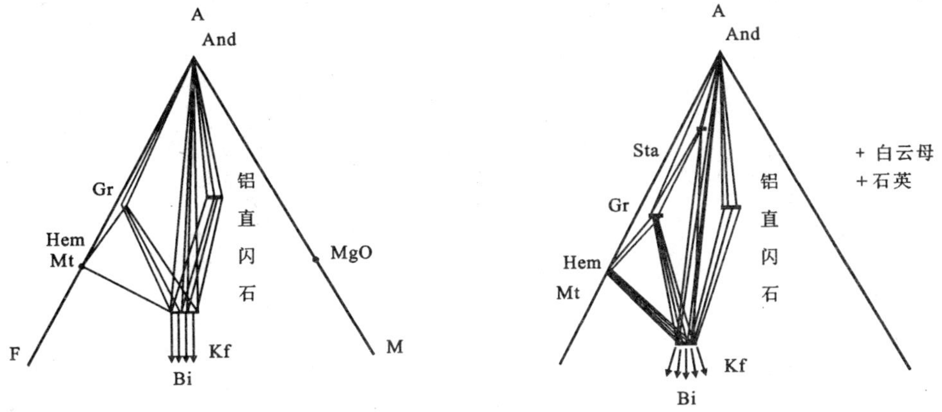

图 3-5 接触变质岩十字石—石榴石带矿物共生的 AFM 图解

（据五万分之一周口店幅区调报告，1988）

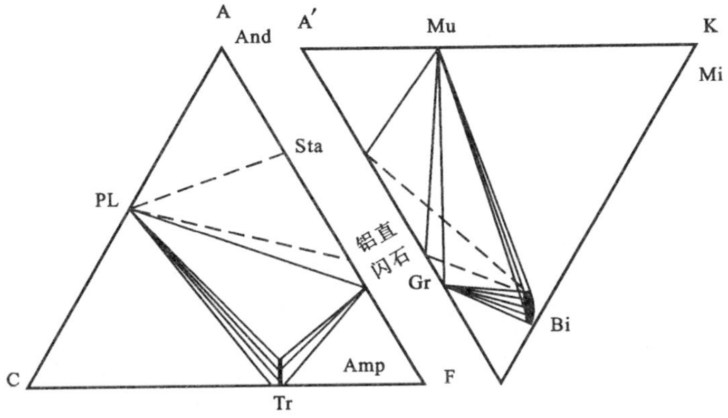

图 3-6 接触变质岩十字石—石榴石带矿物共生的 ACF 及 A′KF 图解

（据五万分之一周口店幅区调报告，1988）

在房山岩体西北及西部该带一般距离岩体接触带约 200m 以内，在南侧离岩体较远，约在 400m 以内。

3. *矽线石带*

在变泥质、砂质岩中该带以出现矽线石为特征，大理岩及钙质岩中则出现镁橄榄石、透辉石、符山石和钙铁榴石等。常见的岩石是接触片岩、片麻岩及各种大理岩和钙硅酸盐角岩。变泥质岩及长英质岩类和大理岩及钙硅酸盐角岩类的矿物共生组合情况分别见图 3-7、图 3-8。

实际上，由于各地发育的地层岩性不同，各变质带矿物组合齐全的分带剖面并不多见。例如，很多地方就不发育矽线石带和镁橄榄石带。石榴石带虽然较普遍存在，但十字石带围绕岩体也是断续出现。发育较齐全的三个变质带位于羊儿峪与车厂之间的地段（图 3-9）。

因为这三个带兼具接触热变质和中压区域变质相的特点，故若将上述三个变质带与经典的接触热变质相对比，它们均不能找出与其完全相当者。红柱石—黑云母带可能相当于接触变质的钠长绿帘角岩相与区域变质中压绿帘角闪岩相之过渡的条件。而石榴石—十字石带可能相当于接触热变质的普通角闪石角岩相与区域变质的中压角岩相十字石亚相之间的过渡条件。矽线石带则相当于接触热变质的辉石角岩相与区域变质的中压角闪岩相的矽线石亚相之

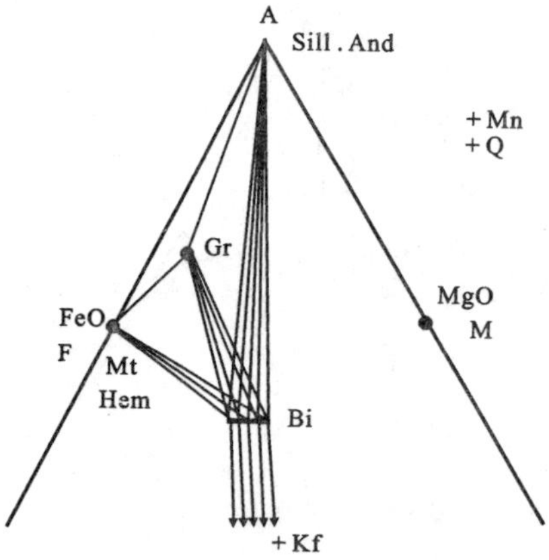

图 3-7　接触热变质矽线石带泥质岩及长英质岩矿物共生的 AFM 矿物共生图解

（据五万分之一周口店幅区调报告，1988）

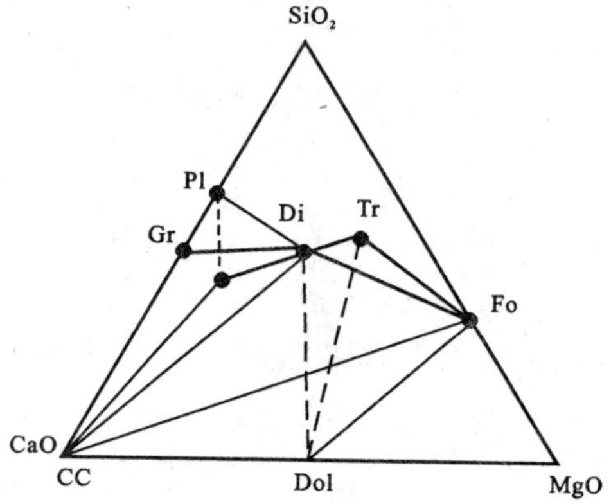

图 3-8　接触热变质矽线石带大理岩类及钙硅酸盐角岩矿物共生的 SiO_2-CaO-MgO 图解

（据五万分之一周口店幅区调报告，1988）

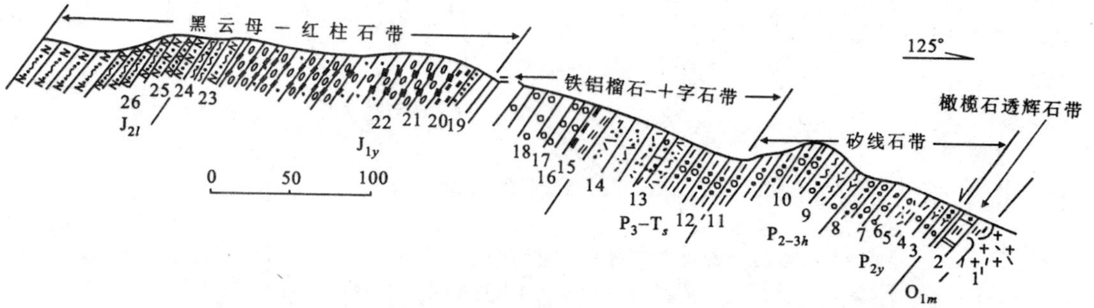

图 3-9　房山岩体西部车厂实测剖面（据五万分之一周口店幅区调报告，1988，略修改）

O_1m. 马家沟组；P_2y. 杨家屯组；$P_{2-3}h$. 红庙岭组；P_3-Ts. 双泉组；J_1y. 窑坡组；J_2l. 龙门组

1. 花岗闪长岩；2. 黝帘透辉大理岩；3. 含十字石黑云红柱矽线石英片岩；4. 红柱灰质片岩；5. 霏细岩脉；6. 炭质空晶石角页岩；7. 石榴空晶石角页岩；8. 白云炭质石英空晶石片岩；9. 矽线红柱黑云石英片岩；10. 红柱白云石英片岩；11. 含矽线石榴红柱白云母石英片岩；12. 红柱石英白云母片岩；13. 黑云角闪变粒岩；14. 角闪绿帘变粒岩；15. 千枚岩；16. 炭质千枚岩；17. 含石榴石十字石铝直闪红柱角页岩；18. 黑云空晶石角岩；19. 空晶石砂质千枚岩；20. 变质长石石英砂岩；21. 红柱千枚岩；22. 红柱砂屑千枚岩；23. 含黑云母变质石英长石砂岩；24. 黑云母角岩；25. 变质石英长石砂岩；26. 变质砾岩

间的过渡条件。

三、变质温压条件计算

由于接触变质岩的矿物共生组合与燕山期低压（红柱石型）区域变质矿物组合基本相同，只是接触热变质存在有矽线石带。故从石榴石—十字石带进入矽线石带的反应是：

$$7.6\ 十字石+11\ 石英=4\ 铁铝榴石+32\ 矽线石+3H_2O$$

接触热变质的矽线石带上限即为花岗质岩石的初始熔融线。将此反应的单变稳定 p-T 线进行图解和综合研究，得出接触热变质的三个带的温压范围是：

红柱石—黑云母带：450～575℃　　　　$p<0.25GPa$
十字石—石榴石带：575～690℃　　　　$p<0.25GPa$
矽线石带：690～800℃　　　　$p<0.25GPa$

第四节　动力变质岩

与韧性剪切带、剥离断层伴生的糜棱岩系列及与脆性断裂伴生的碎裂岩系列在实习区内广泛分布，一般研究者将它们统称为断层岩且视为动力变质岩。但实际上断层岩的分类尚无统一标准。现据其成因、实用性和在区内发育特征，按断层岩的两大系列概述之。

一、糜棱岩系列

糜棱岩种类繁多，为描述方便，在恢复原岩的基础上并考虑到构造特征归纳为以下几类：

1. 碳酸盐质糜棱岩

在164背斜冀部、三不管沟、骆驼山等处的铁岭组、马家沟组和寒武系强变形的岩段中均有发育。岩石呈浅灰色、灰色。具细粒、显微细粒结构，定向构造，外观类似于纹带灰岩、纹层状灰岩或纹带状白云岩。这些“纹层”或“纹带”宽约0.5～2.0mm，常发生弯曲，塑性变形特征在岩石风化面上尤为清晰。显微镜下矿物细粒，定向排列；碎斑含量一般小于30%，呈椭球状；可见碎裂、机械双晶变形、弯曲以及核幔构造。

依据矿物组合，可区分为石英大理岩质糜棱岩、石英白云质大理岩质糜棱岩、变泥质大理岩质糜棱岩等。当岩石有较明显的重结晶作用时，可定为碳酸盐质变余糜棱岩。

2. 角闪斜长质糜棱岩

见于山顶庙、乱石垅、东岭子等区段出露的太古宙官地杂岩中。岩石发育透入性的糜棱面理及拉伸线理，形成典型的S-L构造岩，外貌呈条纹状，条纹宽0.2～1.0mm。其中暗色条纹由柱状定向排列的角闪石以及黑云母组成；浅色条带由钠—更长石及石英组成。

3. 花岗质糜棱岩

与角闪斜长质糜棱岩密切伴生，它们宏观结构、构造相似。其中暗色条纹由细小的长英质矿物及黑云母组成；浅色条带则由石英组成。石英已发生显著的静态重结晶，形成由矩形及多边形石英组成的多晶石英条带。石英条带的长宽比达12∶1～15∶1，最大可达20∶1，镜下呈丝带构造。岩石中常含10%左右的长石碎斑，其形似眼球，大小为0.2～2.0mm，常被石英条带环绕而成典型的核幔构造。此种岩石与其他产于太古宙官地杂岩中的糜棱岩类一道多遭受后期再造作用：一是重结晶作用明显而形成各种变余糜棱岩；二是经破碎改造为糜棱岩质碎裂岩或碎裂岩化糜棱岩。

4. 花岗闪长质糜棱岩

发育于房山复式岩体西北缘。岩石具片状构造，中粒糜棱结构，局部为细糜棱结构。斜长石和微斜长石残斑的含量变化在20%～50%之间，粒度为1.00mm×1.75mm，个别达5mm×10mm；颗粒呈椭圆形、圆形、S形、眼球形等。原生双晶诸如卡式双晶、格子双晶已变形弯曲。基质由石英、斜长石、黑云母、角闪石组成。石英为长条状应变石英及动态重结晶的矩形细粒石英，前者长宽比为1∶20，它们分布在长石残斑之间，具典型的核幔构造。其内少数角闪石和黑云母颗粒发生香肠化和破裂滑移。

5. 长英质糜棱岩（变晶糜棱岩）

与房山岩体西北缘剪切带内长英质岩脉变形相关。具变余糜棱结构，条带状构造。其中石英具带状消光。磁铁矿和榍石由于变形强烈呈定向排列且出现拉断现象。

经研究，上述前三种糜棱岩多与印支期（或更早）顺层韧性剪切或剥离断层有关，后两种类型则为燕山期岩浆热动力变形的产物（李志中，1990）。

二、碎裂岩系列

实习区内最常见的碎裂岩有：

1. 断层角砾岩

大小砾岩山之间、牛口峪及房山西等地断裂带内皆有断层角砾岩发育。角砾一般在2mm以上，角砾及胶结物的成分、角砾形状等特征因地而异。在大砾岩山一带，寒武系与奥陶系之间的走向断层带内发育的碳酸盐质角砾岩，角砾大小悬殊，最大者可达10cm，角砾及胶结物成分皆为钙质。

2. 碎裂岩

牛口峪水库北侧弧形断裂带内极为发育。其成分与断层两盘岩石密切相关。野外肉眼观察，碎粒一般在2mm以下，分布不均匀；基质含量一般在60%～80%之间。

3. 断层泥

山顶庙与向源山之间、房山西等地断裂带内断层泥发育，出露宽度十多厘米到几十厘米。颜色差别较大：房山西断裂带内一般为褐色、褐红色；山顶庙与向源山之间则多为土黄、灰黄色调。用手捻搓有明显粗糙感，肉眼可见碎粒约10%。

上述碎裂岩系的各种类型在房山西断裂带内发育齐全。可利用其中的断层角砾之形态、研搓磨圆程度、再改造现象及定向排列等特征以及综合碎裂岩、断层泥等资料来分析该断裂带的性质及活动期次。

第四章　区域地质构造特征及其演化①②

周口店及其邻区因其独特的大地构造位置（图 0-3、图 0-4）和漫长的地质演化过程，使得区域地质构造较为复杂，故研究者众多，其中不乏真知灼见，但认识和观点也颇不一致。经作者长期实践和对前人成果的学习总结（鲍亦冈等，1983；宋鸿林等，1984，1996；宋鸿林，1999；王方正，1990；王方正等，1996；谭应佳等，1987；马昌前等，1996；张吉顺等，1990；单文琅等，1991；五万分之一周口店幅区调报告，1988），现按主要构造类型分别述之，在此基础上结合相关地质事件对该区地质构造演化过程进行剖析。

第一节　变质核杂岩构造

展布于燕山石化厂一带山前丘陵区，构造轮廓近似等轴状，直径约 9km。仅从地层组合来看，核部为太古宇官地杂岩，上覆和外缘则为厚度大为减薄的盖层地层系统。其地质构造要素包括官地杂岩、基底剥离断层、盖层构造系统和中心部位晚期底辟式就位的房山复式岩体等。变质核杂岩的核心主体是官地杂岩，属于太古宙结晶基底，因遭受强烈动力变质作用而形成一套以变余糜棱岩为主的岩性组合。

变质核杂岩顶部和盖层系统之间的滑脱断层可视为基底剥离断层。断层下盘的变余糜棱岩具有退变质和碎裂岩化现象;断层带内则形成微角砾岩、绿泥石—绿帘石化碎裂岩、狭窄的构造片岩带及断层泥,它们在山顶庙西沟等处均有明显表现。盖层构造系统主要包括有与褶叠层构造相关的顺层韧性剪切带(剥离型韧性剪切带)、顺层掩卧褶皱、顺层面理及拉伸线理、粘滞型香肠构造及楔入褶皱等。经研究,这些构造形迹应属于印支或更早期的变形产物。

所谓褶叠层（folding layer）是在地壳较深层次于伸展体制的水平分层剪切流变机制下，原生成层岩系发生变形—变质作用而形成一套基本能按时代新老划分大套层序、但本质上又是经过构造重建的、发育有以顺层韧性剪切带和顺层掩卧褶皱为主的固态流变构造组合。褶叠层的一个重要特征是由于横向置换作用，形成一系列宏观上呈水平或缓倾斜的新生面状构造替代原始层理（或先期面理）而构成新的地层构造单元（图 4-1）。其主要构造要素在实习区常表现出以下特征：

（1）顺层韧性剪切带。与褶叠层有成因联系的顺层韧性剪切带具有多级组合，不同尺度者构成了相应规模的褶叠层的界限，特别是大型尺度者常与剥离断层的发育有关。它们原始产状近于水平，大体上与原生沉积界面平行或低角度相交，实习区内几个重要地层界面往往是其发育的先存基础。顺层韧性剪切带在发育过程中常导致原生沉积岩系厚度变薄，如一条龙—羊屎沟—牛口峪一带中、新元古界和下古生界地层严重缺失变薄，但各组地层分子却多有残留且以断片形式依序排列，此种地层效应就是由顺层剪切导致的构造流失现象。带内不对称褶皱、鞘褶皱、矿物拉伸线理、S-L 构造岩等极为发育，据这些伴生构造及指向标志判

---

① 何海之等，1993，地质调查工作方法简明教程及周口店地质（上册、下册）. 武汉：中国地质大学（武汉）地质系.

② 王根厚等，2001，周口店地区地质实习指导书. 北京：中国地质大学（北京）.

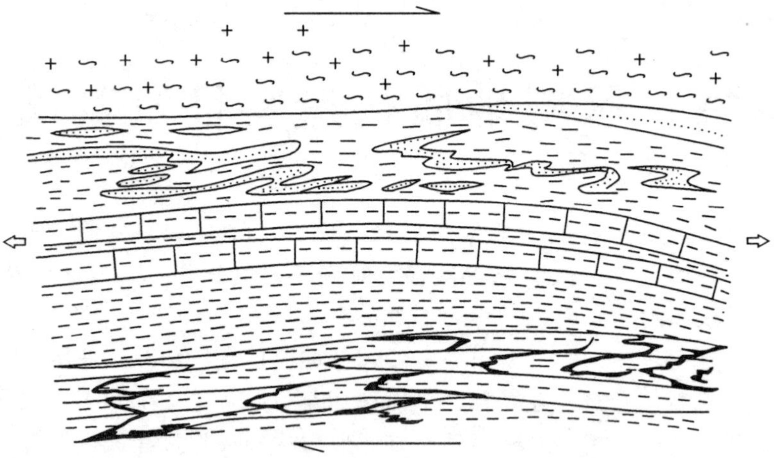

图 4-1 横向构造置换模式（据单文琅等，1991）

断，此种顺层韧性剪切带属正断型。

（2）顺层掩卧褶皱。顺层掩卧褶皱在实习区褶叠层系统内广泛发育，表现出被一系列不同尺度的顺层韧性剪切带所限定的层内或建造内的多级组合褶皱群。它们的原始产状大多为轴面近水平的平卧褶皱，由于后期构造变动使得现今所见产状各异。但不管其位态如何，它们的轴面与所赋存的层型界面基本上平行一致。顺层掩卧褶皱的规模取决于卷入褶皱的岩系或岩层的厚度及其受限的顺层韧性剪切带的宽度。大中型者以百米计，如黄院所见；小型至露头尺度者限于单个地层组内或某一岩性段内，在实习区周家坡、乱石垅、羊屎沟、太平山南北坡等处中、新元古界及下古生界地层中广泛发育。形态千姿百态，多为翼薄顶厚褶皱，发育完善者为紧闭同斜褶皱，极端者两翼则可拉断而成为层内无根褶皱。

（3）顺层面理及线理。顺层面理在区内主要表现为板理或片理，普遍发育于不同时代的浅变质岩系中。拉伸线理主要有变形砾石（太平山北坡本溪组砾岩）、变形鲕粒（黄院东山梁张夏组鲕状灰岩）。另外尚发育有压力影构造（太平山南坡本溪组板岩）、矿物生长线理（拴马庄下马岭组底部磁铁矿）等。它们多与褶叠层成因有关且具有稳定的、区域性的指向，一般变化在 SE100°～130°之间。

房山复式岩体底辟式侵位使变质核杂岩的糜棱面理、基底剥离断层、盖层系统中若干构造面理、岩体接触界面及其内部糜棱面理的产状皆近于一致且从中心向外倾斜，最终导致变质核杂岩穹状隆起的外貌，空间形态显示为一宽缓的穹窿（曾被一些学者称为“房山穹窿”）。对其周围上古生界沉积相进行研究，分析它不但控制了下古生界及以前地层中褶叠层构造的发育，而且可能以古隆起的环境控制了上古生界的沉积及印支主期褶皱格局，故推测其发育时代亦应为印支早期甚或前印支期；此构造的中心又被较后的燕山期房山复式岩体所侵位，说明经历了长期演化过程。房山复式岩体底辟式就位的另一明显效应是，由于强力拓宽空间的推挤作用，使原位于变质核杂岩构造核部的变质基底岩系被置于外缘，现仅于岩体东北缘东岭子一带和东南缘官地一带有少许残留。

第二节 区域褶皱构造

一、近东西向面理褶皱构造

此类构造是以早期褶叠层的顺层面理、剥离断层、残余原生层理等作为变形面所铸就的东西向印支主期褶皱。这些褶皱的轴面总体陡倾，但不同区段在形态上则表现出明显差异。

1. 穹状隆起外缘向形带

穹状隆起外缘向形带环其南、西、北边缘分布，展布于北侧者称凤凰山向形，南端周口店附近为太平山向形，向西突出的部分称南窑向形，这三个次级向形均呈近东西向分布，它们交汇的上寺岭—连三顶一带的低应变三角区，是一个下伏于北岭向斜的舒缓向形。这种构造配置类似一个巨大的压力影构造，即在南北向挤压体制下，穹状隆起作为一个刚性体，它的西侧在其阻隔下形成一低压区而构成向形核部。

(1) 南窑向形。卷入南窑向形的构造层包括奥陶系及上古生界褶叠层和下马岭组到黄院组褶叠层等构造—地层系统。向形的基本构造特征可以由剥离断层面的弯曲变形显示出来，两翼较陡、中间产状平缓，并有次级凸起。

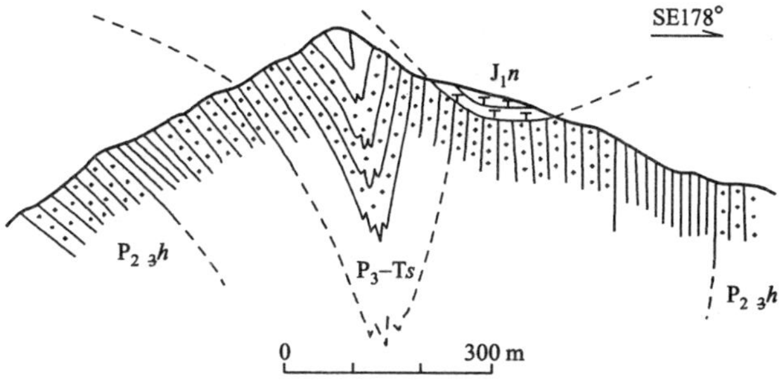

图 4-2　凤凰山 640 高地剖面（据宋鸿林等，1984，略有修改）
J_1n：南大岭组辉绿岩；P_3—Ts：双泉组变质细砂岩及板岩夹砾岩；
$P_{2-3}h$：红庙岭组变质砂岩夹板岩

(2) 凤凰山向形。凤凰山向形东西向延伸，东端被南大寨断层所切。剖面形态显示为一个北翼较缓、南翼陡倾甚至倒转的紧闭向形构造。向形核部为双泉组构成，在凤凰山主峰以东的 640 高地北侧可见明显的向形转折端（图 4-2）。虽然向形核部的层理产状多变，但其轴面劈理走向稳定，由西部的 EW 向向东渐变为 SEE 走向，有环绕穹状隆起展布之趋势。

(3) 太平山向形。太平山向形位于穹状隆起南缘周口店一带（图 4-3），核部为石炭系—二叠系地层，翼部为下古生界至元古宇组成，其北翼马家沟组以下各组地层在三不管沟—羊屎沟区段皆厚度变薄。向形轴迹近东西向，枢纽波状起伏，总体上表现为向东扬起；北翼产状较陡，约为 50°～80°，南翼倾角较缓，约为 30°～50°，核部地层在局部地段产状陡倾，甚至直立（图 4-4）。在二亩岗-萝卜顶一带，向形核部次级构造发育，有东西向近直立的轴面劈理及一系列近南北向（北北东→北东向）的紧闭褶皱。后者中规模较小的可能与枢纽波状起伏有关，规模大者则属于后期的叠加褶皱，其特征详见后述。

太平山向形向西延至升平山区段后转为 NWW 向，在长沟峪一带核部由红庙岭组—双泉组构成，两翼则为杨家屯组；更向西被晚期由侏罗系组成的 NE 向向斜（北岭上叠向斜构造）所叠置。太平山向形中卷入的早期剥离断层业已形成了断面褶皱，在一条龙—羊屎沟—山顶庙—牛口峪一带的所谓弧形断层带正是褶皱了的早期剥离断层面的显示。自西向东剥离断层由向形翼部至扬起端表现出断面产状由缓变陡甚或翻转之趋势。

2. 北部箱状背形带

箱状背形带呈近东西向展布于北部贾峪口—李各庄—谷积山一线，曾被前人称为大白石尖-谷积山背斜带或大白石尖-谷积山箱状背形带。该带西端褶皱轴迹呈短轴斜列式展布；中东端枢纽由于波状起伏之特点而使局部复杂化，如在李各庄一带就形成了近南北向的短轴褶皱构造。在横剖面上，背形总体呈箱状样式，形成较宽缓平坦的转折端及陡倾两翼，但在不同区段或不同构造部位，由于次级褶皱或断裂影响则有所变化。西侧贾峪口左近为背形轴隆处，外貌简单形似穹状，其变形面产状核陡翼缓（核部倾角 40°～60°，翼部 20°～30°），顶

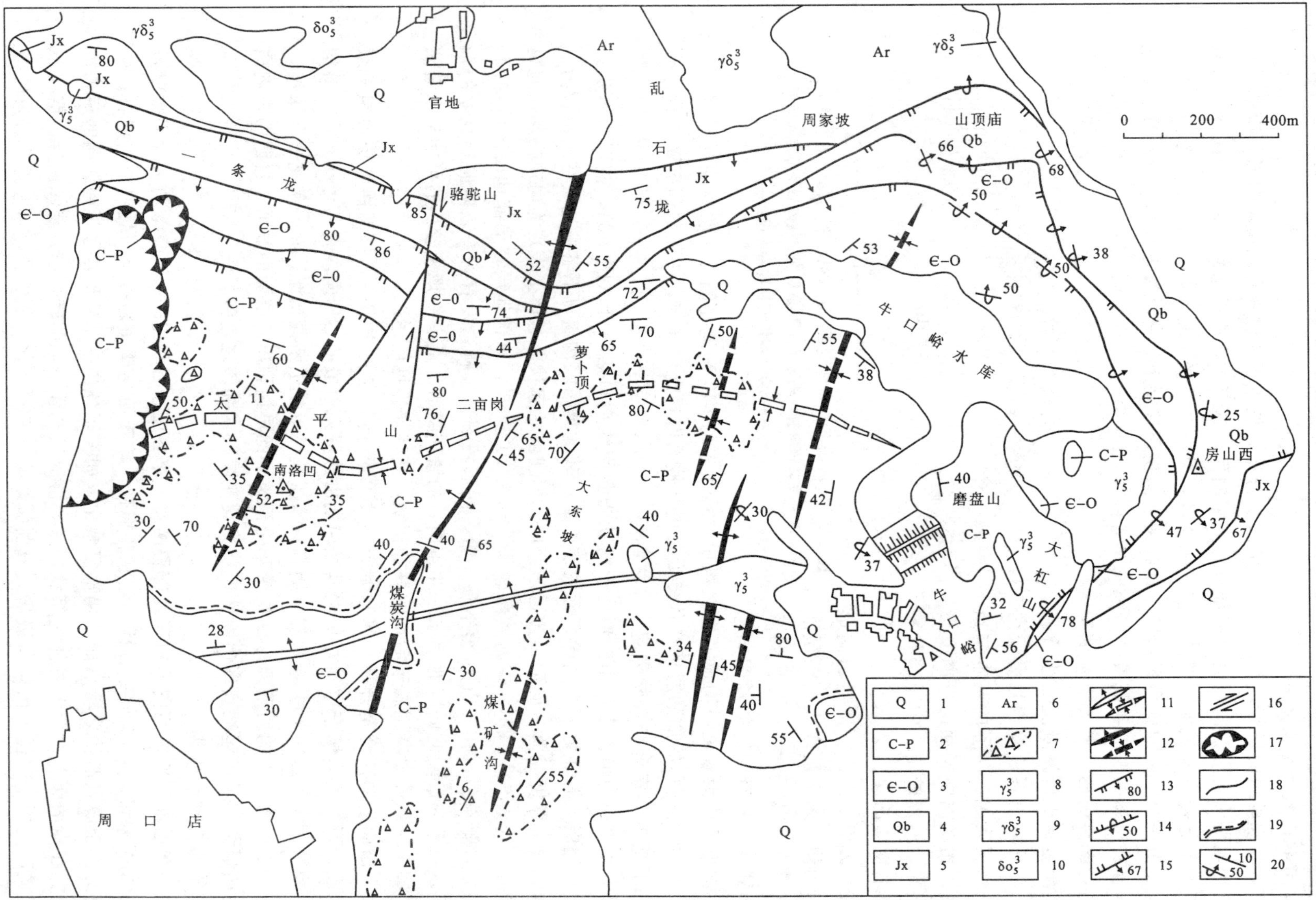

图 4-3 周口店地区地质构造略图(中国地质大学周口店实习队:赵温霞、李方林编制,2002)

1. 第四系;2. 上古生界(本溪组—双泉组);3. 下古生界(府君山组—马家沟组);4. 新元古界(青白口群);5. 中元古界(蓟县群);6. 太古宇官地杂岩;7. 标志层(杨家屯组下部灰白色复成分角砾岩、砂砾岩);8. 燕山期花岗岩;9. 燕山期花岗闪长岩;10. 燕山期石英闪长岩;11. 印支期背形及向形轴迹;12. 燕山期背形及向形轴迹;13. 剥离断层;14. 被改造的剥离断层;15. 逆断层;16. 平移断层;17. 滑塌体;18. 地质界线;19. 平行不整合界线;20. 正常及倒转岩层产状

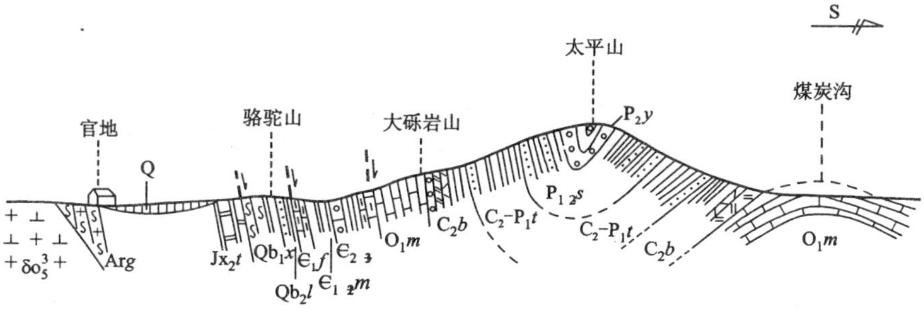

图 4-4 官地—煤炭沟地质剖面图（据中国地质大学周口店实习队，1993，修改补充）①

（δo_5^3 为燕山期石英闪长岩，其他地层代号参见第一章）

部发育有东西向次级褶皱并伴生高角度小型断层，总体变形不强，亦不发育轴面劈理。

箱状背形具有向东倾伏之势，故被卷入的地层由西向东显示出层位渐高的特征：西部大白石尖一带，褶皱核部为蓟县系雾迷山组褶叠层，两翼依次由洪水庄组、铁岭组、青白口系和下古生界各褶叠层所组成；向东至李各庄、谷积山等处，核部仅有青白口系褶叠层出露且面积不大，翼部的下古生界褶叠层则广泛分布。

3. *西部平缓褶皱区*

西部宝金山—黄院—迎风峪区段岩层产状普遍较为平缓，其中发育有宝金山背形、迎风峪向形、黄院—164 背形及其相间的若干规模较小的褶皱构造。被卷入的地层系统是在该区段广布的雾迷山组—马家沟组褶叠层。其总体特征表现出：

（1）虽然褶皱轴迹在区域上呈近东西向展布，但各褶皱自北（北西）向南（南东）仍略有差异，即北侧的宝金山背形轴迹呈东西向，南侧迎风峪向形轴迹呈北东东向，南东侧黄院—164 背形的轴迹则呈北东向（后者至周口店一带又渐变为近东西向）。此种变化似乎反映了前述穹状隆起对其仍有一定控制作用，只是影响程度较之其边缘的向形带稍弱。

（2）各褶皱在不同地段形态差异明显，在宝金山—迎风峪一带多为开阔平缓的背形或向形；向西呈舒缓波状起伏，大范围的地层产状呈近水平状态；向东变形渐为强烈，轴面陡倾，形态各异，多形成开阔圆滑的背形和相间的紧闭向形，总体组合特征类似于隔槽式褶皱。

（3）叠加褶皱发育是该类褶皱的另一重要特征，黄院—164 背形即为典型实例。在黄院东山梁剖面以龙山组石英砂岩作为标志层进行追索研究，至少可厘定出 3～4 个填图尺度的（1：5 万）紧闭同斜褶皱；以张夏组鲕状灰岩为标志层则可厘定出数十个露头尺度同类褶皱。这些代表强烈流变的层间褶皱并非黄院背斜的伴生构造，而属于早期褶叠层系统。它们的枢纽亦呈近东西向，实则反映了黄院背形具有共轴叠加变形之特征。向东至龙骨山—太平山南坡即为著名的 164 背斜所在，其核部为马家沟组，南北两翼为本溪组，宏观上构成一开阔圆滑、轴面直立的简单背斜（图 4-5A）；然从露头尺度观察分析，在马家沟组灰岩中发育的层内无根褶皱、顺层劈理、拉伸线理、小型顺层剪切带、变形的岩脉和方解石脉等则代表了早期褶叠层的诸多构造要素，其中层内紧闭无根褶皱枢纽和相关线理与 164 背斜枢纽一致，故也显示了共轴叠加的性质（图 4-5B）。

---

① 何海之等，1993，地质调查工作方法简明教程及周口店地质（上册、下册）. 武汉：中国地质大学（武汉）地质系.

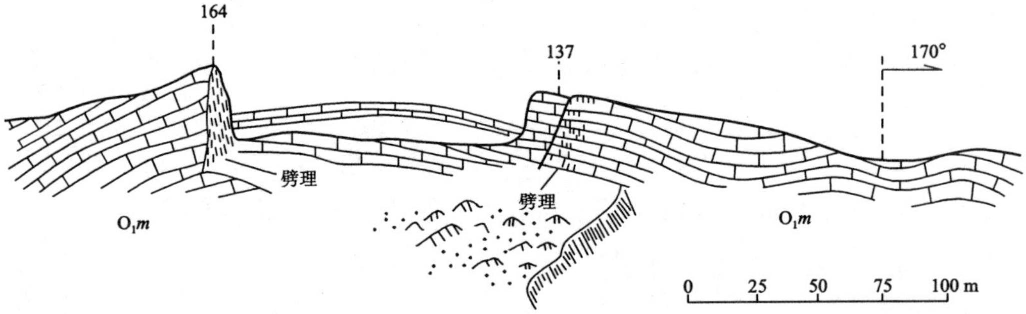

图 4-5A 164 高地第一采石场信手地质剖面图（据中国地质大学周口店实习队，1993，修改补充）①
（主示东西向主期面理褶皱）

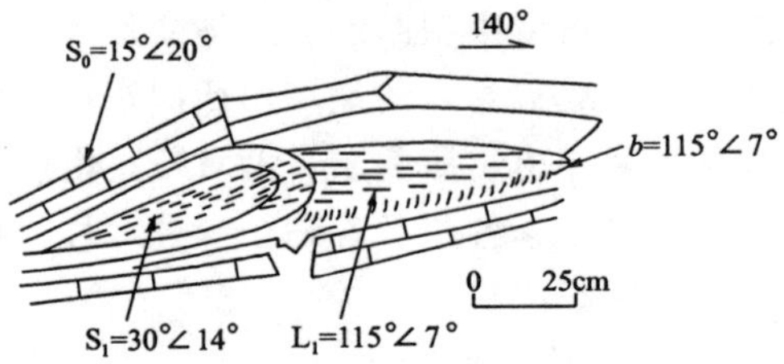

图 4-5B 164 背斜北翼早期层内紧闭无根褶皱（据中国地质大学周口店实习队，1993，修改补充）①
（主示其与主期面理褶皱包容叠加关系）

S_0：层理；S_1：轴面劈理；b：褶皱枢纽；L_1：滑移线理；O_1m：马家沟组灰岩

但应指出，与黄院背形构造相比，164 背形被晚期近南北向（北北东→北东向）褶皱叠加作用的干扰更为明显，其形态更为复杂（详见后述）。

4. *西南部三岔复杂背斜构造*

孤山口至三岔村一带的褶皱称为三岔复杂背斜构造。背斜核部及两翼皆为雾迷山组地层，其轴迹呈北东向。核部大致位于三岔村北侧，三岔村至下中院的分水岭处为背斜转折端部位，南、北两翼地层产状分别为 SE140°∠45°与 NW340°∠40°～65°。背斜在此区段被许多次一级褶皱所复杂化，如在转折端南侧的山脊上可以观察到轴面南倾的斜歪至倒转褶皱，而北侧发育的许多次级小褶皱，其轴面则向北西缓倾斜，故在转折端附近显示出“反扇形”复杂背斜的组合特点。

上中院至孤山口一带为三岔复杂背斜倾伏端的北翼，出现了一系列轴面向北东倾斜的紧闭褶皱。在孤山口火车站两侧的陡壁上，清楚地展示出 3～4 个倒转背斜和向斜的复杂图案。这些褶皱有以下基本特点：①两翼岩层变薄，尤其是处于倒转翼的软弱层（薄层白云质灰岩和钙质千枚岩的互层）变薄甚为明显，而在转折端部位，各类岩层尤其是软弱层则显著增厚；②大一级褶皱两翼及转折端常出现“S”、“M”（“W”）、“Z”形次级褶皱组合；③褶皱翼部强弱相间的岩层中常出现寄生小褶皱；④各类成因的劈理十分发育，因岩性差异或构造部位不同而呈扇形、反扇形组合以及出现劈理折射等，褶劈在局部亦较为发育；⑤张节理常出现在厚层白云岩中，在褶皱转折端部位往往呈扇形张节理，局部可见与共轭剪节理有成因

① 何海之等，1993，地质调查工作方法简明教程及周口店地质（上册、下册）. 武汉：中国地质大学（武汉）地质系.

联系的“火炬状”张节理。上述诸特点在露头尺度均可进行详细观察。

三岔复杂背斜总体向北东方向倾伏（孤山口以东）；向南西方向显著加宽，形态也趋于简单，至三岔村及其以西地区岩层渐近水平状态。

二、北东向叠加褶皱构造

1. 北岭北东向上叠向斜构造

北岭上叠向斜是指上寺岭—连三顶一带分布的、由侏罗纪煤系地层构成的向斜构造，它不整合地叠置在东西向印支主期面理褶皱之上，正好位于前述穹状隆起边缘向形带交汇的三角区，是京西几个主要含煤盆地之一。该构造总体呈 NE 向展布，仅在东北端转向近东西向。其东南翼倾角较陡，约 60°～70°，局部甚至倒转；西北翼较缓，倾角 20°～40°，轴面总体向南东倾斜，倾角约 60°。向斜具有宽大的核部，次级构造发育，主体上是由两个向斜和一个相间紧闭的背斜组合而成。

需要指出的是，北岭向斜在某些部位具有紧闭褶皱之特征，但下伏双泉组及其更老地层却未卷入此种褶皱变形之中，二者间存在着明显的不整合界面（图 0-4），在构造层次上表现为叠置关系。从变形角度可称为上叠向斜，而从沉积方面分析则属于上叠盆地，实则体现了地质构造演化过程中叠加褶皱的继承性。

2. 周口店北东向褶皱群

发育在周口店附近萝卜顶、煤炭沟、煤矿沟一带的北东向褶皱群（图 4-3）和北岭北东向上叠向斜同为燕山期褶皱作用的产物，但此处表现特征与上述者明显不同：①北东向褶皱是以杨家屯组下部复成分砾岩为标志层进行追索研究而厘定，其层位与构成该区段东西向展布的、印支主期的 164 背形、太平山向形属于同一构造层；②标志层在平面上形成近于等轴状地质闭合体或呈新月形、蘑菇形和哑铃状等复杂图案，构成了早期近东西向褶皱与晚期近南北向（北北东→北东向）褶皱的“横跨”或“斜跨”干扰格式；③经对早期近东西向太平山向形、164 背形（图 4-4、图 4-5）以及代表北北东向叠加褶皱的萝卜顶—二亩岗区段（图 4-6A）和煤矿沟区段（图 4-6B）进行构造解析，可分别对其两翼、枢纽、轴面劈理等构造要素进行配置而加以区分。可以看出，周口店一带的北东向褶皱与北岭区段的上叠向斜叠加形式不同而表现为改造型，反映了同类构造在不同地质背景下发育的差异性。

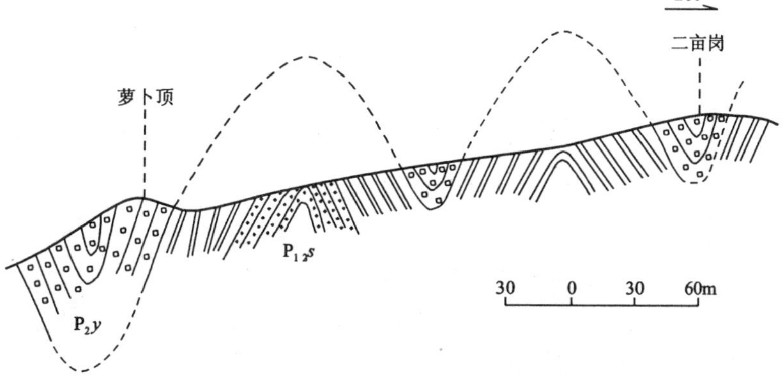

图 4-6A　萝卜顶—二亩岗信手地质剖面图（据中国地质大学周口店实习队，1993；修改补充）①

（主示 NE—NEE 向叠加褶皱）

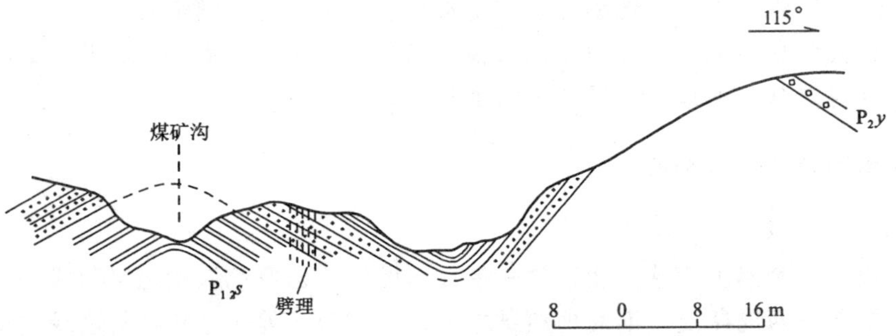

图 4-6B 煤矿沟信手地质剖面图（据中国地质大学周口店实习队，1993，修改补充）①
（主示 NE—NNE 向叠加褶皱）
（地层代号及相关岩性参见第一章）

第三节 区域断裂构造

区域断裂构造包括区域性剥离断层、推覆构造、铲式冲断层和山前正断层等。考虑到诸断层的表现特征更有利于阐明地质构造演化史，故将某些内容置于第四节叙述。

1. *剥离断层*

此类断层是印支或更早期的主要构造形迹之一。发育在基底与盖层间的基底剥离断层出露于房山复式岩体东北缘东岭子—南观和东南缘羊屎沟—山顶庙两个区段，其表现特征详见前述。盖层中的剥离断层限于中新元古界和下古生界褶叠层系统内部，多为沿层系界面分布的、次级低角度正断层或剥离型韧性剪切带，规模不等，多级组合，相互平行。上下盘常是高度变薄的褶叠层，地层缺失明显。发育在一条龙—牛口峪的弧形断裂带及南窑、凤凰山等处的断层均为其典型代表。

后期岩体底辟就位及褶皱作用可使断层被改造，导致其倾角不再保持初始低角度位态而变陡乃至倒转。尽管如此，在露头尺度上断面与两盘岩层产状却始终几近平行，只有沿其走向追索方能观察到断层切过不同的上盘地层。这些特点在对太平山向形相关描述中业已提及。

2. *推覆构造*

实习区内发育的推覆构造主要有霞云岭冲断推覆构造、长操冲断推覆构造及黄山店褶皱—冲断构造等。现以后者为例简介如下。

该构造展布于黄山店、上方山一带，主要表现特征有：①逆冲断层多沿洪水庄组、下马岭组等软弱层系发育而形成宽大断坪，导致上下盘地层近于平行，构造形态简单而貌似单斜岩层（图 4-7）。只有顺滑动断面追索至断坡部分才能发现更为明显的构造迹象；②总体由两个相互叠置的大型平卧背斜和向斜组成。依据卷入褶皱的早期褶叠层和顺层韧性剪切带等资料综合分析，其形成时代为燕山期；③在地形切割较强的上方山一带，见有由雾迷山组构成的飞来峰构造；④根据大型平卧褶皱的寄生褶皱和断层伴生构造统计分析，逆冲运移方向为 NNW340°～350°；⑤将横剖面（图 4-7 之 A—A′）进行长度平衡复位，求得地壳缩短量 e

① 何海之等，1993，地质调查工作方法简明教程及周口店地质（上册、下册）。武汉：中国地质大学（武汉）地质系。

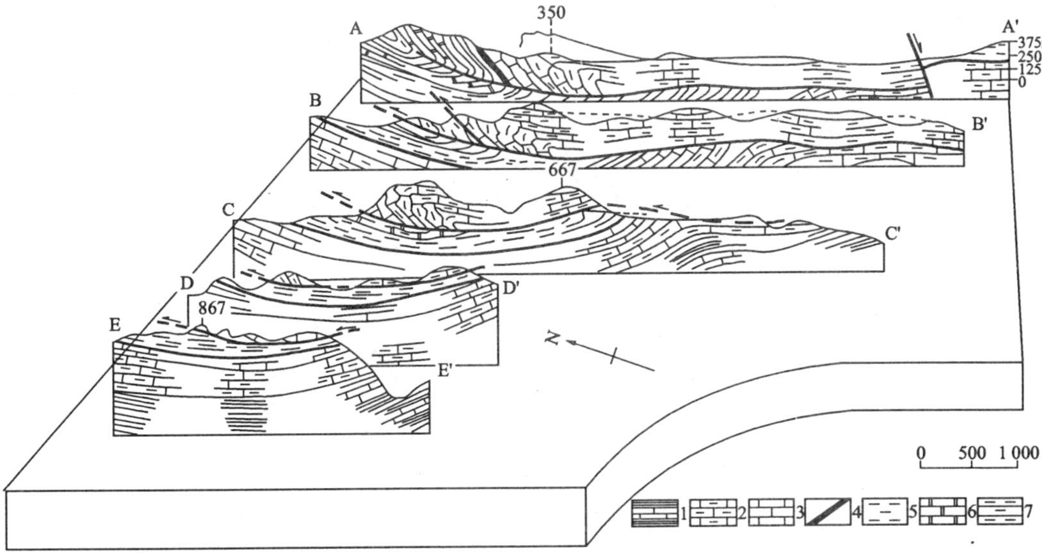

图 4-7 黄山店褶皱—冲断构造联合剖面图（据单文琅等，1991）

1. 雾迷山组下段；2. 雾迷山组中段；3. 雾迷山组上段；4. 洪水庄组；

5. 铁岭组下段；6. 铁岭组上段；7. 下马岭组

=－33％。再据上下盘同一标志层（洪水庄组）相对断距估算的最大位移距离：剖面 A—A′=1.75km、C—C′=2.5km、E—E′=2.75km。可以看出，位移距离自东而西渐增，说明该构造向东逐渐消失。

3. *南大寨断层带*

南大寨断层带是著名的八宝山-南大寨断裂带的西南段，空间展布颇具特色（图 0-4）：南大寨以北，走向由近东西向突变为近南北方向延伸，近东西向区段断层面大致向南倾斜，倾角 20°～40°左右；近南北向区段断层面大致向东倾斜，倾角变化在 40°～50°。南大寨以南，走向渐变为北东向，与区域上的八宝山断裂带延伸方向趋于一致。剖面上组合为一铲式冲断层系，断面总体向南东东倾斜。主断层上盘主要由长城系构成外来系统；主断层下盘则为印支主期东西向面理褶皱的构造层。两组构造呈明显截切关系：北部谷积山一带，断层切过谷积山背形南翼；中部南大寨一带则切断了北岭向斜转折端；南部牛口峪一带近东西向面理褶皱亦有被改造的迹象。在东部，该构造被辛开口山前正断层（山区和平原的边界断裂）所切断，故断层上盘的外来系统实则变成了一个大型无根的楔状体。

在不同区段，据断层系内断面上运动学标志和断层两盘伴生构造综合统计分析，其逆冲方向为 NW300°～310°；参考地层剖面厚度缺失情况，概略估算逆冲位移量不小于 20km；在牛口峪等处，该带中的断层角砾岩、碎裂岩发育，属于碎裂岩系列，表明其为上部构造层的脆性剪切变形相；又据断层系切过东西向面理褶皱以及又被后期山前断层所截关系，判断分析应为燕山运动产物。

必须指出的是，该断裂系在南大寨以南区段出现了逆冲断层与早期剥离断层复合的情况，使得该处剥离断层带内发育有断层碎裂岩，代表了因遭受后期逆冲断层影响而再活动之结果，但断面与上下盘地层空间配置仍保持低角度正断层的图面效应；向南在牛口峪一带，二者的复合及逆冲断层对早期剥离断层的改造尤为明显，使得后者断面翻卷且表现出若干逆冲特点（图 4-3、图 4-8）。

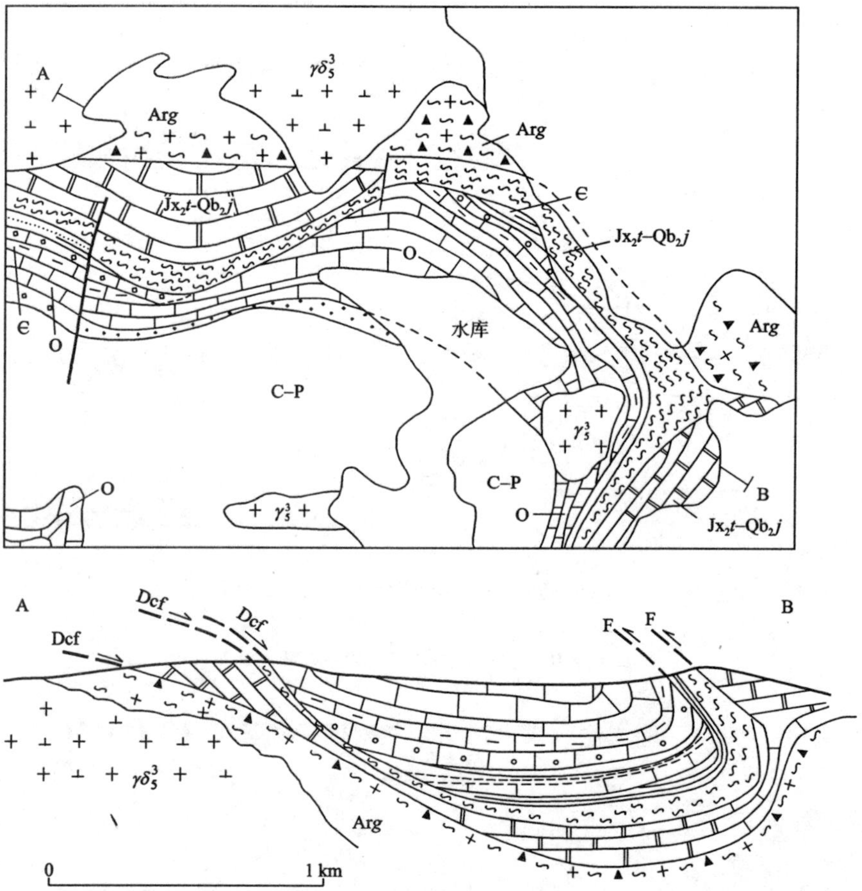

图 4-8　牛口峪水库一带被改造的剥离断层系统（据五万分之一周口店幅区调报告，1988，修改补充）

Arg：官地杂岩（碎裂的长英质及斜长角闪质变余糜棱岩）；Jx_2t—Qb_2j：铁岭组—景儿峪组大理岩、片岩和石英岩等；∈：寒武系豹皮灰岩、板岩、鲕状灰岩及泥质条带灰岩；O：奥陶系灰岩及白云岩；C—P：石炭二叠系；γ_5^3：花岗岩；$\gamma\delta_5^3$：花岗闪长岩；Dcf：早期剥离断层；F：晚期逆冲断层

南大寨断层和东部辛开口断层在周口店—牛口峪以南被第四系覆盖，但据深部资料证实仍有存在迹象。

第四节　区域地质构造演化

对区域地质构造演化进行分析是建立在查清并收集某一地区沉积记录、构造变动、岩浆活动、变质作用、成矿规律等地质事件以及区域地球物理、区域地球化学等资料基础上进行的。周口店地区相关区域地质资料在其前各章中已有叙述，为便于综合分析，现将该区地质构造特色概括如下：

（1）区内地层发育较为齐全，大多可与华北地区进行对比。“官地杂岩”代表了基底太古宙变质岩群；盖层岩系从中元古界到古生界各组地层虽经区域浅变质作用及部分糜棱岩化作用，但野外仍能清楚地分辨出其原岩的岩性、层理、层序及所属时代。

（2）岩石类型齐全，三大岩类均有出露，是对岩石学研究并进一步阐明大地构造演化过程的天然野外实验室。

(3) 实习区经历了多次构造运动和变形改造，不仅在露头尺度，而且小到显微尺度，大到区域尺度皆可观察到各种构造的叠加型式和关系，是研究面理置换、构造叠加和世代划分的典型地区；各具特色的构造类型和样式也反映了其生成时的环境条件和构造层次——地壳下部层次的固态流变构造、中部层次的纵弯褶皱和上部层次的脆性剪切变形等均可在野外鉴别厘定和认识。

(4) 既非造山带复杂，又非稳定陆块简单而独具特色的地质现象，使得周口店及其邻区成为我国研究板内造山的经典地区之一。

(5) 实习区地壳演化具有一定的规律，不同时代、不同层次、不同体制下各种地质事件的发生、发展及其相应的产物构成了一个比较完整的区域地质演化序列。

一、基底演化阶段

华北陆块（板块）的基底经历了太古宙及早元古代漫长的演化历史。基底变质岩系在邻区太行山—五台山一带大面积分布，至本区渐变为小规模且彼此孤立的零星露头，如在房山复式岩体缘部出露的、总计不足 0.5km^2 的“官地杂岩”。其特征为：

(1) 岩石类型复杂，主要有片麻岩、斜长角闪岩、变粒岩等以及各类混合岩。

(2) 杂岩中斜长角闪岩岩石学特征显示为亚角闪岩相，属苦橄质—科马提质玄武岩系列，而华北地区元古宙及早古生代均无基性岩浆活动，故应为太古宙绿岩带产物。另外，结合杂岩中锆石 Pb-Pb 年龄值约 2 449Ma 的数据（详见变质岩有关章节），证实“官地杂岩”代表太古宙古老结晶基底应无异议。

(3) 经区域研究对比，印支期的剥离断层和燕山期房山复式岩体的热动力变形构造所形成的糜棱岩均局限于狭窄带内，未普遍发育而呈间隔性；但“官地杂岩”却普遍糜棱岩化且糜棱面理具有透入性，故分析杂岩于太古宙即有韧性变形行为而导致糜棱岩发育，总体形成一套以变余糜棱岩为主的，包括糜棱岩及碎裂糜棱岩的动力变质岩。在官地、乱石垅和山顶庙西沟等处可观察到透入性糜棱面理及拉伸线理，形成典型的 S-L 构造岩，外貌呈条纹状。尤其是在花岗质糜棱岩中形成由矩形及多边形石英组成的多晶石英条带，其长宽比最大可达 20∶1以上。

(4) 诸多小型韧性剪切带、S-C 构造、片内小褶皱及露头尺度上的糜棱岩流状构造在上述各处的杂岩中普遍发育。

可以看出，“官地杂岩”在实习区分布的面积虽然不大，但作为基底的产物却提供了许多早期该区区域地质演化的信息。从岩性、岩相、变质、变形等特点分析，其从塑性到脆性等方面的构造转化，也代表了华北陆块基底从活动性逐渐转化为稳定性演化的总趋势。

二、盖层发展阶段

吕梁运动（1 850Ma）以后华北陆块的演化进入了从中元古代—三叠纪相对稳定的盖层发展阶段，实习区内发生的各类地质事件与区域地质演化及表现特征总体相似。

(1) 经原岩恢复并排除后期构造因素，区内地层建造显示出岩性、岩相、厚度均属于稳定型建造之特点，各时代地层均可在区域上进行对比。

(2) 地壳运动以升降运动为主，此种结论在区内各地层的接触关系均为整合接触或平行不整合接触的关系中得到验证。

(3) 构造变动微弱，尤其是大型全形褶皱或紧闭线型褶皱未有发育。

(4) 迄今为止，实习区及邻区未发现该阶段具有强烈岩浆活动的迹象。

(5) 变质作用，尤其是区域变质作用在此阶段表现不明显。经前人研究，盖层岩系所遭受的诸种变质作用多发生在三叠纪以后。

(6) 该阶段在区内形成的矿产与整个华北地区类同，以相对稳定环境中的沉积矿产为主。

三、板内造山阶段

印支运动之后燕山地区进入了一个崭新的地质演化阶段，构造运动、岩浆活动等地质事件频繁、强烈，地壳活动性加强而表现出陆块“活化”——板内造山之特征。据其“活化”的差异性，在时间上可分为印支构造旋回、燕山构造旋回和喜马拉雅构造旋回并且进一步在盖层系统内厘定出该阶段6个世代的构造变形。

（一）印支构造旋回

1. 印支运动的发现及其意义

印支运动在北京西山乃至燕山地区的表现特征及性质自20世纪70年代开始引人关注，20世纪80年代以来已有一系列研究成果问世。就北京西山而言，印支运动存在的依据是：

(1) 接触关系。早侏罗世“南大岭组辉绿岩”为一套低级区域变质成因的变玄武岩系，底部与下伏不同层位相接触：在凤凰山一带辉绿岩斜卧于双泉组组成核部的向斜之南翼且二者产状相交（图0-4，图4-2）；在北部色树坟一带，南大岭组时而位于双泉组之上，时而位于红庙岭组甚至石炭系之上，更向北下侏罗统可直接覆盖于下奥陶统之上。另外，在上寺岭西北侧不同出露点上，可见双泉组中发育的石英脉被南大岭组辉绿岩所覆截，双泉组顶部被侵蚀而凹凸不平且被辉绿岩所覆盖等现象，二者显然为非整合接触。

(2) 构造走向和褶皱样式差异。以双泉组顶面为界，上、下两套地层的褶皱轴向和样式明显不同。侏罗系以下地层为前已述及的、呈东西向展布的面理褶皱，而侏罗系及其以上地层则为总体呈北东向延伸的层理褶皱，它们应属两期变形，其间为一不整合面。

(3) 岩浆活动。南窖南沟暗色闪长岩呈似层状侵入于亮甲山组地层中，K-Ar同位素年龄测定结果为207Ma（转引自五万分之一周口店幅区调报告，1988），相当于印支运动产物。

(4) 变质作用。上下构造层之间的变质作用主要存在着两个方面的差异：①变质相带。近年来在北京西山厘定的蓝晶石变质带，其空间展布明显受控于印支期韧性剪切带或剥离断层之构造格局，变质带矿物出现以红庙岭组为限，说明变质作用亦应为印支期。而硬绿泥石变质带和红柱石变质带则严格地被燕山期北东向构造格局所控制。因此，蓝晶石变质带的确认从变质岩石学方面证实了印支运动的存在；②变质程度。双泉组的泥质岩类已普遍变质成具强烈丝绢光泽的板岩，其上窑坡组泥质岩类则为一般页岩；北岭地区石炭纪—二叠纪煤层一般变质较深成为青灰，不宜作燃料；而窑坡组的煤则为无烟煤且构成主要开采层。

印支运动发现的重要意义在于：①由印支运动的研究而启发了众多学者从不同角度重新厘定并建立北京西山地区盖层构造演化序列；认识到吕梁运动以来；盖层并非一直处于相对稳定的升降状态，而是经历了若干次伸展与收缩的构造体制转换及构造变形叠加；②北京西山作为华北陆块的一部分，其盖层活化（板内造山）并非始于燕山期，而是在印支期已有明显表现；③对与历次构造事件相伴的岩浆事件、变质事件有了新认识。印支运动研究成果在成矿作用及控矿构造方面具有现实意义，如侏罗纪煤盆地的构造控制问题，既要考虑到窑坡组含煤建造的沉积环境受控于印支期的构造格局，又要考虑到煤层的构造变形是燕山运动的结果。

2. 印支构造旋回地质构造特征

该构造旋回在周口店实习区可明显观察到两期构造变形。

D_1：印支早期顺层固态流变构造

此期变形以褶叠层的形成以及剥离断层发育为代表，它们皆为地壳伸展体制下的产物。

(1) 褶叠层构造，其特征详见本章第一节所述。

(2) 剥离断层。基底与盖层之间发育的基底剥离断层出露于太古宙变质岩系外缘，构成变质核杂岩体的顶面。因燕山期岩体侵入上拱，使得剥离断层面弯曲变形，剥蚀后沿岩体边缘呈向围岩倾斜的穹状外貌（详见前述）。下盘杂岩的糜棱岩面理与断面近于平行，而上盘元古宇和古生界层理（或顺层面理）与断面则有微小的交角，故在不同区段表现出基底杂岩与盖层不同时代的地层相接触。如在官地—周家坡一带断面向南陡倾，上盘亦是向南陡倾的下马岭组、铁岭组地层；而在房山复式岩体北部，断层上盘最新地层则为下奥陶统。因此，剥离断层造成地层柱的缺失包括元古界及下古生界总厚约500m。视奥陶系地层水平，恢复后的断面向SEE倾斜，倾角10°或更小，据此估算上盘向SEE正向滑动断距达28km之多。正是此种构造剥蚀作用才使原处于深处的太古宙基底杂岩出露地表。与基底剥离断层同时形成者尚有主断面上盘元古宙—早古生代褶叠层构造系统内部发育的一系列次级剥离断层，如一条龙-山顶庙断层带即为实例。

据该区固态流变构造性质，反映其形成的环境是在地壳较深构造层次。经矿物压力计和温度计的测定及有关变质相的反应分析，所处的环境温度为300～500℃，压力$3\times10^8\sim5\times10^8$Pa，古应力值约$6\times10^7$Pa，大致相当于Mattauer（1980）估定的劈理上限深度范围的p-T条件。

另外，根据“房山穹窿”周围本溪组和其后各组地层的岩相特征，以及年代测定不低于200Ma且已卷入褶叠层构造中的变质岩床或岩脉分析，此次伸展和剥离作用在印支运动之前就似乎表现出萌动的迹象，后者可能是伴随地壳伸展变薄而发生的岩浆侵位。

D_2：印支主期面理褶皱

印支主期褶皱作为定型构造奠定了实习区基本构造格局，即在近南北向的挤压下形成了一系列近东西向的直立褶皱群如164背形、太平山向形等。褶皱成因机制为纵弯褶皱作用，其变形面为印支早期剥离断层之断面、顺层韧性剪带和相关糜棱面理等。纵弯褶皱作用伴有直立的压溶劈理，局部尚伴有压扁作用。该期构造属于中间构造层次且以弹塑性变形为主。在拴马庄、太平山南北坡等处均可观察到主期褶皱呈共轴叠加的型式包容了早期的褶叠层构造。

（二）燕山构造旋回

随着印支运动结束，实习区区域应力场、地质事件类型和作用方式都发生了重大改变，近东西向的构造格局被北东向的构造格局所取代。这种变革实则是在更大尺度上反映了大地构造背景不同和区域地质演化的差异性，前者似乎与中国南北大陆板块作用的远程效应相联系，而后者则可能与太平洋板块向中国大陆东部边缘的俯冲有关。本旋回可鉴别出三个世代的构造形迹或事件。

D_3：裂陷作用

侏罗纪早期本区发生一次扩展裂陷作用，分布在上寺岭一带的侏罗系南大岭组火山岩即为伸展体制下的产物，从其空间展布分析，拉张方向可能为北北西向。

D_4：北东向褶皱及推覆构造和逆冲断层

北东向典型褶皱构造是发育于古生界与中生界不整合界面以上的侏罗系地层中的北岭向斜，其变形面为原始层理，褶皱作用为“侏罗山式”。因叠置于印支主期的向斜构造之上，故又称为北岭上叠向斜，代表了中间构造层次变形特征且以纵弯机制为主。在周口店附近的太平山一带虽未有侏罗系地层分布，但北东向叠加褶皱仍很明显，表现出横跨或斜跨干扰格式。

同方向的逆冲推覆构造在西部霞云岭、中部黄山店等处均有发育，而逆冲断层则为著名的南大寨-房山西-八宝山断裂带。它们总体表现出由南东向北西逆冲，并切割了燕山早期北东向褶皱和印支主期东西向褶皱构造。对断层岩和断层附近小型伴生构造进行综合分析，表明这是一期以脆性破裂为主的构造变形，属于上部构造层次的产物。

D_5：房山复式岩体底辟式侵位及相关的热动力变形构造

岩体侵入时代为燕山中期（132Ma），侵位机制为典型的气球膨胀式，其构造类型属于岩浆底辟构造。导致房山岩体侵位的区域地质构造事件，经分析应为南大寨-房山西-八宝山逆冲推覆构造。与其相关的热动力构造在岩体边缘，尤其是在西北部边缘甚为明显（详见第二章所述）。

（三）喜马拉雅构造旋回

继燕山期构造定型之后，本区又表现为一种伸展体制下的构造变形。

D_6：山前正断层

以实习区东侧的辛开口断层为代表，是山区与平原的边界断裂且导致二者差异升降。断裂带在地表为高角正断层，演化过程中控制了从白垩系至第四系的沉积及内部构造的发育，区域上显示为伸展体制。在山区此期构造表现为一系列贯穿性的区域性节理或使某些前期断裂构造再活动，如房山西断裂带所见。经研究分析，本世代变形属最上部构造层次的脆性剪切破裂变形相。

第五章　资源概况

周口店及其邻区地质矿产资源、地质旅游资源、土地资源和地下水资源类型齐全。经笔者野外调查研究并结合前人成果（谭应佳等，1987；五万分之一周口店幅区调报告，1988），择其重要者分别简述如下。

第一节　地质矿产资源

周口店地区地质矿产资源比较丰富，主要是非金属矿产，如煤、石灰岩、大理石、花岗石、红柱石、石板材料等。

一、煤

煤是周口店地区最重要的矿产资源。埋藏于北部凤凰山至上寺岭一带的工业用煤，已探明储量数亿吨。现建有房山煤矿、长沟峪煤矿等中型矿山多处，年采掘量达百万吨级。主要开采煤层为下侏罗统窑坡组。该组厚 500m 左右，含可采煤 4～7 层。煤层一般厚 1.3～3m。煤质均为无烟煤。此含煤岩系属内陆山间盆地型。印支运动导致凤凰山—上寺岭一带山间盆地形成，早侏罗世早期堆积了山前洪积物、冲积物、牛轭湖及浅水湖盆粉砂—泥质沉积物，还堆积了玄武质熔岩和凝灰角砾岩，后期堆积了以湖相为主的细碎屑沉积，其间多次出现沼泽化环境，形成了成煤的有利条件。

在太平山、升平山、凤凰山南麓、黄院北山等地分布的太原组和山西组地层中，含有 2～4 层凸镜体状或串珠状薄煤层，为民办小煤窑开采的对象。距侵入体远者为无烟煤，距侵入体近者则变质加深而被当地人称为青灰，可做涂料。太原组含煤岩系厚 40～60m，在磨盘山、大杠山一带的太原组下部炭质页岩中发现海相等纹贝化石，因而这套含煤岩系应属滨海平原型；山西组含煤岩系厚 50～100m，以河流相沉积为主，夹牛轭湖—沼泽相堆积，显然属内陆盆地型含煤岩系。

二、石灰岩

周口店地区可供工业用的石灰岩分布较广，储量较丰富。根据用途，可采石灰岩有以下两类：

（1）水泥原料石灰岩　要求石灰岩的 CaO＞47％、MgO＜2.5％、SiO_2＜4％。总厚 200～400m 的下奥陶统上部的马家沟组中有多层厚层状石灰岩可满足上述要求。周口店附近的龙骨山、太平山南坡等处是开采水泥原料石灰岩的重要基地。此外，下寒武统府君山组中的“豹皮灰岩”也有部分可达到这一要求。但由于府君山组总厚度仅 20～30m，因而储量较小。

（2）石灰原料石灰岩　由于对质量的要求比较低，因而马家沟组、府君山组和张夏组中的石灰岩基本上都可做为石灰原料开采。石灰岩的采场和烧灰窑几乎遍布上述岩层分布区。

三、花岗石

周口店地区生产的花岗石石料颇负盛名，开采对象主要是房山复式岩体的边缘相和过渡相以及稍早侵入的石英闪长岩体，后者颗粒细而匀，属上等石料。宏伟的天安门广场就曾经采用了大量的房山花岗石。1958 年建工部综合勘察院进行过初步勘探，提交初勘报告。矿体为直径约 7.5km 的岩株，面积近 $60km^2$，可以开采石料的面积有 10～$20km^2$。去掉表层风化壳和半风化岩石，露采新鲜基岩的深度平均以 10m 计，按实际可采率 40%计算，可以开采出 4～8（$\times10^7$）m^3 花岗石石料，其产量是很可观的。在大规模开采时代，筑有铁道专用线通往采石场运输石料。20 世纪 60 年代曾有相当数量的花岗石板材销往日本。后因销量受限及矿区北部兴建石油化工总厂，开采受到影响，目前只在岩体西缘龙门口等处进行少量开采。

四、大理石

周口店地区碳酸盐岩广泛分布，蕴藏量很大。岩石普遍遭受轻度区域变质作用，具有微晶—细晶结构。靠侵入体近者又叠加接触热变质作用，故具有中—粗粒结构。多数呈白、灰白色和灰黑色，部分呈淡青色、桃红色及杂色。虽然本区构造变形比较强烈，但并不均衡，在构造裂隙较不发育地段，仍可开采到一定规格的大理石石料。周口店西南的石窝一带大规模生产的石料，曾是明代、清代修建宫殿用的“汉白玉”的主要来源。1981 年以来黄山店、官地、牛口峪等处建起小型大理石厂，主要生产大理石装饰板材。

五、红柱石

红柱石为富铝硅酸盐矿物，具强耐火性，可做为高级耐火材料，为冶炼工业服务。据首都钢铁厂试验，在普通耐火砖原料中加入适量红柱石，不仅耐火温度提高，且使用期延长一倍以上。

周口店地区的下马岭组、本溪组、太原组、山西组和红庙岭组中，均有含红柱石的岩层。下马岭组中的红柱石片岩，红柱石质纯，符合高级耐火材料要求。本溪组下部的红柱石角岩中不含炭者，亦是较好的耐火原料。其余地层中的红柱石，多含炭质而成空晶石，不符合工业要求。

据首都钢铁公司地质队对一条龙至骆驼山一带下马岭组中红柱石云母片岩采样分析结果，红柱石晶粒含量已达到工业要求（5%～10%），红柱石中 Al_2O_3 含量为 59%，SiO_2 含量为 38%，含杂质很少，接近理论含量。一条龙至骆驼山一带长约 1 400m、含红柱石 5%以上的片岩平均厚度约 20 m。若按露天开采要求，将标高 100m 以上的部分求储量，则含红柱石片岩的矿石储量超过 $1\times10^6 m^3$，是较大的红柱石矿床。

六、石板材料

周口店地区可做建筑用石板的岩层主要是两个层位：一是双泉组中的凝灰质板岩；另一为景儿峪组上部的钙质板岩。前者较有韧性，质量尚好，已有长期的开采历史，普遍用作房顶板材，比一般窑烧瓦更能隔水隔热，经久耐用，主要产地在长流水一带。后者因含一定量的碳酸钙而较脆，质量不及凝灰质板岩板材，其开采历史较短，规模不大，在黄院、娄子水等地有少量开采。

七、石墨矿

房山区车厂石墨矿位于周口店镇北约 6km。矿体产在房山复式岩体西部接触带外带石炭系内，属沉积变质矿床。共有 13 层矿。多呈透镜体状。主要矿体厚 0.10～0.65m。矿石成分有粘土质石墨、致密、隐晶质至显晶质的块状石墨及矽线石片岩。含炭最高达 11.50%，最低 6.62%，平均 9.22%；耐火度 1 600℃～1 750℃。可做铸造用石墨，矽线石可综合利用。

八、水泥配料用粘土矿

在周口店附近辛庄一带石炭系中有水泥用粘土矿，所发现的 4 个矿体均为透镜状，以 2、3、4 号矿体质量较好。3 号矿体长度最大，约 223m，平均厚度 8m；4 号矿体最短，仅 52m，平均厚度 8m；2 号矿体介于二者之间，135m 长，8.6m 厚。矿石为浅灰、灰黑及黑色、杂色、灰白色软质粘土，SiO_2 53.41%～60.09%；Al_2O_3 24.55%～25.43%；Fe_2O_3 6.23%～7.00%；耐火度小于 1 580℃。为小型沉积矿床。

此外，实习区尚见有高岭土、砂砾石等矿点，规模小且多为个体开采。

第二节 地质旅游资源

北京西山得天独厚，势得天成，是我国各类地质现象比较完全和集中的地区之一。尤其是因其毗临首都、交通便利，占有自然地理和人文地理的优势，因而在国内外地质科技交流中具有“橱窗”的重要位置。周口店地区更是集北京西山地质景观之大成，故在本区开发地质旅游事业前景十分乐观。

一、“北京猿人”遗址

“北京猿人”遗址——龙骨山是我国研究古人类学和古脊椎动物学的重要基地。在龙骨山的岩洞中保存有三“代”古人类化石及其生活遗迹：距今约 60 多万年的“北京猿人”、距今约 10 万年前的“新洞人”和距今约 5 万年的“山顶洞人”。

龙骨山北坡的猿人洞是一个较大的灰岩岩溶洞，东西长约 140m，南北宽约 2～40m。自我国著名的古人类学家裴文中在该洞发现第一个完整的北京猿人头盖骨化石以来（1929），经过数十年的发掘工作，迄今已采集数百件古人类化石，据其可以复原出男、女、老、幼 40 多个猿人个体。如此丰富的猿人群体化石的出土在世界上是空前的。与猿人化石同时出土的还有 100 多种脊椎动物化石、几万件古器以及猿人用火的遗迹。

“新洞人”是在龙骨山东南部发现的，在其遗址中发掘出成年人牙齿一颗以及石器、动物化石等。

“山顶洞人”居住在龙骨山山顶的岩洞中，在这里发现了三个完整的头盖骨和残骨，代表 8 个不同的个体；此外还发掘出古人类使用过的石器、骨器、骨针等以及人工取火的遗迹。

由上述可见，龙骨山堪称古人类学的宝库，它对于研究人类的演化、人类社会的发展具有十分重要的科学意义。这些发现已陈列在“猿人博物馆”中，供游人参观。

二、名胜古迹和奇峰异洞

周口店地区集中了房山境内的几处旅游胜景，其中最著名的是上方山云水洞和猫耳山下的石花洞，现在都已开辟为北京市的旅游点。

1. 上方山云水洞

上方山位于实习区西部，自东汉时期以来，经过历代营造，在群山之中建成了以兜率寺为中心的七十二庵，在历史上曾是香火鼎盛的“千年佛家圣地”，现在尚存的兜率寺等几座庙庵已开放游览，其他遗址仅存断垣残壁可供游人怀古凭吊。

上方山风光秀丽、景色宜人，素以九洞十二峰为世人称道，是典型的北方岩溶地貌景观。上方山一带的基岩大面积出露的是雾迷山组的白云岩系，以及洪水庄组千枚岩和铁岭组白云质大理岩，由于岩层产状平缓且节理发育，为岩溶地貌的形成创造了有利条件。本区的岩溶地貌多种多样：在地表有溶沟、石芽、溶蚀洼地、岩溶漏斗、孤峰和峰林等等，著名的奇峰有摘星坨、骆驼峰、狮子峰、观音峰、象王峰、青龙峰、回龙峰、啸月峰等；在地下有落水洞竖井、穹状溶洞、多层溶洞和串珠状溶洞等，著名的溶洞有云水洞、朝阳洞、华严洞、金刚洞、九还洞、文殊洞、圣泉洞和西方洞等，其中最为壮观的是云水洞。

云水洞位于上方山南坡，洞口标高530m，洞向北延伸，已探测到的长度有613m，末洞洞底标高504m。云水洞为串珠式近水平的溶洞。由洞前大悲庵后的洞口入内，首先为一长约140余m的“廊道”，在廊道的东壁下，有沿洞壁水平裂隙沉积的冲积层，厚5～20cm，其中含碎骨化石，据贾兰坡先生鉴定，认为与周口店龙骨山北京猿人的时代（中更新世）大致相当。通过“廊道”后，连续发育有7个大的洞室，最大者顶底高差达60m，底面积超过2 000m^2。洞内钟乳、石笋，团团簇簇，千姿百态，在第二洞厅中央竖立一根石笋高达38m。据中国科学院地质研究所张寿越等采取石笋样品进行$^{230}Th/^{234}U$年代测定，石笋形成于前25～35万年期间，即中更新世晚期。值得强调的是，由云水洞向上，气势雄伟的几个奇峰，实际上乃是飞来峰构造，为由倒转的雾迷山组构成的推覆体，掩盖在铁岭组之上。结合地质构造考察、欣赏大自然风光，将另有一番乐趣。

2. 南车营石花洞

石花洞位于房山区河北乡南车营村，离北京市区约60km，有公路直达洞口。

石花洞为发育于北岭向斜北翼奥陶系马家沟组石灰岩中的五层溶洞，现已开发上、中、下三层供游人参观。第一层洞长300多米，有一个“廊道”、一个“厅堂”、一座“莲花池”、三个大厅和一个套洞，厅洞高达10～20m，宽约4～30m；第二层在第一层下30多米的深处，总长近千米，由很多支道相连；由第二层的一个套洞大厅下行，可到达第三层，本层中支洞、套洞很多，并且彼此相连，洞底存水；更下的第四层为干涸的地下河。

由于石花洞为新近发现的溶洞，因而洞穴堆积物未经破坏，石钟乳、石笋、石柱、石幔、石帘、石花保存完整，琳琅满目、雄伟壮观，在我国北方实属罕见，与南方著名的溶洞相比，其景致毫不逊色。

3. 万佛堂孔水洞

孔水洞位于磁家务南，也是发育在马家沟组石灰岩中的巨大溶洞，洞中经常有水，形成幽深莫测的地下河。这在1 500年前北魏时代的郦道元在其名著《水经注》中即有记载，洞内尚留有隋唐石刻。洞上有唐朝修建的万佛堂和宝塔。可惜这个风景点已遭严重破坏，如果能进行修复，可以将其与石花洞一起构成更精彩的旅游路线。

上述景点若与云居寺等人文景点以及实习区若干经典地质构造路线相结合，将更能引人入胜。

第三节 土地资源

房山区是北京西部重要的卫星城经济开发区，因此，调查评价本区的土地资源，对于国土整治、农业区划、土地管理和环境保护等具有重要的社会经济意义。在中国综合农业区划系统中，本区位于燕山太行山山麓平原农业二级分区。根据区内中低山丘陵的地理条件和半干旱气候特征，结合本区的主要土壤类型，将本区划分为七种土地类型：①山前倾斜平原洪冲积黄一褐潮土类平原型土地类型；②山前盆地及山间洪积扇黄土类丘陵岗地型土地类型；③山间盆地及河谷地黄—灰潮土类河谷川地型土地类型；④山区冲洪积黄棕壤类冲沟梯田型土地类型；⑤低中山坡麓残坡积黄棕壤质坡地梯田型土地类型；⑥砂砾质残坡积层砂姜土类石质丘陵岗地型土地类型；⑦低中山剥蚀斜坡薄层残积层棕壤土类坡地土地类型。

上述七种土地类型的资源利用规律是：①、③两类为本区主要大农作物耕地，且部分已改造为水浇地或稻田，多为一年两熟地，资源利用率最高。②、④、⑤、⑥四类为本区主要杂粮作物耕地，多为旱地，一年一熟，少数为隔年间耕地，资源利用程度较好。其中第⑤类由于地形坡度大，土质层薄，土地肥力低和缺乏一定的湿度现已为废弃梯田。第⑥类常见林地、耕地混作形式。第⑦类为本区主要林业用地资源，但目前利用程度很差，除少数开发为人工林地外，多数仍为稀疏草灌荒地。

概略地讲，可以把本区土壤分为碳酸盐岩分布区土壤，花岗岩分布区土壤，碎屑岩分布区土壤和冲积物分布区土壤。它们成分不同，肥力不同，酸碱性不同，所以其种植作物亦应不同。因此，对土地资源进行合理开发利用、加强管理并作好区域规划具有十分重要意义。

第四节 地下水资源

周口店实习区内地下水资源主要赋存于山区基岩岩溶裂隙、孔隙，砂砾石地层孔隙和平原区第四系砂卵石中。现就区域水文地质条件和地下水开采情况介绍如下。

一、山区水文地质条件

山区地下水主要赋存于元古界及下古生界碳酸盐岩地层中，其富水性不仅与地层岩性有关，同时受地形地貌、地质构造所控制。地下水类型复杂多变，含水层富水性不均一，水位埋深和水位变化幅度大，地下水运动状态复杂，开发利用条件差等。现就含水层岩性及地下水赋存条件，划分以下 4 种地下水类型。

1. 碳酸盐岩岩溶裂隙水

赋存于本区奥陶系、寒武系灰岩及蓟县系雾迷山组等地层的白云岩含水层中。奥陶系灰岩分布在周口店、南窑、磁家务等地带，岩溶裂隙发育，地下水较丰富，是北京地区比较典型的岩溶含水层，山前多有大泉出露。如磁家务的万佛堂泉、牛口峪的马刨泉等，丰水期最大流量可达 $1m^3/s$，枯水期不足 $0.1m^3/s$，受季节影响泉水流量不稳定。近年来由于在泉内抽水或打井抽水，泉水在枯水季节有时断流。1981 年 6 月泉水实测流量，万佛堂泉 $0.1m^3/s$，马刨泉 $0.13m^3/s$。隐伏于山前平原区的奥陶系灰岩单井出水量一般 $1\ 000m^3/d$，大者可达3 000m^3/d,是平原区理想的基岩含水层。蓟县系雾迷山组白云岩分布于西部，面积较大，地下水赋存于裂隙岩溶中，也是山区主要含水层之一，富水性相对稳定，接受大量降水补给，向山前或河谷地带排泄，以泉的形式出露较多。本区该地层出露泉水较多，但泉流量不大。寒武系灰岩主要分布在北部，多呈条带状分布，面积不大，一般裂隙不甚发育，泉出露不多。但在河北乡有河北泉，出露于下寒武统豹皮灰岩中，泉口高程约 120m，1961 年 7 月泉水流量 0.09m^3/s，1981 年 6 月泉水流量 0.068m^3/s。据调查，泉水流量较为稳定，干旱时未断流，雨季时亦未显著增大。

值得提出的是，碳酸盐岩含水层分布区由于补给条件、岩溶裂隙发育程度不同，富水性极不均一，山区地下水一般埋藏较深，开采困难，往往形成大面积的缺水区；但在山前及河谷地带，泉水出露或地下水水位埋深较浅，是地下水开发的理想地带。

2. *碳酸盐岩夹碎屑岩裂隙岩溶水*

赋存于下寒武统、青白口系景儿峪组、蓟县系铁岭组、杨庄组及长城系串岭沟组等含水层位中。主要分布在北岭向斜两翼的黄土店、河北村等，含水层岩性为板状灰岩、燧石条带灰岩、白云岩。多呈条带状分布，受水面积小。裂隙岩溶不发育，泉出露较少，流量一般小于 500m^3/d。但其中铁岭组白云岩与青白口系下马岭组千枚岩接触面附近出露的黑龙关泉，泉水流量较大，1973 年 12 月泉水流量 1.54m^3/s，1981 年 12 月为 0.52m^3/s。泉水流量受季节影响较大，泉水矿化度 0.205g/L，pH 值 7.5，水温 13.5℃。下寒武统及长城系串岭沟组主要为碎屑岩，一般含水微弱。

3. *碎屑岩裂隙孔隙水*

赋存于侏罗系、二叠系、石炭系、青白口系下马岭组、蓟县系洪水庄组等碎屑岩含水层中。其中石炭系、二叠系及下侏罗统富水性较好，一般具有承压性，山区泉水出露较多，但是泉水流量不大，一般泉流量小于 300m^3/d，单井出水量 100m^3/d，可解决当地农村生活供水。

4. *岩浆岩裂隙水*

分布在实习区东部羊耳峪、歇息岗地区，为房山复式岩体出露处。由于花岗岩风化裂隙发育，地下水主要赋存于表层风化层中，地下水以表层循环为主，大部就地排泄。单井出水量一般小于 100m^3/d，仅能满足农村生活用水。据目前调查泉水出露不多，仅在皇陵北东侧 750m 处有小泉出露，泉水流量 0.02L/s，水温 13℃，总矿化度 0.19g/L。

二、平原区水文地质条件

平原区的周口店、房山区以东地段由第四系冲洪积物和山前坡洪积物组成，厚度一般为 20～30m，地下水主要赋存于第四系孔隙中。

房山东南地区含水层属大石河冲洪积扇顶部的一部分，含水层为单一砂卵石组成，属潜水区。含水层埋深浅或裸露地表，易接受高水和地表入渗补给，是平原区地下水的主要补给区。含水层颗粒粗，渗透性能强，富水性好，单井出水量 3 900～5 000m^3/d。含水层仅 10～20m，目前因大规模开发利用使其水位下降，部分区段含水层已处于半疏干状态。

房山以西地区发育山前坡洪积物，含水层分布不稳定，岩性多由碎石、粘砂组成，一般富水性较差。但在山前沟谷出口地带，也有砂卵石含水层分布，单井出水量可达 1 000m^3/d。如顾册、房山区一带，单井出水量在 1 000～2 000m^3/d。

现阶段由于大规模过量开发利用，加之厂矿企业废水不同程度污染，使得实习区水资源欠佳。为此，进一步寻找新的水源并对其加强保护应是以后水文工作的重点。

第二篇

野外地质工作方法与高新技术应用

第六章　地层学野外基本工作方法

第一节　地层的野外观察和描述

野外见到的成层岩石（沉积岩、火山岩及其变质岩）泛称岩层，当涉及探讨它们的先后顺序、地质年代和组成填图单位时，就称为地层。地层具有很多物质属性，包括岩石学特征、生物学特征、地层结构、厚度和体态、接触关系、地球物理和地球化学特征。这些属性是进行地层划分对比的重要依据，也是野外进行地层学研究所必须观察和描述的。

野外调查中必须全面收集各类地层资料，有步骤地观察。首先应观察沉积岩系总的关系及构造情况，尤其是大型构造（如侵蚀面、大断层等）；然后仔细观察露头的岩性成分、结构，给岩石以恰当的命名；再看其各种沉积构造、生物化石；确定岩层的顶底面和岩层间的接触关系，建立地层的基本单位，进行地层划分对比；最后根据观察所得全部资料，初步恢复该地区的古环境，进行岩相古地理分析。

一、岩性、岩性组合及地层结构的观察描述

首先观察岩层中各类单层的颜色、岩石成分、结构（包括颗粒的粒度、分选和磨圆）及单层厚度（表 6-1）等，正确识别和描述各类单层的岩性（此方面基本知识详见第七章相关内容）。随后观察岩层中各类单层的组合方式。这种组合方式现在被称为地层结构或基本层序。地层结构可简单地分为两类：均质型结构和非均质型结构（表 6-2）。

表 6-1　地层单层分类表

类　别	厚　度（cm）
块　状	＞300
巨厚层	100～300
厚　层	50～100
中　层	10～50
薄　层	1～10
微薄层	0.5～1

表 6-2　地层结构类型简表（据杜远生等，1998）

<table>
<tr><th>地层
结构</th><th colspan="2">层状地层</th><th>非层状地层</th></tr>
<tr><td rowspan="5">简单型</td><td>均质型</td><td>均一式</td><td rowspan="2">斜列式</td></tr>
<tr><td rowspan="4">非均质型</td><td>互层式</td></tr>
<tr><td>夹层式</td><td>叠积式</td></tr>
<tr><td>有序多层式</td><td rowspan="2">嵌入式等</td></tr>
<tr><td>无序多层式</td></tr>
<tr><td>复合型</td><td colspan="3">上述各简单型结构之复合</td></tr>
</table>

如果地层序列中单层的岩性、结构基本相同，且单层厚相差不大，通常称为均一式结构，如灰白色厚层细粒石英砂岩。如果地层序列由两类岩层类型规则或不规则交互组成，则称为互层式结构，如黑色薄层硅质岩与灰黑色页岩互层。地层序列中如果以一种类型的单层为主，间夹有另外一种类型的单层，称为夹层式结构，如灰白色厚层中粒石英砂岩夹灰白色薄层粉砂岩；灰黄色厚层灰岩夹灰黄色薄层泥灰岩。

地层序列常常由三种或三种以上特征不一的单层组成，其组合方式部分很有规律，如各种旋回沉积序列，称为有序多层式。部分组合方式没有一定的规律，则称为无序多层式，如非旋回沉积。通常用图示更能反映地层结构或基本层序。因此，野外必须对地层结构进行详细的观察、测量、素描或照相。通过对上述地层结果的识别，给岩层以正确的定名，并能识别出地层序列中各部分的差异，进而对地层进行划分。

二、古生物化石的观察和采集

古生物化石是进行生物地层、年代地层和生态地层划分对比的依据，也是进行沉积相分析的重要资料。因此，野外地层工作必须收集古生物化石资料，一般应注意以下几点：

（1）首先对露头的古生物化石进行系统的观察和描述，初步确定主要类别，对时代意义强的化石类别，如菊石、笔石、□等需仔细观察描述。对单位面积内的化石类别进行统计，以确定其分异度、优势度和相对丰度。

（2）观察描述化石的保存状况，包括保存位置、分选性及排列方向，确定是原地埋藏还是异地埋藏。

（3）在对化石进行系统观察之后，逐层采集化石，也可边观察边采集，采集时应尽量多采，从数量上足以达到鉴定种的目的，对一些新类型和具特殊意义的化石（能反映系统演化等）应尽量多采。采集时不仅采大化石，还需采集各类微体化石。化石采集时须及时编录，其内容包括采集位置及编号等。

（4）如岩层内保存有大量个体大小不同的化石时，应当收集自幼年期至成年期一系列反映个体演化发育的标本。

（5）为了避免损坏化石标本，化石采集后必须立即用软纸或棉花包装好并妥善装箱。

三、地层接触关系及野外识别标志

岩层之间的接触关系类型复杂。可分为整合接触、非整合接触、假整合（或平行不整合）接触、角度不整合接触。野外观察的重点是这些接触界面及界面上下地层的差异。

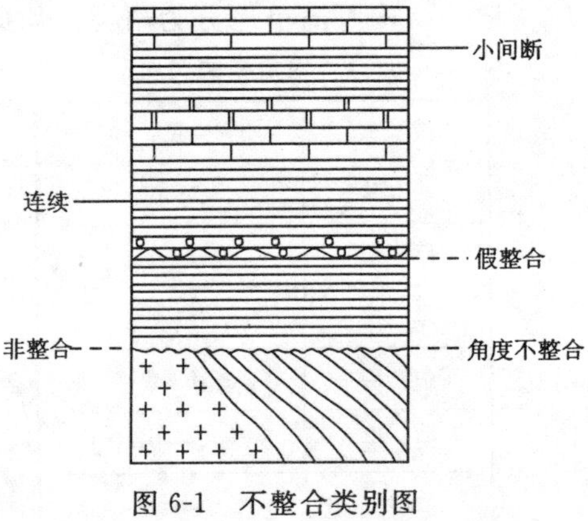

图 6-1　不整合类别图

（据张守信，1989，修改；转引自杜远生等，1998）

不整合界面是一个岩性突变面，上下地层的岩相及古生物组合是不连续的。通常在界面上发育有古风化壳、底砾岩和规模较大的冲刷面。假整合（或平行不整合）上下地层产状一致，部分界面平直，部分界面起伏不平，多为古岩溶面（图 6-1）。角度不整合界面上下地层产状不一，通常上下地层的构造式样及变质程度有较大的差别。非整合面是沉积盖层和下伏岩浆岩或深变质岩之间的分隔界面，代表了古老基底经历了长期的暴露、风化和剥蚀之后接受再沉积的历史。

对不整合观察不能只限于局部点，需在大范围内追索其分布范围和类型变化情况。因为同一次构造运动造成的不整合在不同地区表现不一，有的地方表现为角度不整合，有的则为微角度不整合或过渡到平行不整合，甚至某些地区为整合接触。因此观察时需注意这种变化关系，不要看到一种接触关系就在更大区域上牵强地推广。

四、地层系统和单位的建立

在地层物质属性（包括岩性及岩性组合、古生物化石、接触关系等）观察描述和研究的基础上，建立地层单位和确定地层系统是地层学的中心任务。由于地层的物质属性不同，地层划分的依据不一，所建立的地层单位也不一样。常见的地层单位有岩石地层单位、年代地层单位、生物地层单位、磁性地层单位、生态地层单位、地震地层单位、构造地层单位，以前三种最为重要（表 6-3）。而野外能确定和建立的主要是岩石地层单位。

表 6-3　岩石地层单位、生物地层单位和年代地层单位特征比较表

特征 \ 地层单位类型	岩石地层单位	生物地层单位	年代地层单位
划分依据	岩　　性	生物化石	岩石形成年代
地层单位术语及级别	群 组 段 层 已成体系，有大小级别	生物带：组合带、延限带、顶峰带、谱系带及其他各种生物带 未成体系，无大小级别	宇 界 系 统 阶 时带 已成体系，有大小级别之分
使用范围	地方性	区域性或全球性	全球性

岩石地层单位包括群、组、段、层四级单位。其中组是基本单位，是具有相对一致的岩性和具有一定结构类型的地层体。组可以由一种单一的岩性组成，也可以由两种岩性的岩层互层或夹层组成，或由岩性相近、成因相关的多种岩性的岩层组合而成，或为一套岩性复杂的岩层，但可与相邻岩性简单的地层单位相区分。组的顶、底界线清楚，可以是不整合界线，也可以是整合界线，但组内不能有不整合界面。此外，组的厚度一般为几十至几百米，要求可以在区域地质图（1∶5 万～1∶25 万）上表达出来。同时，组也应有一定的分布范围。

群比组高一级，为岩性相近，成因相关，地层结构类似的组的联合。段比组低一级，根据岩性、地层结构、地层成因的差别可以将组分为段。层是最小的岩石地层单位，野外实测地层剖面一般要划分层，它是岩性相同或相近的岩层组合，或相同地层结构的组合。

野外地层工作中，一般通过实测剖面分层建组，然后经过区域地质填图验证地层划分的正确性。同时研究地层的古生物化石及其他地层属性，建立起相应的地层单位，如生物地层单位和年代地层单位，并加以对比，这样一个地区的地层系统就建立起来了。

五、沉积构造及沉积相分析

（一）沉积构造类型

沉积构造是沉积岩和变余沉积岩的成因标志，是恢复古环境、古气候及古地理的重要依据，它们在野外大多都可观察到，因此在野外必须认真仔细观察，做好必要的记录，重要的构造应照相或素描。沉积构造主要包括：层理构造、层面构造、准同生变形构造、生物及化学成因构造。

1. *层理*

由纹层、层系和层系组组成（图 6-2）。根据形态可划分为以下几种类型（图 6-3）。

（1）交错层理。交错层理是由一系列与层面斜交的内部纹层组成层系，层系之间由层系面分隔。交错层理根据其形态可分为板状、楔状、波状和槽状交错层理等多种类型。依据交错层理的形态、大小、前积层倾角和方向等可判断出水动力特征和古水流方向，进而帮助识别古环境。流水作用一般形成较高角度的板状交错层理，而冲洗作用则形成低角度（<10°）的楔状交错层理（冲洗层理），进退潮流作用则形成双向的鱼骨状（或羽状）交错层理。

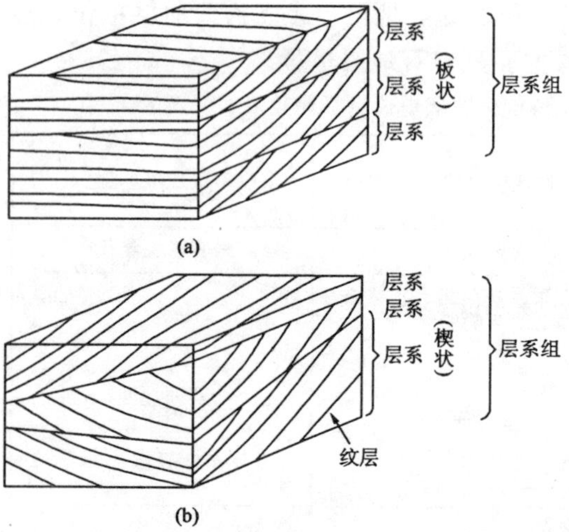

图 6-2　层理的基本术语图示（据刘宝珺，1980）

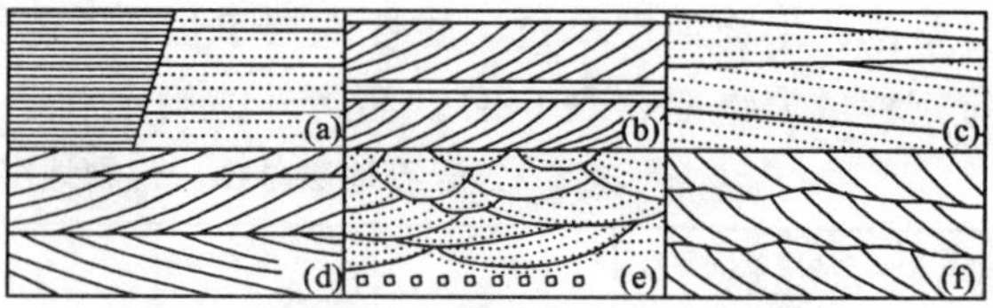

图 6-3　水平层理、平行层理和交错层理

（转引自杜远生等，1998）

(a) 水平层理（左）和平行层理（右）；(b) 板状交错层理；(c) 楔状交错层理（冲洗交错层理）；(d) 鱼骨状交错层理；(e) 槽状交错层理；(f) 波状交错层理

（2）平行层理和水平层理。二者的纹层均相互平行且层面一致，但平行层理是高流态环境下的沉积，沉积物粒度粗（中粗砂级），纹层不清晰、不连续，沿层面易剥开。水平层理反映水能量低的宁静环境，沉积物粒度细（泥质），层理清晰且连续。

（3）递变层理。也称粒序层理。是在同一岩石层内由下而上粗细粒度递变纹层所显示的层理，层面基本上相互平行，底部一般具冲刷面。递变层理一般认为是重力流成因。

（4）均质层理和块状层理。用肉眼甚至仪器也难以识别出这两类层理内部的纹层。块状层理内部成分不均一，大小混杂，反映未经分选的沉积物经快速堆积而成，如冲积扇。均质层理内部成分粒度均一，反映单一成分的快速堆积或由生物扰动破坏原层理所致。

（5）潮汐层理。包括脉状层理、波状层理和透镜状层理（图 6-4）。它们是涨潮流与退潮流所造成的砂质沙纹与平潮期所沉积的不同数量的泥质交互而形成。

脉状层理的特征是泥质沉积物呈脉状体分布在砂质沉积物中，透镜状层理是砂质沉积物呈透镜体被包在泥质沉积物之中断续分布。而波状层理则是介于脉状和透镜状层理之间的过渡类型，砂层与泥层波状交替分布。

2. *层面构造*

主要包括波痕、冲刷痕、压刻痕及各种暴露标志。波痕是指流水、波浪或风作用于非粘性沉积物表面留下的波状起伏的痕迹。按其成因可分为流水波痕、浪成波痕及风成波痕。水能量加强，常在下伏沉积物，尤其是泥质沉积物表面形成冲蚀的槽状痕迹，称为冲刷痕，冲刷形成的沟槽被沉积物充填后则形成槽模和沟模。沉积物中携带的粗粒物质（如砾石、生物

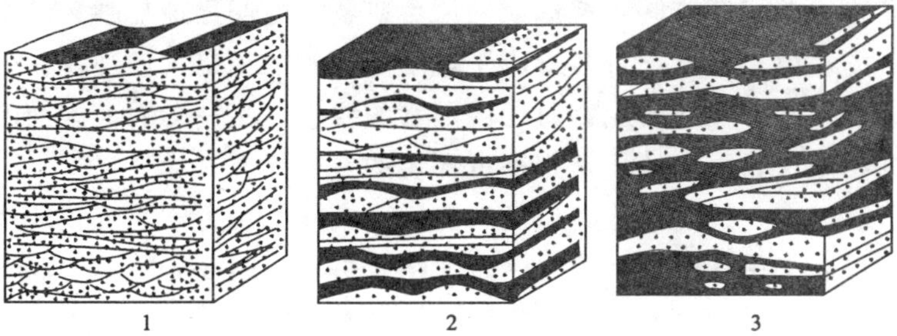

图 6-4 潮汐层理类型（据 H. E. Reineck，1977；转引自杨逢清等，1990）
1. 脉状层理；2. 波状层理；3. 透镜状层理

介壳）在下伏沉积物顶面刻划出各种痕迹，称为刻压痕。冲刷痕和刻压痕是重力流沉积中常见的沉积构造，暴露构造是指沉积物间歇暴露于大气中时在沉积物表面形成的沉积构造，如泥裂、雨痕、食盐假晶及足迹。通常反映沉积盆地间歇性暴露环境，如潮上带，湖滨环境等。

3. 准同生变形构造

准同生变形构造是指沉积物沉积之后固结之前发生塑性变形形成的构造。它仅局限于上下未变形层之间以区别于后生构造。常见的准同生变形构造有负载构造、包卷层理、滑塌构造等。准同生变形构造发育于快速堆积（沉积物来不及及时脱水）或具有原始倾斜的沉积层中。由于沉积物的液化和侧向流动，可形成具复杂揉皱的包卷层理。差异压实作用或构造不稳定（如地震的颤动），常导致上覆粗粒层下陷到下伏松软沉积层中形成负载构造、枕状和球状构造。滑塌构造一般是沉积物沿原始陡倾的沉积斜坡下滑发生滑塌，滑动或位移产生的，沉积层可变形成简单或复杂的褶曲，伴有滑动面或重力小断层（图 6-5）。根据准同生变形构造的类型和强度可以帮助认识沉积盆地性质及堆积速度，古斜坡坡向等等。

图 6-5 滑塌构造（据何起祥，1978；转引自杨逢清等，1990）

4. 化学及生物成因构造

类型繁多，常见的有鸟眼构造和叠层状构造。鸟眼构造指白云岩或灰岩中大小约 1mm 的蠕虫状或不规则状亮晶方解石充填体，一般认为鸟眼构造形成于潮坪环境，由藻类腐解留下孔隙或者气泡，经亮晶方解石和石膏填充而成。叠层构造是地质历史时期中一种常见的生物成因构造，以藻纹层和沉积纹层交替出现为特征，其形态多样，多形成在潮坪环境。

（二）沉积相分析

野外进行沉积相分析，主要依据以下相标志：

（1）岩矿标志。沉积物组分能反映沉积历史、物源及沉积介质的特征。如纯净的石英砂岩形成于浅水高能条件（如海滩环境）；富含长石，不稳定岩屑的杂砂岩形成于颗粒未经充分簸选的快速沉积场所（如断陷盆地）；一些特殊的沉积岩和沉积矿产具有较好的指相意义，如礁灰岩、鲕状灰岩、含菊石或放射虫的硅质岩、含笔石的黑色页岩、煤和铝土矿等。此外，一些自生矿物（沉积期或同生期形成的原生矿物）能明显地反映环境，如海绿石、磷灰石主要形成于浅海环境；石膏、岩盐形成于盐度过饱和的干旱气候环境。

（2）生物标志。不同类别的生物对环境因素的要求是不一样的，因而不同环境中的生物有差别。因此生物组合和生态特征是判别古环境的重要标志。

（3）沉积构造标志。沉积构造类型复杂多样，实际上皆为不同沉积环境的产物。用其进行沉积相的分析可以与用其进行沉积岩的研究结合进行（表6-4）。

表6-4　沉积构造分类（据余素玉等，1991）

	物理的（或机械的）			生物的	化学的
	流动构造	变形构造	其　他		
原生	①层理： 交错层理 波状层理 水平和平行层理 递变层理 均匀层理和复合层理 ②表面和底面 印痕　波痕 冲刷和刻压痕 ③剥离线理	负载 球和枕状 旋卷 滑塌 砂岩脉和墙 碟状构造	干裂 雨痕 冰雹痕等	①遗迹化石： 足迹 爬痕 潜穴 钻孔 ②生物扰动构造 ③植物根痕 ④生物生长构造	鸟眼构造 晶痕、结核（同生及成岩）
次生					后生结核 迭锥 缝合线

沉积相分析的野外工作主要包括测制沉积相剖面，系统观察研究沉积岩的成分、结构、构造、古生物组合、古生态特征和遗迹化石等各种成因标志，及古流向和古坡向测量。相剖面的测制程序和方法同一般剖面，在测制中要更加注意相标志的收集，要圈定某些具有指向意义的特殊岩段，将特殊的岩石结构、沉积构造、生物组合及生态特征标记在剖面的明显位置上。相剖面测制后，要根据上述相标志野外初步定相，并与邻近剖面岩相类型进行对比，并对剖面资料进行整理和编制相柱状草图。

第二节　地层实测剖面的选择及丈量

地层剖面是地层学研究的基础，通过实测剖面可以准确地建立地层层序，确定岩石地层、生物地层、磁性地层和生态地层的地层单位。此外，沉积相和古地理的研究、古生态和古地理的研究都是从实测剖面入手的。

一、实测剖面线的选择

实测剖面之前必须对研究区进行野外踏勘，选择实测剖面线。选择剖面线的一般要求是：①剖面线距离短而地层出露齐全；②地质构造简单，尽量选择未遭受褶皱、断层和侵入体破坏而发生地层重复或缺失的剖面；③所测地层单位的顶面和底面出露良好，接触关系清楚；④化石丰富，保存完整，有利于生物地层工作。

除上述一般要求之外，还需注意以下方面：

（1）剖面地层露头的连续性良好，为此应充分利用沟谷的自然切面和人工采掘的坑穴、沟渠、铁路和公路两侧的崖壁等，作为剖面线通过的位置。

（2）实测剖面的方向应基本垂直于地层走向，一般情况下两者之间的夹角不宜小于60°。

（3）当露头不连续时，应布置一些短剖面加以拼接，但需注意层位拼接的准确性以防止重复和遗漏层位，最好是确定明显的标志层作为拼接剖面的依据。

（4）如剖面线上某些地段有浮土掩盖，且在两侧一定的范围内找不到作为拼接对比的标志层，难以用短剖面拼接时，应考虑使用探槽或剥土予以揭露。特别是当推测掩盖处岩性有变化，或产状、接触关系和地层界标等重要内容因掩盖而不清时，必须使用探槽。

（5）剖面线经过地带较平缓，剖面线拐折少。

（6）实测剖面的数量应根据工作区地层复杂程度、厚度及其变化情况、课题需要及前人研究程度等因素综合考虑而定。一般各地层单位及不同相带，至少应有1～2条代表性的实测剖面控制。

（7）实测剖面的比例尺按研究程度确定，一般以1∶1 000到1∶2 000为宜，出露宽1～2m的岩层都应画在剖面图上。有特殊意义的标志层或矿层，出露宽度不足1m也应放大表示到剖面图上。

（8）为了便于消除误差，剖面起点、终点及剖面中的地质界线点都应标定在实际材料图上。

二、实测地层剖面的野外工作

1. 信手地层剖面的测制

为使实测地层剖面选择和地层分层准确以提高工作效率，在开展实测地层剖面之前，一般应先测制地层信手剖面。主要工作是选择较理想的剖面线位置，观察研究地层结构，确定地层单位的分界线并实地标记，选定标志层及发现化石层位。

2. 地形及导线测量

测量导线方位、导线斜距和地面坡度角，工作由前后测手二人完成。一般用地质罗盘测量导线方位和坡角，读数相差超过3°时应重测，读数相近则采用平均值记人记录中。

实测剖面必须取得以下数据，并记人实测地层剖面登记表中（表6-5）：

（1）导线号。以剖面起点为0，第一测绳终点为1，表内记为0—1；第二测绳为1—2，依此类推。

（2）导线方位角（φ）。指前进方向的方位角。

（3）导线斜距（L）。每一测段的距离。

（4）分层斜距（l）。同一测线上各地层单位的斜距，分层斜距之和等于导线斜距。

（5）坡角（$\pm\alpha_1$）：测段首尾之间地面的坡角，以导线前进方向为准，仰角为正，俯角为负。

（6）岩层产状。测量岩层倾向和倾角（α），应记下所测产状在导线上的位置。

（7）分层号。从剖面起点开始按划分的地层单位顺次编号。

（8）地质点位置。记录剖面中各地质点在导线上的位置。

表 6-5　实测地层剖面登记表

导线编号	导线方向	坡度角	导线距			高差		岩层产状				岩层走向与导线间夹角	分层		真厚度			岩性描述			样品	
			斜距 L	水平距 M	累计	分段 H	累计	斜距	水平距	倾向	倾角 α		野外	室内	分段	分层	累计	分层		分层描述	斜距	编号
																		斜距	水平距			

3. 地层分层、观察、描述和记录

地层分层、观察和描述是实测剖面的重要工作，分层的基本原则如下：

(1) 按地层剖面比例尺的精度要求，分层厚度在图上大于 1mm 的单层。

(2) 岩石成分有显著的不同。

(3) 岩性组合有显著的不同。

(4) 岩石的结构和构造有明显的不同。

(5) 岩石的颜色不同。

(6) 岩性相似，但上、下层含不同的化石种属。

(7) 岩性不同，但厚度不大的岩层旋回性地重复出现，可将每个旋回单独作为一个旋回层分出。

(8) 岩性相对特殊的标志层、化石层、矿层及其他分布较广、在地层划分和对比中有普遍意义的薄层，应该单独分层。如果其在剖面上的厚度小于 1mm，可以按 1mm 表示。

(9) 重要的接触关系，如平行不整合、角度不整合或重要层序地层界面处可分层。

在地层分层过程中，根据第一节中所述的地层观察和描述方法，描述各导线内各层的岩石学和古生物学特征，并记录在记录表中。

4. 绘制地层剖面草图

在实测剖面时，必须现场绘制导线平面草图和地层剖面草图，将导线号、地质点、岩层产状、标本、样品和化石采集地点的编号及剖面线经过的村庄、地物的名称标注在草图上，以供室内整理时参考。

5. 标本和样品的采集

应逐层采集岩矿、化石标本，还要根据需要采集岩石化学分析或光谱分析样品、人工重砂样品、同位素年龄样或古地磁样。标本和样品应该按规定系统编号，并在记录表和剖面草图上标记清楚。

6. 照相和描述

对剖面上的重要地质现象，如接触关系、沉积构造、基本层序及古生物化石等应照相和素描，并根据其在剖面的位置记录在记录表中和在剖面草图上标注。

三、实测地层剖面的室内整理

室内工作包括野外资料数据的整理与换算，导线平面图和地层实测剖面图的制作等三个方面。

1. 野外原始资料的整理

在本阶段，小组成员应认真核对剖面登记表和实测剖面草图，使各项资料完整、准确、一致，并将登记表中数据及剖面草图上墨。如果出现错误或遗漏，应立即设法更正和补充。

此外，还应将登记表上各空项通过计算逐一填全。

导线平距　　　$M=L\cos\alpha_1$

分段高差　　　$H=L\sin\alpha_1$

累计高程为剖面起点高程加各分段高程之代数和。

导线与岩层倾向夹角为导线方位角与岩层倾向的方位角之锐夹角，是计算岩层厚度的一个参数。

2. *岩层厚度的计算*

岩层厚度是指岩层顶、底面之间的垂直距离，即岩层的真厚度。其计算方法有公式计算法、查表法、图解法和赤平投影法。下面仅介绍常用的公式计算法。

倾斜岩层厚度（h）计算方法有下列几种情况：

①导线方位与岩层倾向基本一致（二者夹角$<8°$）时，若地面近于水平（$\alpha_1<6°$）

则　　　$h=L\sin\alpha$，式中，α为岩层倾角。

若地面倾斜，则　$h=\sin(\alpha\pm\alpha_1)$，式中，地面坡向与岩层倾向相反时为$\alpha+\alpha_1$，相同时为$\alpha-\alpha_1$，但取其绝对值。

②导线方位与岩层倾向斜交时

若地面倾斜与岩层倾向相反，则

$h=L(\sin\alpha\cdot\cos\alpha_1\cdot\sin\beta+\sin\alpha_1\cdot\cos\alpha)$，式中，$\beta$为导线方向与岩层走向之锐夹角。

若地面倾斜与岩层倾向相同，则

$$h=L\mid\sin\alpha\cdot\cos\alpha_1\cdot\sin\beta-\sin\alpha_1\cdot\cos\alpha\mid$$

岩层厚度以 m 为单位，一般小数点后取一位数即可。

3. *绘制实测剖面导线平面图和剖面图*

（1）总导线方向的确定。一个剖面应是通过一定方向的横切面，这个方向即称总导线方向。但实际丈量是按分导线的方向丈量的，因此应以分导线的方向为依据，求出总导线的方向。总导线方向一般是按顺序将分导线方向、水平距绘制在一张方格纸上，取第一分导线之首与最终分导线之尾的联线作为总导线方向，其方位角可用量角器量出。

（2）导线平面图的制作。以水平线作为总导线的方向，通常以左端为导线北西或南西方位，右端为南东或北东方位，按各分导线的水平距和方位依次画出各分导线。在此基础上标出分导线号、地质点号、地层单位代号（包括分层号）、岩层产状、地物及地物名称；在地层分界处根据产状画出其走向线段。此外，还应在总导线的起点上端画上指向箭头，标上总导线方位（图 6-6）。

（3）地层剖面图的制作。

在总导线之下适当位置处用铅笔画水平线作为实测剖面的底线或高程基线，在其两端画线，按比例标上高程，然后依次将各导线点的海拔高程点在方格纸上，参照野外实测剖面图勾绘地形轮廓线。将总导线上的地层分界点垂直投影到地形线上，按地层视倾角画出地层分界线，一般层之间的分界线长 2cm，段和组的分界线长 2.5～3cm。再按各地层单位岩性组合，画上规定的岩性花纹符号（岩性花纹长 1cm）。在地形轮廓线上标上分导线号、地质点号、化石采集点、标本和样品编号以及剖面经过的地物名称。在地形轮廓线之下标上地层单位代号（包括地层层号），岩层产状。在图的上方写上图名、比例尺（水平线段比例尺或数字比例尺），在图的下方画上图例，填好责任表，最后着墨清绘即完成了实测地层剖面图的制作。

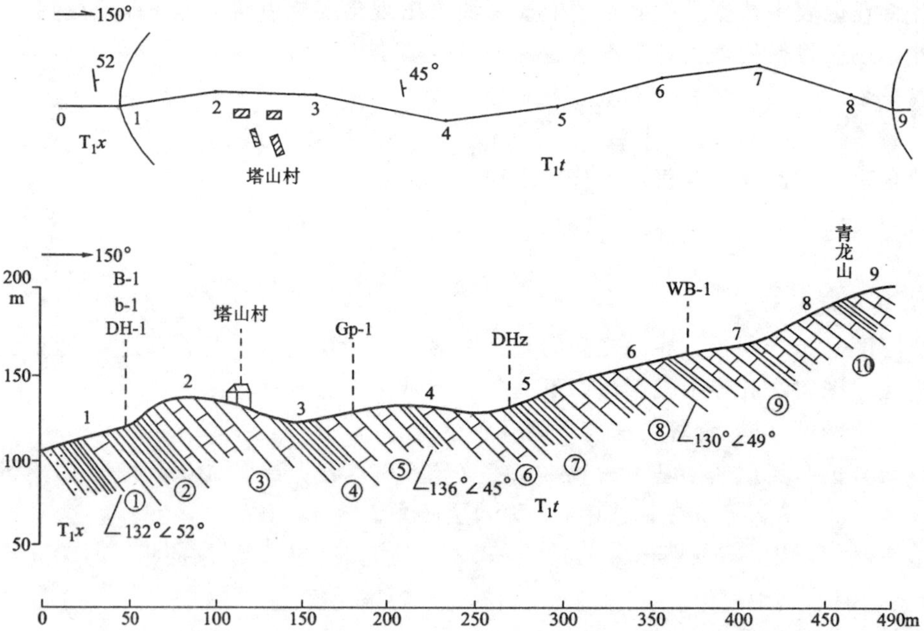

图 6-6 塔山村至青龙山下三叠统地层实测剖面图

（据地质矿产部《区域地质矿产调查工作图式图例》，1983；转引自谭应佳等，1987，修改简化）

第三节 实测地层柱状图和综合柱状图编制原则及方法

一、实测地层柱状图的制作

实测地层柱状图是进行地层分析和对比的基础，一般有惯用的格式（表 6-6），其内容可根据具体要求作增减。

表 6-6 实测地层柱状图格式

年代地层				岩石地层				层厚（m）	岩性柱	沉积构造	基本层序	岩性简述及化石	备注
界	系	统	阶	群	组	段	层						

具体作图方法可参照以下几点：

(1) 根据具体情况选定实测柱状图的内容。如在古生物化石带发育且易识别的地区，应在年代地层和岩石地层之间加上生物地层一栏。而在沉积构造发育、相标志清楚的地区则应加强沉积相分析，可在岩性描述及化石之后加上沉积相及海平面变化一栏。

(2) 根据岩性及厚度绘制岩性柱，其岩性符号、岩性花纹和各种代号均与实测剖面图相同。比例尺原则上也应一样，特殊情况下可以适量改变。

（3）岩性以层为单位，分层描述，应用岩石的全名或突出特征来简明描述。若岩性明显分上、中、下，则依次由上而下分别描述。

（4）化石需按类别和数量的多少依次标明类别和属种名称，一般类别用中文，而属种名用拉丁文。

（5）在“岩性柱”一栏中，应注意化石产出的相应位置并标上化石符号。

（6）“沉积构造”栏中的层理、层面构造及其他构造，一般用花纹来表示。

（7）“岩性柱”一栏中，应注意标明表示接触关系、相变和岩浆活动（图 6-7）符号，并相应在“岩性描述”一栏上注明“角度不整合”或“平行不整合”等字样（整合不用标注）。

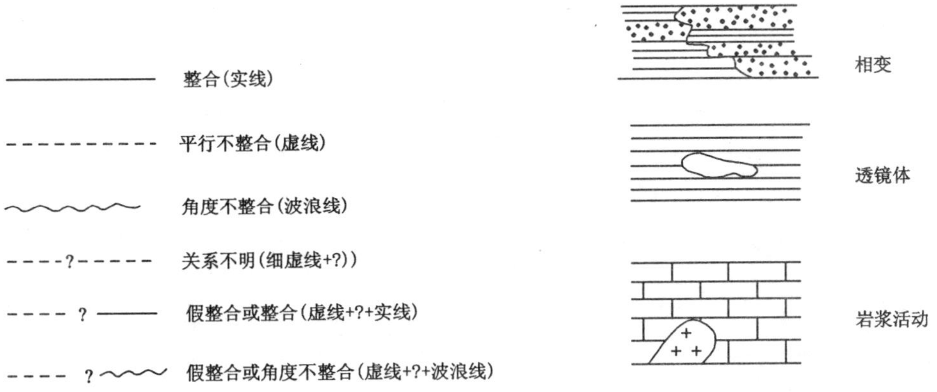

图 6-7　接触关系、相变和岩浆活动符号

（转引自杨逢清等，1990）

（8）在图面许可的情况下，可在“岩性简述”与“沉积构造”栏之间标上各地层单位的基本层序。

（9）矿产或其他内容可在备注中注明。

（10）在图上方写全图名及比例尺，图下方标上图例及填写责任表。

二、地层综合柱状图的制作

地层综合柱状图是在一个地区或一个工作区范围内的若干地层柱状图的基础上综合整理而成的。它从纵向上反映了一个地区或一个工作区岩性和化石的变化特征。它的制作方法基本上与地层柱状图相同，其不同就在于“综合”这个特点上：

（1）岩性通常以段、组为单位，综合描述。描述要有代表性，同时也需对区域上较大的岩相变化进行描述，相变规模大时，要在岩性柱上画上相变线。

（2）地层厚度以综合厚度表示，一般应包括最薄的和最厚的范围，例如 20～80m。

（3）化石名称应选择有代表性的或特征性的属种。

（4）一般要加上“沉积相和海平面变化”一栏，以描述该地区地质历史时期的环境变化。

（5）综合地层柱状图多和地质图配套，因此，综合地层柱状图可上色。

第七章　岩石学野外基本工作方法

岩石的鉴定方法是从事野外地质工作的基础，岩石的许多特征需在较大范围露头上观察才能得出正确结论，有些岩石的正确鉴定和命名也必须结合野外观察结果。周口店及其邻区三大岩类发育齐全，可视为野外岩石学的天然实验室。结合本区实际情况和岩石学科的系统性，虽然阐述面较广，但仍以野外观察的基本内容和程序为主，其要点是：

(1) 首先根据矿物成分和共生组合（表 7-1）以及特征的结构构造（表 7-2），并结合岩石的产状特征，将所观察的岩石区分大类，即属于岩浆岩（侵入岩、火山岩）、沉积岩、变质岩中的哪一类。

(2) 在分大类的基础上，进一步根据各类岩石的鉴定要点、命名方法对岩石进行鉴定和命名，并详细描述和记录岩性。

(3) 在较大范围露头内，观察和测量重要的、有意义的结构构造，如花岗岩体的构造，沉积岩的波痕和层理构造，变质岩的面理等；观察和测量具有特殊意义的物质成分，如斑晶、包体、砾石等。

(4) 观察和测量岩石的产状，如岩石产出的位置、形态、规模和大小、与周围岩石的关系、岩体内部的分带性等。

(5) 根据研究程度不同和内容的需要，采集标本和样品。一般应尽量采集新鲜岩石，应注意样品的代表性、数量充足，及时编写号码，并于图中（地质图、剖面图等）标注采样位置。

三大类岩石观察内涵和重点不同。现将野外工作最基本内容和要点分别简述。

表 7-1　造岩矿物在变质岩、岩浆岩和沉积岩中的主要分布情况（据游振东等，1991）

	主要在沉积岩中出现的矿物*	变质岩沉积岩中都可出现的矿物	主要在变质岩中出现的矿物	岩浆岩变质岩中都可出现的矿物	主要在岩浆岩中出现的矿物	三大岩类均有的矿物
二氧化硅	蛋白石，玉髓	石　英		石　英	鳞石英	石　英
富铝矿物	水铝石	水铝石	刚　玉	尖晶石		
富含铝的硅酸盐	粘土矿物	高岭石，地开石	红柱石，蓝晶石，矽线石，叶蜡石，十字石，堇青石，硬绿泥石，硬玉			
碱质或钙质铝硅酸盐	粘土矿物	斜长石，钾长石	浊沸石，方柱石，钠云母，绢云母	斜长石，钾长石，白云母，霞石	歪长石，白榴石，方钠石，黝方石，蓝方石	钾长石，白云母，斜长石
钙铝质硅酸盐			帘石类，葡萄石，硬柱石，绿纤石，钙铝榴石，符山石			

续表 7-1

	主要在沉积岩中出现的矿物*	变质岩沉积岩中都可出现的矿物	主要在变质岩中出现的矿物	岩浆岩变质岩中都可出现的矿物	主要在岩浆岩中出现的矿物	三大岩类均有的矿物
含铝的铁镁质硅酸盐和铁镁质铝硅酸盐**	海绿石		铝石榴石，绿泥石，含铝的阳起石，蓝闪石	铁铝榴石，堇青石，黑云母，金云母，普通角闪石，碱性角闪石	玄武角闪石	黑云母，金云母，部分石榴石
铁镁质的硅酸盐			滑石，蛇纹石，直闪石，硅镁石	镁铁闪石，斜方辉石，霓石，橄榄石		
钙镁质和钙质硅酸盐			透闪石，阳起石，钙镁橄榄石，钙铁辉石，镁蔷薇辉石，硅灰石，灰硅钙石，甲型硅灰石	透辉石，普通辉石，黄长石，榍石		橄榄石 角闪石 辉石
碳酸盐		碳酸盐矿物		碳酸盐矿物		碳酸盐矿物
碳　质	有机碳质		石　墨			
其　他	硫酸盐和卤化物矿物	重晶石，硬石膏，萤石	方镁石			磁铁矿，钛铁矿，磷灰石，榍石，锆石，金红石

注：* 沉积岩中的重砂矿物未列入表内；** 有的含有碱质。

表 7-2　肉眼鉴定三大岩类结构构造对比（引自朱勤文，1989）①

	岩　浆　岩	沉　积　岩	变　质　岩
结构类型	1. 常见结构：粒状结构、斑状结构、似斑状结构 2. 特征结构：玻璃质结构、火山碎屑结构、熔结火山碎屑结构、煌斑结构、伟晶结构	1. 陆源碎屑结构：砾状、砂状、粉砂状、泥质结构 2. 粒屑结构：内碎屑、鲕粒、生物碎屑结构等 3. 生物骨架结构 以上为特征结构 4. 结晶结构（碳酸盐岩） 5. 非晶质结构（硅质岩等）	1. 变余结构 2. 变晶结构：粒状变晶、鳞片变晶、纤状变晶、斑状变晶结构、角岩结构 3. 碎裂结构、糜棱结构 2、3 为特征结构
构造类型	1. 侵入岩构造：块状、斑杂状、条带状构造 2. 喷出岩构造：气孔、杏仁、流纹、枕状、假流纹构造为特征构造	1. 层理构造 2. 层面构造：波痕、冲刷、槽模等 3. 生物构造：虫孔、虫迹等 4. 化学构造：晶痕、结核、缝合线等 5. 变形构造，以上均为特征构造	1. 变余构造 2. 变成构造：板状、千枚状、片状、片麻状、块状构造 3. 混合构造 2、3 为特征构造

① 朱勤文编，1989，岩类学简明教程。中国地质大学岩石教研室。

第一节 沉积岩的野外观察和描述

一、概 述

沉积岩的野外观察主要包括以下7个方面的内容，即岩性、颜色、结构、构造、层厚、沉积岩体整体的形态、化石。其中，后五项尤其需在野外露头上观察，仅观察手标本是不全面的。如碎屑岩，尤其砾岩，其磨圆度和分选程度，通过较大范围观察才具有代表性。沉积构造有特别重要的意义，如反映地层上下关系的层面构造、提供古水流方向的各种构造，均需重点观察和测量。确定沉积岩体整体形态需沿露头追索。要注意寻找化石，并观察收集化石种类、产出层位和保存情况等方面的资料。

在野外，沉积岩的研究多与地层研究同时进行。即在测制地层剖面时，不仅要从地层学的角度出发进行观察研究和收集资料，而且同时要从沉积岩石学和沉积学的角度出发，充分收集岩石的物质成分、结构、化石、各种包裹体和纵向上的韵律形式、接触关系、水平方向上的变化和过渡关系等资料，保证满足沉积岩石学和沉积学研究的需要。

野外工作开始时，首先应概略地了解研究地区的露头情况，构造变动特征，岩性变化趋势。在此基础上，选择露头完好、构造简单、地层倾角适中、岩性和化石有代表性及地形较好的剖面作为系统研究的剖面。此后，须进一步对剖面线上及其附近的岩石类型、组合关系、接触关系、化石分布情况进行深入观察。根据岩性特征、沉积韵律、化石组合和接触关系等划分“组”、“段”等地层单位。然后对各地层单位进行详细的研究。

样品的采集是根据研究任务和室内分析的需要有目的地进行的。在主要剖面上要系统采样，一般剖面上可以重点采样。为了研究地层的划分和对比，在标准层、地层分界处、岩性和化石特征部位必须采样；为研究岩性变化，须采集有代表性的样品；为进行岩相古地理研究，除须采集岩相标本外，还需采集成因标志标本；为进行古地磁研究，应在新鲜的露头上采集定向标本；为了进行同位素定年研究，则要注意采集原生的海绿石标本。

在野外工作过程中，要对各种资料及时地进行整理、综合分析，使认识逐步深化，以指导进一步的工作。

1. 沉积岩的颜色

沉积岩的颜色是沉积岩层的特殊标志。它不仅是沉积岩的表面现象，而且还是反映组成岩石的物质成分和气候、介质等方面的重要特征。因此，对颜色成因的研究有助于了解沉积岩和沉积矿产的形成环境及其形成后的变化。

沉积岩中有三种不同成因的颜色：继承色、自生色、次生色。

(1) 继承色。即碎屑物质固有的颜色，显然取决于他生陆源继承矿物的颜色。如肉红色长石碎屑为主时，岩石呈红色，主要由石英碎屑组成的岩石呈灰色。

(2) 自生色。即沉积岩形成的早期阶段出现的新生矿物的颜色。这种颜色多是化学沉积和生物化学沉积的特点，如石灰岩的灰白色，含海绿石岩石的绿色等。

(3) 次生色。即沉积岩形成以后受到次生变化而产生的次生矿物的颜色。这种颜色多半由氧化作用或还原作用、水化作用或脱水作用以及各种化合物带入或带出等引起的。

岩石颜色的成因可根据颜色与层理的相互关系及其在一个层的范围内的变化情况来判别。在野外工作中观察颜色要注意：①准确描述岩层颜色的色彩，可用复合名称，如深紫红色，浅蓝灰色，浅灰绿色等；②确定颜色与层理的关系，描述颜色的继承性、原生性和次生性；③描述岩层中与层理、透水性、裂隙有关的颜色分布的性质。

2. 沉积岩的成分

沉积岩的物质成分可以根据其成因分为以下三个组成部分：

(1) 继承组成部分。它是原来就已存在的岩石经物理风化的破碎产物，或是火山喷发的碎屑物质，或是内碎屑以及少量的宇宙尘经过水、冰、风等地质营力的搬运而沉积下来。如砂岩中的石英、长石，凝灰岩中的晶屑、岩屑，竹叶状石灰岩中的竹叶状砾石等。几种母岩风化后常见的碎屑矿物见表 7-3。

表 7-3 各种母岩风化后的主要碎屑矿物组合（引自"野外地质工作参考资料"编写组，1978）

母岩	碎屑矿物组合
酸性岩浆岩	磷灰石 角闪石 锆石（自形） 黑云母 石英（具气液包裹体） 磁铁矿 独居石 榍石 微斜长石
基性岩浆岩	辉石 紫苏辉石 钛铁矿 磁铁矿 板钛矿 斜长石 铬铁矿 蛇纹石 白钛矿 橄榄石 锐钛矿 金红石
沉积岩	石英（保留再生长大） 锆石（滚圆形） 燧石 白钛矿 金红石 重晶石 电气石（滚圆形） 海绿石 石英岩屑（沉积的）
低级变质岩	板岩 千枚岩岩屑 石英和石英岩屑（具波状消光） 黑云母 白云母 绿泥石（碎屑的） 白钛矿 电气石（自形，浅棕色，具炭质包裹体）
高级变质岩	石榴石 黝帘石 红柱石 角闪石 十字石 石英（波状消光） 蓝晶石 绿帘石 矽线石 白云母 黑云母 磁铁矿 酸性斜长石
伟晶岩	萤石 白云母 锡石 电气石 独居石 石榴石 黄玉 钠长石 微斜长石

注：带点的为较常见的矿物或岩屑

对沉积岩中继承组分的研究，有助于了解沉积岩形成时在盆地周围所发生的地质作用、沉积物的来源、剥蚀区的古地理、古气候变化的特征等地质问题。

(2) 同生组成部分。是指由真溶液中或胶体溶液中沉积的矿物，或部分由于生物的生化作用的产物如各种盐类矿物，沉积粘土，铝、铁、锰、磷的氧化物及硫化物，海绿石以及生物礁和叠层石等。

同生组成部分在沉积岩中呈三种方式存在：①在化学沉积或生物化学沉积的岩石中作为主要造岩组分；②在碎屑岩中作为胶结物；③在岩石中呈单个矿物体或结核。这些矿物是在一定的物理化学条件下沉积形成的。因此，详细研究沉积岩中的同生矿物及其结构特征能了解沉积盆地中介质的物理化学条件，恢复沉积区的古地理和古气候特征。

(3) 成岩后生组成部分。是沉积物沉积以后在成岩作用阶段或后生作用阶段中所产生的新矿物，或由于某些物质重新分配与聚集而形成的细脉、变晶、结核等。

在后生作用中所产生的新矿物的共同特点是：呈晶体状、嵌入物状、细脉状、覆被状、薄膜状和裂隙上的斑点状。其分布特征是不平行于层面或层理，如后生结核呈穿切层理的树枝状或不规则的扁豆状等。

3. 沉积岩的构造

沉积岩的构造是指沉积岩中各组成部分的空间分布和排列方式。沉积岩的构造类型很多，成因也很复杂，既有原生的又有次生的，既有机械的又有生物的和化学的。由于沉积岩与地层学的研究在诸多方面具有共性，尤其是对层理构造、层面构造更是如此，故相关内容可参阅第六章第一节所述。

4. *沉积岩的主要类型*

野外采用成分—结构分类方案，不涉及成因（表 7-4）。首先按组成沉积岩的主要成分划分大类，对常见的陆源碎屑岩和碳酸盐类，再按结构划分基本岩石类型。

表 7-4　沉积岩野外分类方案（引自朱勤文，1989）[①]

主要成分	陆源碎屑物		碳酸盐		其他生物-化学岩、化学岩
岩　类	陆源碎屑岩		碳酸盐岩		
结构及岩石类型	结构（粒度）	岩石类型	结　　构	岩石类型	硅质岩　蒸发岩 磷质岩　铜质岩 铁质岩　煤 铝质岩　油页岩 锰质岩
	砾状结构 ＞（2mm）	砾　岩	粒屑结构	粒屑灰岩	
	砂状结构 （2～0.05mm）	砂　岩	结晶灰岩	结晶结构 白云岩	
	粉砂状结构 （0.05～0.005mm）	粉砂岩	生物骨架 结构	生物骨架 灰岩	
	泥质结构 ＜（0.005mm）	泥质岩			

表中所列各类岩石，绝大部分在实习区内均可观察到，少数目前未发现者，考虑到研究体系的全面性亦略有涉及。

二、陆源碎屑岩的野外研究

1. *岩石的分类命名*

碎屑岩包括四种基本组成部分，即碎屑颗粒、杂基、胶结物和孔隙。碎屑颗粒的大小（粒级）和成分决定了岩石的基本特征，为碎屑岩分类的主要依据。根据碎屑粒级的不同，可以把碎屑岩分为砾岩（角砾岩）、砂岩、粉砂岩和泥质岩四大类。

（1）砾（角砾）岩。直径大于 2mm 的碎屑称为砾。砾的含量＞30%的碎屑岩称为砾岩，表 7-5 列出砾岩的主要类型。砾的成分有单成分和复成分之分。砾岩的命名原则：

颜色＋填隙物和（或）胶结物＋砾石成分＋基本名称。如：灰色粘土质石英质粗砾岩。

（2）砂岩。砂岩是粒度为 2～0.05mm 的砂级碎屑占 50%以上的碎屑岩。按碎屑的粒级范围可进一步分为粗砂岩：2～1mm，中砂岩：1～0.05mm，细砂岩：0.5～0.05mm。主要类型见表 7-6。如果岩屑含量较多，这种砂岩又被一些学者称为硬砂岩或杂砂岩。砂岩的命名原则：

颜色＋胶结物＋粒级＋岩石基本名称。如：灰色粘土质中粒长石砂岩。

（3）粉砂岩。粒度在 0.05～0.005mm 的碎屑占 50%以上的碎屑岩叫粉砂岩。粉砂岩中矿物成分较简单，以石英为主，常有丰富的白云母及其他粘土矿物。命名原则：颜色＋粉砂岩。

（4）泥质岩。泥质岩又叫粘土岩，指粒度＜0.005mm 的碎屑含量占 50%以上的碎屑岩，其主要成分为粘土矿物，其次是粉砂级的碎屑和自生的非粘土矿物。命名原则：颜色＋泥质

① 朱勤文编，1989，岩类学简明教程。中国地质大学岩石教研室。

（粘土）岩。

表 7-5　砾岩的分类（引自朱勤文，1989）[①]

结　　构	砾石含量	岩石类型（基本名称）
巨砾结构：>250mm	>30%	巨砾砾岩
粗粒结构：250～50mm		粗砾砾岩
中粒结构：50～5mm		中砾砾岩
细粒结构：5～2mm		细砾砾岩

表 7-6　砂岩的主要类型（引自朱勤文，1989）[①]

砂　屑　的　成　分		岩石类型（基本名称）
石英(Q)	长石(F)和岩屑(R)相对含量	
>95%		石英砂岩
95%～75%	F(5%～25%)>R	长石石英砂岩
	F<R(5%～25%)	石英长石砂岩
<75%	F(>25%)>R	长石砂岩
	F<R(>25%)	岩屑砂岩

2. *碎屑岩成分的研究*

（1）砾岩。由于砾岩粒度粗大，单成分砾岩的碎屑特征与成分比较明显。对于复成分砾岩可选择出露比较好的露头（约 1～2m²），统计 100～200 个不太大的（3～4cm）砾石成分。计算其百分含量来确定岩石成分。此外，对砾岩中所含砾石的大小在垂向剖面上的变化趋势及砂岩夹层或透镜体，应给予足够的重视，它们能指示其沉积旋回和层理特征。

（2）砂岩。野外用放大镜观察，可确定砂岩的主要物质组分和类型。对于砂岩一定要在野外判别是单矿物质的石英砂岩，还是复成分的长石石英砂岩、岩屑砂岩或杂砂岩等。

3. *碎屑岩的结构观察*

碎屑岩的结构观察内容十分丰富，包括颗粒形态、分选程度、胶结类型以及碎屑颗粒的组构形式等。

（1）碎屑颗粒形态。包括圆度、球度和形状三个方面。其中以圆度与颗粒形态的意义较大。碎屑颗粒的形态，除砾石可在野外直接观察外，砂级以下的颗粒必须借助仪器进行室内研究。而且应对不同成分的碎屑分别进行观察才能相互比较。

砾石颗粒形态的判定方法是选择出露比较好的层面，测量许多砾石的长轴 A，中轴 B 与短轴 C，计算砾石的等轴性指数 $(A+C)/2B$，或砾石的扁平系数 $(A+B)/2C$。另外也可根据三轴间的比例关系来确定砾石的形状（图 7-1）。

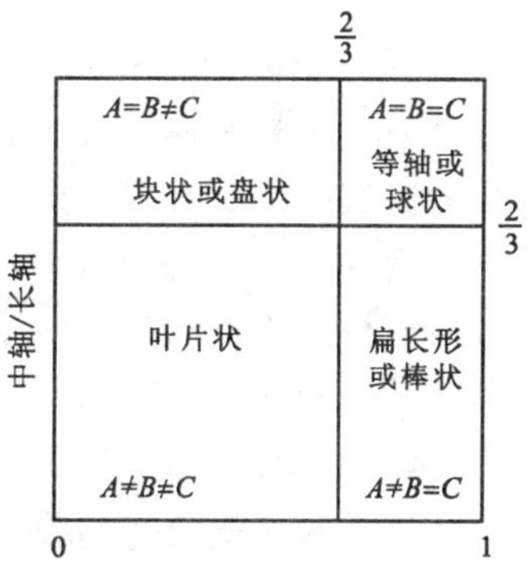

图 7-1　根据长轴（A）、中轴（B）和短轴（C）划分的四种颗粒或碎屑形态

（据 M.E. 图克尔，1984；转引自魏家庸等，1991）

（2）分选性及胶结类型。在碎屑岩的调查中，应细致观察碎屑颗粒与填隙物的相对含量和相互间的关系，以便确定其分选性及胶结类型。对于砾岩的胶结类型以及颗粒间的接触性质，在野外可以直接进行观察和描述。对于砂岩，只能粗略估计沉积物的分选性，为使工作精细，可采样进行粒度分析。

（3）组构调查。对于砾岩要注意砾石组构特征、特别是扁平系数较大砾石的优选方位。一个点要测量数十个或更多的砾石长轴方位、扁平面（AB）

① 朱勤文编，1989，岩类学简明教程。中国地质大学岩石教研室。

倾向、倾角，以及砾岩层面的产状，最好是在层面上测量。不同环境条件下形成的砾岩具有不同的组构特征，同时还应注意对砾石群定向的观察。

对于砂岩，可以采定向标本，切片，在显微镜下测量砂粒的长轴方位，研究其组构特征。在河道沙体中，砂粒长轴平行于沙体长轴，在海滩沙中，砂粒长轴垂直于沙坝长轴。

4. 沉积构造的测量

砂岩中交错层理是最常见的重要沉积构造，对它的观察和描述要点如下：

（1）测量层系、层系组厚度、细层厚度、交错层细层最大倾角及倾向和层系组的产状，并确定古流向。

（2）确定是交错层理（层系厚度＞3cm，细层厚度大于数毫米）还是交错纹理（层系厚度＜3cm，细层厚度小于数毫米）。

对交错纹理应研究：①前积层的形态（板状或槽状）；②如是爬升交错纹理要查明逆流一侧是侵蚀面还是未经侵蚀的纹理；③区别水流沙波与浪成沙波交错纹理；④有无构成脉状层理的泥质覆盖物，有无造成波状层理的泥质互层，在泥质岩中有无交错纹层砂质透镜体。对交错层理应观察：①交错层系的形态（槽状、板状或楔状）；②前积层与层系底界面的交切关系（角度接触或切线过渡）；③在底积层内查找交错纹层（顺流的或逆流的）；④沉积物结构，注意粒度分布，查找交错层中沉积物的分选性和粒级变化、粗细层的更替情况；⑤在鱼骨状交错层中查找水流改向的证据；⑥在交错层系中查找内部侵蚀面，它们是否为再作用面；⑦在交错层单位内部查找低角度的层面，它们是否为侧向加积作用面；⑧考虑交错层是风成的（交错层系厚度大，细层倾角陡）、海滩—前滨处形成的（削顶层系中的低角度交错层），或由小型三角洲的推进而成。

5. 古流向测量

碎屑岩中能否反映古流水特征的标志很多，其中最有用的是交错层理和底面构造（如槽模、沟模）及顶面构造（流水波痕）。测量的数据愈多，得出的古流向就愈可靠。由于古流向资料对于研究沉积环境、沉积物分散途径和盆地分析等非常重要，所以在实测剖面或路线调查时，只要发现岩层中有指示古流向的沉积构造都应该测量。在地层的垂向层序中，相邻层的古流向可能有很大的差别，如曲流河的河床砂岩与边滩砂岩的古流向可能直交，而且区别这两种相，古流向是很重要的依据，故应该收集系统的古流向（或古水流型式）资料。通过对露头的仔细观察，只要古流向是基本一致的，测准 1 个或数个代表性的古流向数据即可，其测量方法和准则概括为：

（1）测量交错层理的古流向时，必须先通过两个不同方位的断面观察，确定交错层的类型和层系内前积纹层的最大倾斜面，然后测量。对于槽状交错层理，要准确测出沿槽轴的最大倾斜方向。

（2）不对称波痕较陡的一侧指示水流方向，浪成波痕是记录局部滨线走向和风向的小型构造，要测其脊向的走向。另外，波痕对于判别分析沉积时期的水流强度与水体深度有一定的参考价值，要计算波痕指数。还要注意干涉或叠加波痕的两维方向和要素的测量。

（3）槽模呈辐射状散开的一端指示水流方向，突起一端为迎水方向。同一层面槽模基本上呈同一方向，所以一层测准 1 个数据即可。当岩层所在褶皱段落的倾伏角较大时，还应注意消除褶皱倾伏对测量数据的影响才能获得较准确古流向。至于沟模，因其方向会有很大变化，应测 20 个以上，以便计算平均值。有些压刻模也可用来测量古水流路线。

（4）冲蚀槽也是一个指示古水流方向的特征构造。首先要测量脊的走向，然后根据脊上的纹层弧形弯曲方向确定古水流方向，弧的内侧指示水流方向。另外剥离线理（水流线理）与古水流的走向平行，也应进行测量。

（5）碎屑颗粒与化石优选方位的测量也很重要：延长率（A/B）至少为 3∶1 的长形砾石和化石，常平行或垂直主流向排列；层面上腕足类、双壳类介壳很多时，其喙部和直绞合边亦可指示古流向；砾石和化石的叠瓦状组构可用来判定和测量古水流方向（同时要测量其叠瓦角）；直锥头足类尖端优选方向指示逆流方向。

所侧古流向数据还必须进行方位校正，恢复到水平位置的流向，校正方法请参阅有关教科书。

三、碳酸盐岩的野外研究

碳酸盐岩主要是由方解石和白云石等自生碳酸盐矿物（含量＞50％）组成的沉积岩。主要有两大类：以方解石为主的石灰岩和主要由白云石组成的白云岩。组成碳酸盐岩的矿物主要有三类：自生碳酸盐矿物、非碳酸盐矿物和陆源矿物。此外，岩石中常含有机质，其中石灰岩常含生物化石。

碳酸盐岩的颜色多样，有的洁白如玉，有的呈各种灰—黑色，也有的为黄、红、褐色。这取决于主要矿物和次要矿物的相对含量以及色素成分的含量，碳酸盐颗粒和晶粒的粒度也有较大影响。

碳酸盐岩的结构主要有三类：粒屑结构、生物骨架结构和结晶结构。它们反映了不同的成因，是碳酸盐岩的主要鉴定特征，也是分类命名的主要依据。

碳酸盐岩的沉积构造类型很多，既有与流水作用有关的类似于陆源碎屑岩的各种层理和层面构造，如斜层理、波痕等；又有类似于粘土岩的与气候密切相关的各种层面构造，如泥裂、雨痕、晶痕等原生构造；还常见缝合线构造。反映碳酸盐岩特色的、与生物活动密切相关的原生沉积构造，除生痕构造外，常见的有藻叠层构造和生物礁构造。

碳酸盐岩的成因很复杂，一般认为碳酸盐的沉淀主要是生物化学作用的结果。富含钙镁组分的真溶液被搬运至海洋，由于生物活动等因素导致介质变为碱性，促使碳酸钙沉淀。碳酸盐岩主要形成于清洁、温暖的浅海水域中。

（一）碳酸盐岩的分类命名

碳酸盐岩的分类方案很多，这里只介绍适用于野外鉴定的简要分类。首先，以方解石为主要矿物的碳酸盐岩称石灰岩，以白云石为主要矿物的称白云岩。石灰岩与白云岩之间存在一系列过渡类型，按方解石和白云石的相对含量划分（图 7-2）。石灰岩的进一步分类命名以结构和成因为依据，限于肉眼鉴定，粒屑及泥晶和亮晶的含量不能划分过细（表 7-7）。

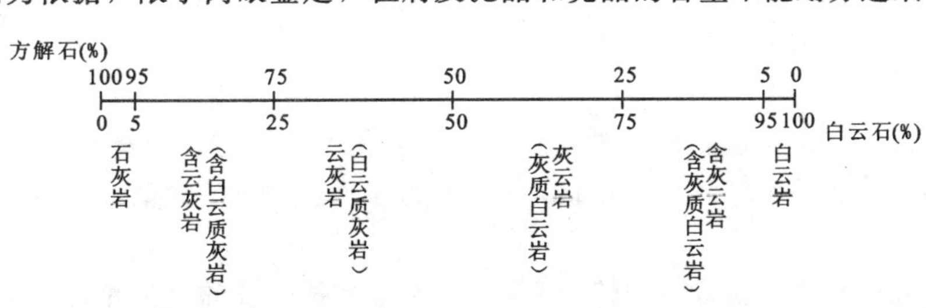

图 7-2　白云岩与石灰岩之间过渡类型的划分（引自朱勤文，1989）[①]

① 朱勤文编，1989，岩类学简明教程。中国地质大学岩石教研室。

碳酸盐岩的命名原则是：颜色＋结构＋基本名称。

（二）碳酸盐岩的野外观察要点

碳酸盐岩的突出特征是加稀盐酸起泡，多数富含生物化石，而粒度较细。野外观察和肉眼鉴定时应使用放大镜并配备5%的稀盐酸。一般根据结构和成分可以与其他沉积岩区别，进一步应注意区分石灰岩和白云岩。

表 7-7　石灰岩野外鉴定分类（引自朱勤文，1989）[①]

<table>
<tr><td colspan="2">成　因</td><td colspan="5">沉积方式受水力学控制</td><td>化学-生物化学</td><td>生物成因</td></tr>
<tr><td colspan="2">结　构</td><td colspan="5">粒屑结构</td><td>结晶结构</td><td>生物骨架结构</td></tr>
<tr><td colspan="2" rowspan="2">粒屑 / 岩石 / 填隙物</td><td>磨蚀颗粒</td><td colspan="4">加积-凝聚颗粒</td><td rowspan="2">晶　粒</td><td rowspan="2">生物骨架</td></tr>
<tr><td>内碎屑</td><td>生物屑</td><td>鲕粒</td><td>团粒</td><td>藻粒</td></tr>
<tr><td colspan="2"><50%</td><td>内碎屑灰岩</td><td>生物屑灰岩</td><td>鲕粒灰岩</td><td>团粒灰岩</td><td>藻粒灰岩</td><td rowspan="3">结晶灰岩
石灰华—石钟乳</td><td rowspan="3">藻叠层灰岩
礁灰岩</td></tr>
<tr><td rowspan="2">>50%</td><td>泥晶>亮晶</td><td>内碎屑亮泥晶灰岩</td><td>生物屑亮泥晶灰岩</td><td>鲕粒亮泥晶灰岩</td><td>团粒亮泥晶灰岩</td><td>藻粒亮泥晶灰岩</td></tr>
<tr><td>泥　晶</td><td>内碎屑泥晶灰岩</td><td>生物屑泥晶灰岩</td><td>鲕粒泥晶灰岩</td><td>团粒泥晶灰岩</td><td>藻粒泥晶灰岩</td></tr>
</table>

1. 结构

碳酸盐岩结构类型很多，而且对岩石类型的划分和成因分析均有重要意义。一般具各种粒屑结构（内碎屑结构、生物碎屑结构、鲕粒结构等）的碳酸盐岩多为石灰岩；生物骨架结构则是石灰岩所特有的；具结晶结构者则可能是石灰岩和白云岩。

2. 滴加稀盐酸

注意滴加稀盐酸（5%）后起泡情况，可以区别白云岩与石灰岩，并可判断石灰岩中可能的混入物。于岩石新鲜面上滴加稀盐酸，纯白云岩不起泡；起泡强烈而迅速的为纯石灰岩；起泡呈中等强度的则含有混入物，如白云质、硅质等；起泡弱的混入物含量较高，如白云质灰岩或灰质白云岩；如果起泡后留下泥质痕迹则表明含有泥质。

3. 颜色

注意分别观察新鲜面和风化面的颜色。石灰岩新鲜面可呈多种颜色，主要取决于所含混入物的成分以及结晶颗粒的大小。石灰岩多呈暗色，如褐色、黑色、深灰色等；白云岩多呈浅色，如浅黄色、浅灰色、灰白色等。

4. 构造

除观察层理、层面构造及层厚外，还应注意其他特殊构造，如藻叠层构造、生物礁构造、燧石条带和燧石结核等，还应注意与上下地层及周围岩石的关系。

5. 生物化石

应注意化石的种类、含量、完整程度等，这对于沉积环境的分析和地层时代的确定均具重要意义。应系统采集化石标本。

---

① 朱勤文编，1989，岩类学简明教程。中国地质大学岩石教研室。

（三）常见碳酸盐岩的野外研究

1. 含非生物屑颗粒的碳酸盐岩野外研究

（1）含内碎屑碳酸盐岩的调查研究。调查研究内容主要包括：内碎屑（砾屑、砂屑与团块）的含量、形状、大小、成分与内部构造、磨圆度及分选、排列方式、有无氧化圈，填隙物的性质及特点，伴生的颗粒及特点，岩层内的粒度分布特点，层理类型及横向展布特点，岩层上下接触界面形态等。

（2）含鲕碳酸盐岩的调查研究。调查研究内容主要包括：鲕粒的含量、形状、大小，填隙物的性质及特点，伴生的颗粒类型及特点，发育何种类型沉积构造及横向变化和层序特征等。尤其要注意鲕粒内部构造的观察：是同心鲕、放射鲕、表鲕、结晶鲕、空心鲕，还是其他类型的鲕，此外，对同心鲕应观察鲕粒包壳厚度及圈层数，与核心的直径大小。

（3）含球粒或类球粒碳酸盐岩的调查研究。球粒和类球粒是直径 0.1～0.5mm 的球状、椭球状、杆状碳酸盐颗粒，主要在局限环境中出现（但可搬运至相邻环境中）。由于其粒径太小，野外观察其特征比较困难，特别是要把压紧的球粒与泥晶基质分开也不太容易。因此，野外一般只要能用放大镜辨认出是含球粒的某类碳酸盐岩即可。

2. 含生物屑及生物化石的碳酸盐岩野外研究

（1）化石组合的识别。①估量不同化石或生物屑类型在岩层内或层面上的相对丰度，确定化石组合的成分；②剖面上存在几种化石组合？各组合是否与不同的岩相有关；③研究化石及生物屑的再搬运程度，化石组合是否代表该区生活的生物群落；④化石组合有几个种属占优势？它们是广盐性还是狭盐性生物？所有各类生物是否都有相似的生活方式，深海类型占多少，内栖生物是否缺乏，垂向上生物类型变化或缺乏的原因是什么？

（2）生物骨骸的成岩作用。①骨骸是否被交代了（如白云岩化、硅化、赤铁矿化、黄铁矿化等）；②是否有骨骸溶去后留下的铸型；③化石是否优先产在结核中；④化石是原形的还是压实过的。

（3）化石或生物屑在岩石中的分布情况。原地生长的生物：①成礁生物是否为群体生物，描述其生长形式，垂向上有无变化，生物间有无相互作用（如交叉、包壳生长），是否构成礁的骨架？有无原生孔洞（或被沉积物和／或胶结物充填）和礁的特征（不成层的块状外观等）；②如不成礁，则确定是表栖还是内栖生物，表栖生物化石有无反映当时水流的优选方位？如有应测量；化石有无包壳，底质是否为硬底。

非原地生长的生物：①化石或生物屑是呈囊状、透镜状或侧向延展的层状分布，还是在岩层中均匀分布？②破碎的和完整的化石各占多少，是否保存有微细骨骼构造（如贝壳上的壳针），观察化石的分选性和磨圆度，有无粒序层理、交错层理、冲刷基底和底面构造；③化石是否有优选方位，如果有要测量；④化石和生物屑是否有钻孔和包壳；⑤注意生物扰动程度和出现的各种痕迹化石。

3. 隐藻类构造的研究

常见的隐藻构造类型有：层纹状、波状、半球状、球状（核形石）、柱状及分枝状等类型。隐藻构造的不同类型对沉积环境具有重要的意义。如图 7-3 是河北抚宁柳江盆地下古生代地层中所发育的隐藻构造类型及沉积环境分析。

野外调查研究应注意区别：①藻纹层与无机纹层，纹层常出现微波状起伏，藻纹层厚度不均，间隔常有变化，此外，藻纹层中或其间还发育鸟眼（窗格）构造、帐篷构造及扁平砾石等，这些是无机纹层所不具有或不发育的；②叠层石与纹层状钙结壳有时外貌也很相似，

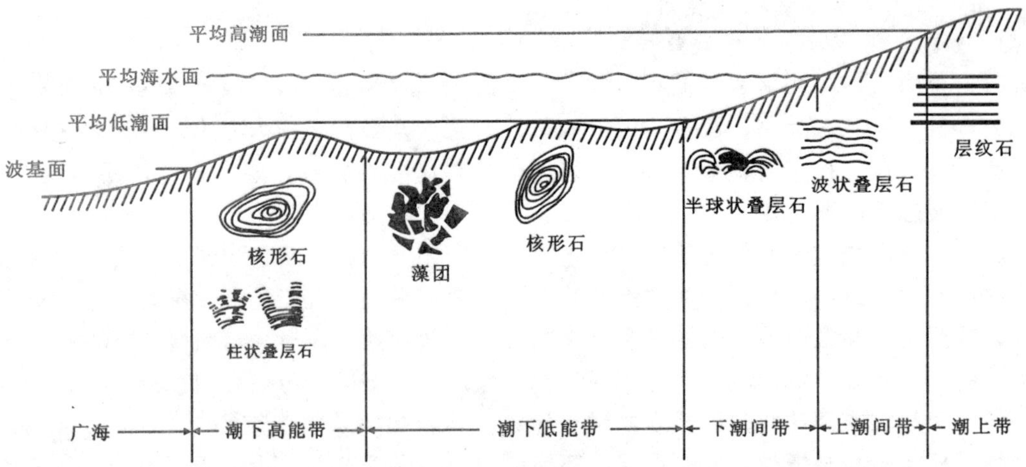

图 7-3 受沉积环境控制的隐藻构造（据王英华等，1989；转引自魏家庸等，1991）

但钙结壳一般由泥晶碳酸盐组成，而叠层石碳酸盐中一般含有一定量的砂屑或颗粒，此外，钙结壳中纹层不大清楚，层面有时可见一些小的分叉管状体（植物根系），下伏岩石中可能发育古岩溶等暴露构造。

此外对含核形石碳酸盐岩的调查研究要注意核形石的含量、形态、大小、同心圈层数及包裹情况（全包裹、半包裹、紊乱状包裹或向柱状及分枝状过渡），核形石在垂向上是否具有粒序性，核心是生物屑还是其他成分，核心是否偏离，伴生的颗粒类型及特点，填隙物的性质及特点，层序及横向展布特征等，并注意不要把核形石与渗流豆石相混淆。核形石与渗流豆石均有同心圈层构造，外貌有时相似，但核形石具有某些特殊的包裹形式（如不完全包裹、紊乱状包裹等），纹层不光滑，宽窄不一，其中常出现微体化石及生物屑，核心成分多样。

4. *礁灰岩的研究*

（1）生物及生态：造架生物、包覆生物、附礁生物类型，各类生物的含量、分布及保存状态（均匀与否、完整或破碎），生物的原生状态和形态（球、块、枝状或板状等），生物的共生关系及底栖生物与基底的关系。

（2）岩石结构构造：颗粒含量及排列，支撑类型（颗粒支撑或基质支撑），孔洞特征，沉积岩脉及内沉积物发育情况，示顶底构造，包覆构造及层理特征，岩石的重结晶以及白云岩化等。

在对上述诸项内容展开研究时尚要考虑到礁灰岩的主要类型及其特点：

①礁屑粒泥灰岩（Floatstone）：岩石中骨架生物屑有10%以上大于2mm，并被基质支撑；②礁碎块灰岩（Rudstone）：岩石主要是由粗碎屑礁块组成，碎屑支撑；③障积灰岩（Bafflestone）：含有丰富的原地生长枝状化石的泥晶灰岩；④包粘灰岩（Bindstone）：含有原地的板状或纹层状化石，这种化石在沉积期间于沉积物上形成结壳，将沉积物包粘在一起而形成的岩石；⑤骨架灰岩（Framestone）：由原地生长造架生物构成格架，格架间隙为灰泥及亮晶充填形成的岩石。

上述①、②为异地礁灰岩，主要堆积于礁翼部，实际上是礁核的塌积；③④⑤为原地礁灰岩，是礁的核心部分。

5. 结晶碳酸盐岩的研究

研究内容主要包括：晶粒大小，层理构造，颗粒类型及特点，化石种类及特点，层序，横向变化特征等。如为白云岩，最好还能判别它是原生还是次生的。

四、硅质岩的野外研究

硅质岩是指由化学作用、生物和生物化学作用以及某些火山作用所形成的富含二氧化硅（一般大于 70%）的岩石，包括盆地内经机械破碎再沉积的硅质岩。而陆源石英经搬运沉积而成的石英砂岩和沉积石英岩，尽管它们的二氧化硅含量有时可达 95%以上，但仍不属于此列。

（一）硅质岩分类

根据成因可把硅质岩分成两大类：

（1）生物或生物化学成因的，包括硅藻土、放射虫岩、海绵岩、板状硅藻土、蛋白土。

（2）非生物成因的，包括碧玉岩、燧石岩、硅华等，它们可以是化学沉淀的、也可以是次生交代的，或与火山作用有关的。

（二）硅质岩的野外调查研究

由于硅质岩常由极细小的矿物质点或微体生物与超微体生物集合而成，其结构、构造在宏观上并不十分清楚，因此，必须采样借助室内显微镜与电镜才能详细研究。硅质岩的野外调查研究除要注意其宏观特征与物理性质，如颜色、产状、硬度、相对密度以及微孔构造等的观察外，还应查明其层序特征、空间分布情况。必要时采取化学分析和微量元素分析样品等。

1. 硅藻土的调查研究

硅藻土主要由硅藻和少量硅质放射虫等组成，因其具有特殊的微孔结构而在工业上有着广泛的用途，所以要把它当作一种极有用的矿产来调查研究。

硅藻土主要产于第三纪、第四纪海相或湖相沉积中，个别出现在白垩纪地层中，质纯者呈白色，一般不显层理，外貌似土，结构疏松，质软而轻（相对密度仅 0.4～0.9），吸水性强，有时具水平层理。其物化性质主要受硅藻结构及所含杂质——粘土矿物、石英、长石、云母碎屑与有机质、铁质的影响。因此野外调查时还必须采集研究硅藻微孔结构和有关物化性质的样品。

2. 燧石岩的调查研究

成分主要为玉髓和自生石英，年代较新者可由蛋白石组成。按产状可分为两亚类：

（1）结核状燧石。常呈不规则的结核状或不规则的条带状产于碳酸盐岩或粘土岩中，而且常沿一定层位分布。在野外调查中应对结核的产状、与围岩的层理关系进行具体描述。一般结核的产出形态多种多样，或顺层分布连成串球状或结核层，在结核层间有时可见斜交围岩层理或垂直层理分布的串球状燧石结核或燧石岩管相连，构成三度空间的网格状分布，层内微细层理可以绕过结核，也可被结核切断。在调查中应采集一些岩石薄片，在偏光镜及电镜下进行微观研究。

（2）层状燧石。层厚一般为数毫米，大多呈规则的薄层状，有时则呈规则的条带状或大透镜体产出，可与浅水碳酸盐岩、页岩、以及砂岩共生，亦可与深水的黑色页岩、远洋石灰岩或蛇绿岩等共生。虽然层状燧石的单层厚度往往很小，但与共生岩石一起可形成相当厚的沉积，有时可形成明显的韵律互层，并在区域展布上有一定的稳定性。薄层状硅质岩除上述与泥质岩、喷发岩共生外，也常与深水浊流沉积的碎屑岩相伴产出。

五、磷质岩的野外研究

（一）磷质岩分类

磷质岩目前主要以沉积岩中磷酸盐或 P_2O_5 的含量来定义，若 P_2O_5 含量＜8%（即矿石矿物含量＜20%）者为含磷沉积岩；P_2O_5 含量≥8%～18%（矿石矿物含量＞20%）者为磷质岩；P_2O_5 含量＞18%者为磷块岩。磷质岩是它们的统称，多指后两种。

由于磷质岩的结构成因特征与碳酸盐岩十分相似，故目前倾向于按结构成因原则分类。具代表性的有库克（P. J. Cook，1976）的结构形态分类：①结核状磷块岩；②粒状和球状磷块岩；③细粒的非球粒状磷块岩。里吉斯（S. R. Riggs，1979）的分类：①正化磷块岩（或微粒磷块岩）；②异化磷块岩；③石化磷块岩；④准化磷块岩。还有一些注重结构组分含量或侧重于成因等分类方案，在此不再详述。

为方便野外应用，可对磷质岩进行结构分类，首先将磷质岩分为非粘结岩、粘结岩和结晶岩三大类，在野外通过肉眼观察即可区别；再结合成分的三级分类原则（10%，25%，50%）来命名。

1. 非粘结磷质岩

（1）泥（基）支撑的。据颗粒含量分为磷泥岩类（颗粒＜10%）和次磷泥岩类（颗粒＞10%）。磷泥岩类主要有泥晶磷块岩，呈灰色至深灰色、致密、均匀、坚硬，外表像泥岩、泥灰岩或燧石岩。次磷泥岩类，根据颗粒组分命名为含××磷泥岩（颗粒＜25%）或××磷泥岩（颗粒＞25%）。

（2）颗粒支撑的。根据基质含量又分为次颗粒岩（有磷质泥）和颗粒岩（无磷质泥），具体命名由颗粒组分来定。主要岩石类型有：①团（球）粒磷块岩，过去常称为假鲕状磷块岩。磷质颗粒常呈卵圆形、浑圆形，粒径＜1mm，大多数为 0.1～0.2mm；基质及胶结物多半都是磷酸盐；②鲕（豆）粒磷块岩，鲕（豆）呈圆形或卵圆形，大小与球粒相仿或稍大，具典型的同心圈构造，正常鲕、表鲕和复鲕等类型均可见到，鲕核成分多样。利用鲕（豆）粒结构做环境分析时，要注意区别不同成因的鲕（豆）粒；③内碎屑磷块岩，按粒径可分为砾屑（＞2mm）或砂屑磷块岩等；④生物屑磷块岩，由磷质生物碎屑组成，如介壳磷块岩等。

2. 粘结磷质岩

（1）叠层石磷块岩。据形态特征可细分为层状、穹状和锥状三种基本类型，分别由亮暗相间的隐晶磷质纹层叠置成层状、穹状、柱状和锥状体，柱体之间则由白云石、硅质、泥质和磷质细颗粒或磷质泥晶所充填。

（2）核形石磷块岩。由磷质核形石组成，核形石大小多在 1～30mm，具准同心纹层构造，有时还可见到放射状构造，核心往往是泥晶或球粒磷块岩的碎屑，或是碳酸盐或有机质泥团，同心纹层主要由泥晶磷灰石和亮晶磷灰石（有时杂以白云石）纹层相间而成。与鲕（豆）粒的区别在于纹层厚度不均匀，形态对称性不明显，多呈椭圆或不规则的圆形。

3. 结晶磷质岩

由重结晶而成，通常呈淡肉红色、灰白色，有些呈朽木状。据其晶粒大小可分粗晶（＞0.5mm），中晶（0.25～0.5mm），结晶或隐晶（＜0.05mm）。

（二）常见磷质岩组合及层序的野外调查研究

自然界常见磷质岩组合有：

1. 海绿石石英砂岩—页岩—硅质碳酸盐岩组合

主要由碎屑岩 、泥质页岩、海绿石石英砂岩、白云质泥灰岩、硅质白云岩夹碎屑状磷质岩及砂质磷质岩组成。有时夹铁矿层。

2. 炭泥质陆源碎屑岩组合

主要由碎屑岩（炭质泥岩、黑色泥岩）夹碎屑状磷质岩、砂质磷质岩组成，局部夹有硅质岩或硅质页岩。

3. 黑色页岩—硅质岩—镁质碳酸盐岩组合

主要由黑色页岩、硅质岩、白云岩、白云质灰岩、炭泥质灰岩夹各种优质磷块岩组成，局部含有炭泥质细碎屑岩。

4. 泥质岩—碳酸盐岩或碳酸盐岩组合

由页岩、细碎屑岩、白云岩夹磷质岩组成，或由白云岩（或硅质白云岩）夹磷质岩组成。

5. 陆源碎屑岩—火山硅质岩—碳酸盐岩组合

主要由碧玉岩、微石英岩、辉绿岩、凝灰岩、碳酸盐岩及磷质岩组成。

由于磷质岩在自然界分布很局限，故在野外调查时要认识它，一但发现就应将其作为一种特殊岩类单独划分研究，并注意观察其结构、沉积构造等，从诸方面总结出基本层序特征，即便是少量磷质结核也要用符号在图上示出。

六、铝、铁、锰质岩的野外研究

1. 铝质岩

富含铝矿物（铝的氢氧化物）的沉积岩称为铝质岩，若铝质岩中 Al_2O_3 的含量＞40%，Al_2O_3：SiO_2≥2∶1 即成铝土矿。铝质岩的常见结构为泥质结构，粉砂泥质结构，内碎屑结构，豆状（鲕状）结构（或称包粒结构）及交代结构。具有泥质结构和粉砂质结构的铝质岩与泥质岩很相似，但铝质岩的相对密度较大。铝质岩的野外研究要注意以下方面：

（1）要特别注意古风化壳，尤其是碳酸盐岩的古侵蚀面。我国铝土矿以古风化壳再沉积类型为主，如包括周口店实习区在内的华北地区，在马家沟组灰岩与上覆本溪组不整合界面上即可能有铝土矿化现象，故应进一步研究其成因、类型和规模。

（2）要注意铝质岩的结构。

（3）必须结合野外工作做一定的室内研究，了解铝质岩的矿物组合，从而搞清其成因。

（4）铝质岩的颜色有时具有一定的成因意义，如红色铝土矿沉积在山坡上、河谷的干燥部位及短时间为水所淹没的喀斯特凹地里；灰色铝土矿沉积在沼泽地区、海滨泻湖及暂时性或永久性的湖泊里等。

（5）铝质岩要作特殊地层单元标绘在地质图上以查明其地表延伸范围。

2. 铁质岩

铁质岩的物质组成主要是铁的氧化物、碳酸盐、硅酸盐、硫化物和磷酸盐等。若含铁达到工业要求即为铁矿。铁质岩中铁矿物的存在形式以其化合物而定：硫化铁质岩主要是白铁矿和黄铁矿；碳酸铁质岩主要是菱铁矿，常与燧石共生而构成燧石碳酸铁质岩，或在石灰岩中呈结核状、鲕状产出，也可与鲕绿泥石共生，在煤系地层中常呈结核出现；氧化铁质岩多呈鲕状产出，常构成高品位铁矿；硅酸铁质岩主要呈鲕绿泥石。

野外调查研究时，要将铁质岩作为特殊成分的单位予以重视，常可作局部标志层使用，并应在图上标明各类铁质岩的地表分布范围。一般来说：在广海低能带为泥晶型含铁沉积，在风暴浪基面以下没有生物活动干扰时可保存纤细的水平纹理。在前滨带（高能带）为粗粒鲕状赤铁岩或球丸碎屑铁质岩，常受风暴作用形成"风暴层"；在缺少泥质沉积物的地区，鲕状铁质岩中就没有泥晶基质。分选好的厚层状或块状鲕粒或球丸状铁质岩可构成鲕粒滩、潮汐三角洲或障壁岛等。滨岸带是叠层石铁质岩和层纹石铁质岩发育带，也是泥晶型铁质岩、团粒铁质岩交互沉积的地带，这个带由于受潮流和波浪的影响沉积物变化较大。实习区及邻区的黄山店等处，在下马岭组的磁铁绿泥石千枚岩中有铁质矿化现象，矿石以鲕状结构为主。虽经区域浅变质作用影响，但原岩恢复属浅海相沉积铁质岩（赤铁矿）。

3. 锰质岩

锰质岩的常见锰矿物有：氧化物和氢氧化物（软锰矿、硬锰矿、水锰矿）；碳酸盐（菱锰矿、锰方解石、锰菱铁矿）；硼酸盐（锰方硼矿）等。常见结构有鲕粒结构、豆粒结构、内碎屑结构、泥状结构、胶状结构和交代结构。鲕（豆）粒结构内核通常是碳酸盐岩碎屑及古生物化石碎片，包壳是锰的氧化物（褐锰矿）或锰的碳酸盐。内碎屑结构是锰质的砂、砾屑等，被胶结在炭质、粘土质等胶结物中。交代结构多由锰矿物交代钙质生物而成。常见构造有交错层理、水平层理、粒序层理、结核构造、块状构造等。

常见岩石类型为：①锰质粘土岩，主要有锰质黑色页岩、锰质粉砂质页岩、锰质硅质页岩和锰质钙质页岩；②锰质碳酸盐岩，包括锰质灰岩、锰质硅质岩和锰质白云岩；③锰质碎屑岩，主要有锰粉砂岩，其次为锰质砂岩；④锰质硅质岩，由玉髓和蛋白石组成，含有锰的氧化物。野外调查时也要将锰质岩作为特殊成分的单位填在图上。识别锰质岩时颜色很重要，它常反映锰质岩中锰矿物的种类。在锰质粘土岩中的锰矿物主要是水锰矿、硬锰矿和褐锰矿，其颜色常呈黑色、暗褐色、紫红色及红色。新鲜的锰质碳酸盐岩呈浅灰色、棕色、紫红色、粉红色，锰矿物主要为菱锰矿、钙菱锰矿、锰方解石等。锰质碎屑岩和锰质硅质岩中锰矿物主要是锰的氧化物，故岩石颜色均偏深色。在实习区八角寨洪水庄组暗褐色、黑色板岩中含锰质成分，其原岩为锰质粘土岩；在贾峪口一带铁岭组中夹含砂二云母千枚岩，岩石含锰质高而呈褐黑色，其原岩可能为含锰云质粘土岩或（含锰）白云岩。

七、蒸发岩的野外研究

蒸发岩又称盐岩，是由含盐度较高的溶液或卤水通过蒸发浓缩作用形成的化学沉积岩。常见的类型有：石膏／硬石膏，石盐岩，钾盐／钾镁质盐岩，硼盐岩及石灰华、硅华等。野外研究要点如下：

1. 岩性识别

蒸发岩最大的特点是盐类晶体的存在。通常石盐晶体形态呈立方体状和漏斗状，一般立方体状晶体不含包裹体，故是清澈的；而漏斗状石盐晶体包含裹体，常出现烟雾状层；二者相间出现可构成一种层状旋回条带。质纯的不含包裹体的石盐为无色透明，当含有杂质包裹体时常呈白、灰、黄、蓝、红等色。在有些岩石中，只能见到石盐假晶，当这种石盐假晶大量存在时，也可以说明蒸发岩的存在。石膏通常呈白色、黄色、灰色和褐色的半透明柱状、纤维状晶体或晶簇体。在干燥气候地区，碳酸盐岩中常可见到石膏沉积或石膏假晶。总之，蒸发岩的识别，当抓住盐类晶体的特征。另外，蒸发岩在垂向上有其特有的层序。

2. 结构构造

由于蒸发岩矿物的可溶性，许多盐类在被埋藏的条件下容易流动，使其原有的沉积特征消失。因此，在蒸发岩中可见到不属沉积岩的斑状变晶结构。在石膏、硬石膏岩中，常见纹层状构造，与白云岩等互层，这种纹层是较典型的蒸发岩构造。当石膏、硬石膏呈结核产出时，紧密堆积的结核体经压实作用，可形成“鸡笼网状构造”以及扭曲香肠状结构。

3. 空间分布

蒸发岩分布通常受环境控制，一般来说，石膏、硬石膏岩呈层状可分布很广，产于灰岩、泥灰岩、白云岩中；石盐岩常位于石膏、硬石膏岩上部，范围不如后者大；钾盐岩多与石盐岩共生。在野外，了解蒸发岩类型及空间分布是非常重要的，这有助于搞清古地理环境及蒸发岩成因。

4. 成岩作用特点

蒸发岩的成岩作用，反映在其结构、构造上，有以下特点：①选择性：具韵律结构蒸发岩成岩作用仅涉及某些分层或局部岩段；②不可逆性：化学成岩作用使矿物失去结晶水变为无水矿物，较轻矿物变为较重矿物，习性复杂矿物转变为形态简单矿物等；③化学成岩作用使矿物颗粒增大；④物理成岩作用使矿物颗粒变小。

实习区黄院、龙宝峪、长流水一带的奥陶系中发现 2 层膏溶角砾岩。从沉积环境分析，奥陶系发育有三个蒸发岩旋回，每个旋回以白云质灰岩、豹皮灰岩、白云岩、膏溶角砾岩为特征，显示出浅水咸化蒸发的古地理环境，有利于石膏的形成。因此，对奥陶系沉积环境深入分析研究，有助于寻找石膏等蒸发岩矿产资源。

第二节　岩浆岩的野外观察和描述

一、概述

地下深处产生的岩浆，由于其密度小于周围介质，又处在其挥发份及地质应力的作用下，故可沿构造脆弱带上升到地壳上部或喷出地表。在其上升、运移、侵位过程中，由于环境的改变，岩浆的成分和物理化学状态都可能不断地发生变化，最后冷凝、结晶形成岩浆岩。这一复杂的过程称为岩浆作用。按岩浆是侵入到地壳之中或是由于火山作用喷出地表，可分为侵入作用和喷出作用，相应地形成侵入岩和喷出岩。喷出作用又可分为熔岩流的喷溢作用和火山碎屑的爆发作用，相应地形成熔岩和（或）山碎屑岩。另外，与火山作用同时形成的、未喷出地表而产于近地表部位的岩石，称潜（次）火山岩。一般所说的火山岩应包括熔岩、火山碎屑岩和潜火山岩三部分。

对岩浆岩的野外观察，一般包括如下内容：矿物成分、结构、构造、产状、相、分类命名等。

（一）岩浆岩的矿物成分

常见的岩浆岩造岩矿物有二十多种，其中最主要的有 9 类矿物：橄榄石、辉石、角闪石、黑云母、白云母、斜长石、碱性长石、似长石、石英。依这 9 类矿物在岩浆岩中的组合和相对含量的不同，从而构成不同种类的岩浆岩。

按矿物在岩石中的含量和在分类命名中的作用，可分为主要矿物和次要矿物。主要矿物是指在岩石中含量较多，并决定岩石大类名称的矿物。例如，一般花岗岩的主要矿物是石英和长石，若缺少其中一种或含量过少，则不能称为花岗岩。次要矿物是指在岩石中含量较少，其存在与否不影响岩石大类名称的矿物，如花岗岩中的黑云母。次要矿物可以进一步划分岩石种属，如黑云母花岗岩。

根据矿物的化学成分特点，可以分为硅铝矿物和铁镁矿物。硅铝矿物是指 SiO_2 与 Al_2O_3 含量较高而不含 FeO、Fe_2O_3、MgO 的矿物。石英类、碱性长石类、斜长石类、似长石类和浅色云母（如白云母），这些矿物在手标本上的颜色较浅，一般呈无色、白色或很淡的颜色，所以又称浅色或淡色矿物。铁镁矿物是指 FeO、Fe_2O_3、MgO 含量较高而 SiO_2 含量较低的矿物，包括大部分橄榄石类、辉石类、角闪石类和暗色云母（如黑云母），这些矿物在手标本上呈黑色、暗绿色、绿色等较深的颜色，所以又称为深色或暗色矿物。岩浆岩中暗色矿物的体积百分含量通常称为色率或颜色指数。色率是岩浆岩鉴定和分类的重要标志之一。在手标本上，色率只适用于结晶较粗的侵入岩。因为岩石的整体颜色不仅与暗色矿物含量有关，而且还与暗色矿物的粒度有关。粒度越细，对岩石的暗色效果也越显著，使岩石呈现较深甚至很暗的颜色，这时岩石整体颜色并非与暗色矿物实际含量成正比。如黑曜岩的主要成分是无色透明的流纹质火山玻璃，但由于含细小而分散的磁铁矿微晶，因而使黑曜岩呈现沥青黑色，但实际上磁铁矿的含量不足5%。

（二）岩浆岩的结构

岩浆岩的结构是指组成岩石的矿物的结晶程度、颗粒大小、晶体形态、自形程度以及矿物间（包括玻璃）的相互关系。由于肉眼鉴定岩石的限制，一般只能观察部分结构特征，如结晶程度和颗粒大小等。

（1）结晶程度：依岩石中结晶质与非结晶质（玻璃质）的相对比例可以分为三类：

①全晶质结构。即岩石全部由已结晶的矿物组成。是岩浆在缓慢冷却条件下（如在地下深处）结晶形成的，多见于侵入岩中。

②玻璃质结构。即岩石几乎全由未结晶的玻璃质组成。是岩浆在快速冷却（淬火）条件下（如喷出地表）形成的，主要见于喷出岩，也可见于浅成岩体边缘。其特征是岩石表面光滑，呈玻璃光泽，贝壳状断口，质脆，用小刀刻划时易崩裂。

③半晶质结构。即岩石由部分结晶质矿物和部分玻璃质组成。多见于喷出岩和部分浅成岩中。

（2）颗粒大小：按矿物颗粒直径的绝对大小可分为：粗粒结构（＞5mm）、中粒结构（5～2mm）、细粒结构（2～0.2mm）。以上三级粒度在肉眼观察时能辨认矿物颗粒，故称为显晶质结构；当粒径＜0.2mm时，肉眼一般不易分辩颗粒，故称为隐晶质结构，见于喷出岩和部分浅成岩中。所以，矿物颗粒大小同样与岩浆的冷却速度有关。隐晶质与玻璃质的区别在于，前者光泽较暗淡，呈瓷状断口，粗糙具砂感，用小刀刻划不易崩裂。

按矿物颗粒的相对大小可分为：

①等粒结构。即岩石中同种矿物颗粒大小大致相等。

②不等粒结构。即岩石中同种矿物颗粒大小不等，连续跨过几个粒级。

③斑状结构。即组成岩石的物质明显可分为大小截然不同的两群，大者称为斑晶，小者称为基质，中间不存在过渡颗粒。基质可以是隐晶质或玻璃质，若是显晶质则称为似斑状结构。斑状结构是浅成岩和火山熔岩的重要结构。斑晶与基质属不同世代，斑晶于地下较深处早结晶形成。似斑状结构多见于较深的侵入岩中，斑晶与基质同时或稍晚形成。

（三）岩浆岩的构造

岩浆岩的构造是指组成岩石的各部分（矿物集合体和（或）玻璃等部分）的相互排列、配置与充填方式。常见的岩浆岩构造主要有如下几种：

（1）块状结构：岩石各部分在成分和结构上都是均匀的，无定向性。这是最常见的构造。

（2）斑杂构造：岩石不同部位的结构或矿物成分有较大的差异，如一些地方暗色矿物多，一些地方又很少，使岩石呈现出斑斑驳驳的外貌，称斑杂构造。

（3）带状构造：表现为岩石中具有不同结构或不同成分的条带交替，彼此平行排列。主要发育在基性、超基性岩中，例如在辉长岩中常见富含辉石和橄榄石的暗色条带与富含斜长石的浅色条带相互交替，构成带状构造。

（4）面理构造和线理构造：岩浆岩中片状矿物、扁平捕虏体等呈定向排列，即形成面理构造。若柱状矿物（如角闪石等）、长形捕虏体等的长轴方向呈定向排列，则形成线理构造。面理和线理构造的成因有多种：可以是由岩浆流动速度在不同部位的差异造成的，此称为原生流动构造；也可以是岩体遭受应力作用的结果，等等。面理和线理主要发育于侵入体边缘和顶部，在熔岩中也可以见到。

（5）流纹构造：表现为不同颜色和结构的条带以及矿物斑晶、拉长气孔等的定向排列，反映熔岩流流动状态。是酸性熔岩中最常见的构造，有时在浅成岩体边缘和脉岩两侧也可见到。

（6）气孔构造和杏仁构造：是喷出岩中常见的构造，主要见于熔岩层（一次喷发）的顶部。在冷凝的熔岩流中，尚未逸出的气体上升汇集于岩流顶部，随着气体逸出，岩流冷凝后留下气孔，即形成气孔构造。在同一次喷发的熔岩层中，气孔的分布及形态特征不同。一般顶部气孔多而圆，底部气孔少而不规则，有时沿熔岩流流动方向被拉长或弯曲成管状，中部气孔很少，多为致密层。气孔的形态还与岩浆粘度有关，基性岩浆粘度较小，故基性熔岩中的气孔多呈形态较规则的圆形、椭圆形，并且气孔内壁较光滑；而粘度较大的酸性岩浆形成的熔岩中的气孔，多为不规则状，内壁也不平整。

当气孔被次生矿物充填后，就形成杏仁构造，杏仁成分为方解石、沸石、玉髓、石英、绿泥石等一种或几种矿物的集合体。

（7）枕状构造：这是海底基性熔岩中常见的构造。状似枕头，大小不等，每个岩枕一般顶面上凸，底面较平，外部为玻璃质壳，向内逐渐为显晶质，气孔或杏仁体呈同心层状分布，具放射状或同心圆状裂缝。

（四）岩浆岩的产状和相

1. 岩浆岩的产状

岩浆岩的产状是指岩体的形态、大小、与围岩的接触关系及其形成的地质构造环境。现将侵入岩和火山岩的产状分述如下：

（1）侵入岩的产状：根据侵入体与围岩的接触关系，可将侵入体分为整合侵入体和不整合侵入体。整合侵入体的产状主要包括岩床、岩盆、岩盖；不整合侵入体的产状主要包括岩脉、岩墙、岩株、岩基。

（2）火山岩的产状：与岩浆性质及火山喷发形式有关，通常把火山喷发形式分为中心式、裂隙式和熔透式三种，按其规模应为点状、线状和面状喷发。中心式喷发主要形成火山锥、熔岩流、岩钟、岩针等产状；裂隙式喷发主要形成熔岩被、熔岩台地、熔岩高原等产状；熔透式喷发也形成熔岩被等。

2. 岩浆岩的相

岩浆岩的相是指由于生成环境不同而形成的岩石和岩体的总外貌和特征。岩浆岩的相是以岩体形成深度并结合岩体产状、分布及岩石特征进行划分的。现将侵入岩和火山岩的相分述如下。

（1）侵入岩的相：按岩体形成深度可分为深成相和浅成相，二者有较明显的差别（表7-8）。此外，横向上在侵入体的不同部位，由于冷却速度等条件不同，造成成分和结构上常有较明显的差别，据此可将一个岩体划分出边缘相、过渡相和中央相。中央相冷凝较慢、结晶粒度较粗、岩性均一；边缘相冷凝较快、粒度较细，常具明显的面理和线理构造，岩石成分、结构构造常不均匀。

（2）火山岩的相：火山岩相的划分方案有几种，现在一般认为较好的方案是以火山活动的产物形成方式和部位及其岩性特征为依据划分为四个大相，即喷出相、火山通道相、潜（次）火山岩相和火山沉积相，其中喷出相又可分为爆发相、溢流相和侵出相。各相的主要特征见表7-9。潜火山岩相是指与火山作用同时形成但未喷出地表，产于火山口附近的火山岩。火山沉积相是指在火山作用的同时，叠加了沉积作用而形成的火山沉积。

表7-8　侵入岩相的主要特征（引自朱勤文，1989）[①]

特征 相(深度)	温度压力 冷却速度	矿物特征	结构构造	岩体产状	其他特征	有关矿产
浅成相 (0.5～3km)	岩浆温度高、压力小、冷却快，挥发份不易散失	出现高温矿物，常见高温双锥石英斑晶	细粒、隐晶、斑状结构。常见块状、流动构造	多为小岩体：岩床、岩盖、岩盆、岩株、岩脉等	围岩捕虏体多为棱角状，同化混染弱，岩体冷凝边宽，围岩接触变质较弱	金属矿产
深成相 (＞3km，多为3～10km)	岩浆温度较低，压力较大，冷却速度较慢，挥发份不易散失	无高温矿物，均为低温稳定矿物	中、粗粒结构，似斑状结构，常见块状、带状、斑杂状构造	多为大岩体：岩基、岩株，可有岩盆、岩盖等	围岩捕虏体多为浑圆状，同化混染强，岩体冷凝边窄或不清，围岩接触变质较强	钨、锡、钼等高温热液矿产

表7-9　各种火山岩相的特征（引自朱勤文，1989）[①]

相		火山活动产物形成方式	相应岩石	产　状	备　注
喷出相	溢流相	火山喷溢泛流产物	各种熔岩	岩被、岩流	多见于基性岩浆
	爆发相	火山爆发形成的碎屑物	各种火山碎屑岩	各种火山锥、火山碎屑流	多见于中酸性粘度大、气体多的岩浆
	侵出相	岩浆由火山通道挤出地表	熔岩，火山碎屑熔岩	岩穹、岩种、岩针等	多见于中酸性粘度大的岩浆
火山通道相		岩浆充填在火山通道中的产物	熔岩，火山碎屑熔岩，火山碎屑岩等	岩颈	
潜(次)火山岩相		在火山附近没有喷出到地表的火山物质	熔岩、火山碎屑熔岩，隐爆火山碎屑岩等	岩枝、岩盆、岩床、岩脉等	
火山沉积相		火山作用叠加沉积作用产物	各种沉火山碎屑岩	层状、似层状、透镜状	

① 朱勤文编，1989，岩类学简明教程。中国地质大学岩石教研室。

（五）岩浆岩的野外分类

岩浆岩的分类方案很多，本书采用一种适用于肉眼（手标本）鉴定的基本分类方案（表7-10）。该分类表根据岩浆岩的相、产状、结构、构造，将岩浆岩分为五个岩类，即深成侵入岩类、浅成岩类、潜火山岩类、熔岩类、火山碎屑岩类，同时表示了各岩类中基本岩石类型与以 SiO_2 含量划分的酸度大类的关系。各岩石类型的矿物组成特征将在有关各章分类表中介绍。

二、不同产状岩浆岩的观察描述要点

（一）深成侵入岩

1. 野外观察要点

野外鉴定深成侵入岩，关键在于鉴定出矿物成分并估计其含量和色率。

表 7-10　主要岩浆岩肉眼鉴定基本分类（引自朱勤文，1989）[①]

岩类	深成侵入岩	浅成侵入岩		潜火山岩	熔岩		火山碎屑岩	酸度　大类	
相	深成相	浅成相		潜火山相	喷出相			大类	SiO_2(%)
产状	岩基、岩株、岩盆	岩床、岩盖、岩墙、岩脉、岩管			熔岩流、熔岩被、火山锥		火山碎屑流、火山灰流、火山锥		
结构	中粗粒似斑状结构	细粒-隐晶结构	斑状结构	斑状结构、细粒-隐晶结构	斑状结构，基质隐晶—玻璃	玻璃质	火山碎屑结构、熔岩结构		
构造	块状、条带状、斑杂状结构	块状构造		块状构造	气孔、杏仁、流纹构造	块状构造	块状、层状构造		
岩石类型	橄榄岩	金伯利岩			苦橄岩	火山玻璃	火山碎屑岩	超基性岩类	<45
	辉长岩	微晶辉长岩、辉绿岩		玄武岩				基性岩类	45～53
	闪长岩	微晶闪长岩	闪长玢岩	安山玢岩	安山岩			中性岩类	53～66
	花岗岩	微晶花岗岩	花岗斑岩	流纹斑岩	流纹岩			酸性岩类	>66
	正长岩	微晶正长岩	正长斑岩	粗面斑岩	粗面岩			偏碱性中性岩类	53～66
	霞石正长岩		霞石正长斑岩		响岩			碱性中性岩	53～65

（1）鉴定矿物。深成侵入岩的矿物颗粒一般在2mm以上，用肉眼可以辨认。应注意在岩石新鲜断口面上，根据矿物的颜色、晶形、解理、断口、光泽等特征，仔细鉴定，同时注

① 朱勤文编，1989，岩类学简明教程。中国地质大学岩石教研室。

意相似矿物的区别。肉眼只能鉴定到矿物大类。尽量估计各种矿物的含量，如不能估计出其体积百分含量，也要分出主要矿物和次要矿物。

（2）分析矿物共生组合。在分析矿物共生组合时，首先应注意一些指示矿物，主要是石英、霞石、橄榄石的存在与否及其含量。石英的出现，表示岩石的 SiO_2 过饱和（富硅）；而较富含镁的橄榄石（侵入岩中的橄榄石均为富镁种属）的出现，表示岩石的 SiO_2 不饱和且富含 MgO（贫硅富镁）；霞石的出现表示岩石的 SiO_2 不饱和且富含碱（贫硅富碱）。所以石英不与富镁橄榄石、霞石共生。岩石中出现霞石，则所含暗色矿物为碱性暗色矿物，说明该岩石为过碱性岩。橄榄石的出现说明岩石是基性或超基性岩，它作为主要矿物则为超基性岩。石英的含量随岩石的酸度增加而增加。

（3）色率。即岩石中暗色矿物的总含量，往往是最直观的特征。一般先根据色率初步判断岩石的基性程度，因色率通常随基性程度增高而增高。当辉石和角闪石难以区别或难以分别估计含量时，色率就成了鉴定岩石的重要依据之一。一般暗色矿物在花岗岩中很少达到10%，在正长岩中少于20%，在二长岩中约占25%，在闪长岩中常为30%～35%，在辉长岩中常为40%～50%。当然也有例外，如基性的斜长岩中暗色矿物一般少于15%。

2. 深成侵入岩的分类命名

岩浆侵入到地壳一定部位，在较缓慢冷却降温的条件下结晶形成的侵入岩，以全晶质中—粗粒结构和似斑状结构为重要特征，其矿物成分便于肉眼鉴定。所以，在根据结构、构造、产状和相确定为深成侵入岩之后，就可以进一步根据矿物成分鉴定命名岩石（表7-11）。

表 7-11　主要深成岩肉眼鉴定表

（据北京大学地质系，1980；转引自朱勤文，1989）①

<table>
<tr><th colspan="2">大　类</th><th>超基性岩</th><th>基性岩</th><th colspan="2">中性岩</th><th>酸性岩</th><th>碱性岩</th></tr>
<tr><td colspan="2" rowspan="2">→
↓　指示矿物</td><td>无石英</td><td>无石英</td><td>石英5%</td><td>石英
5%～20%</td><td>石英>20%</td><td>无石英有
副长石类</td></tr>
<tr><td>暗色矿物
>90%</td><td>暗色矿物
90%～35%</td><td colspan="2">暗色矿物一般
35%～15%</td><td>暗色矿物
<15%</td><td>或为碱性
暗色矿物</td></tr>
<tr><td rowspan="3">有碱性长石</td><td>碱性长石≫斜长石</td><td rowspan="6"></td><td rowspan="4"></td><td>正长岩</td><td>石英正长岩</td><td>花岗岩(富钾)</td><td>霞石正长岩</td></tr>
<tr><td>碱性长石≈斜长石</td><td>二长岩</td><td>石英二长岩</td><td>花岗岩</td><td rowspan="2"></td></tr>
<tr><td>碱性长石≪斜长石</td><td rowspan="2">闪长岩</td><td rowspan="2">石英闪长岩</td><td>花岗闪长岩</td></tr>
<tr><td rowspan="3">基本上无碱性长石有斜长石</td><td>斜长石＋角闪石</td><td rowspan="2"></td><td rowspan="2">碱性辉长岩
霞斜岩</td></tr>
<tr><td>斜长石＋辉石</td><td>辉长岩</td><td rowspan="2"></td><td rowspan="2"></td></tr>
<tr><td>斜长石为主</td><td>斜长岩（暗色矿物很少）</td><td>斜长花岗岩</td><td></td></tr>
<tr><td rowspan="3">无长石</td><td>橄榄石为主</td><td>橄榄岩</td><td rowspan="3"></td><td rowspan="3"></td><td rowspan="3"></td><td rowspan="3"></td><td rowspan="3"></td></tr>
<tr><td>辉石为主</td><td>辉石岩</td></tr>
<tr><td>角闪石为主</td><td>角闪石岩</td></tr>
</table>

① 朱勤文编，1989，岩类学简明教程。中国地质大学岩石教研室。

（二）浅成侵入岩

1. *野外鉴定要点*

（1）野外分布特征和产状。它是鉴定浅成岩的首要依据。当它们貌似熔岩时，可以根据其呈浅成侵入体产状相区别；虽然它们具侵入体产状，但为地壳浅部的小岩体，据其岩石结构可与深成岩区别；脉岩具特殊的脉体产状。浅成侵入岩、脉岩、潜火山岩三者之间的区别则在于时空分布特征。浅成侵入岩和脉岩（主要是未分脉岩）在空间分布上与深成岩共生，在时间上与深成岩同时或稍后形成，脉岩通常是沿区域性断裂分布；潜火山岩在空间上与火山岩关系密切，分布在火山岩区，在时间上与火山岩同时或稍晚。

（2）斑晶矿物成分。它是肉眼鉴定的主要特征。根据斑晶矿物成分及其组合，可区别“玢岩”和“斑岩”，进而再正确命名，特别应注意暗色矿物的种类及石英斑晶存在与否。此外，应注意一些具特殊结构和成分的脉岩，如煌斑岩、伟晶岩、细晶岩等。

（3）岩石的颜色。当岩石为无斑隐晶结构肉眼不能辨认矿物成分时，可参考岩石的颜色粗略命名为中酸性、中基性浅成（脉）岩。中酸性者多呈灰白、粉红、浅灰色等，中基性者多呈深灰、暗绿、黑色。应注意细粒和隐晶质岩石由于结晶程度较低，矿物颗粒细小，其颜色深于相应成分的深成岩。

2. *浅成岩的野外分类命名*

浅成侵入岩、脉岩、潜火山岩都是岩浆上升到地壳浅部（深度小于 3km），在较快速冷却降温条件下形成的岩石。其外貌特征基本一致，呈斑状结构或无斑细粒—隐晶结构，肉眼鉴定时，前者可根据斑晶成分和颜色命名，后者则只能根据颜色进行初步的鉴定命名，见表 7-12。表中玢岩系指浅成岩中具斑状结构且斑晶是斜长石、暗色矿物的岩石；斑岩系指具斑状结构且斑晶是碱性长石、似长石、石英的岩石。浅成侵入岩和未分脉岩（指成分上与相应的深成岩基本一致，成因上与之关系密切的脉岩），一般借助于相应深成岩名称加“玢”或“斑”字；潜火山岩借助于相应火山熔岩的名称加“玢”或“斑”字。表中细晶岩、煌斑岩属二分脉岩（在成分和结构上与相应深成岩有很大差别的脉岩），常见的二分脉岩还有伟晶岩，它们各具特殊的结构。

表 7-12　主要浅成岩的野外鉴定表（引自朱勤文，1989）①

斑状结构	颜　色	黑色、绿黑色、绿灰色、深灰色				肉红、灰红、灰黄色		黑、绿黑色
	浅色矿物斑晶	斜　长　石				碱性长石	碱性长石＋石英	无
	暗色矿物斑晶	橄榄石	辉　石	角闪石	黑云母	（黑云母）	无	辉石、角闪石黑云母
	浅成岩（含脉岩）岩石名称	辉绿玢岩	辉绿玢岩	闪长玢岩	黑云闪长玢岩	正长斑岩	花岗斑岩	煌斑岩
	潜火山岩岩石名称	玄武玢岩		安山玢岩	黑云安山玢岩	粗面斑岩	流纹斑岩	
细粒隐晶结构	颜　色	黑、绿黑、灰黑色		灰　　色		肉红色、红色		白、灰白色
	可能的岩石名称	辉绿岩、煌斑岩		微晶闪长岩		微晶正长岩、微晶花岗岩		细晶岩、霏细岩

① 朱勤文编，1989，岩类学简明教程。中国地质大学岩石教研室。

3. 二分脉岩

二分脉岩在矿物成分和结构方面与深成岩有很大区别，即无对应的深成岩。根据暗色矿物含量和颜色可明显分为二类，即以浅色矿物为主的（几乎不含或很少含暗色矿物）脉岩和暗色矿物含量很高的脉岩，进一步可据其特殊结构命名，现将常见类型分述如下。

（1）煌斑岩。是具特殊的煌斑结构的脉岩。煌斑结构是指富含暗色矿物（>40%）而且暗色矿物自形程度很高的一种结构，其暗色矿物的含量高于矿物组合相当的侵入岩和未分脉岩。暗色矿物成分多为富含挥发份或碱质的种属。如黑云母、角闪石、碱性辉石、碱性角闪石等。岩石常呈斑状结构，也有似斑状结构和粒状结构。斑晶常以全自形的暗色矿物为主，或全由暗色矿物组成，偶见浅色矿物长石斑晶，且一般自形程度不高，多分布在基质中。岩石多呈黑色、暗绿色、深褐色。

当岩石为暗色(如黑色、绿黑色等)、细粒结构、暗色矿物不以黑云母为主,而又难以确定其自形程度时,往往难以与辉绿岩等中基性未分脉岩区分,可暂时称为暗色脉岩或基性脉岩。

(2)伟晶岩。是具伟晶结构的脉岩。岩石由巨粒矿物(>10mm)组成,并且常有富含挥发份的矿物,如萤石、绿柱石等。肉眼鉴定出基本矿物成分后,再结合矿物组合进行命名(表7-13)。伟晶岩除呈脉状产出外,还可在侵入岩中形成囊状体,有时与细晶岩产于同一条脉中。

表 7-13　伟晶岩、细晶岩分类命名（引自朱勤文，1989）①

结构 \ 矿物成分	基性斜长石为主，少量辉石	中性斜长石为主，少量角闪石	酸性斜长石为主，少量石英	碱性长石、石英	碱性长石为主	碱性长石、霓石、霞石
伟晶结构	辉长伟晶岩	闪长伟晶岩	斜长伟晶岩	花岗伟晶岩	正长伟晶岩	霓霞伟晶岩
细晶结构	辉长细晶岩	闪长细晶岩	斜长细晶岩	花岗细晶岩	正长细晶岩	霓霞细晶岩

（3）细晶岩。是主要由浅色矿物（碱性长石 、斜长石、石英）组成的全晶质细粒结构的脉岩。其矿物粒度小于2mm，一般肉眼不易确定成分。与矿物组合相当的侵入岩和未分脉岩相比，细晶岩中暗色矿物含量很少。常见的细晶岩是较酸性，其浅色矿物石英和碱性长石或酸性斜长石占90%以上，故岩石多呈灰白、黄白、浅肉红等色；断口呈砂糖状，可见矿物颗粒界线和长石的解理面，依此可区别于霏细岩，后者呈隐晶质结构，瓷状断口。中基性细晶岩较少见。肉眼鉴定时一般只能定出细晶岩，或据暗色矿物和石英的有无，定出中基性或酸性细晶岩（表7-13）。

（三）熔岩类

1. 熔岩的野外鉴定要点

（1）产状。根据各种喷出岩的产状，如熔岩流、熔岩被、熔岩锥、岩钟、岩针等，或与火山碎屑岩一起构成地层的组成部分，可与具相似结构的浅成岩区别。

（2）结构构造。根据特征的结构构造，如斑状结构、玻璃质结构、气孔和杏仁构造、流纹构造、枕状构造等，可与具喷出产状的火山碎屑岩区别。另外，中基性熔岩往往出现气孔、杏仁构成的分带性，具红顶绿底现象；中酸性熔岩可以出现很发育的流纹构造，这些也可以与潜火山岩相区别。

---

① 朱勤文编，1989，岩类学简明教程。中国地质大学岩石教研室。

（3）斑晶矿物成分及其组合。对熔岩进行鉴定命名，首先注意观察斑晶成分和组合。应特别注意与斜长石共生的暗色矿物斑晶的种类、石英斑晶的有无和含量、似长石的出现与否。

（4）岩石基质的结晶程度。由于岩浆粘性的影响，基性熔岩的基质较酸性者结晶程度高，前者常为全晶质的细粒隐晶质结构，很少出现玻璃质，故用放大镜观察玄武岩基质时，有时可见针状斜长石微晶；后者常呈玻璃质和隐晶质结构或玻璃质结构。对全玻璃质熔岩（有时可含少量斑晶），可根据颜色，光泽和构造进一步命名，如具弧状裂开珍珠构造者称珍珠岩，还有黑曜岩、松脂岩等。玻璃质与隐晶质的区别在于：前者光泽较强，质脆，具贝壳状断口；而后者光泽暗淡，质较脆，具瓷状断口。

（5）岩石的颜色。除类似于浅成岩和潜火山岩外，还应注意一些特殊现象：①由于岩浆喷出地表时氧化作用较强，故熔岩比相应成分的潜火山岩更常见紫红色；②酸性玻璃质熔岩常呈较深的颜色，如黑曜岩呈黑色。其与中基性熔岩的区别除考虑玻璃质结构外，应注意其密度较之基性熔岩轻，有时可见少量石英斑晶。

（6）斑晶与杏仁的区别。当中基性熔岩的杏仁体较小且充填白色方解石和硅质矿物时，有时易于与较大的斜长石斑晶混淆。两者区别之处在于：斜长石斑晶呈板状，断口为规则的长方形，是单个矿物的晶体，能见到完全的解理和聚片双晶；而杏仁体为浑圆、椭圆或不规则形，大小不一，是多个矿物的集合体，若是方解石，滴稀盐酸可起泡，若是硅质矿物，则硬度很大。

2. 熔岩的野外分类命名

岩浆以宁静式溢流喷至地表，在流动过程中伴随着挥发份的逸出，并在快速降温、冷却、结晶条件下形成的熔岩，除普遍具斑状结构外，还具特殊的玻璃质结构和一些特有的构造，这些特征即是肉眼鉴定时分类命名的主要依据，此外还可参考岩石的颜色（表 7-14）。

表 7-14　主要熔岩肉眼鉴定表（据北京大学地质系，1980，修改；转引自朱勤文，1989）①

大类		超基性岩	基性岩	中性岩		酸性岩	碱性岩
新鲜面颜色		黑色	灰绿色 黑绿色	紫红色 灰紫色	灰紫色 浅灰色	粉红色 浅灰色	灰绿色 灰色
斑状结构	斑晶成分	橄榄石 辉石	橄榄石（伊丁石） 辉石　斜长石	辉石 角闪石 斜长石	黑云母 角闪石 碱性长石	石英 碱性长石	石榴石 碱性长石 黝方石
	基质结构	细粒—隐晶结构	细粒—隐晶结构	隐晶结构	隐晶结构	隐晶—玻璃质结构	隐晶结构
构造特征		常见块状构造	气孔、杏仁构造，形状规则	气孔、杏仁构造，形状较规则	气孔、杏仁构造较少，且形状多不规则	常具流纹构造，气孔、杏仁构造少，形状不规则	常见块状构造
岩石密度（g/cm³）		3～3.2	2.6～3.1	2.6～2.8	2.4～2.7	2.2～2.7	2.5～2.8
岩石名称（含细粒—隐晶）		苦橄岩	玄武岩	安山岩	粗面岩	流纹岩	响岩
玻璃质结构		各种玻璃质熔岩（多为酸性—中酸性成分）——黑曜岩、松脂岩、珍珠岩、浮岩					
次生变化及岩石颜色		蛇纹石化	绿帘石、绿泥石、碳酸盐化为主，灰绿色				

① 朱勤文编，1989，岩类学简明教程。中国地质大学岩石教研室。

（四）火山碎屑岩

1. 火山碎屑岩的一般特征

火山碎屑岩是火山作用的产物之一。火山碎屑岩是指岩浆经火山爆发作用所形成的各种固态碎屑物质，经空气或（和）水体搬运并直接降落堆积形成的岩石。在这一过程中，可以混入一定量的熔岩物质或正常沉积物质。因此，火山碎屑岩的物质成分全部或主要来源于岩浆，这类似于火山熔岩；而其碎屑物质则经搬运、堆积、胶结、压实或熔结而成岩，这又类似于沉积碎屑岩。所以，火山碎屑岩是界于熔岩和沉积岩之间的岩类，向二端有一系列过渡性岩石出现。火山碎屑岩的特征界于二者之间，其物质成分与相应的熔岩密切相关，而其物质成分、岩石结构、构造又与正常沉积岩有相近之处。需要指出的是，由已结晶的熔岩或已固结的火山碎屑岩经风化作用形成的碎屑物质再搬运堆积而成的碎屑岩，不属于火山碎屑岩，应属于沉积的火山质碎屑岩。现就火山碎屑岩的物质成分、结构构造、产状等一般特征分述如下。

（1）火山碎屑物。火山碎屑物是组成火山碎屑岩的基本成分，主要直接来源于岩浆，同时常加入一些被炸碎的火山通道中的物质。其种类繁多，一般按粒级分为集块级、角砾级和凝灰级三大类，每类按火山爆发和堆积时物质状态进一步划分为刚性、半塑性、塑性三种（表 7-15）。

（2）火山碎屑岩的结构类型。火山碎屑岩的结构主要依据碎屑的类型、含量和粒度划分（表 7-16）。

表 7-15　火山碎屑物分类表（引自朱勤文，1989）①

<table>
<tr><th>爆发堆积时特点
粒度范围（mm）</th><th colspan="2">刚　性</th><th>半　塑　性</th><th>塑　性</th></tr>
<tr><td>>50</td><td colspan="2">火山集块</td><td>火山弹</td><td rowspan="2">塑性岩屑</td></tr>
<tr><td>50～2</td><td colspan="2">火山角砾</td><td>火山砾</td></tr>
<tr><td>2～0.05</td><td rowspan="2">火山灰</td><td>岩屑、晶屑</td><td>玻　屑</td><td>塑性玻屑</td></tr>
<tr><td>0.05</td><td></td><td>火　山　尘</td><td></td></tr>
</table>

表 7-16　火山碎屑岩的结构类型（引自朱勤文，1989）①

<table>
<tr><th>主要碎屑
（物质）类型</th><th>刚性、半塑性
火山碎屑</th><th>塑性火山碎屑
及火山灰</th><th>刚性、半塑性火山
碎屑，少量熔岩</th><th>刚性、半塑性火山
碎屑，沉积碎屑</th></tr>
<tr><td>结构名称　结构类型
碎屑粒度及含量</td><td>火山碎屑结构</td><td>熔结（塑变）结构</td><td>碎屑熔岩结构</td><td>火山碎屑—沉积结构</td></tr>
<tr><td>>50mm
>50%</td><td>集块结构</td><td>熔结集块结构</td><td>集块熔岩结构</td><td rowspan="2">沉火山碎屑结构</td></tr>
<tr><td>50～2mm
>50%</td><td>火山角砾结构</td><td>熔结角砾结构</td><td>角砾熔岩结构</td></tr>
<tr><td><2mm
>50%</td><td>凝灰结构</td><td>熔结凝灰结构</td><td>凝灰熔岩结构</td><td>凝灰沉积结构</td></tr>
</table>

① 朱勤文编，1989，岩类学简明教程。中国地质大学岩石教研室。

（3）火山碎屑岩的构造类型。火山碎屑岩的构造主要有：①假流纹构造是熔结火山碎屑岩所特有的构造。在火山碎屑流中，炽热的塑性岩屑和塑性玻屑在上覆物质的静压力下，被压扁、拉长，并被岩屑、角砾等刚性碎屑压弯而呈似流纹状定向排列，故称假流纹构造。手标本上一般只显示塑性岩屑的定向分布。②韵律层理构造是指组成火山碎屑岩的物质成分及粒度，按一定顺序有规律地相互交替变化。常见自下而上碎屑物由粗变细的正粒序构造，也有自下而上粒度由细变粗的反粒序构造。韵律层理构造多见于水下堆积的火山碎屑岩和火山碎屑沉积岩中。

（4）火山碎屑岩的喷发方式及产状。火山碎屑岩主要以中心式喷发为主，常形成火山锥。火山碎屑物喷发方式主要有两种：一是火山爆发所形成的碎屑物喷至较大高度，岩浆中的挥发份大部分散失，而后散落下来，堆积形成普通火山碎屑岩；二是火山爆发所形成的碎屑物与挥发份相裹，呈烟柱状喷发，喷发高度不大，挥发份和热量很少散失，即快速降落，整体移动较短的距离，形成火山灰流（或火山碎屑流），其结果多形成熔结火山碎屑岩。

喷出相的火山碎屑岩大多呈层状产出，火山通道相和地下隐爆的潜火山岩相的火山碎屑岩则呈非层状产出。

（5）火山碎屑岩的分类。火山碎屑岩的分类见表 7-17。

表 7-17　火山碎屑岩分类表（据孙善平，1986，简化；转引自朱勤文，1989）[①]

<table>
<tr><td>类</td><td>向熔岩过渡类型</td><td colspan="2">正常火山碎屑岩类型</td><td colspan="3">向沉积岩过渡类型</td></tr>
<tr><td>亚　类</td><td>火山碎屑岩亚类</td><td>熔结火山碎屑岩亚类</td><td>普通火山碎屑岩亚类</td><td>沉积火山碎屑岩亚类</td><td colspan="2">火山碎屑沉积岩亚类</td></tr>
<tr><td>火山碎屑物含量</td><td>10%～90%</td><td colspan="2">＞90%</td><td>50%～90%</td><td colspan="2">10%～50%</td></tr>
<tr><td>成岩作用方式</td><td>熔浆胶结</td><td>熔结作用</td><td>压结或火山灰分解产物胶结</td><td colspan="3">水化学胶结、粘土物质胶结</td></tr>
<tr><td>结　构</td><td>碎屑熔岩结构</td><td>熔结结构</td><td>火山碎屑结构</td><td colspan="3">火山碎屑-沉积结构</td></tr>
<tr><td>岩石名称＼构造
火山碎屑物粒度（含量）</td><td>块状构造</td><td>假流纹构造</td><td>块状或韵律层理构造</td><td colspan="3">明显的层理或韵律层理构造</td></tr>
<tr><td>＞50mm（＞50%）</td><td>集块熔岩</td><td>熔结集块岩</td><td>集块岩</td><td>沉积块岩</td><td rowspan="2">沉积碎屑物粒度＞2mm</td><td rowspan="2">凝灰质砾岩或角砾岩</td></tr>
<tr><td>50～2mm（＞50%）</td><td>角砾熔岩</td><td>熔结角砾岩</td><td>火山角砾岩</td><td>沉火山角砾岩</td></tr>
<tr><td>＜2mm（＞50%）</td><td>凝灰熔岩</td><td>熔结凝灰岩</td><td>凝灰岩</td><td>沉凝灰岩</td><td>＜2mm</td><td>凝灰质｛砂岩
粉砂岩
泥岩</td></tr>
</table>

2. 火山碎屑岩野外鉴定要点

（1）首先根据喷出产状以及呈层状产出和火山碎屑结构，区别于侵入岩和熔岩。

（2）详细鉴定火山碎屑物类型、含量、粒度形态等特征，确定火山碎屑岩大类或亚类：①注意集块级、角砾级火山碎屑的形态、成分和分布特征。刚性的集块、角砾呈等轴形、棱角状杂乱分布，往往成分和颜色均较杂，总体呈现不均匀性。塑性岩屑呈透镜状、条带状等塑性变形态拉长定向分布，或呈火焰状、撕裂状等不规则形态，虽一般无定向分布，但可以其边缘轮廓参差不齐和成分、颜色均一区别于其他碎屑。有时塑性岩屑的颜色与火山灰基本一致，这时在风化面上表现清晰。半塑性的火山弹有其独特的形态和外壳结构及内部结构。

① 朱勤文编，1989，岩类学简明教程。中国地质大学岩石教研室。

②注意岩屑与晶屑的区别。二者粒度相同，均为棱角状，分布不均。但岩屑形状不规则，呈各边长不等的多边形；成分不均匀，一种岩石中往往有三种以上；颜色较杂，无光泽，瓷状断口，为矿物集合体。而晶屑相对形状较规则，成分较简单，颜色较均匀，一般一种岩石中最多有三种。

（3）胶结物成分和胶结方式，往往不易用肉眼确切鉴定，只能作初步观察和判断，主要应注意下列特征：①熔岩胶结者，相对其它火山碎屑岩其胶结物最致密、最均匀，往往可以显示熔岩的结构构造特征；②熔结者，表现为塑性岩屑定向分布，致密程度与熔岩胶结者一致，或略次之，岩石呈瓷状断口；③压实胶结者，比较疏松，呈粉砂状断口；岩石可呈层状，但一般韵律层理不发育。刚性火山碎屑物含量多时往往属这种压实胶结；④化学物质及粘土、粉砂质胶结者，不坚硬，较疏松，火山碎屑物含量低，往往发育韵律层理，一般呈绿、紫红、黄褐等颜色。若化学物质中含 $CaCO_3$，则滴盐酸起泡。

（4）进一步除按表 7-17 命名外，如能判断岩浆成分，则在基本名称前加××质，如流纹质角砾凝灰岩。肉眼鉴定时，岩浆成分主要根据晶屑和（或）塑性岩屑的成分判断，一般岩屑、角砾和集块的成分不能代表岩浆的成分，另外还可参考共生的熔岩成分。

三、岩浆岩野外研究的主要内容

（一）侵入岩体的野外研究

1. 侵入岩体相带的研究

对侵入体的观察，切不可以局部的岩性代表整个岩体。由于岩浆侵位和冷凝时，边缘与内部在冷却速度、与围岩的相互作用、岩浆动力因素和影响程度等方面条件的不同，常导致横向上岩体不同部位岩性的差异，据此可划分不同的岩相带。如边缘相，常呈细粒或斑状结构，斑杂构造，捕虏体较多，线理和面理（片、柱状矿物、斑晶、捕虏体定向分布）发育，岩石成分可与内部相有很大差别。内部相，常呈粗粒或似斑状结构，捕虏体较少，线理、面理不发育，岩性较均一。边缘相与内部相之间，还可划分出过渡相，岩性特征界于二者之间。所以，应从岩体边部到中央，按一定距离详细观察，注意结构、构造、斑晶和捕虏体（包括大小、成分、含量）等的变化，必要时作详细的统计和测量，并结合室内研究，划分岩相带。

划分相带主要目的是研究岩体的岩性变化规律，从而对岩体的产状、剥蚀深度、形成环境（如深度）、岩石成因及确定有利的含矿部位等问题的解决提供线索。

划分相带主要根据结构构造和矿物成分两方面因素综合考虑。对于等粒结构岩石可根据粒度划分，如粗粒、中粒、细粒；对于斑状与似斑状岩石可根据基质粒度划分，如中基斑状、细基斑状，也可按斑晶大小和含量划分，如多斑、少斑、小斑、巨斑等，也可二者结合；主要矿物成分变化明显时可根据岩性类型划分，如纯橄岩，辉橄岩；石英闪长岩、花岗岩等；主要成分变化很小时则根据次要矿物种类划分，如黑云母花岗岩、二云母花岗岩。

2. 侵入体与围岩接触关系研究

研究接触关系的主要目的在于确定岩体的相对时代、岩体产状、成因及寻找某些矿床。接触关系按成因分为沉积（超覆）、断层、侵入和混合交代接触四类。一般说来急变接触是侵入接触和断层接触的主要特点。只有当岩浆具有较强烈的化学活动性而与围岩发生强烈交代（即侵入交代接触）及同化混染时才出现渐变的特点。至于混合交代成因的岩体与围岩无疑是渐变接触。

沉积接触是指侵入体形成后遭受风化剥蚀，又为新的沉积层所覆盖，说明侵入体的时代较围岩时代老。其主要标志：①侵入体与围岩之间有古风化壳或侵蚀面，在围岩中常含该侵入体的砾石或某些矿物碎屑；②围岩未受到任何侵入作用的影响，如围岩无热变质现象，围岩产状和构造形态未受干扰；③围岩层理平行于接触面；④切过侵入体的断裂到接触面截止；⑤侵入体中矿脉、脉岩不穿过围岩，有时却在围岩中能找到它们的碎屑沉积物；⑥围岩可出现于侵入体不同相带之上；⑦岩体接触面附近，原生流动构造可与接触面斜交或直交等等。其中前三项标志是主要的，后四项是辅助的。因为断层接触有时亦有类似的特点。

断层接触的主要标志：①沿接触带岩体和围岩（或者其中之一）有挤压、破碎痕迹，故常形成断层角砾岩带、糜棱岩带或片理化带；②破碎同时伴随各种热液蚀变甚至矿化作用，常见蚀变有绿帘石化、绿泥石化、绢云母化、硅化等，有时石英脉发育；③接触线一般平直，围岩可切过岩体不同相带，或切过流动构造、脉岩等。

侵入接触是岩浆侵入围岩而形成的接触关系，说明岩体时代较围岩晚。其主要标志：①岩体边部粒度变细，具冷凝边或冷凝带；②在岩体内或与围岩接触处常有围岩的捕虏体；③从平面上看岩体与围岩接触线不平直，局部成港湾状切割围岩（岩床及某些整合侵入体有例外）；④有岩枝或与侵入体有成因联系的脉岩、矿脉穿入围岩；⑤岩体边部如具流动构造，则大多平行于接触面。但也有例外，如岩浆流动受围岩阻挡改变其流动方向或者出现涡流时，局部地段可与接触面相交，但总体上看仍是协调的；⑥围岩有接触热变质或交代蚀变现象，并随远离岩体而减弱和消失；⑦在一些情况下岩浆是强行侵入的，则围岩产状和构造形态受到干扰和破坏。

3. 侵入体期次的划分和时代的确定

岩浆活动的多期性已为愈来愈多的实际资料所证实。一般说来两种成分不同的侵入岩呈急变接触关系，如不是断层接触，则是不同时代或同一时代不同期次的侵入体。这时应确定其形成先后：

晚形成的岩体有以下特点：①具细粒边缘相带或冷凝带；②有岩枝穿入早期岩体；③包有相邻早期岩体的碎块（捕虏体）；④边缘流动构造平行于接触面。在某些花岗岩体边缘有时出现团块状、透镜状伟晶岩和大体上平行于接触面的某些矿物富集带（如云母、长石等）。

早形成岩体有以下特点：①出现烘烤、蚀变或热变质现象。如早期花岗岩体的云英岩化；超基性岩受晚期花岗岩影响出现透闪石化等；②岩体的完整性有时被破坏。早期岩体出露残缺不全（相带分布与岩体形态不协调）；③岩体中的脉岩、矿脉、断层到接触面截止（即不通过另一岩体）而又无其他断层标志。

关于期次的划分。当先后关系确定以后，对于同源岩浆所形成的杂岩体应进行期次划分。关于“期”与“次”这两个字的用法，目前还没有统一规定，建议同一时代（或构造期）的一套侵入杂岩内由一股岩浆侵入而形成的火成岩，可划为一个侵入期。在一套杂岩内，期的数目可达 2～3 个或 5～6 个以上。在杂岩体内所占面积最大，又起决定作用的岩体，叫主侵入期岩体。但局限于主侵入体中或附近，其规模小，形成时间间隔较短（如无冷凝带，岩性相差不大），分布上对全区来说不具普遍性，这样可划分为次（即次的划分应有直接的先后关系，而期的划分除直接接触的关系外，也可以包括用对比关系确定的岩体）。曾有人用补充侵入期或附属侵入期的概念，没有被普遍使用。期和次都是地区性杂岩体划分单位。期以上单位，当时代肯定时可按规范规定表示；当时代不确切时用相对顺序表示。有关要求可参考正式的标准和指南。

侵入体形成时代的确定。目前广泛使用的方法主要分为两类：一类为同位素年龄法，一类为地质法。这里着重谈后一类方法。根据地质观察确定侵入体时代最可靠的方法是地层法。其实质是查明岩体与已知时代围岩的接触关系。例如岩体与下奥陶统呈侵入接触，而与泥盆系呈沉积接触，则岩体时代为早奥陶世之后泥盆纪之前。但是具备这样确切的两种接触关系的岩体是很少的，多数情况下只有侵入接触关系，没有沉积接触关系，或虽然二者都有，但侵入的地层与沉积盖层的时代相隔甚远，则岩体的确切时代常不能肯定，这时可用一些辅助方法来作进一步的分析推断。

4. 侵入体构造的研究

侵入体构造研究的主要内容包括接触面、原生流动构造、原生节理、构造节理和断裂等的观察及产状要素的测定。其目的是确定岩浆运动特点，恢复岩体形态、后期的构造破坏，以及从理论上阐明与岩体裂隙构造有关的某些矿产赋存规律，用以指导找矿实践。

(1) 侵入接触面产状的判别和测定：侵入接触面的形态特征有平整、波状、锯齿状、枝叉状和顺层贯入等几种类型。同一岩体有时可由两种以上类型结合而构成复杂的接触面。对于平整或波状接触面的陡缓，有时可根据内外接触变质带的宽度来判断。在其他条件相同的前提下，接触面倾向围岩而倾角较缓时，其内外接触变质带宽度较大。接触面直立或向岩体内倾时，其内外接触变质带宽度最小。当地形切割接触面暴露出来时，可用罗盘直接测量其倾向和倾角。但是由于各种因素影响，这个面经常未暴露出来，只能见到接触线。在地质图上根据接触线与地形等高线的相互关系可以间接判断接触面的倾向和倾角陡缓。如地形切割较大而接触线在图上近于直线（或略有弯曲）、而不受地形影响，说明倾角较陡。若接触线与地形等高线弯曲方向相反，说明接触面倾向与山坡方向一致。若与等高线弯曲方向一致，则接触面倾向山里。如岩体分布于坡脚，则接触面向岩体内倾斜，如围岩出露于坡脚则倾向围岩（图 7-4）。为了计算倾角大小可用大比例尺地形图填绘界线，选择接触线上的三个点（不在一直线上）用图解和计算法求接触面倾角（α）的大小：$\tan\alpha=(h_3-h_2)/AD$，式中 h_3，h_2 分别为 A 点和 B 点高程，AD 为 A 点沿接触面倾斜方向至 h_2 高程处的水平距离。具体求法是，设高程 $h_3>h_2>h_1$，那么在 A 点和 C 点之间必然有一点[①]（B'）的高程等于 h_2；连接BB'线由 A 点向 BB'线作垂线 AD，从图上量 AD 长度以其所代表的实际距离（如比例尺为1∶5 000则 1cm 等于 50m）代入上式即可求出倾角（α）值。也可作图（7-4）求出 α 值。即以 AD 为直角三角形底边，h_3-h_2 为直角另一边，则斜边与 AD 之夹角为所求倾角。当然也可连接接触线上另两个等高程的点（如 EE'线）由 A 向 EE' 作垂向 AF，用上述关系求出 α 值，取二者平均值代表 A 点接触面的倾角。

若露头较差可用物探方法；也可用离接触线较近的（如几米或数十米）流面、流层的产状来推断接触面产状。地表所测者不能完全代表向下延伸情况，因有时变化较大。

(2) 原生流动构造。在粘性岩浆上升的过程中，有一部分晶体从岩浆中析出，它们伴随岩浆运动而形成有规律的排列，这种构造称原生流动构造。按其产出形态计有①线状流动构造。常见者为流线构造，是由针状、柱状矿物和长形拆离体、捕虏体定向排列而成；②流面构造。由片状、柱状矿物、扁平状析离体的扁平面方向平行排列。当这种平行排列仅见于两个面上而第三个面上较紊乱（不具定向）时称粗面构造或平行平面构造，多见于碱性岩或含

① AC 线上标高等于 B 点（h_2）的 B'' 点位置亦可按下式求出：$AB''=ACx\dfrac{h_3-h_2}{h_3-h_1}$。

长石斑晶的浅成岩中；③流层构造。由成分不同或结构不同的岩石成层交替出现；④流带构造。与流层构造相似，所不同者是条带呈断续分布，且厚度变化大，虽可交替出现但不连续成层。有人把后两种构造统称为原生条带构造。

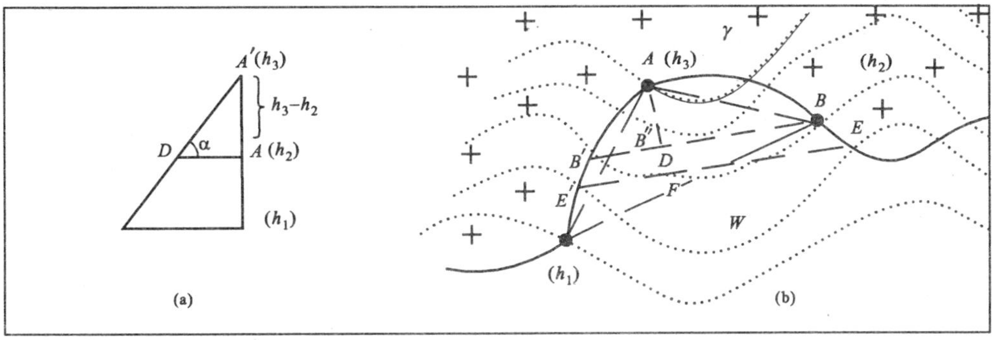

图 7-4　接触面倾角计算图解（引自严阵等，1980）[①]

(a) 为剖面图；(b) 为平面图；W：围岩；γ：岩体　点线为等高线

流动构造在不同岩类及不同深度的侵入体中发育情况是不同的。一般说来基性、超基性及碱性岩中表现较好，而花岗岩类除部分石英闪长岩、花岗闪长岩外一般都极差。形成深度大的大型岩体，其流动构造不明显。对同一岩体来说，边部（包括顶部）流动构造又比中心明显。因而研究流动构造应多从内接触带附近的良好露头着手。

野外研究流动构造，最主要应做下列工作：①根据上述特征把各类型流动构造区分开，并描述其具体特点。在描述流层和流带构造时要指出每层（带）的厚度、各种矿物沿走向及倾向上的变化、各层（带）之间接触性质与含矿性等；②测量各种流动构造的产状要素；③判别岩浆流动方向；④素描或照相；⑤成因分析。

各种面状构造产状的测定与测沉积岩层面产状的方法是一样的。不过由于多数侵入体的成层性很差，即使根据矿物在两个面上的排列能把流面和流层的位置确定下来，亦常因这个面未暴露出来而不易测量。这时可用野外记录本的一个边平贴于流面的一个边上，使记录本另一边与流面严格平行，在记录本上进行测量。当然为保证质量应尽最大努力寻找已暴露出的流面（或流层）进行测量。流线走向（亦是倾向）易测，而倾角则不易测准。当流线和流面（流层）同时出现的地方，流线照例是分布于流面（或流层）上（仅个别情况下例外，即流线与流面有一定角度，表示二者形成时间不同，流线形成晚于流面）。因此先寻找流面（或流层），然后在流面（或流层）上判断流线方向。

有的地区岩石风化较强，可以把柱状或板状斑晶取出，在其留下的空隙中插上铅笔或杆状物，然后将罗盘紧贴于其上测其倾向和倾角。应当注意的是铅笔或杆状物应严格平行于晶体延长方向，否则会得出错误的结果。另外，测斑晶定向，在一个露头上应大量进行测定，一般约 100～300 次。在一个岩体内要尽可能多布置一些测点，才能得出岩浆在结晶时期运动和岩体形态的客观结论。

有的地区岩石风化极弱，不能将柱状或板状斑晶取出，应在近水平的露头上直接用罗盘测定斑晶的延长方向（仍为 100～300 次），再按 5°间隔进行统计，并作出走向玫瑰图，判定

---

① 严阵等编，1980，野外地质调查参考资料。西安：陕西省地质矿产局科技情报室。

流线走向。在平行流线近于直立的断面上，测定一定数量（100 次）斑晶的倾向和倾角，仍可用同样方法作图判断流线的倾向倾角。

有的岩石在露头上观察流动构造不明显，但磨光面上却很清楚，可采定向标本。标本块宜大些（约 20cm×15cm×10cm），采集前选好露头，先用油漆标上水平线和指北方向，然后用凿子凿取，不宜用铁锤锤取。磨光面至少有水平和垂直方向两个切面，才可能测出流面产状。

流面产状仅说明岩浆平行于该面运动，不能指明流动方向，而流线则有可能指明其流动方向。当流线与岩浆运动方向平行时，蝌蚪状析离体圆头方向指向岩浆流动方向。但应注意，有时流线也可垂直于岩浆流动方向。这多半是由于岩浆流速较快，由层流运动变为涡流运动，使柱状晶体垂直于流动方向排列（这种现象从流水中木材的排列可平行水流方向，也可垂直于水流方向来理解）。在判断岩浆运动方向时不能只根据个别点的流线资料，要结合岩体形态及各种地质特征综合分析。例如围岩受岩体影响出现明显挤压痕迹的部位是岩浆流动前缘地区的重要标志，在分析岩浆运动主要方向时是不能忽略的因素之一。

在观察任何地质现象时，都不可避免地要对其成因加以分析和研究，因为有许多相似的地质现象可由不同的成因形成。例如侵入体中条带构造可以由混染作用形成（条带是未消化岩石的残留层状构造）。也可由晚期的熔体贯入到刚凝固的岩石中（主要特点是条带之间界线分明，呈突变接触）。即使是由于岩浆运动所形成的条带构造，也有不同的情况，如在陡倾斜岩体内接触带出现的条带构造（包括流层和流带），常随接触面产状变化而变化，说明是岩浆缓慢运动与围岩摩擦的结果。也有一些与重力分异、挥发份的作用有关。分析成因的目的是为了把不同成因的定向构造区别开，使我们在利用这些资料来推断岩体形态和岩浆运动特点时不致产生错误。

（3）原生节理。岩浆冷却固化时由于体积收缩而产生的裂隙称原生节理，一般在岩体边部较发育，且可为脉岩或矿脉充填。根据节理与流动构造关系主要有以下 4 组：

①横节理（Q）：它垂直于流线和流面，属张节理，因为它垂直于张力方向（流线代表岩浆最大张力方向），裂隙面粗糙、延伸较长；②纵节理（S）：它平行于流线而垂直于流面，也是一种张节理。节理面粗糙，但节理发育程度比横节理差；③层节理（L）：它平行于流线和流面。节理面平滑；④斜节理（D）：与流线斜交，其角度约 45°，为剪节理。有两组，对称分布于横节理两侧，两组交角近 90°。但经常只有其中一组较发育。

判别原生节理的主要标志是沿节理未错动，没有出现滑面、压碎带，而且与流动构造有固定关系。当流动构造不清楚时，则不能把上述节理系分开。

对于许多超基性岩体，由于蚀变和后期变形、断裂等叠加作用，很难判别那些裂隙是属于原生的。一般把脉状铬铁矿、同源脉岩（如辉石岩脉、透闪岩脉、辉长岩脉等）作为沿原生节理充填的产物。

原生节理测量方法与成层岩石节理测量方法相同，一般都要观察和记录节理组数、节理性质、长度、频率（1m 或 10m 内节理数）、与流动构造吻合程度、节理充填物、有无滑动挤压痕迹以及测量节理产状等。有时为了研究其分布规律，可以布置一些测点进行节理统计（每个测点一般测 50～100 次）用玫瑰图或节理极点图表示。必要时也可绘制等密图。对于超基性岩体经常是作同源脉岩或矿脉走向玫瑰图或极点图来推断原生裂隙的某些特点。

（4）侵入后断裂构造和次生节理。在研究裂隙构造时要把原生节理和次生（构造）节理区别开。后者是在岩体固化以后由于构造作用形成的。因而次生节理具有两方面的特点：一是沿节理有挤压、破碎或滑动痕迹，附近常伴随热液蚀变；二是它分布上的局限性或区域性，而与流动构造无依从关系。所谓局限性就是它有时仅密集于岩体某一地带，反映受构造断裂的局部影响；所谓区域性就是可进入围岩中并延伸较远（原生节理有时亦能进入围岩，但一般延伸不远），其最发育的方向与该区围岩某一组节理主要分布方向相同。当然有时某些次生节理是继承了原生节理而发育的，在次生节理发育区应注意它们与原生构造的关系。

在某些陡倾斜岩体边部常出现向岩体内缓倾斜的边缘节理系，一般认为其成因是由于岩体边部已凝固成硬的外壳，而内部岩浆仍继续上侵，使凝固部分受到力偶作用，故边缘节理实质上也是一种次生节理。它进一步发展可形成逆掩断层。由于后期应力影响也可形成正断层，这些断层的断距一般都不大，常产生糜棱岩化及角砾岩化，较基性的岩石可剪切成绿色片岩，而酸性岩石可剪切成绢云母片岩等。因此在岩体中或岩体边部，出现类似的岩石时应注意研究断层情况。

在岩体中的断裂构造，无论是在岩体边部或是其它部位都是屡见不鲜的，有时可把岩体切割成若干块，并切割围岩。由于侵入体不同于成层的岩石，其断层两盘的岩性差别不能明显表现出来，故侵入体中断裂常被忽略。考虑到多数侵入体的岩性都具硬、脆的特性，因此，判别侵入体中断裂的最主要标志是岩石的破碎、糜棱岩化、片理化、以及密集的裂隙带、滑动面和伴随的热液蚀变。关于断层性质及断距的判别则较困难。

如果搜集的岩体构造资料丰富，最好编制一张侵入体构造图。一般用同比例尺或更大比例尺的地质图作底图，该图除绘有地质界线、相带界线外，必须将所搜集的构造资料如流线、流面、流层、各种节理、捕虏体、析离体、脉岩、矿脉、断裂、破碎带以及它们的产状要求，用一定符号表示于图上，并在野外工作期间及时总结分析，指导后一阶段工作。当编完这种图后，就会对该侵入体的构造特点有较完整的了解。

5. *侵入体产状及剥蚀深度的判断*

侵入体的产状是指岩体大小、形态以及岩体与围岩构造关系(整合、不整合)的总称。一般用专门的术语来概括其特点。未破坏围岩构造的侵入体可称整合侵入体，如岩床、似层状侵入体、岩盆、岩盘等；切穿围岩构造的侵入体可称不整合侵入体，如岩基、岩株、岩墙、岩筒、漏斗状侵入体等。在野外工作过程中，对侵入体产状的研究，不能只满足于产状名称的确定，而应详细收集资料，对其与地质构造的关系，岩体空间形态，剥蚀(或侵蚀)深度作出判断：

(1) 侵入体产状与地质构造的关系。应查明侵入体与围岩褶皱构造是协调的还是斜切的(即整合还是不整合的)。这可从侵入接触面的产状多数与围岩（紧邻接触面）产状是否相近以及侵入体外形轮廓是否斜切围岩构造轴向等来判断。侵入体产出部位是背斜（或复背斜）核部、翼部，还是向斜（或复向斜）核部、冀部。弄清这些就能大致判断该侵入体是前褶皱、同褶皱还是后褶皱。同褶皱（或称褶皱期）侵入体的显著特点是岩体长轴与主要褶皱轴方向一致；接触面与围岩产状基本一致（整合）；岩体内原生流动构造与围岩走向平行，岩体位于巨大褶皱的转折端或核部。前褶皱侵入体的特点是岩石破碎重结晶或遭受变质；断裂发育，可成透镜状，石香肠状；岩体长轴有时可与褶皱轴向不一致，但岩体内产生片理、片麻理则与褶皱轴向吻合。而后褶皱侵入体总是沿断裂侵入的，因而在多数情况下是切穿围岩构造的。只有一些沿基底断裂上侵到盖层中的“小侵入体”可以形成岩床（或似层状）等整合侵入体。判别断裂侵入体（岩浆沿断裂侵入）的主要标志是：岩体群成断续的线状分布，位于大的断裂带中；岩体内含有断层角砾岩、碎裂岩等构造岩的捕虏体，而岩体本身无破碎现象，或者紧邻岩体的围岩存在破碎带而与其接触的岩体无破碎现象。

（2）岩体形态的恢复。推测或恢复岩体形态主要根据侵入接触面的产状；原生流动构造资料（主要是流面、流层、流带的产状）；围岩残留顶盖（又称顶垂体）及边缘相带在岩体中分布情况。用切制横穿岩体剖面图的方法来了解岩体顶部的形态。

上述勾绘出的顶面形态是定性的，示意的。为了较确切（即半定量）地勾绘其顶部形态，可用作图方法求出侵入体内许多露头点上顶板的标高。其方法是横跨侵入体切制若干剖面，沿剖面线方向把所测量的流面产状换算成视倾角标绘于剖面图上（如图7-5剖面），以剖面线上边界点作为起点（因为接触线上某一点顶板的标高是和地形图上通过这一点的等高线的标高是一致的），依次求出剖面线上其他点（如图7-5之2，3，4点）顶板的标高。为此须画一直角三角形，其底边等于两点（如1，2点或5，4点）间在图上的距离，底边和斜边的夹角等于接触面（或流面）与流面视倾角和的一半，则三角形的另一直角边即为两点间顶板之高差。具体操作与构造制图学中有关产状求解类同，其过程不再详述。这样根据各点流面视倾角的变化情况得出相应的标高，就可勾绘出被剥掉的岩体顶部的原始形态。假如我们所测出的流面或层节理面产状的点很多，都可按上述方法求其顶板标高，投在平面图上，即可用内插法编出顶板等高线图。

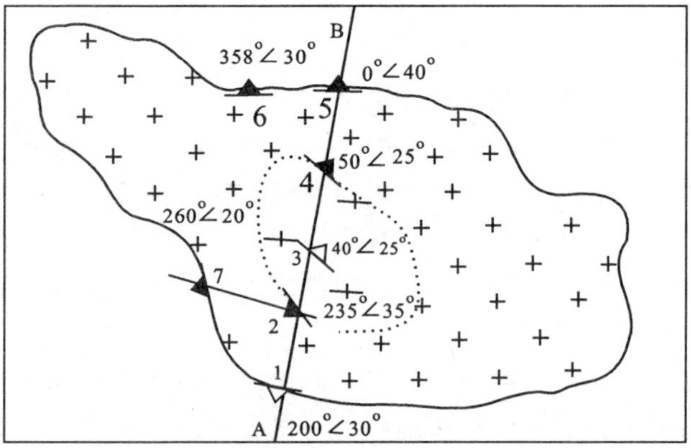

图7-5　根据流面产状求顶板标高示意图

（引自严阵等，1980）①

使用这一作图方法应注意以下问题：①这一方法是假定流面（或层节理）与顶板接触面产状完全一致为前提。因而适用于剥蚀较浅、流面产状较缓的岩体。而多数流面产状较陡的岩体则误差可能较大。这是因为陡倾斜的流面产状常常不是代表岩体顶部形态的变化，而是代表岩体四周通道壁的形态。②某一点顶板标高通过不同已知点来求其结果可能会不相同，一般原则是以离该点最近的已知点为准或取平均值。③两点之间流面倾斜方向相反时，其顶板标高的选取，在计算视倾角之和时一般情况是取绝对值，而不考虑倾向是否相反。但未知点顶板比已知点顶板高还是低，应结合地质情况来考虑，例如接近岩体中心部位，又无边缘相出露，则应高，反之则低。另一方面亦可从另一已知点作图来考察位置的高低。④岩体中围岩残留顶盖和大型捕虏体必须区分开，前者规模更大，没有经过位移，故可作为岩体顶界，作图时可作为顶面起点；而后者则是被包裹在岩浆中，不能作为顶界。

（3）剥蚀深度的确定。如岩体顶面形态能恢复，其剥蚀深度就能求出。如图7-5所示，设该图比例尺为1∶5万，则岩体中心部位剥蚀最大深度为550米。然而在许多情况下只能定性了解其相对剥蚀深度。为此把相对剥蚀深度分为三类：①未剥蚀的（地表未见侵入体，顶板岩层未剥掉）；②剥蚀浅的；③剥蚀深的。有时又划分出剥蚀中等这一级，介于②③之间。

剥蚀浅的主要标志：岩体内分布的围岩顶垂体或大型捕虏体较多；边缘相带出露面积大，内部相带未出露或出露较少；岩体内流动构造产状多数较平缓，或者在平面上是岩体四

① 严阵等编，1980，野外地质调查参考资料。西安：陕西省地质矿产局科技情报室。

周较陡而中部地带很缓；脉岩发育、特别是形状不规则的同源脉体发育，如伟晶岩或细晶岩团块、囊状体或脉状体多，某些基性岩体中同成分脉岩或斜长岩块体较多等；就地同化混染作用较强，岩体自蚀变强烈；围岩交代变质普遍，或者热变质分布范围与岩体出露面积大小不相称。

剥蚀深的主要标志：与上述情况相反，即岩体内无围岩顶垂体，有时却可出现底柱体。底柱体与顶垂体外观上较难区别，有时可根据其所处的岩相带性质（前者分布于底部岩相带内）以及所代表围岩层位较低（或较高）等特征来推断；内部相带或底部相带出露面积大；流面构造普遍较陡；围岩仅有热变质而无交代蚀变（当然这也可能由其他的地质因素决定，不完全与剥蚀深度有关）；就地同化混染较弱或不存在，而深部混染现象显著；岩体自蚀变很弱等等。

6. 侵入体形成深度的确定

侵入体形成深度不同，其散热条件、冷却速度是不同的，这就决定了侵入体的一系列特征（如岩石结构、矿物某些特征、原生构造、相带分布、围岩蚀变、伴生脉岩及有关矿产）随深度呈有规律的变化。因此深度判别总是从查明侵入体形成时顶板围岩的厚度和研究侵入体一系列特征这两方面入手。有人据此提出深度相的概念，一般分为浅成相（0～2km），中深成相（2～6km），深成相（＞6km）。也有人将这三个相再各分为二，共6个相，即超浅成相（0～1km），浅成相（1～2km），浅中深成相（2～3.5km），深中深成相（3.5～6km），深成相（6～8km），超深成相（＞8km）。由于深度标志常受其他许多因素的影响（岩浆成分、规模、围岩物理性质等），同一深度的岩体可有很大差别，不同深度的岩体亦会有某些相似，因而更详细的划分是不适合的。现以花岗岩类侵入体为例，将各深度相的主要特点简述如下，供确定深度时参考：

（1）浅成相。0.5～3km（亦有人提出0～3km或0～2.5km），岩体产状多为岩瘤、岩床、小岩株、岩筒、岩盖、岩墙等。出露面积一般小于十几平方公里。常具斑状结构。相带划分不明显。有的岩体可具晶洞构造，一般不出现伟晶岩。围岩热变质较弱，多为低温角岩或为厚度大的含羟基矿物多的矽卡岩。有时也可出现高温矿物组合的矽卡岩和角岩，但厚度小。岩体内流动构造发育，捕虏体以角状为主，表明岩浆对围岩机械作用较强。有的岩体边部同化混染亦明显。矿物成分总的特点是可具有喷出岩矿物的某些特征，如钾长石的2V小，多为正长石或透长石，斜长石环带发育，有序度低，可出现双锥状高温石英，斑晶有熔蚀，暗色矿物可出现暗化和熔蚀现象等。当浅成相岩体出露面积小于10km^{2}时，往往可根据下述特点进一步划分：①斑晶的含量：深度＜0.5km时，其斑晶含量一般小于35%，0.5～1km时为35%～50%，1～2.0km时一般大于60%。②斑晶的平均大小：深度小于1km，斑晶一般为数毫米。③基质粒度：深度小于1km，基质可出现隐晶质，如为显微晶质，粒度一般小于0.1mm。而1～2.0km则为0.1～0.2mm，有的甚至可达0.5mm或更大。④角砾、碎屑结构：当粘性岩浆侵入到接近地表条件下（如小于1km），若内压力大于上覆岩层压力，可伴随爆炸作用，将震碎的物质掉入岩浆中凝固后形成各种侵入角砾岩或类似于凝灰结构的岩石。它们的存在是形成深度极浅的标志。

（2）中深成相。形成深度2.0～6km（亦有人提出2.5～6km或3～6km）。岩体产状多为大中型岩株、岩瘤、岩盆、岩盖、大型岩墙及岩基等。岩体出露面积一般数十平方公里以上（也有几平方公里）。边缘相带不出现微粒—隐晶质冷凝带，而是中细粒或似斑状。基质粒度一般＞0.3～0.5mm，内部相带则粒度更粗，相带划分明显。斜长石可具环带，但一般不发育，有序度高（接近于1），钾长石多为具条纹构造的微斜长石，2V大。偏中性的岩体同化混染较强。围岩热变质明显，多为中—高温角岩，且变质带较宽（0.5km 至几公里）。矽卡岩化随深度增加而逐渐不发育，缺乏含羟基的矿物。岩体内脉岩发育。一般较浅的中深成花岗岩体顶部常出现囊状伟晶岩团块或具晶洞构造的伟晶岩，岩体流动构造发育，岩体本身自蚀变强。而深度大时则出现富含稀有金属的脉状伟晶岩，岩体流动构造不发育，岩体自蚀变弱。当与变质岩接触时可局部出现边缘混合岩带。

（3）深成相。形成深度大于 6km。围岩多为结晶片岩，分布于褶皱区的岩体其长轴方向与区域构造线一致，多为同构造岩体。经常出现规模不等的边缘混合岩带，故多与围岩呈侵入交代接触。成分多为富含斜长石的花岗岩，或者为富含钾长石的花岗岩。有的岩体含围岩残留组分较多，岩体成分复杂。脉岩种属简单。伴生的伟晶岩以白云母伟晶岩或含稀土元素的伟晶岩为主。

7. 侵入体的侵位机制研究

侵位机制通常分成两种类型，强力侵位（包括穹起、底辟和气球膨胀）及被动侵位（包括顶蚀、破火山口沉陷和断裂扩张）。

（1）强力侵位的标志：①平面上呈圆形或椭圆形；②与围岩有规则而清楚的接触界线；③具有由矿物和暗色包裹体定向排列所显示的同心环状构造；④早已存在的区域构造被调整到与岩体构造一致，区域构造走向环绕岩体的接触带，并平行岩体的主轴；⑤在部分情况下，围岩发育新的片理平行接触带。有的情况下，虽然围岩中未出现新的片理，却发育了堇青石集合体，代表了一种平行接触带的线状构造或线状—面状组构，接触变质作用生成的变斑晶与因岩浆侵入形成的叶理同步生长；⑥岩石类型分带呈同心圆状，最晚形成并最酸性的岩石一般出现在岩体中心；⑦与侧向挤压有关，近岩体围岩中出现环状向斜，发育与就位同时产生的断裂，后者既出现在岩体内部，也可出现在围岩中，并有同期岩脉填充。

（2）被动侵位标志。①平面形态不规则，与围岩构造不一致；②锯齿状接触边界；③缺乏内部定向组构；④围岩未因岩浆侵位而发生变形，围岩原有的构造即使靠近接触带也未受干扰；⑤岩体边部常有棱角状捕虏体；⑥岩体周围常有岩枝贯入围岩，后者则有从接触带被推开或改变构造走向的迹象。

8. 采集样品

侵入岩结晶粒度较粗，岩性较均匀，适用于进行多种研究，如人工重砂、同位素分析、各种化学分析、包裹体测试等。应注意以下几点：①人工重砂取样数量应充足，一般在 8～10kg 以上；②不同岩相带均应采集标本；③如有蚀变、矿化岩石，应专门采集样品。

（二）火山岩的野外研究

与侵入岩相比较，火山岩变化较大，往往在小范围内岩性岩相沿纵、横向都发生变化，尤其在纵剖面上变化明显而复杂；另外，火山岩结晶程度低，岩石组成较复杂。火山岩的野外观察应特别注意以下几方面。

1. 火山岩的野外定名

由于火山岩结晶程度低，野外定名往往只能是初步的，但很重要。对于鉴定标志不明显或难以确定的岩石，可只定出大类，如中基性岩、中酸性火山碎屑岩等，或采用过渡名称，如玄武安山岩。对这类岩石的观察描述尤其要仔细，并应采集标本。

2. 重视对粗粒火山角砾岩和集块岩类的观察

一方面要在较大范围内（面积最少 $1m^2$）观察其岩性特征，观察统计角砾、集块的成分、大小、形态及胶结物的成分；另一方面应追索其空间分布情况。如火山角砾一集块岩呈环状或半环状分布，厚度向外减薄，则可能是火山口的标志之一。

3. 与寄主岩成分不同的碎屑类型和特征的观察

对深源（幔源）包体和巨晶、捕虏体和捕虏晶的观察研究，具有特殊的意义。火山角砾和集块多半是岩浆上升、爆发过程中，从岩浆通道和火山口获取的异源碎屑，它们可以反映火山基底的岩石组成。中基性熔岩中的花岗岩、正长岩、片麻岩等捕虏体的成分及其被改造程度，不但有助于分析火山基底岩石组成，而且有助于研究岩浆同化混染作用。玄武岩中的二辉橄榄岩包体及辉石、透长石等巨晶，是研究上地幔的物质组成及其特征、岩浆起源条件等深部地质条件的重要信息。应注意观察这些碎屑物质的含量、大小、分布、成分等，并注意采集标本。

4. 借助某些火山岩构造确定火山岩的产状和层序

①利用火山岩中的定向构造确定火山岩层的产状，如定向排列的板状、片状矿物或扁平捕虏体构成的面理，密集气孔带的平行排列方向，塑性岩屑的扁平面构成的面理等；②利用不完全的或复质杏仁体测定岩层产状，该类杏仁体的成分面一般平行于熔岩的顶面。值得注意的是，上述方法所得产状往往是局部性的，所以应在较大范围内作统计性测量，通过详细分析来判断所测“层面”的地质意义和代表性；③熔岩的“红顶”、熔渣层、角砾熔岩层等均可代表火山岩的层面；④上述杏仁体和某些气孔带特征，有助于判断层序是否发生倒转。

5. 观察岩性变化

沿垂向和走向观察火山岩的岩性变化，不仅有助于岩石的野外定名，而且是划分火山喷发韵律和旋回的依据。如在纵剖面和走向均与熔岩呈过渡关系的同成分角砾状岩石，常常不是爆发火山角砾岩，更可能是自碎角砾熔岩。又如，一种貌似熔岩的巨斑状结构的岩石，如果在较大范围内均不出现任何火山碎屑岩夹层，则有可能是潜火山岩。

正常沉积碎屑岩（一般为粉砂质—泥质岩）在火山岩系中呈夹层出现，是划分火山喷发旋回的岩性标志。如果与其下部火山碎屑一沉积岩呈过渡关系，则应将其视为前一旋回的顶部；如果与其上部火山碎屑一沉积岩呈过渡关系，则应将其划为后一旋回的底部，作为该旋回的开始。火山碎屑岩的粒度、火山碎屑岩与熔岩、不同成分熔岩的周期性重复，均是划分火山喷发韵律的依据，野外应作详细观察和记录。当变化频繁时，可以采用图示形式（岩性柱状图加上简略文字说明或信手剖面图）记录。

6. 熔结凝灰岩的观察

应注意在野外划分冷却单元，一个冷却单元系一次爆发的火山灰流堆积而成。完整的冷却单元剖面结构特征一般是：底部为一薄层松散层或薄层非熔结的凝灰岩，中部为熔结凝灰岩，顶部可有一层非熔结的火山灰流凝灰岩。冷却单元上覆岩石常为熔岩，下伏岩石常为空降火山碎屑岩。冷却单元内从顶、底向中部熔结强度逐渐加强。熔结强度是根据塑性岩屑和塑性玻屑的变形程度和含量划分的，在露头上只能初步根据塑性岩屑的变形程度（扁度）、定向性和含量确定。所以应注意剖面上岩性及熔结强度的变化，并对塑性岩屑的含量和扁度作统计测量。

7. 潜火山岩的野外识别

在火山发育区常有潜火山岩产出，其貌似熔岩，有的具火山碎屑结构，如不注意，容易被忽略。识别潜火山岩有重要意义，关系到火山岩相分析、火山机制的确定、填制地质图和找矿等问题。可注意以下几点：

（1）关键的问题是搞清地质体的产状。潜火山岩具多种小侵入体产状，出露面积多数较小，一般在 $10km^2$ 以下。除岩脉、岩墙等似层状外，一般出露形态为等轴的不规则状，为非层状岩石；对于似层状者，沿接触界线追索，若发现有岩枝延伸出去或穿切围岩等现象，一般应考虑为潜火山岩而非熔岩。当潜火山岩体较大时，边部也具有较明显的侵入接触现象，如边缘具定向构造或（和）常见角砾状构造，出现窄的冷凝边。

（2）较大的潜火山岩体内部岩性和结构构造均一，即使在 7～8km 距离内，也不出现火山碎屑岩或沉积岩夹层。

（3）潜火山岩与共生的相应成分的熔岩比较，其抗风化力强，常形成突出的正地形，并发育柱状和板状节理。岩性也有细微的差别，如潜火山岩常含较多的斑晶，粒度稍大，基质结晶程度较高，明显可见晶粒，呈细—微粒结构。

8. 采集标本

由于火山岩岩性多变，成分复杂，结晶程度低，往往需要采集较多的标本进行室内分析鉴定。采集标本应特别注意以下几点：①用于化学分析、同位素测试的样品，应采集新鲜熔岩；②每一旋回甚至每一韵律或每一层都要采集标本，供切片观察鉴定。

第三节　变质岩的野外观察和描述

一、概　述

在地壳发展过程中，由于构造运动、岩浆活动、地热流的变化等内力地质作用，使原来已形成的各类岩石（沉积岩、岩浆岩及早先形成的变质岩）所处的地质环境及物理化学条件发生了改变。为适应这种变化，在基本保持固态的情况下，原岩的结构构造、物质成分随之发生变化，从而形成新的岩石类型—变质岩。这种使岩石发生变化的地质过程，总称为变质作用。

从以上所述可以看出，变质岩的岩石类型及特征，一方面受原岩特征影响，一方面受变质岩形成过程中的地质环境及物理化学条件的影响，前者属内因，后者属外因。外因包括温度、压力（静压力、应力）、时间和具化学活动性的流体四个因素，是变质作用的控制因素。它们对原岩的不同方式、不同程度的影响，即可形成不同类型的变质岩。由岩浆岩变质形成的变质岩称为正变质岩，由沉积岩变质形成的变质岩称为副变质岩。

（一）变质岩的矿物成分

变质岩中的矿物成分及变质矿物特征取决于原岩的化学类型和变质作用条件。不同变质条件下同一化学类型的岩石有不同的矿物。在同一构造背景下，例如，20°C/km 的地热梯度下，不同变质程度的特征矿物如下：①很低级（很低温）—浊沸石、葡萄石、绿纤石；②很低级—低级（低温）—绢云母、绿泥石、硬绿泥石、绿帘石、阳起石、滑石、蛇纹石；③中级（中温）—十字石、蓝晶石、普通角闪石、铁铝榴石；④高级（高温）—矽线石、紫苏辉石。

下列矿物的温度和压力变化范围均很窄：①低温高压条件—蓝晶石、硬柱石、硬玉；②低压条件—红柱石、堇青石、硅灰石等；③高温高压条件—绿辉石、镁铝榴石等。

常见的变质矿物及其相应的化学类型与原岩的关系见表 7-18。

（二）变质岩的结构构造

1. 变质岩的结构

变质岩的结构内容很多，观察的尺度不同，具有不同层次的内容。在野外，一般只能观察颗粒界面形态、晶粒大小等结构特征。

表 7-18 变质岩化学类型及其常见矿物

（引自“野外地质工作参考资料”编写组，1978）

特性 种类	原岩性质	化学成分的主要特点	变质后的主要常见矿物	变质后可能出现的特征矿物
1	粘土质及粉砂质	Al_2O_3 较高 CaO 较低	绢云母 白云母 石英 钾长石 中性斜长石等	红柱石 矽线石 蓝晶石 十字石 堇青石 铁铝榴石 硬绿泥石 紫苏辉石
2	碳酸盐岩类	以 Ca、Mg 的碳酸盐为主，可含一定量的 SiO_2、Al_2O_3 杂质	方解石 白云石	硅灰石 方柱石 透闪石 钙铝榴石 透辉石 符山石等
3	泥灰质及基性岩浆岩	MgO、FeO、CaO 较高 SiO_2、Na_2O、K_2O 较低	绿泥石 阳起石 普通闪石 黑云母	绿帘石 铁铝榴石 透辉石 蓝闪石
4	镁质碳酸盐类及超基性岩浆岩	MgO 很高 SiO_2、Al_2O_3、Na_2O、K_2O 较低	白云石 方解石 金云母 菱镁矿	滑石 蛇纹石 硅镁石 方镁石 镁橄榄石
5	硅质及长英质	SiO_2 为主，可有少量杂质	石英 磁铁矿	

变质岩的结构按其形成阶段可以分为三种类型：①变余结构；②变质标型结构：包括变晶结构、碎裂和变形结构、交代结构；③叠加结构。肉眼只能观察变余结构和碎裂、变形结构的部分特征，以及变晶结构的主要特征。

（1）变余结构。由于变质作用不彻底，致使原岩的矿物成分和结构被部分保留下来，形成变余结构。又可分为：①与沉积岩有关的变余结构，如变余砂状、变余粉砂状、变余泥状结构。岩石中已出现变质矿物，尤其是泥质、粉砂质部分可形成较多的绢云母或白云母，但岩石外貌仍保留部分碎屑结构特征；②与岩浆岩有关的变余结构，如变余花岗结构、变余辉绿结构、变余斑状结构。火山岩尤其是基性熔岩遭受低级变质后，常具变余斑状结构，岩石的基质甚至斑晶的矿物成分已改变，如辉石变成绿泥石等，但仍保留斑晶的晶形轮廓。

（2）碎裂及变形结构。这是岩石主要受应力作用而形成的特有结构，代表性的有：①角砾状结构：是岩石受脆性变形但强度不大时所形成的结构。岩石和矿物被破裂和压碎成大小不等(>2mm)、形状不规则、棱角分明、杂乱分布的碎块，较多的碎块(>70%)之间充填较细的物质。②碎斑结构和碎裂结构：这也是岩石发生脆性变形所形成的结构。受应力作用被破裂和压碎的矿物碎片，可分为大小两群，较粗者称碎块，较小的碎片称为碎基，其粒度很小，一般肉眼不可辨认。当碎块大于 2mm，并且位移不大，则称碎裂结构；如果矿物碎片粒度较细(<2mm)，并且边缘破碎，经明显位移，则称碎斑结构。③糜棱结构：一般须在镜下确定，肉眼可见特征为细小的矿物微粒和鳞片(<2mm，多数<0.5mm)围绕着碎斑呈纹层状分布。碎斑含量不等，常常圆化、变形成眼球状、透镜状，少量为不规则状，可见旋转现象。

（3）变晶结构。它是变质重结晶和变质结晶作用形成的结构总称，基本特征是呈全晶质结构，其进一步划分，一方面与岩浆岩结晶结构一样，按矿物颗粒的绝对大小划分为粗粒变晶结构（>3mm）、中粒变晶结构（3～1mm）、细粒变晶结构（1～0.1mm）和显微变晶结构（肉眼和放大镜不易分辨矿物颗粒），按矿物颗粒的相对大小分为等粒、不等粒和斑状变晶结构；另一方面，则按主要矿物的晶形划分为粒状变晶结构、鳞片变晶结构、纤状变晶结构。下面将常见的变晶结构肉眼鉴定特征叙述如下：①粒状变晶结构：岩石主要由等轴粒状矿物（如石英、长石）组成，又称花岗变晶结构。颗粒大小不一定相等。如果同种主要矿物大多在一个粒级之间，称为等粒粒状变晶结构；如果同种主要矿物的粒度跨粒级连续变化，则称不等粒粒状变晶结构。②鳞片变晶结构：岩石主要由鳞片状（如绢云母）或片状（白云母、黑云母）矿物组成。③纤状变晶结构：岩石主要由纤维状、针状（透闪石、矽线石）矿物所组成。④斑状变晶结构：岩石由变斑晶和基质两部分组成。基质可以具上述三种结构之一或为它们之间的过渡类型；变斑晶的形成与基质同时或稍晚，故有时可见较多基质的包裹物分布在变斑晶内，变斑晶常为自形晶。⑤角岩结构：这是接触热变质作用形成的角岩所特有的一种结构。肉眼观察为隐晶质，颗粒不可分辨。

除上述典型结构外，往往同一岩石中两种晶形的矿物含量均较多，这时则将次要结构置前，如鳞片粒状变晶结构。此外，还可将粒度与晶形结合起来进行结构命名，如等粒鳞片粒状变晶结构。

2. 变质岩的构造

常见的有变余构造、变成构造、混合构造，后者是混合岩所特有的构造，将在下节阐述。

（1）变余构造。这也是由于变质作用对原岩改造不彻底而保留的原岩的某些构造特征，常与变余结构共存。常见有变余层理构造、变余波痕构造、变余杏仁构造、变余流纹构造等。

（2）变成构造常见类型。①斑点状构造：这是接触变质初期形成的斑点板岩所特有的构造。其特征是在隐晶质的基质中，分布一些形状不一、大小不等的斑点，肉眼不能辨别斑点的成分。实际上是由碳质、铁质或堇青石、红柱石等矿物的雏形聚集而成的斑点。②板状构造：为板岩所特有的构造，系泥质岩石受压力作用形成的。表现为互相平行的破裂面（劈理面），如同板状，板理面上呈暗淡的或微弱的丝绢光泽，这是由于岩石一般没有重结晶，有时形成少量绢云母、绿泥石等矿物。③千枚状构造：是一种低级定向构造。岩石中细小磷片状矿物初步定向排列，构成片理，片理面上有较强的丝绢光泽，但岩石重结晶程度不高，肉眼不能辨认矿物颗粒。磷片矿物多是绢云母、绿泥石。④片状构造：作为岩石主要组成部分的片、柱状矿物（如云母、角闪石），连续定向排列，构成片理面，肉眼可辨认矿物颗粒及成分。这是变质岩中最常见、最典型的构造之一。⑤片麻状构造：岩石主要由浅色粒状矿物（如石英、长石）组成，较少的片状及柱状暗色矿物（如黑云母、绿泥石、角闪石）呈断续定向排列。⑥条带状构造：岩石中组分或结构不同的部分呈条带状排列，如浅色粒状矿物为主的条带与暗色柱状、片状矿物为主的条带相间排列。⑦块状构造：岩石中矿物和结构的分布都较均匀，无定向性。⑧流状构造：细小的碎基和新生的鳞片状、纤状矿物呈纹层状定向分布，颇似流纹构造，但系应力作用所致。

（三）变质岩的分类命名

构造－结构－矿物综合分类命名法见表 7-19。该方法首先根据变质岩最直观、最突出的特征——构造，划分为三大构造类型，即定向构造、弱定向至非定向构造、混合构造，然后根据构造、结构、矿物成分或主要组成特征分类命名，划分了二十四种基本岩石类型。对具变余结构构造的岩石，命名时在原岩名称前加“变质”或“变”字，如变质砂岩。

二、常见变质岩类的分类命名原则

不同的变质作用，其产物的特征不同；不同的原岩则形成不同的变质岩类型。野外可以根据下列各岩石分类命名表进行正确定名。

表 7-20 的各分表为常见区域变质岩分类命名表。

表 7-19　变质岩野外分类命名表（引自朱勤文，1989）[①]

构造	类	岩石构造	岩石结构	主要矿物或主要组成	岩石类型
定向构造	Ⅰ	板状构造	隐晶、变余泥质结构	肉眼不可辨	板岩
		千枚状构造	细粒鳞片变晶结构	绢云母、绿泥石	千枚岩
		片状构造	鳞片变晶结构 纤状变晶结构	片柱状：黑云母、白云母、绿泥石、角闪石 粒状：石英＋长石（长石＜25%）	片岩
		片麻状构造	鳞片粒状、纤状粒状变晶结构	黑云母、白云母、绿泥石、角闪石、石英＋长石（长石＞25%）	片麻岩 混合片麻岩
	Ⅱ	流状构造	糜棱结构	石英、长石、绢云母、绿泥石等	糜棱岩
			千糜结构	富含绢云母、绿泥石等	千糜岩
弱定向至非定向构造	Ⅲ	块状构造	角砾状结构	角砾（＞2mm）　＞碎基（＜30%）	构造角砾岩
			碎斑结构	碎斑（＜2mm）　碎基（＞10%）	碎斑岩
			碎裂结构	碎块（＞2mm）　碎基（＜50%）	碎裂岩
	Ⅳ	块状构造为主	角岩结构	石英、长石、云母、绿泥石	角岩
			粒状变晶结构	方解石	大理岩
				石英	石英岩
				石英、长石、少量斜方辉石、石榴石、无含水矿物	麻粒岩
				石英、长石、少量云母、角闪石、辉石、绿帘石	变粒岩
				普通角闪石、斜长石	角闪岩
				绿辉石、镁铝榴石	榴辉岩
				石英、碱性长石、酸性斜长石	混合花岗岩
	Ⅴ	块状构造（为主）	粒状变晶结构	石榴石、透辉石、绿帘石	夕卡岩
			隐晶质结构	蛇纹石	蛇纹岩
			鳞片粒状变晶结构	白云母、石英	云英岩
			隐晶中细粒粒状变晶结构	绿泥石、绿帘石、阳起石、钠长石	青盘岩
				石英、绢云母	黄铁绢云岩
			隐晶细粒鳞片变晶结构	石英、绢云母	次生石英岩
混合构造	Ⅵ	各种混合构造	变晶结构	脉体、基体	各种混合岩

表 7-20-1　常见千枚岩分类命名表（引自房立民等，1991）

片状矿物 ╲ 粒状矿物		绢云母	绿泥石	绢云母＋绿泥石	
				绢云母＞绿泥石	绢云母＜绿泥石
石英＋（钠长石）＜50%		绢云千枚岩	绿泥千枚岩	绿泥绢云千枚岩	绢云绿泥千枚岩
石英＋（钠长石）＞50%	石英＞钠长石	绢云石英千枚岩	绿泥石英千枚岩	绿泥绢云石英千枚岩	绢云绿泥石英千枚岩
	石英＜钠长石	绢云钠长千枚岩	绿泥钠长千枚岩	绿泥绢云钠长千枚岩	绢云绿泥钠长千枚岩

注：①特征矿物出现参加命名，如石榴绢云千枚岩、硬绿泥石千枚岩等。

②当其中含较多碳酸盐矿物时，属钙质千枚岩，如方解绢云绿泥千枚岩。

---

① 朱勤文编，1989，岩类学简明教程。中国地质大学岩石教研室。

表 7-20-2　绿片岩和角闪片岩分类命名表（引自房立民等，1991）

柱状（片状）矿物 / 斜长石	角闪石＞40%	阳起石＞40%	绿泥石＞40%
＜10%	角闪片岩	阳起片岩	绿泥片岩
10%～25%	斜长角闪片岩	斜长阳起片岩	斜长绿泥片岩
25%～50%	角闪斜长片岩	阳起斜长片岩	绿泥斜长片岩

注：①该类岩石中的斜长石多为钠长石或钠更长石。②岩石中常含一些绿帘石。可根据一般命名原则参加命名，如绿帘斜长角闪片岩、斜长绿帘角闪片岩等。

表 7-20-3　云母片岩和长英质片岩分类命名表（引自房立民等，1991）

片状矿物 / 石英+长石 / 长石		黑云母（＞30%）	白云母（＞30%）	二云母（＞30%）	特征矿物（石榴石、十字石、蓝晶石、矽线石）
长石+石英＞50%	＜10%	黑云石英片岩	白云母石英片岩	二长石英片岩	石榴黑云石英片岩
	10%～25%	长石黑云石英片岩	长石白云母石英片岩	长石二云石英片岩	蓝晶奥长黑云石英片岩
长石+石英＞50%	＜10%	黑云片岩	白云母片岩	二云片岩	十字二云片岩
	10%～25%	长石黑云片岩	长石白云母片岩	长石二云片岩	矽线奥长黑云片岩

表 7-20-4　角闪质岩石分类命名表（引自房立民等，1991）

暗色矿物＞40% / 斜长石含量	角闪石	角闪石+透辉石		透辉石
		角闪石＞透辉石	透辉石＞角闪石	
10%～60%	斜长角闪岩	透辉斜长角闪岩	角闪斜长透辉石岩	斜长透辉石岩
＜10%	角闪岩	透辉角闪岩	角闪透辉石岩	透辉石岩
特征矿物：石榴石、紫苏辉石等	石榴透辉斜长角闪岩、二辉斜长角闪岩			

注：①紫苏辉石在岩石中较少。②该类岩石还常见少量（5%～10%）石英、绿帘石、黑云母等次要矿物，可参加岩石命名，如绿帘斜长角闪岩、黑云斜长角闪岩等。

表 7-20-5　云母片麻岩分类命名表（引自房立民等，1991）

长石种类 / 云母等 / 云母含量		斜长石（＞25%）	钾长石（＞25%）	斜长石、钾长石含量近等（＞25%）
黑云母	5%～10%	含黑云母斜长片麻岩	含黑云母钾长片麻岩	含黑云母二长片麻岩
	10%～30%	黑云斜长片麻岩	黑云钾长片麻岩	黑云二长片麻岩
白云母	5%～10%	含白云母斜长片麻岩	含白云母钾长片麻岩	含白云母二长片麻岩
	10%～30%	白云母斜长片麻岩	白云母钾长片麻岩	白云母二长片麻岩
二云母	5%～10%	含二云母斜长片麻岩	含二云母钾长片麻岩	含二云母二长片麻岩
	10%～30%	二云母斜长片麻岩	二云母钾长片麻岩	二云母二长片麻岩
紫苏辉石	＜10%	紫苏黑云斜长片麻岩	紫苏黑云钾长片麻岩	紫苏黑云二长片麻岩
透辉石	＜10%	透辉黑云斜长片麻岩	透辉黑云钾长片麻岩	透辉黑云二长片麻岩
二辉石	＜10%	二辉黑云斜长片麻岩	二辉黑云钾长片麻岩	二辉黑云二长片麻岩
特征矿物（矽线石、蓝晶石、石榴石、十字石等）	＜5%	含矽线黑云斜长片麻岩	含蓝晶黑云钾长片麻岩	含石榴黑云二长片麻岩
	5%～30%	矽线黑云斜长片麻岩	蓝晶黑云钾长片麻岩	石榴黑云二长片麻岩
	＞30%	矽线片麻岩、蓝晶片麻岩、石榴片麻岩		

注：该岩石类型中的二云母含量大体相等，相差一般小于 1/3。

表 7-20-6　角闪辉石斜长片麻岩分类命名表（引自房立民等，1991）

暗色矿物 / 长石（>25%）	角闪石（＋透辉石＋黑云母）15%～40%					透辉石（＋角闪石＋黑云母）15%～40%					特征矿物：石榴石、紫苏辉石（不受含量限制）
	角闪石	透辉石		黑云母		透辉石	角闪石		黑云母		
		5%～10%	10%～20%	5%～10%	10%～20%		5%～10%	10%～20%	5%～10%	10%～20%	
斜长石	角闪斜长片麻岩	含透辉角闪斜长片麻岩	透辉角闪斜长片麻岩	含黑云角闪斜长片麻岩	黑云角闪斜长片麻岩	透辉斜长片麻岩	含角闪透辉斜长片麻岩	角闪透辉斜长片麻岩	含黑云透辉斜长片麻岩	黑云透辉斜长片麻岩	紫苏黑云角闪斜长片麻岩、二辉角闪斜长片麻岩、石榴透辉角闪斜长片麻岩
二长石	角闪二长片麻岩	含透辉角闪二长片麻岩	透辉角闪二长片麻岩			透辉二长片麻岩					

注：该类岩石中紫苏辉石如出现，其含量一般小于15%。

表 7-20-7　石英岩、长石石英岩、浅粒岩分类命名表（引自房立民等，1991）

岩石名称	石英岩		长石石英岩	浅　粒　岩
长石含量 / 暗色矿物含量	＜10%		10%～25%	＞25%
＜5%	纯石英岩（石英＞95%）	石英岩（石英90%～95%）	长石石英岩	浅粒岩
5%～10%	含××石英岩		含××长石石英岩	含××浅粒岩
10%～30%	××石英岩		××长石石英岩	（变粒岩）

注：①××代表暗色矿物名称（包括白云母）；②长石石英岩可根据所含长石种类具体命名，如斜长石英岩。③浅粒岩中也可根据所含长石种类具体命名，如钾长浅粒岩。

表 7-20-8　钙硅酸盐岩类分类命名表（引自称瑞元等，1984）①

类　　型	钙硅酸盐矿物岩		钙硅酸岩变粒岩
暗色矿物（%） / 长石＋石英（%） / 矿物名称	40%～90%	≥90%	10%～40%
	≤60%	≤10%	60%～90%
透辉石	斜长透辉石岩	透辉石岩	透辉变粒岩
方柱石＋透辉石	方柱石透辉石岩	透辉石岩	方柱透辉变粒岩
石榴石＋透辉石	石榴透辉石岩	透辉石岩	石榴透辉变粒岩
透闪石＋透辉石	透闪透辉石岩	透辉石岩	透闪透辉变粒岩
方解石＋绿帘石＋透辉石	方解绿帘透辉石岩	透辉石岩	方解绿帘透辉变粒岩
透闪石	钾长透闪石岩	透闪石岩	透闪变粒岩
透辉石＋透闪石	透辉透闪石岩	透闪石岩	透辉透闪变粒岩
金云母＋透闪石	金云透闪石岩	透闪石岩	金云透闪变粒岩
方解石＋透闪石	方解透闪石岩	透闪石岩	方解透闪变粒岩
石墨＋透辉石＋透闪石	石墨透辉透闪石岩	透闪石岩	石墨透辉透闪变粒岩

① 称瑞元等，1984，岩石分类命名与鉴定。沈阳：辽宁省地质矿产局。

表 7-20-9　变粒岩分类命名表（引自房立民等，1991）

长石＋石英 60%～90%		长石＞石英			
暗色矿物 10%～40% \ 长石种类		长石名称未定	斜长石	斜长石＋钾长石	钾长石
云母类 10%～40%	黑云母	黑云变粒岩	黑云斜长变粒岩	黑云二长变粒岩	黑云钾长变粒岩
	二云母	二云变粒岩	二云斜长变粒岩	二云二长变粒岩	二云钾长变粒岩
片状柱状矿物 10%～40%	黑云母＞角闪石	角闪黑云变粒岩	角闪黑云斜长变粒岩	角闪黑云二长变粒岩	角闪黑云钾长变粒岩
	角闪石＞黑云母	黑云角闪变粒岩	黑云角闪斜长变粒岩	黑云角闪二长变粒岩	角闪黑云钾长变粒岩
柱状矿物 10%～40%	角闪石	角闪变粒岩	角闪斜长变粒岩	角闪二长变粒岩	角闪钾长变粒岩
柱状粒状矿物 10%～40%	角闪石＞透辉石	透辉角闪变粒岩	角闪透辉斜长变粒岩	透辉角闪二长变粒岩	透辉角闪钾长变粒岩
	透辉石＞角闪石	角闪透辉变粒岩	角闪透辉斜长变粒岩	角闪透辉二长变粒岩	角闪透辉钾长变粒岩
粒状矿物 10%～40%	透辉石	透辉变粒岩	透辉斜长变粒岩	透辉二长变粒岩	透辉钾长变粒岩
特征变质矿物：石榴石、矽线石、石墨等		矽线黑云变粒岩、石墨透辉斜长变粒岩、石榴角闪二长变粒岩、堇青黑云钾长变粒岩			

其他变质岩类详见下列各表（表 7-21～表 7-23）。

表 7-21　混合岩的分类命名表

岩石类型	脉体含量	命名原则	岩石种属
混合类	15%～50%	脉体岩石类型＋基体＋构造＋混合岩	角砾状混合岩 条带状混合岩 眼球状混合岩
混合片麻岩	50%～85%	暗色矿物＋构造＋混合片麻岩	眼球状混合片麻岩 条带状混合片麻岩 条痕状混合片麻岩
混合花岗岩	＞85%	构造＋暗色矿物＋混合花岗岩	云染状黑云母混合花岗岩等

三、高级区野外研究

造山带和前寒武纪克拉通出露的高级片麻岩组成了陆壳的主要部分。某些高级片麻岩区可能代表下陆壳的剥露部分。因而它提供了地壳形成过程的珍贵信息。高级区各种片麻岩类因为经历了多次地质事件和漫长的演化历史，所以其内部构造和相互关系总是十分复杂的。但是，片麻岩区构造的复杂程度并非简单地是所有各次变质、侵入和变形的叠加结果，片麻岩亦并不是一定能清楚地显现其历史的各个方面，因为较年轻的变形将先存的构造改造，使得老构造模糊不清甚至抹去。重结晶和部分熔融则是老构造细节和变质组合模糊和消失的另一作用。片麻岩区的内部构造是在使老事件的证据趋于破坏的各种因素之间连续竞争中发育的，并组合成可以追索的演化历史。不能在野外认识和正确评估片麻岩区的特殊性和复杂性，会使地质史的解释完全错误，分析工作几乎无价值。

高级片麻岩区的主要特点是：

(1) 强烈变形和新生矿物会抹去或破坏岩石的沉积或火成组构，将原始地层顺序弄得混乱不清。由等斜褶皱、剪切带或逆冲断层造成的原始地层部分的重复或缺失，可能很难查明。

表 7-22　动力变质岩的分类命名表（引自房立民等，1991）

<table>
<tr><th></th><th></th><th>断层岩系列</th><th>构　造</th><th>基质性质</th><th>基质含量(%)</th><th>碎块粒径(mm)</th><th>岩石名称</th></tr>
<tr><td rowspan="2">半固结的</td><td rowspan="8">一般不具流动构造</td><td rowspan="8">碎裂岩系列</td><td rowspan="2">无定向</td><td rowspan="2">碎裂作用</td><td colspan="2">可见碎块>30%</td><td>断层角砾</td></tr>
<tr><td colspan="2">可见碎块<30%</td><td>断层泥</td></tr>
<tr><td rowspan="14">固结的</td><td>条痕状　条纹状</td><td>玻璃质或部分脱玻化</td><td colspan="2"></td><td>假熔岩（玻化岩、假玄武玻璃）</td></tr>
<tr><td rowspan="5">无定向</td><td rowspan="5">碎裂作用为主</td><td><10%</td><td>>2mm</td><td>断层角砾岩
断层角砾岩</td></tr>
<tr><td>0%～10%</td><td>>2mm</td><td>碎裂岩化××岩</td></tr>
<tr><td>10%～50%</td><td>2～0.5mm</td><td>初碎裂岩（碎斑岩）</td></tr>
<tr><td>50%～90%</td><td>0.5～0.02mm</td><td>碎裂岩（碎粒岩）</td></tr>
<tr><td>90%～100%</td><td><0.02mm</td><td>超碎裂岩（碎粒岩）</td></tr>
<tr><td rowspan="4">具流动构造</td><td rowspan="8">糜棱岩系列</td><td rowspan="4">眼球状片麻岩</td><td rowspan="4">糜棱作用为主</td><td>0%～10%</td><td></td><td>糜棱岩化××岩</td></tr>
<tr><td>10%～50%</td><td></td><td>初糜棱岩</td></tr>
<tr><td>50%～90%</td><td></td><td>糜棱岩</td></tr>
<tr><td>90%～100%</td><td></td><td>超糜棱岩</td></tr>
<tr><td rowspan="4">具结晶叶理</td><td rowspan="4">平行纹理千枚状
片状
片麻状
条带状</td><td rowspan="4">重结晶及新生矿物显著增多</td><td rowspan="3">重结晶程度</td><td><50%</td><td>千糜岩</td></tr>
<tr><td rowspan="2">>50%</td><td>糜棱片岩　片状大理岩</td></tr>
<tr><td>糜棱片麻岩</td></tr>
<tr><td colspan="2">岩石全部重结晶</td><td>变晶糜棱岩</td></tr>
</table>

表 7-23　正变质花岗岩—片麻岩的分类命名（引自房立民等，1991）

<table>
<tr><th rowspan="2">岩石系列</th><th rowspan="2" colspan="2">按色率</th><th rowspan="2">按 SiO_2 含量</th><th rowspan="2">按原岩性</th><th colspan="3">按　矿　物</th><th rowspan="2" colspan="3">按变形强度弱—强</th></tr>
<tr><th>绿片岩相（退变）</th><th>角闪岩相（包括进变、退变）</th><th>麻粒岩相</th></tr>
<tr><td rowspan="3">英云闪长岩-奥长花岗岩系列（钠质系列）</td><td>0%～10%</td><td>浅色片麻岩</td><td>酸性片麻岩</td><td>奥长花岗质片麻岩
英云闪长质—花岗闪长质片麻岩</td><td rowspan="3">绿泥片麻岩
阳起片麻岩
阳起绿泥片麻岩</td><td rowspan="3">角闪片麻岩
黑云片麻岩
黑云角闪片麻岩</td><td rowspan="3">紫苏片麻岩
二辉片麻岩
黑云紫苏片麻岩（按形成条件命名属麻粒岩）</td><td rowspan="3">英云闪长岩
奥长花岗岩
花岗闪长岩
闪长岩
辉长岩
紫苏花岗岩</td><td rowspan="3">片麻岩</td><td rowspan="3">条带状片麻岩或糜棱状片麻岩</td></tr>
<tr><td>10%～30%</td><td>（中色）片麻岩</td><td>中性片麻岩</td><td>闪长质片麻岩</td></tr>
<tr><td>>30%</td><td>暗色片麻岩</td><td>基性片麻岩</td><td>辉长质片麻岩</td></tr>
<tr><td>正常的钙碱性系列（钾质系列）</td><td colspan="2"></td><td></td><td>花岗质片麻岩
闪长质片麻岩</td><td colspan="2">二长质片麻岩、
黑云角闪片麻岩</td><td>?</td><td>花岗岩
二长花岗岩
石英二长岩
花岗闪长岩
闪长岩</td><td>片麻岩</td><td>条带状、片麻状或糜棱状片麻岩</td></tr>
</table>

注：本表是根据对冀东（与实习区同属一个大地构造单元，故对本区基底变质岩系命名时可予以参考——编者）花岗质片麻岩的观察研究总结的，除对花岗质片麻岩进行新的分类命名尝试外，同时也反映出一种对区域变质岩进行新的分类原则。但是并非过去的分类命名方案完全无效，而应该是在过去分类命名的基础上，结合多期变形变质作用所形成的矿物组分和结构构造进行详细的划分。表中变形强度栏内所涉及到的构造岩，应按动力变质岩的分类命名原则进行详细划分和命名。

（2）在高级片麻岩区象皱纹面理和小型重褶之类典型的叠加标志，通常比在中级到低级变质岩区中少见。在片麻岩中还必须利用小型侵入体、部分熔融关系和剪切带来判别叠加现象。

(3)片麻岩区的大多数褶皱是非圆柱状的;广泛发育复杂的三维褶皱干涉型式和剪切带。

(4)高级变质岩区不能在野外进行绝对年代测定;实际测定的只限于侵入体或火山岩单元的放射性年龄。缺乏化石,一般均被扭曲而难以分类,或因变形和变质矿物的生长而被毁坏。

(5) 许多片麻岩区露头面往往很光滑，难以测定小型组构要素的方位。

片麻岩区的野外研究内容主要包括：露头分析、变质条件的估计；区域事件表的建立，局部地段演化和区域变化；岩石单位、大型构造和某些矿物的区域三维结构展布型式的建立。

1. 片麻岩区露头分析

对露头上见到的所有各种现象中，研究者必须专注于一些主要组构要素，以及它们的方位、对称性和相对时代。对每一个主要露头，必须确定变形和侵入事件的顺序；如有可能，还要建立每一事件的稳定矿物组合。应将露头上的现象素描下来，因为用素描表示构造的几何形象比文字或数字更方便更精确。这些素描应该定向，标上比例尺，还要注上露头面方位。

露头上见到的各种现象的时代关系常常很难建立。对于这种情况，必须把各种可能的解释都记录下来，并且去寻找现象比较清楚的相似露头。如果问题关键是变形强烈，则去考察变形较弱的邻近地区，甚至一些变形轻微的小透镜体都可能解决问题。许多片麻岩区出露良好，在这种情况下应首先鉴定和研究变形最弱的地区，这里可能充分保存了残存的原生构造以及最老的叠加和交切关系。

2. 片麻岩区区域填图研究内容

一些最明显的填图对象可能是大型侵入体的界线和大型剪切带的迹线，但是这些对象一般反映的只是较晚事件的几何学。为了认识更早期的构造史，还必须对看来单一的片麻岩本身作更深入的观察。

必须认识到，大多数片麻岩区的原始地层已强烈变形并转变成构造层理，而且许多片麻岩区主要是由不同时代的变形火成岩组成的。因此，常规的地层学原理对大多数片麻岩区是不适用的。在很多情况下，填图单位可能是延伸很远的一串特征岩类的包裹体或岩脉系列。这些现象构成了有用的构造-地层标志层（Myers，1971，1981），凭借这些标志层可以查明大型构造。填绘出的成串的包裹体系列或其他标志层，可以指明主要片麻状层理是平行于原始层理，还是大褶皱轴面的构造组构。

伟晶岩脉在许多片麻岩区广泛发育，是一种可供填绘的小型构造。必须区分不同类别和不同世代的伟晶岩脉，并记录下它们的方位和构造。最好直接在图面或航空照片上标绘所有这些小构造细节。如果填图的比例尺太小，不能将一个露头上的大多数伟晶岩脉示出，则必须将这些信息记在野簿的露头素描图上。后期可以编制叠置图以表示不同世代伟晶岩脉的分布、方位和构造，还可以同样方式编制不同构造幕的构造图。

3. 采样

为了收集可用来检验和完善野外最终事件表的信息，应在制图中采集显微构造分析和电子探针分析的样品。在一岩石域采样前，应该能够回答以下问题：材料的可能来源是什么？在其地质背景中是何时侵位的？与相邻岩石域或岩脉的相对时代怎样？它变形了吗？变形作用与岩石中矿物组合的相对时代关系怎样？根据伸展或压缩剪切带的发育、大型褶皱作用或多幕变形能否对变形构造加以解释？如果没有认真注意所有的这些关系，样品的价值将大大降低。如果不知道矿物组合稳定时的相对时代，样品中矿物组合的细致分析可能是无价值的。在这种情况下不能确立可信的压力温度轨迹，也无从谈起该区域随时间的发展。如果有剪切带、石香肠颈和褶皱闭合端，应在这里采样，因为矿物组合的再平衡就发生在这些部位。这样的样品有助于确定在某一变形事件时期的变质条件。样品的准确出处必须十分细致地记述并素描，以便能确定它在事件表上的位置。在交叉伟晶岩脉露头上采取的样品是A还是B？样品中线理的相对年代？这类问题应该在返回基地或室内后很容易从野外记录簿中找到答案。

供年龄测定以及同位素和地球化学研究用的样品，最好在局部地段事件表建立以后再采集，以免所采样品是“错误的岩石”。为进行地球化学研究，常常要求采集的样品量很大（1～20kg），因为许多高级变质岩的颗粒很粗，并呈现成分层（理）。取样的主要目的是采得代表整个岩石单位的样品。样品的大小主要取决于颗粒大小和可见矿物的不均匀程度。例如，为进行地球化学研究用的细粒变质玄武岩和镁铁质岩墙，采集重约1kg的样品已可充分满足要求，对于粗粒紫苏花岗岩、混合岩或片麻岩，样品需重20kg或更重。

如果可能，样品只应是未风化的新鲜岩石（在某些片麻岩区可能有困难）。如果要测定P-T条件，变质基性岩、钙硅酸岩、泥质岩比某些石英长石片麻岩更有用。在泥质岩和变质基性岩中，需要采集Mg-Fe-Si含量较高的矿物，如黑云母、角闪石、辉石、堇青石和石榴石。对涉及这些矿物的反应了解较深，可利用它们作为地质温度计和地质压力计。如果怀疑矿物发生了退级再平衡，可以从同类岩石中采取粗粒和细粒两种样品。在细粒物质中的再平衡常比在粗粒物质中进行得更充分些。

四、变质岩野外研究的基本要求

在变质岩系分布地区进行野外工作，对不同的目的则有不同的要求，一般可归纳如下：

(1) 查明区内变质岩的矿物成分、化学成分及其结构、构造特征，并根据地质产状和组合关系，划分为各种不同变质成因的岩石类型。为研究变质岩组合规律或变质建造提供基础资料。

(2) 根据各种类型变质岩及其矿物组合基本特征，划分不同变质作用形成的各种变质带、变质相；并且要求查明它们的排列秩序及其渐进变化情况。

在混合岩化和花岗质岩石发育地区，还应该调查这些岩石的基本特征和其空间分布情况，并注意它们和各种变质岩或各种变质作用的关系。

(3) 在这个基础上，结合地质背景，总结区内各种变质作用类型或变质相系的特征；研究它们与其他地质作用，如火山活动、岩浆作用、构造运动等的关系。

(4) 查明变质岩系的地层层序和地质时代，划分合理的填图单位和地层单位；同时，还要进行区域变质地层的对比工作，研究岩相的纵向、横向变化情况。

(5) 搞清含矿层位或含矿建造，指出找矿标志，查明矿产分布规律，为矿产预测和普查勘探提供依据和基础。

(6) 根据变质岩系岩石地层和变质作用的组合特点，研究变质建造或原岩建造类型；探索变质作用在该区地质发展历史中的地位和意义。

根据近些年来变质岩系区域调查和实验研究的进展，变质岩发育地区的区域地质调查工作，应该明确以下两项基本原则：

第一，应该明确，导致各种类型变质岩石形成的变质作用是一种地质作用。它的孕育、发展过程是和整个地球不断演化的进程相适应的。换句话说，它与其他的作用，如沉积作用，火山喷发、“岩浆”上涌、构造（或造山）运动等是一样的。在地球的不同演化发展阶段，它们的表现是不一样的，彼此的配套关系也是不一样的。例如太古宙的变质作用特点及与其他地质作用的配套关系是不同于古生代的；古生代以来由于所处的大地构造环境不同，它们所发生的变质作用及与其他地质作用的配套关系又是明显地不一样。这些基本地质事实说明，变质作用不是孤立的，不单单是物理化学条件的变迁，而是与其他地质作用密切关联的，是一个彼此有着千丝万缕联系的统一的整体，因此必须把变质作用放到地球不断运动、发展的整体矛盾中去考察和研究。这些也是划分变质作用成因类型的出发点。

第二，变质岩发育地区的工作经验证明，它既是一种结晶岩类，但又具有层状的性质，大体可算作层状结晶类型。因此，具体工作时既要运用沉积岩系的地质调查方法，也要强调结晶岩类的地质观察方法，二者不能偏废。过去往往偏重于结晶岩类地质调查方法，也就是说过于强调岩石学的工作。近年来对它的层状性质有了进一步的认识。但是，有些人因此提出了对变质岩系应当运用沉积岩系的地质调查方法，即从地层学角度去研究。如果过于这样强调，恐怕有些结晶岩石学的问题会被忽略，难以圆满解决变质岩系的问题。

五、变质岩野外研究的最主要内容

1. 变质作用类型分析

在露头上观察变质岩，首要任务同样是鉴定和命名岩石，但不能只定出基本岩石名称，还应注意分析岩石是由什么变质作用形成的，特别要注意岩石的共生组合、产状和分布。这对于成分和结构构造相同或相似，但由不同类型变质作用形成的岩石尤为重要。如板岩、片麻岩、大理岩、石英岩，如呈区域性分布，与其他区域变质岩共生，则可能为区域变质岩；如分布在侵入体周围接触带中，则为接触热变质岩。又如，千枚岩与千糜岩很相似，但前者属区域变质岩，可与绿片岩、片岩等共生；而后者属动力变质岩，分布在构造带中，呈狭长带状展布。

2. 变形组构的观察和测量

片状、片麻状、板状、千枚状等定向构造，是变质岩的特征构造，它们不仅对岩石鉴定命名有重要作用，而且反映变质变形时的应变特征。应注意详细观察和测量，如面理（包括劈理、片理、片麻理）的方向、有几组面理及面理间生成次序、片理等与原岩层理的关系、是否发生了构造置换等。还应注意利用有助于判断剪切应力方向的构造。此外，应采集定向标本，即将面理的产状（倾向和倾角）标注在标本上，以便室内研究时分析其应变条件。

3. 变质作用条件的分析

对于区域变质作用，不同的变质条件可以通过泥质岩和基性岩的特征矿物和矿物组合进行分析（表 7-24）。

4. 变质建造分析

变质建造既受原岩建造的控制，又受变质作用的影响，是双重作用的产物。变质作用的影响可以通过矿物共生组合来揭示，而原岩建造则须通过岩石中变余结构构造来恢复，以及通过一些特征岩石如基性岩的特征（表 7-25）来恢复。

特别应注意在变质程度较浅的岩系中，寻找和观察变质残留的原生构造，如变余气孔、变余杏仁、变余层理、变余层面构造等。一方面为恢复原岩提供依据；另一方面可按这些原生构造的判别方法确定变质岩系的层理、层序及层序是正常还是倒转。

表 7-24　主要区域变质作用在不同变质相系中的特征矿物和矿物组合(引自房立民等，1991)

相系	原岩	低绿片岩相	高绿片岩相	低角闪岩相	高角闪岩相	麻粒岩相
低压相系	泥质岩	红柱石、黑云母 锰铝榴石、绿泥石	红柱石、锰铁铝榴石	红柱石、锰铁铝榴石、堇青石	矽线石、堇青石、锰铁铝榴石	矽线石、斜方辉石、堇青石、铁铝榴石
	基性岩	阳起石、黑云母、绿帘石、白云母、绿泥石	普通角闪石、黑云母	普通角闪石、透辉石、黑云母	普通角闪石、黑云母、镁铁闪石、透辉石	斜方辉石、矽线石、单斜辉石、镁橄榄石＋斜长石
中压相系	泥质岩	锰铝榴石、绿泥石、硬绿泥石、黑硬绿泥石	硬绿泥石 铁铝榴石	蓝晶石、十字石、铁铝榴石	矽线石 铁铝榴石	矽线石、斜方辉石、铁镁铝榴石
	基性岩	阳起石、多硅白云母、绿帘石、黑云母、黑硬绿泥石、绿泥石	普通角闪石、黑云母、绿帘石、铁铝榴石	普通角闪石、黑云母、透辉石、铁铝榴石	普通角闪石、黑云母、透辉石、铁铝榴石	斜方辉石＋斜长石、单斜辉石、铁镁铝榴石
高压相系	泥质岩	硬柱石、黑硬绿泥石、多硅白云母、文石、红帘石、硬绿泥石	普通角闪石、绿帘石、铁铝榴石	蓝晶石、十字石、铁铝榴石	矽线石、铁铝榴石	矽线石、斜方辉石、蓝晶石、铁镁铝榴石
	基性岩	蓝晶石、绿纤石、青铝闪石、多硅白云母、硬柱石、阳起石、黑硬绿泥石、绿帘石	普通角闪石、铁铝榴石、冻蓝闪石、黑云母、绿帘石、白云母、透辉石	普通角闪石、白云母、单斜辉石、黑云母	普通角闪石、单斜辉石、黑云母	单斜辉石＋铁镁铝榴石、斜方辉石

表 7-25　不同原岩类型的基性岩表现特征(引自房立民等，1991)

	正斜长角闪岩		副斜长角闪岩含一定数量杂质的灰岩、白云质灰岩
	玄武质、安山玄武质、火山岩类	基性侵入岩	
矿物组成及其量比关系	角闪石、斜长石含量相近，稳定；不含或很少杂质矿物；副矿物铬尖晶石的出现是重要标志	同左	角闪石、斜长石的含量和量比不定，经常含石英石榴石、黑云母、钾长石、石墨及透辉石、方柱石等
斜长石	中长石、中拉长石；双晶发育、类型复杂，如钠长石、肖钠长石、片-钠联合双晶等；环带发育结构有时发育	基本同左，双晶，环带结构发育	中长石、拉长石，几乎不见或多数不见双晶，不显环带结构或很不发育
辉石残晶	偶尔找到原生辉石-普通辉石，顽火辉石，紫苏辉石残晶，有时虽已为角闪石取代，原“席勒”“沙钟”残留	同左	无
结　　构	可发现残留的火山结构，如间粒、间隐、含长、斑状及晶屑、岩屑及凝灰结构等；粒度一般较细	可见残留的辉长、辉绿及斑状结构，粒度一般较粗	粒柱状变晶结构，粒度较粗，均匀
构　　造	原绳状、枕状、杏仁状及火山角砾状构造可以保存下来	呈粒状侵入岩外貌，同周围具定向构造的片岩、片麻岩呈现明显不和谐景观	层状、粒状或定向结构
岩石组合	几种角闪质岩石，如斜长角闪岩、角闪变粒岩、角闪片麻岩等可以互层，同一个单层内岩性一致	岩性单调均一	岩性单调，夹于大理岩、石英岩、钙硅酸盐岩中分布
产　　状	层状、厚度变化大、顺层岩性均一单调，可追索到变质轻的原岩，其纵向上岩性变化大	地质图上常可勾划出侵入体的封闭形态如岩株状、岩枝状、透镜状或穿插的脉状	层状、薄层状，厚度比较稳定，可渐变为钙硅酸盐岩或不纯的大理岩

5. 交代现象的野外观察

以交代作用为主的气液变质岩和混合岩，以发育各种交代结构为特征。交代结构一般需在镜下观察，但在露头或标本上也可判断交代作用的存在，不过应在较大范围观察。如晚形成的矿物集合体（如长英质脉、方解石脉）呈规则或不规则的脉穿插在原岩中；交代形成的大而完整的晶体切割原生构造（如层理），其内部还可残留被交代岩石的原生构造；岩石中出现“不协调”矿物，如斜长角闪岩中出现钾长石晶体或集合体；新矿物的集合体呈被交代的较大矿物的假像；岩石裂隙或不同岩性的接触带上，分布新生成矿物的晶体。

第八章　构造地质学野外基本工作方法[①②③]

发育于不同岩类区的构造现象虽具有一定特殊性，但实践证明其共性亦十分显著，尤其是常见的小型构造更是如此，故构造观察一般从露头尺度入手。野外对各类构造研究除相关的专门方法外，区域地质调查或地质填图仍是最基本手段，其中包括划分构造类型、描述形态特征、采集各种要素的数据和信息；厘定力学性质、分析成因机制；查明空间上的组合关系和时间上的发育顺序；阐明构造变形背景和重塑变形演化史等。依据野外工作特点，本章侧重于上述诸方面的工作方法介绍，而对构造理论则基本上不予涉及。

第一节　劈理的野外观察与研究

劈理、片理、片麻理等透入性面状构造（次生面理）在周口店及其邻区均有广泛发育。作为构造观察中最基础的研究对象和构造标志，本节主要介绍劈理的野外工作方法，至于片理、片麻理等则可参考岩石学野外工作方法部分。

一、劈理的野外概略分类

仅介绍野外常用分类方案。

1. 结构形态分类

此种方案目前较为流行。主要依据是，能否用肉眼鉴别出劈理域和微劈石而将其分成连续劈理和不连续劈理两大类型，再根据矿物粒径大小、劈理域形态、劈理域和微劈石关系进行细分：

- 劈理
  - 连续劈理
    - 板劈理
    - 千枚理
    - 片　理
  - 不连续劈理
    - 褶劈理
      - 带状褶劈理
      - 分隔褶劈理
    - 间隔褶劈理

2. 成因分类

该方案主要根据成因并参考劈理结构进行，这是传统的、被广泛使用但又待改进的方案：

（1）流劈理。由片状、板状或扁圆状矿物或其集合体平行排列显示出来，具有使岩石分裂成无数薄片的性能。一般认为板劈理、片理、片麻理即是不同变质岩类中流劈理的具体表现形式。

（2）破劈理。原指岩石中一组密集的剪裂面，其定向与岩石中矿物排列无关。与剪节理的区别只是发育密集程度和排列方式上的差异，二者之间无明显界线。但应说明的是，破劈理并非都是剪切作用所为，也可能有压溶作用参与。

（3）滑劈理。滑劈理或应变滑劈理是一组切过先存面理的差异性平行滑动面，即早期构造面理是其发育的基础。滑劈理的微劈石中先存面理一般均发生弯曲和形成各式各样的揉

---

① 何海之等，1993，地质调查工作方法简明教程及周口店地质（上册、下册）。武汉：中国地质大学（武汉）地质系。

② 索书田，1985，构造解析（上册）；1987，构造解析（下册）。武汉：武汉地质学院区地教研室。

③ 王根厚等，2001，周口店地区地质实习指导书。北京：中国地质大学（北京）。

皱，故常被称为褶劈理。

3. 构造背景分类

劈理形成的构造背景复杂，仅根据劈理与褶皱、断层和区域构造的关系粗略划分为：

（1）轴面劈理。其产状平行或大致平行褶皱轴面。

（2）层间劈理。产状与原始层理斜交，其形成受控于岩性及层面。在粘度不同的岩层内，劈理的产状、间隔可有很大差异。

（3）顺层劈理。宏观上与岩性界面近于平行。

（4）断裂劈理。这是与断裂有成因联系的伴生构造，可以发育在断裂带内及其两盘。

（5）区域性劈理。在一定区域上有稳定的产状展布，与局部的褶皱或断裂无成因联系。

二、劈理的野外观察与研究

对劈理的详细观察是恢复大型构造形态和性质、分析变形机制和背景、建立构造序列和层次等深入研究之基础。考虑到劈理和片理均属次生面理构造，包括实习区在内的许多地质单元中它们处于同一构造环境且构造意义类同，故将二者视为一体简介野外基本观察要点。

1. 层理和劈（片）理的区分

在变质岩发育区或其他构造变形较为强烈的区段，原生层理常被劈（片）理不同程度地置换甚或被其隐蔽，因而极易将劈（片）理误为层理。但应强调的是，沉积岩和火山岩中的各种原生层状构造是由物质成分、粒度、颜色和固结方式等方面的差异性所显示并受叠覆原理和侧向堆积原理所制约；如某变质岩系已遭受到较强的劈（片）理化，但其中的磁铁石英岩、大理岩、硅质岩等夹层延伸方向仍可指示原生层理产状（图 8-1d）。因此，在野外对原生构造标志（包括沉积成因者、火山成因者）进行观察分析是正确区分层理和劈（片）理的关键。有关原生构造标志可参阅岩石学、地层学相关描述。

劈（片）理最显著特征是以不同角度交切岩性层理。在构造强烈置换区，层理和劈（片）理产状近于一致，此时以构造准则进行工作亦十分有效，如利用由置换作用残留的钩状、“M”状片内褶皱转折端等恢复较大级别的构造形态和区别劈（片）理和层理。表 8-1 有助于野外正确掌握和鉴别原生构造与再构造作用的若干标志和形迹。

2. 劈（片）理类型的野外厘定

不同岩石力学性质的岩层在同一期变形中可同时出现不同类型的劈（片）理。野外对其分类可从以下几方面入手：根据劈理域能识别的尺度和透入性，把劈理分为不连续劈理和连续劈理；根据矿物粒径的大小、劈理域形态及劈理域和微劈石的关系进一步分为板劈理、千枚理、片理、片麻理；还应根据微劈石的结构将不连续劈理分为褶劈理、间隔劈理。一般情况下，板劈理（片理、片麻理）与矿物的优选方向相关；褶劈（片）理切割和改造先存面理，仅在劈理域有定向的新生矿物，发育特点受岩性或组构类型、矿物粒度大小、矿物组合参数控制；间隔劈（片）理或破劈理为一组密集的剪切面，一般与矿物的排列无关。

3. 研究劈（片）理的型式与岩性组合

劈（片）理型式或样式主要取决于岩性组合特征。在一些组合复杂的岩石中可见到多种劈（片）理型式，如正扇形、反扇形等（图 8-1a、b）；岩石组合中韧性差异减小时形成平行轴面的板劈理或片理（图 8-1c）；岩性差异明显时还可形成“S”形劈（片）理（图 8-1e）、劈理折射（图 8-1f、图 8-2d）、弧形劈理（图 8-1g）等，进一步的解释详见后述。

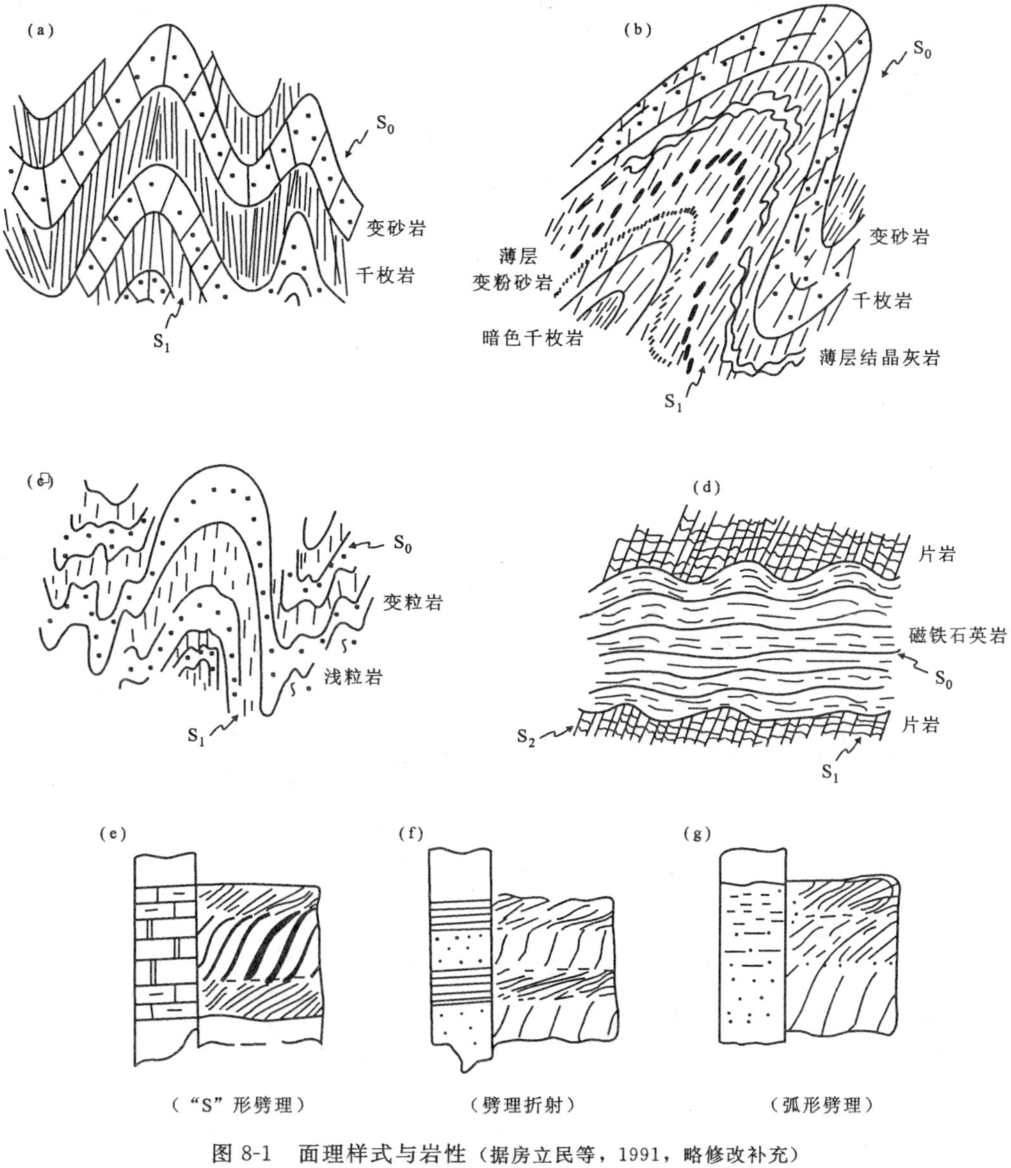

图 8-1　面理样式与岩性（据房立民等，1991，略修改补充）

4. 观察判断劈（片）理与大型构造的关系

劈（片）理的形成除与岩性组合有关外（图 8-1），也常与褶皱或断层在几何上、成因上有着密切的关系。若将上述岩性组合特征与其发育的构造部位结合起来研究将有助于查明大型构造的形态和形成机制。大致有以下几种类型（图 8-1、图 8-2）：

（1）层间劈理。其类型和产状受不同层的岩石力学性质控制并受层间界面限制。形成机制与构造变形过程中的层间差异性滑动或塑性流变有关。在强弱相间的岩层中，一般在较软弱且韧性较强的岩层中发育板劈理，与层面交角较小，在褶皱中形成向背斜转折端收敛的反扇形劈理，在强烈挤压的同斜褶皱翼部，劈理甚至可以与层面基本平行；在比较强硬而脆性的岩层中，或不发育劈理，或发育间隔劈理，且与层面的交角较大或近于垂直，在褶皱中形成向背斜核部收敛的正扇形劈理（图 8-2b）。由层间滑动形成者可以指示物质的差异运动方向，即根据与层理的交角来判断，这是因为在一般的侧向挤压褶皱中都是上层相对于下层向背斜转折端运动的。劈理与层理的交线垂直于物质运动方向，代表了中间应变轴，与大褶皱的枢纽方向平行。

表 8-1　沉积构造与再造构造的区别（据房立民等，1991，略修改补充）

特征 类型 内容	沉积作用产生		构造作用产生	
交错层		由各细层交错而显示，并向下收敛，与下层不相切	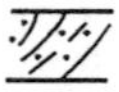	由劈理折射或不同劈理产状相交而形成假交错层理
递变层	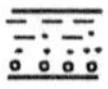	由颗粒粗细或化学成分(Si、Fe)的过渡连续变化而显示，在底部有突变面	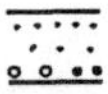	由构造作用形成的假砾岩，在垂直X轴切面上形成由假砾构成的“韵律”或由变质作用使矿物重结晶形成假递变层
层理		由多种成分层显示，呈不对称分布，延伸稳定，与S_1可平行、斜交或直交		由单一成分显示，呈对称分布，延伸稳定，往往成钩状消失，与S_1平行
透镜体		三维空间内均相变尖灭，不伴生有面理和拉伸线理，透镜体内往往有矿物包体或晶簇晶洞出现		三维空间内一端尖灭，一端撒开，伴生有劈理和拉伸线理。垂直鞘褶皱轴成分层呈封闭环状
相变		陆源碎屑或碳酸盐岩系中，沿走向方向由岩层性质所显示的变化		由紧密褶皱所形成的叠褶层，沿S_1方向所显示的岩性变化，S_1与成分层相交
砾岩		由成分不均、大小差异的砾石组成，延伸稳定，并显示一定沉积旋回的砾岩层		由单一成分“砾石”组成，局限于某一构造部位，上下地层不显示沉积旋回，并见有钩状、棒状等砾石
不整合	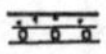	根据底砾岩、沉积旋回、构造序列差异所确定的地层间断为不整合	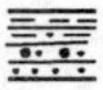	根据构造假砾岩及不同岩性层的突变面（滑断面），片岩带（构造带）所确定地层间断，实为构造界面

（2）轴面劈理。常见于强烈褶皱的岩层中，其产状与褶皱轴面平行，多为板劈理或片理，与轴面一起代表了变形中的压性结构面。通常的情况是，在褶皱比较开阔的区段，其产状与两翼岩层斜交；而当褶皱紧闭程度达到同斜褶皱样式时则与两翼渐趋一致，仅在转折端处才能观察到二者交切关系（图 8-2a，图 8-2c）。

（3）顺层劈理。顺层劈理是由代表压性结构面的板劈理或片理组成，与岩性分界面平行。上述轴面劈理若在变形强烈区段发育则亦可视为此种类型的构造。在多数露头上常看到的是劈理与层理平行，只有在找到残余的褶皱转折端时方能区分层理与劈理。

（4）断层劈理。是伴随断层的形成而发育的一系列板劈理、间隔劈理或片理，其分布只限于断层带内及其附近。如与压性断层相伴生的、平行于断层面的板劈理或片理，可形成动力变质带；受断层运动的派生应力场的作用，则可形成与断层面斜交的板劈（片）理或间隔劈理，并可根据其方位判断断层的相对运动方向（图 8-2e，图 8-2f）。

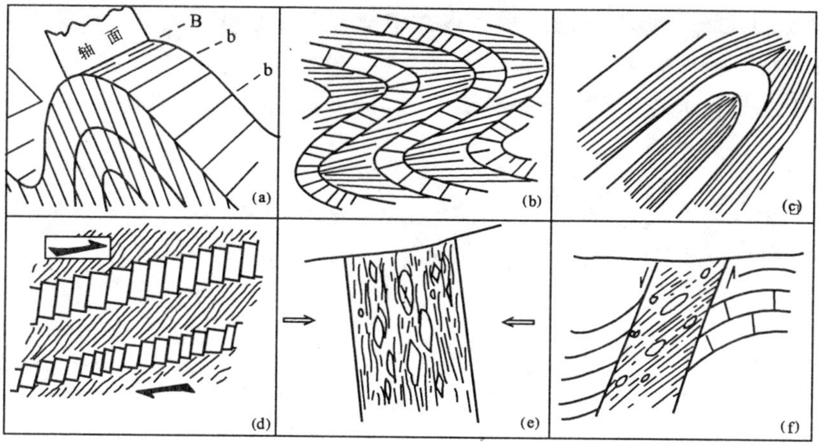

图 8-2　劈（片）理与大型构造的几何关系（据王根厚等，2001，略修改）①

(a) 轴面劈（片）理；(b) 强岩层中的正扇形劈理和弱岩层中的反扇形劈理；(c) 同斜褶皱中的轴面劈理，在两翼与层理一致；(d) 劈理折射现象，强岩层中为一系列剪切的间隔劈理，弱岩层中为板劈理；(e) 平行于断层带的板劈理，反映垂直断层带的强烈挤压；(f) 与断层错动有关的板劈理及断层角砾岩排列方向，指示断层运动方向

5. 判断劈（片）理的期次

每一期劈理的出现，表示经历一次构造事件，分析劈理形成的先后顺序，对建立构造序列具有重要意义。其判别准则是，早期劈理发生弯曲或位移，叠加劈理却保持直线性。野外首先要查明区域内岩石的主期面理和空间分布规律，结合劈理成因机制和交切关系来判别劈理形成顺序，但要注意被改造的方式在一个区域内会因较大级别的构造类型、样式不同而有所差异。图 8-1d 即明确示出 S_1、S_2 与 S_0（磁铁石英岩）的关系和期次。

为了野外记录方便，通常以 S_0 表示层理，以 S_1、S_2、S_3……表示不同变形期的劈理或面理。

6. 研究劈（片）理化岩石中的应变标志

力求寻找和发现劈理化岩石中各种应变标志，如业已变形的退色斑、鲕粒、砾石、压力影构造等，并进行测量和应变分析，以便与劈理成因机制相佐证。必要时可采集定向构造标本以备室内进一步研究。

第二节　线理的野外观察与研究

根据成因，线理可分为原生线理和次生线理。前者是成岩过程中形成的线理，如沉积岩中定向排列的砾石，岩浆岩中的流线；后者则是在变形变质过程中形成的。二者在野外地质调查时实用价值和研究意义不同而要加以区分。次生线理是运动学的一种重要标志，它能够指示构造变形中物质运动的方向和轨迹，在构造解析方面具有特殊的作用，故本节仅讨论次生线理，简称线理。视观察研究的尺度又可将其划分为小型线理和大型线理，前者指露

- 线理
  - 小型线理
    - 拉伸线理、矿物生长线理 —— A 型线理
    - 皱纹线理、交面线理 —— B 型线理
  - 大型线理
    - 石香肠构造（矩形、梯形、藕节状、不规则状）—— B 型线理
    - 窗棱构造、杆状构造、铅笔构造 —— B 型线理
    - 压力影构造　A 型线理

① 王根厚等，2001，周口店地区地质实习指导书。北京：中国地质大学（北京）。

头或手标本尺度上透入性线状构造，后者多指中型（亦可能包括大型）尺度上非透入性线理。

1．线理的野外概略分类

野外常用的概略分类方案如前并参图 8-3、图 8-4、图 8-5、图 8-6、图 8-7：

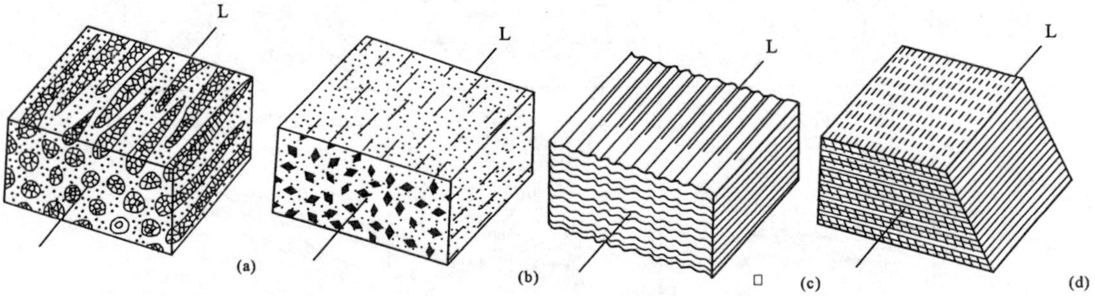

图 8-3　线理的类型（据 F. J. Turner 和 L. E. Weiss，1963，略改；转引自朱志澄，1999）

（a）矿物集合体定向排列显示出的拉伸线理；（b）柱状矿物平行排列而成的生长线理；

（c）面理揉褶形成的皱纹线理；（d）交面线理

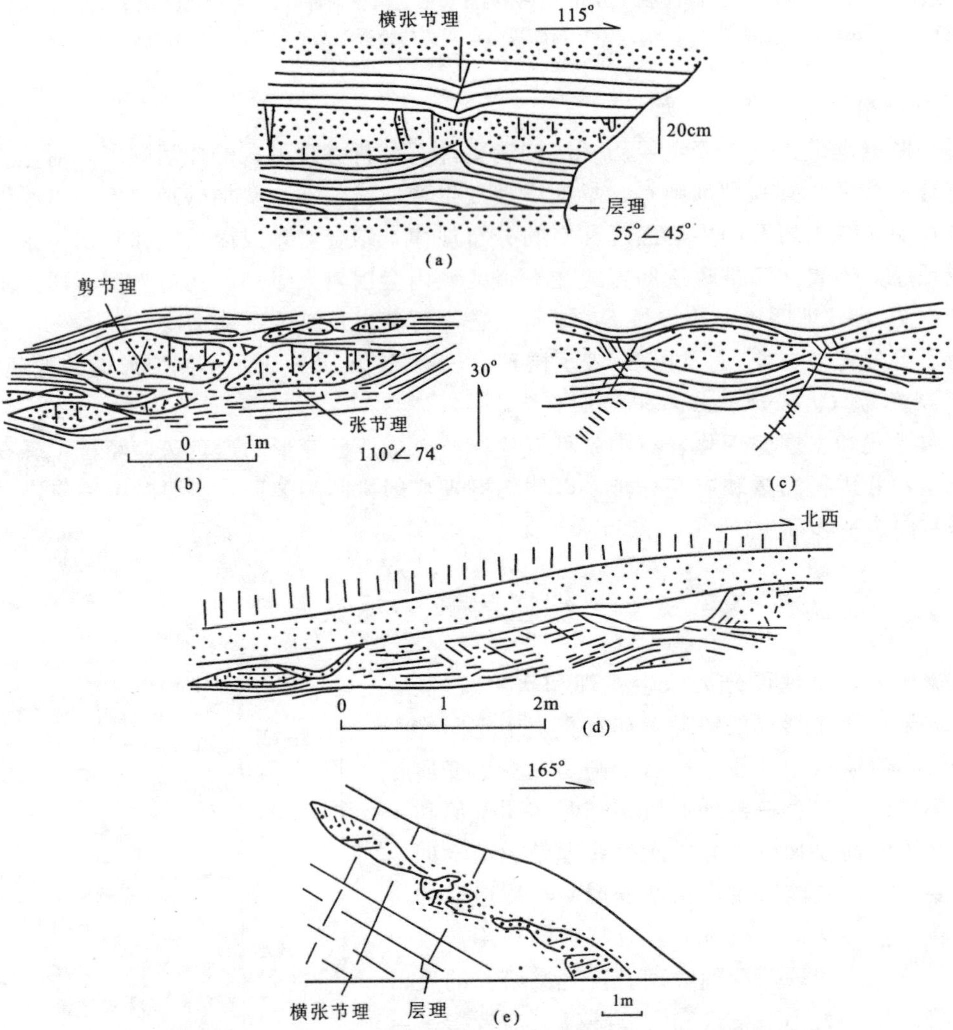

图 8-4　北京西山的各种石香肠断面形态（据马杏垣，1965；转引自房立民等，1991）

（a）矩形石香肠；（b）菱形石香肠；（c）节状石香肠；（d）梯形石香肠；（e）不规则状石香肠

2. 线理观察内容

(1) 确定线理类型，特别注意其与构造运动方向之间的关系，研究线理所在的构造面性质。

(2) 测量线理产状并观测其与所在构造面的产状关系。

(3) 确定线理产出的构造部位，分析其与所属大构造的几何关系，为研究大构造的运动学、动力学性质及成因机制提供依据。

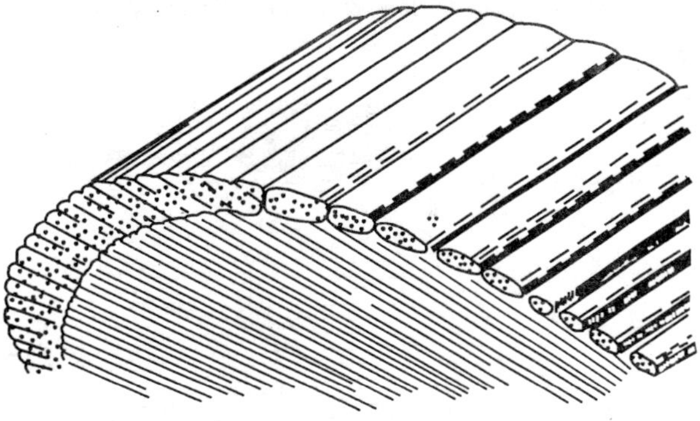

图 8-5 褶皱窗棱（转折部）及石香肠构造（翼部）

（据 Wilson，1982；转引自房立民等，1991）

(4) 据其变形特征和交切关系鉴别线理生成顺序，为重建某一地区变形演化史奠定基础。

(5) 在线理发育的构造区段要采集定向标本，以便室内进行显微或超显微尺度的研究。

3. 线理测量

由于线理类型及线理出露情况不同，可选择不同的方法测量线理产状。对已剥离出的窗棱构造、杆状构造等，可用罗盘直接测量其倾伏角。对矿物线理、擦线等测量工作应在线理所赋存的面理上进行。首先应获得面理产状，然后可以借助锤把、三角板、量角器分别测量其倾伏向、倾伏角；侧伏向、测伏角。

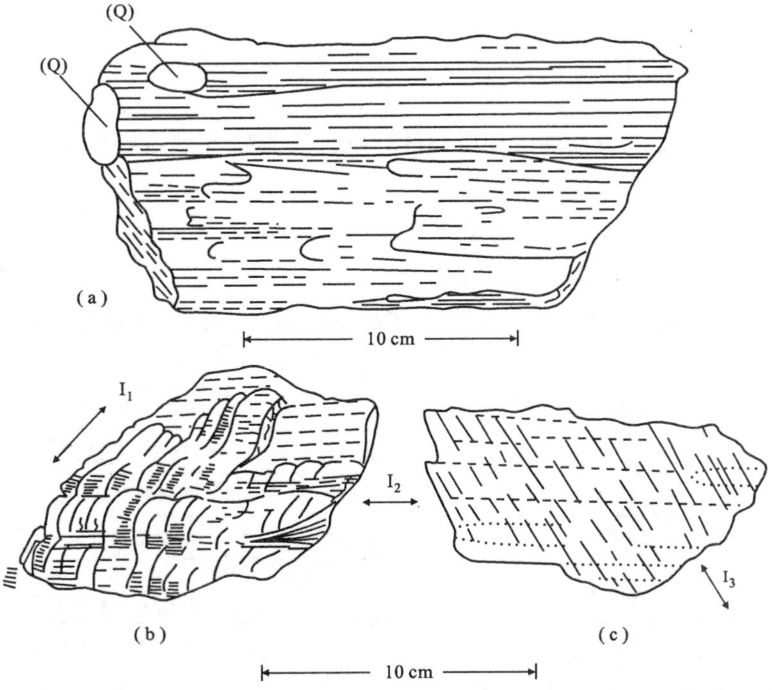

图 8-6 (a) 硅质片岩中未被变形的石英杆 (Q)，地点在苏格兰 Sntheriand 郡 A' Mhoine 的 Ben Hutig 山；(b)、(c) 叠加的小构造：杆状构造小型褶皱和三个世代的线理为 I_1、I_2、I_3，在苏格兰 Inverness 郡 Arnisdale 区的莫因岩系内（据 Ramsay，1960；转引自房立民等，1991）

（注：和通用惯例不同，此图线理用 I 示出，与 L 所示意义相同——编者）

线理数据记录亦按期次存储，用 L_0 表示原生线理，以 L_1、L_2、L_3……表示不同期次的线理。

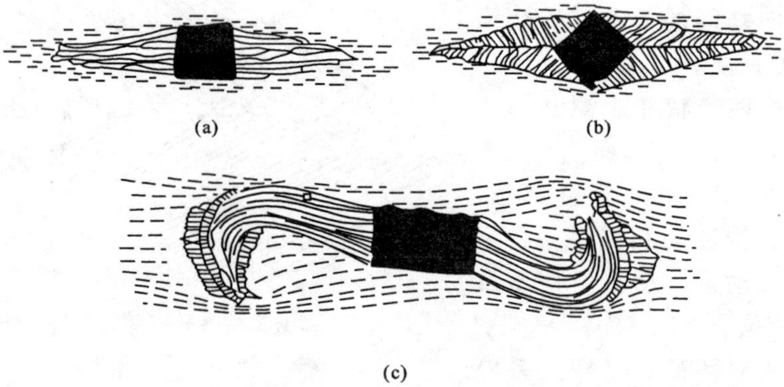

图 8-7　不同类型的压力影（据 A. Nicolas，1987；转引自朱志澄，1999）

(a) 垂直核心矿物表面的石英纤维；(b) 垂直核心矿物表面生长的四组石英纤维；(c) 单斜对称的石英纤维

第三节　褶皱的野外观察与研究

在野外地质调查或填图过程中，对褶皱这一最基本的构造形迹进行观察与研究，是揭示某一地区的地质构造及其形成和发展的基础，故通常被野外地质工作者所注重。

一、常用分类方案

可从不同角度对褶皱构造进行分类，现择其常见者概述如下。

1. 褶皱位态分类

褶皱空间位态主要取决于轴面和枢纽的产状，根据轴面倾角和枢纽倾伏角将褶皱分成七种类型（表 8-2，图 8-8）。

表 8-2　褶皱位态分类简表

序号	类　型	特　　征
Ⅰ	直立水平褶皱	轴面倾角 90°～80°，枢纽倾伏角 0°～10°
Ⅱ	直立倾伏褶皱	轴面倾角 90°～80°，枢纽倾伏角 10°～70°
Ⅲ	倾竖褶皱	轴面倾角 90°～80°，枢纽倾伏角 70°～90°
Ⅳ	斜歪水平褶皱	轴面倾角 80°～20°，枢纽倾伏角 0°～10°
Ⅴ	斜歪倾伏褶皱	轴面倾角 80°～20°，枢纽倾伏角 10°～70°
Ⅵ	平卧褶皱	轴面倾角 0°～20°，枢纽倾伏角 0°～20°
Ⅶ	斜卧褶皱	轴面及枢纽的倾向、倾角基本一致； 前者倾角 20°～80°，后者在轴面上的侧伏角为 20°～70°

2. 褶皱形态分类

主要根据各褶皱形态的相互关系和厚度变化进行分类。

(1) 根据各褶皱层的厚度变化分类：①平行褶皱主要特征是：褶皱面作平行弯曲；同一褶皱层的真厚度在褶皱各部位一致；弯曲各层具同一曲率中心；向下消失于滑脱面上。②相似褶皱主要特征为：褶皱面作相似弯曲；各面曲率相同，但无共同的曲率中心；两翼变薄而

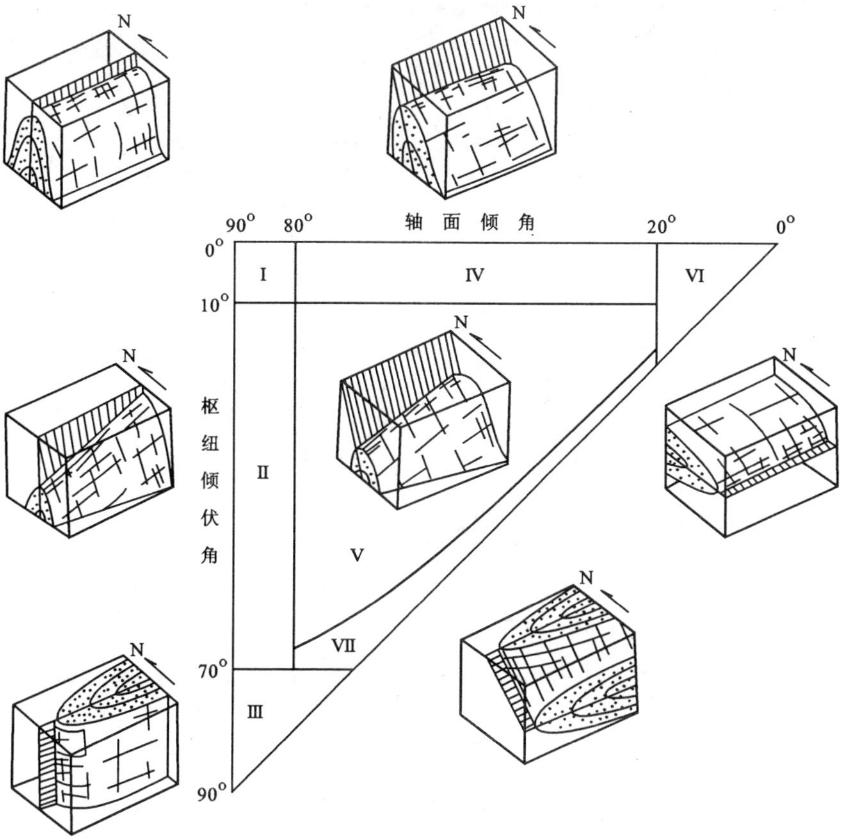

图 8-8 褶皱位态类型图（据朱志澄，1999）

Ⅰ. 直立水平褶皱；Ⅱ. 直立倾伏褶皱；Ⅲ. 倾竖褶皱；Ⅳ. 斜歪水平褶皱；
Ⅴ. 斜歪倾伏褶皱；Ⅵ. 平卧褶皱；Ⅶ. 斜卧褶皱

转折端加厚；平行轴面量出的视厚度在褶皱各部位相同；褶皱形态随深度的变化保持一致。

（2）兰姆赛的褶皱形态分类。兰姆赛（Ramsay，1967）根据褶皱横截面上褶皱层厚度变化和等斜线的形式将褶皱分为 3 类 5 型（图 8-9），目前已被广泛采用。

Ⅰ型褶皱——等斜线均向内弧收敛，内弧曲率大于外弧曲率。再根据厚度变化细分为三个亚型。

$Ⅰ_A$ 型褶皱——褶皱层的厚度在转折端部分比翼部小，可称顶薄褶皱。

$Ⅰ_B$ 型褶皱——褶皱层的厚度在各部分相等，是理想的平行褶皱。

$Ⅰ_C$ 型褶皱——转折端的厚度比翼部的略大，是平行褶皱和相似褶皱的过渡类型。

Ⅱ型褶皱——等斜线相互平行，内弧和外弧的曲率相同，为典型的相似褶皱。

Ⅲ型褶皱——等斜线向外弧收敛，外弧曲率大于内弧曲率，为典型的顶厚褶皱。

3. 其他分类方案

为便于对褶皱描述，可根据褶皱两翼之间的夹角（翼间角）大小，将褶皱描述为平缓（180°～120°）、开阔（120°～70°）、中常（70°～30°）、紧闭（30°～5°）、等斜（5°～0°）几种类型；还可以根据褶皱转折端的形态将褶皱描述为圆弧（滑）、尖棱、箱状褶皱和扰曲等。

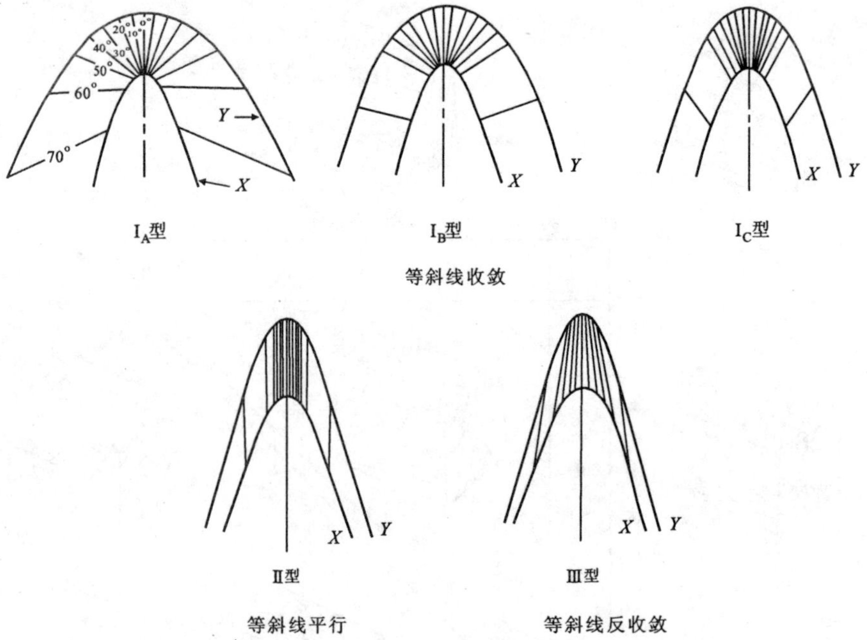

图 8-9　按等斜线的褶皱分类（据 J. G. Ramsay，1967；转引自朱志澄，1999）

二、褶皱观察内容

野外对褶皱研究首先是几何学的观察，目的在于查明褶皱的空间形态、展布方向、内部结构及各个要素之间的相互关系，建立褶皱的构造样式，进而推断其形成环境和可能的形成机制。其观察研究要点可概括为以下几个方面。

1. 褶皱识别

空间上地层的对称重复是确定褶皱的基本方法。多数情况下，在一定区域内应选择和确定标志层，并对其进行追索，以确定剖面上是否存在转折端，平面上是否存在倾伏端或扬起端。在变质岩发育且构造变形较强地区，要注意对沉积岩的原生沉积构造进行研究，以判定是正常层位或倒转层位；利用同一构造期次形成的小构造对高一级构造进行研究恢复。

2. 褶皱位态观测

从上述褶皱分类方案可以看出，褶皱位态需要轴面和枢纽两个要素确定。对于直线状枢纽或平面状轴面，只需测量其中一个要素就可以确定褶皱的方位，但不能确定其位态，因为具有相同枢纽方位的褶皱具不同的位态，轴面可以是曲面，枢纽也可以是曲线。

实际工作中，露头上可见的褶皱全部暴露时，可用罗盘直接度量其枢纽的倾伏向、倾伏角和轴面的倾向、倾角（获取轴面产状应借助轴面劈理且要慎重）。若枢纽、轴面为曲线（曲面），则必须测量若干代表性区段的产状来说明二者的变化。当褶皱没有完全剥露时，只要能测量出褶轴（或枢纽）、轴迹、轴面三个要素中任何两个要素，就可用赤平投影方法求出另一个的数据；对大型褶皱的轴面和枢纽则需要用 π 或 β 图解求导。

3. 褶皱剖面形态

褶皱形态一般是在正交剖面上进行观察和描述。由于露头面不规则和褶皱本身形态、位态等方面的复杂性而使褶皱轮廓可能呈现出一个多解的画面（畸变面）。故观察视线应与枢纽保持一致，沿其倾伏下视进行。只有对不同位置、不同方向出露的形象进行综合分析才能得出褶皱的真实形态。

对褶皱横剖面形态的研究应侧重于枢纽、轴面、转折端形态、翼间角、轴面、包络面以及波长和波幅等褶皱要素、参数的观察、测量和描述。根据情况可自行设计表格，将上述诸项信息存集备用。

4. 褶皱样式

对褶皱研究，不仅着眼于其形态、位态，还必须研究它们的样式。F.J. 特纳和 L.E. 韦斯（1963）将褶皱样式分为 10 种类型，其依据可概括为：

（1）褶皱层的平行性或相似性。

（2）褶皱的不连续性及不协调性。

（3）褶皱的紧闭性和翼间夹角大小。

（4）褶皱的对称性。

（5）成双的共轭褶皱等特征。

褶皱样式有许多是取决于两个褶皱面之间的单层横截面的形态，上述兰姆赛的分类可视为表达褶皱基本样式的方案之一。为研究褶皱样式，必须取得岩层倾角和相关的厚度等原始数据资料。这些资料可以从顺枢纽方向的有关图件上、露头或手标本上、素描图上或相当于正交剖面上进行收集。在野外工作中，如果褶皱出露良好，且断面相当于正交剖面，全部工作可以直接在露头上操作。根据一定间隔测量有关厚度的参数，分别编制厚度变化曲线图，并与相关图示的标准线进行比较，即可确定褶皱的形态类型或样式。

影响褶皱样式还有另外一些因素，如卷入褶皱的岩石类型、组成褶皱岩层的能干性的差异等。在相同变形条件下，弱岩层易发生塑性流变，因此，褶皱样式随岩层能干性而发生变化。若强弱岩层相间，一般情况下板岩可能形成尖棱状褶皱，而砂岩则可能形成圆弧状褶皱，二者组合为尖圆褶皱样式；如果两强硬层间距很大，其间弱岩层形成独立小褶皱，则构成不协调褶皱；若间距很小，两强岩层一并弯曲变形而形成协调褶皱。这些构造类型在实习区八角寨、孤山口、拴马庄等区段均有发育。

5. 褶皱的伴生构造

在褶皱形成过程中，不同部位的局部变形环境可有差异。褶皱层的某段可以伸长或缩短，而有些部分则无任何应变。因此，褶皱不同部位形成不同类型的派生、伴生小构造可与主褶皱保持一定的几何关系，各自从一个侧面反映出主褶皱的基本特征。借助这些从属构造阐明大褶皱的几何特征，分析褶皱形成机制及发育过程是野外地质工作中常采用的手段之一。

（1）褶皱两翼的小构造。层间擦痕（线）的观察与测量可用以判断相邻岩层相对位移方向和主褶皱转折端位置以及类型（水平褶皱、倾伏褶皱、A 型褶皱、B 型褶皱等）。对翼部从属褶皱观察与测量，可据其不对称类型（S 或 Z 形）、倾伏方向来确定它们处于大褶皱的位置并进一步恢复大褶皱总体形态。

（2）褶皱转折端的小构造。观察节理和小断层的类型、特征，鉴别其力学性质，测量其产状要素，利用它们的组合系统和方位分析转折端的应力、应变状态；对从属褶皱类型（M 或 W 形）及其随剖面深度的变化状况，也是研究内容之一；在这些资料的基础上再结合地层时代关系确定褶皱性质（背斜、向斜）。另外，还应认真观察转折端的虚脱现象及被岩浆、矿液充填的情况。

6. 叠加褶皱的野外研究

（1）叠加褶皱的识别准则。露头上直接观察小褶皱重褶与否，是判断叠加褶皱的最可靠标志。当早、晚两期褶皱要素不平行时，露头或填图尺度（大、中比例尺者尤为明显）可呈现一系列封闭状的各种图案，如“蘑菇形”、“新月形”等，实习区萝卜顶、二亩岗叠加褶皱区段即为典型实例（图 4-3）；其次是陡倾或倾竖褶皱的广泛发育。可将叠加褶皱的识别准则具体概括若干点以便实践操作：①早期褶皱的轴面、变形面、枢纽等构造要素在后期褶皱作用中发生明显的变形和变位；②晚期面理、线理等新生构造要素的出现；③眼球状等封闭褶皱构造的出现；④原生示顶构造与褶皱伴生构造指向矛盾；⑤重褶现象及双重褶皱要素存在；⑥两组不同类型和不同方位的面理或线理有规律的交切；⑦与同期褶皱规律不相符合的反常小褶皱出现。

（2）判断重褶露头所处区域叠加褶皱的部位。应用兰姆赛的三类五型基本型式、层理和劈（片）理关系及小型褶皱特征很容易判别其所处区域构造的部位。如在露头上看到小褶皱重褶，则这个露头可能处于早期褶皱的转折端；若在露头上看到 $S_0 /\!/ S_1 /\!/ S_2$，这个露头一般归属叠加褶皱的翼部；若看到 S_2 和 S_1 呈直交，这个露头可视为后期褶皱转折端部位。

（3）叠加褶皱型式判断。根据褶皱的构造要素，主要是两期叠加褶皱的轴面和枢纽的叠加关系可划分叠加褶皱的型式。如在太平山南坡 137—162.9 高地（原 164 高地）一带所见，早期一系列紧闭褶皱和晚期开阔褶皱的枢纽近于平行，且早期褶皱轴面业已作为晚期褶皱变形面发生弯曲，则二者显示为共轴叠加褶皱的型式（图 4-5）。

（4）叠加褶皱观测要点及图面表达方式。①叠加褶皱在三度空间上的形态和位态；②不同期次的面理和线理的测量统计及分析；③建立褶皱形成序列；④叠加褶皱的表达方式可分为剖面表达——在剖面的上方或地下深处用虚线示出重褶图形，剖面本身仍按常规画出岩性花纹及晚期面理；构造纲要图表达——在图面上用不同的符号、线条示出各期褶皱轴迹，在晚期褶皱轴迹通过处，较早形成的地质体如岩脉、地质界线、早期断层或剪切带等也应协调变化。

7. 观察研究褶皱的一般程序

在地质调查过程中若发现露头良好的褶皱正交剖面时，应做如下观察、描述、测量和记录。

（1）定观察点和制图，记录褶皱的地理位置和所处的大褶皱部位（如 164 背斜南翼）。

（2）褶皱发育状况及相关地质概况：①褶皱核部和两翼的地层及岩性；②褶皱两翼、枢纽和轴面等要素的产状；③褶皱对称性；④褶皱在强层和弱层中发育的差异性；⑤褶皱伴生组合要素及各自表现特征；⑥尽可能实地收集不同部位岩层厚度及其变化等原始资料并在正交剖面上拍照。

（3）根据收集的数据、资料和信息对褶皱形态、位态、样式等初步进行几何学分析；经综合归纳和深入研究后再对其成因机制和运动学进行解释。

8. 区域大型或叠加褶皱的厘定

对露头尺度上的褶皱构造详细观察、测量、描述和分析，旨在进一步于大尺度上厘定或在地质图上圈定大型褶皱或叠加褶皱的构造轮廓和型式，重建变形演化历史。为此，应对下述相关构造准则给予关注并充分利用。

（1）地层变新方向。用于褶皱构造分析的地层学方法是，应按正确的地层顺序鉴别出某一地区内各岩组的层序，据其现存布局确定总的构造特征。如利用原生构造确定地层的变新方向或鉴定地层的正常与倒转。

利用次生构造确定地层变新方向或正常与倒转也很有效。尤其利用轴面劈理判别地层变新方向已成为野外工作时一种必须掌握的方法和手段。雷斯（Leith，1905）法则指出，劈理（S_1）与层理（S_0）同方向倾斜，若 $S_1 > S_0$，为正常层序，而 $S_1 < S_0$，为倒转层序；劈理与层理反向倾斜，为正常层序。另外，在褶皱转折端处层理和劈理则为垂直关系。

（2）构造面向。指在轴面上垂直于褶轴并指向较新岩层的方向（图 8-10），若构造面向方向指向上，称上向构造或表述为正面朝上；面向指向下，称下向构造或表述为正面朝下；构造面向方向倾伏角小于 30°，则称侧向面向。地层变新方向或正面向上、正面向下只解决地层的局部正倒问题，而构造面向则是在区域上研究地层的变新方向。

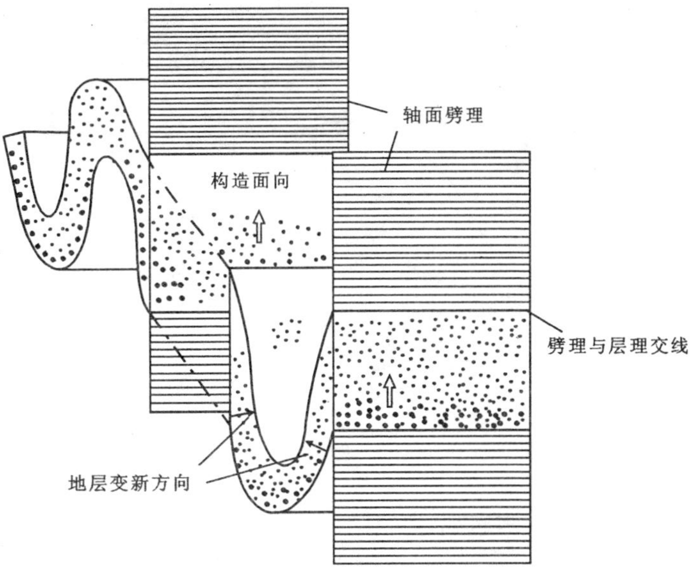

图 8-10　在轴面劈理上确定构造面向方法
（马杏垣等，1987，据 Borradaile，略加修改；转引自房立民等，1991）

在实际工作中，先利用原生构造或次生构造确定地层的变新方向，然后在轴面上确定构造面向。一般认为，如果只有一期褶皱作用，褶皱有一致的构造面向；如果大区域是下向构造，一般存在有大型倒转褶皱或推覆构造；如果在同一褶皱中沿其轴面上向构造和下向构造均有发育，无论有无双重转折端出现仍能厘定有叠加褶皱存在；若有两期褶皱叠加，则应在晚期轴面上确定构造面向，不同构造面向的分界面，就是早期褶皱的轴面位置（图 8-11）。

（3）构造降向。构造降向包括褶皱降向和劈理降向。野外工作中前者易于识别且便于操作，故先予简单介绍。所谓褶皱降向是指在褶皱横剖面所在的平面中，旋转的上部分量所指的水平方向（图 8-12）。

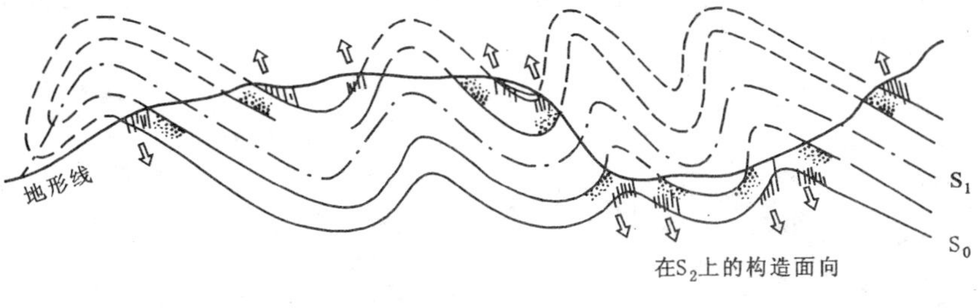

图 8-11　两期褶皱叠加情况下构造面向的确定（据索书田，1987，略修改补充）①
1. 第二期褶皱轴面劈理（黑短线）；2. 粒级层（黑圆点）；3. 构造面向（箭头）

利用大褶皱翼部从属褶皱的降向可以确定其转折端之所在，即在一个剖面上从属小褶皱降向发生改变了，说明可能存在大型背斜或向斜。实际上，褶皱降向（vergence）与 S 形、Z

① 索书田，1985，构造解析（上册）；1987，构造解析（下册）。武汉：武汉地质学院区地教研室。

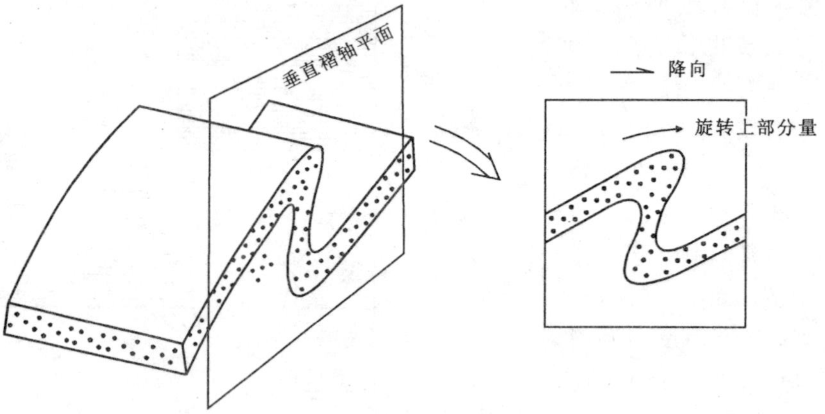

图 8-12　褶皱降向的确定（据索书田，1987）①

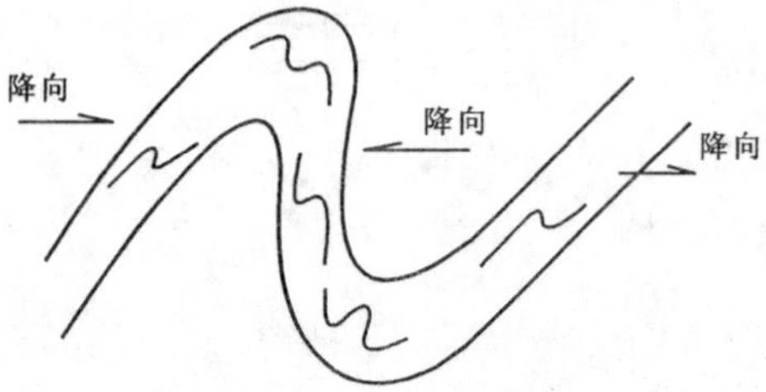

图 8-13　从属褶皱与大褶皱关系

形不对称型和 M 形、W 形对称型小褶皱组合样式可以结合起来研究。顺沿枢纽倾伏方向观察，不对称型者从长翼到短翼的变化，即小褶皱轴面倒向短翼方向这种现象在有的文献中称之为褶皱倒向（vergence，与褶皱降向为同一词）：S 形为左行或逆时针倒向；Z 形为右行或顺时针倒向。如果在大一级褶皱转折端发现 M 形或 W 形对称型小褶皱时，可据 S、Z、M、W 各形在不同部位的组合特征以及褶皱倒向或（和）褶皱降向的相关指示规律等相互佐证以求准确恢复大型褶皱是背斜还是向斜，如图 8-13 所示。仅从该图判读可以看出，其褶皱降向相背是向斜，相向则是背斜。在多期褶皱变形地区，还可用上述综合标志来确定不同世代大褶皱转折端的位置，只不过判断要素复杂些。

劈理降向是指垂直于组构面交线的平面内，晚期组构面（如 S_1）为平行早期组构面（如 S_0），其旋转的上部分量的水平投影所指的方向。在任何情况下，晚期组构面（如 S_1）都应当通过上部锐角来旋转（图 8-14）。若劈理降向相向是背斜，反之则为向斜（图 8-15）。

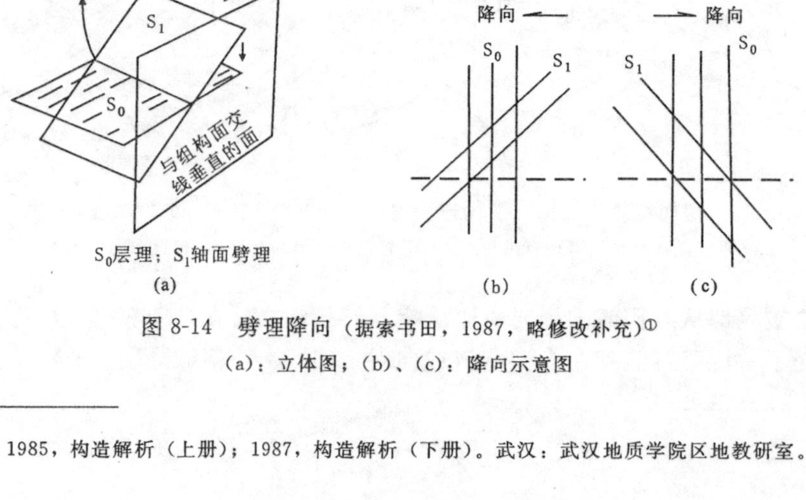

图 8-14　劈理降向（据索书田，1987，略修改补充）①

(a)：立体图；(b)、(c)：降向示意图

① 索书田，1985，构造解析（上册）；1987，构造解析（下册）。武汉：武汉地质学院区地教研室。

在实际运用该准则进行构造分析时，要考虑诸如岩性及其组合、劈理性质及其组合、后期改造及其世代关系等因素。

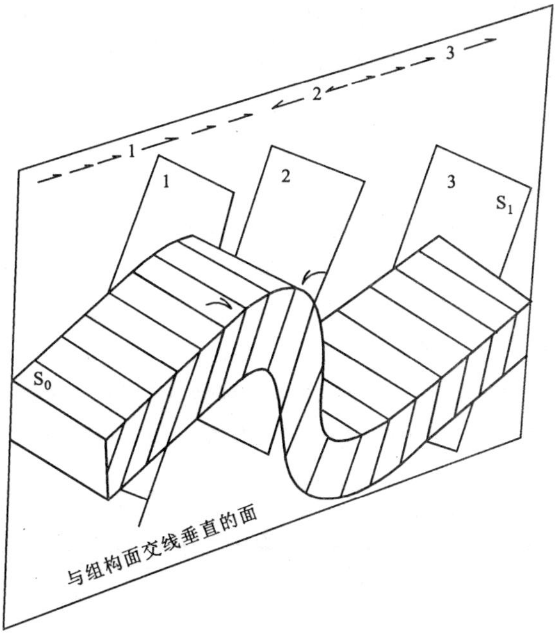

图 8-15　在连续褶皱中褶皱形态与劈理降向关系（据房立民等，1991，简化）
背斜—降向相向，向斜—降向相背

前述地层变新方向、构造面向、构造降向诸准则均代表构造极性。一旦构造极性在野外能够正确厘定，就可对褶皱构造确切命名，如背形向斜、向形背斜等。但若在地质背景复杂区段进行构造解析工作，则涉及面更为广泛，仅从图 8-16 就可看出褶皱样式与构造面向所具有的数种配置关系。因此，在野外地质调查过程中确定区域大型褶皱和叠加褶皱所运用的方法有多种且要综合分析和相互验证。研究者可在实践中不断探索和积累。

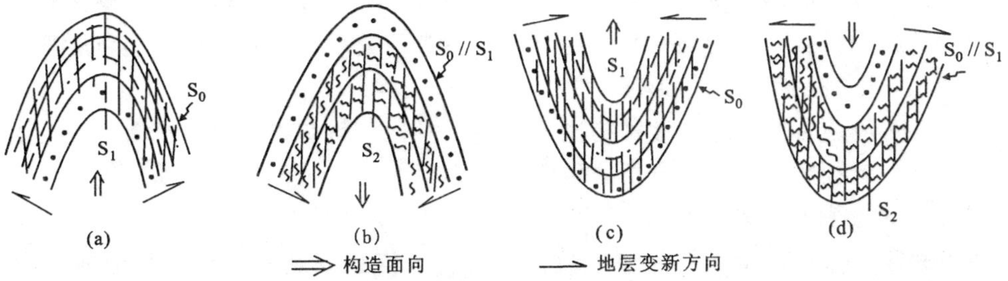

图 8-16　褶皱样式与构造面向（据房立民等，1991，略修改）
(a) 背斜（构造面向向上）；(b) 背形（构造面向向下）；(c) 向斜（构造面向向上）；(d) 向形（构造面向向下）

第四节　节理的野外观察与研究

节理是野外常见的构造类型。节理的性质、产状、期次、组合、发育程度和分布规律与褶皱、断层乃至区域构造等有着密切的成因联系。对其详细研究有助于对某一地区各类地质事件深入分析和了解。

1. 野外观察区段（点）的选择与布置

在野外地质调查或地质填图过程中，一般根据专题研究和要解决的问题来选择布置观察区段（点）。每一观察区段（点）的范围视节理的发育情况而定，一般要求几十条节理可供观测，而且最好将其布置在既有平面又有剖面的露头上，以利于全面研究解析。

2. 观测研究内容

（1）在任何地段观测节理，首先要了解区域褶皱、断裂的分布特点以及观察区段（点）所在的构造部位，区分不同岩性的地层或其他地质体，观察和测量其中不同性质的节理。常用记录格式如表 8-3；也可根据实际情况和要侧重解决的问题另行设计表格。

表 8-3　节理观测记录表

点号及位置	所在构造类型及部位	所在地质体时代、岩性及产状	节理产状	节理面及充填物特征	节理力学性质及组合关系	节理分期及配套	节理密度（条/m）	备　注

（2）区分节理的力学性质来厘定张节理、剪节理或羽饰构造等类型。一般是根据节理特点（如产状变化、光滑程度、充填情况）、组合型式以及尾端变化（如分叉、折尾、马尾状）诸方面因素来综合确定。

（3）节理若被脉体充填，调查时要尽量收集脉体产状、规模、形态、间隔、充填矿物的成分及其生长方向等资料；根据节理或脉体特性进行分组；以及它们之间交切、互切、限制、追踪和矿物生长方向来分期配套以确定形成的先后顺序。制作素描图或拍照示出其形态和相互关系。

（4）在选定地点内对所有节理产状进行系统测量。测定方法和岩层产状要素测定的方法类同。为特殊目的需要，如为确定某一组节理与褶皱的关系，尚要测定节理与层理、共轭节理等交线产状，以判别褶皱几何形态。

（5）注意观测缝合线构造。此种构造可与层面平行、斜交或直交，它们一般与主压应力方向垂直，在一定程度上有助于分析区域应力场。

3. 节理观测资料的整理与解析

在各观察区段（点）所获得的节理数据、资料等信息要及时在野外基地或室内进行整理、统计、存储和制图。视解决的问题而制作的相关图件有数种，若了解节理或与之相关的脉体发育情况时常绘编玫瑰花图、节理极点图等；若为分析节理与构造应变关系则可绘制节理应变场状态图等。

第五节 断裂的野外观察与研究

断裂的性质、特征及发育规模，在很大程度上将可能控制某一地区的地质复杂程度，一些大断层亦可能构成某一区段基本地质构造格架。因此，野外对断裂构造的研究已成为地质调查或地质填图的一项重要内容之一。

一、断层常用分类方案

断层常用分类方案如表 8-4 所示，但实际上其分类涉及到诸如地质背景、运动方式、力学机制和各种几何关系等，故可有各种不同方案。除表中所列之外，对下述几种相关构造也应有所了解。

表 8-4 常见断层分类简表（据张克信等，2001，略修改补充）

分类依据	类　　型	
据两盘相对运动特点	正断层	
	逆断层	高角度逆断层：倾角一般大于 45°
		低角度逆断层：倾角一般小于 45°
		逆冲断层：位移显著，角度低缓
	平移断层	左旋平移断层
		右旋平移断层
	平移-逆断层：以逆断层为主，兼平移性质	
	平移-正断层：以正断层为主，兼平移性质	
	逆-平移断层：以平移为主，兼逆断层性质	
	正-平移断层：以平移为主，兼正断层性质	
据断层走向与岩层走向关系	走向断层：断层走向与岩层走向基本一致	
	倾向断层：断层走向与岩层倾向基本一致	
	斜向断层：断层走向与岩层走向斜交	
	顺层断层：断层面与岩层面等原生地质界面基本一致	
据断层走向与褶皱轴向或与区域构造线之间的几何关系	纵断层：断层走向与褶皱轴向或区域构造线基本一致	
	横断层：断层走向与褶皱轴向或区域构造线基本直交	
	斜断层：断层走向与褶皱轴向或区域构造线斜交	

（1）推覆体。于角度十分低缓的逆冲断层上运移距离在数公里以上的平板状外来岩体（系）。

（2）逆冲推覆构造（推覆构造）。既包括逆冲断层又包括外来岩体在内的整个构造系统。

（3）枢纽断层。断层的一侧以垂直于断层面的轴为枢纽而发生过旋转运动的断层。

（4）剥离断层。是伸展构造区发育的一种平缓铲式正断层，并且往往与变质核杂岩构造有关。剥离断层之上为剥离上盘，其下为剥离下盘。剥离上盘是一套浅层次的正断层组合，下剥离盘为变质核杂岩。

（5）变质核杂岩。是由古老片麻岩等组成的穹状隆起，外形近圆形，以剥离断层为界与沉积盖层分开，顶部之剥离断层接触带实为由糜棱岩组成的韧性剪切带。

(6) 滑脱构造。是指顺一条相对原生界面（如不整合面，重要岩系或岩性界面等）发生剪切滑动，滑动面上下盘的岩系各自独立变形，或造成地层缺失。它是伸展（或重力）体制下形成的低角度断裂构造。

(7) 走向滑动断层（走滑断层）。指大型平移断层，两盘顺直立断层面相对水平滑动。

二、断层观察内容

1. 断层几何要素和位移

野外断层观察一是要有章可循；二是要注意对所收集的信息、资料和数据的记录、描述规范化。为此，表 8-5 可作为借鉴。

表 8-5 断层描述简表

几何要素	断层面、断层带、断层线、断盘（上盘、下盘，东盘、西盘等）
位　　移	滑距、断距、落差、平错等

2. 断层的识别

野外实践证明，并非所有的断层要素如断层面、断层破碎带等都能清楚地暴露于地表，故判别断层存在与否是一项细致的工作。通常采用不同尺度的构造观察相结合，遥感解译与实地验证相结合，路线地质与地质填图相结合，区域调查与专题研究相结合等手段并利用多方面标志进行综合判断方能确定。主要识别标志见表 8-6。

表 8-6 断层野外识别标志

识别标志	举　　例
地貌标志	断层崖、断层三角面、错断的山脊、泉水的带状分布等
构造标志	线状或面状地质体突然中断和错开、构造线不连续、岩层产状急变、节理化和劈理化狭窄带的突然出现以及挤压破碎、擦痕和阶步发育等
地层标志	地层的缺失或不对称重复
岩浆活动和矿化作用	串珠状岩体、矿化带、硅化带和热液蚀变带沿一定方向断续分布
岩相和厚度标志	岩相和厚度突变

3. 断层观察要点

断层观察内容较多（表 8-7），现择表中要点介绍。其中断层岩的内容参考变质岩有关章节，此处不再赘述。

(1) 断层面（带）产状的观测。断层面出露地表且较平直时，可以直接测量或利用“V”字形法则判断。但多数情况下常表现为一个破碎带，往往比较杂乱或被掩盖而不能直接测量，此时可在与之伴生的节理、片理产状测量统计数据的基础上，综合钻孔资料或物探资料，用三点法、赤平投影等推断确定。

另外，在确定断层面产状时，应考虑到其沿走向和倾向可能发生变化，如逆冲断层的波状变化；受岩性、深度、构造应力强度、应变速度以及后期改造等因素影响亦会导致产状发生某些变化。

表 8-7　断层野外观察内容

调查对象	观察方法及内容
断层两盘的地层及其产状变化	如走向断层引起的地层效应；横向断层引起的地层效应
断层面产状	直接测量，根据“V”字形法则判定，借助于伴生构造判定
断层两盘的相对运动方向	根据两盘地层的新老关系、牵引褶皱、擦痕、阶步、羽状节理、两侧小褶皱、断层角砾岩等
断层带的宽度	直接测量或在图面求出等
断层岩类型	参考变质岩相关章节
断层的组合型式	如正断层的地堑和地垒、阶梯状断层、箕状构造；逆断层的单冲型、背冲型、对冲型、楔冲型、双冲构造等

(2) 断层两盘运动方向的确定。断层活动过程中总会在断层面上或其两盘留下一定的痕迹或伴生现象，它们可成为分析判断两盘相对运动的主要依据。但断层活动是复杂的，一条断层常常经历了多次脉冲式滑动，因此，在分析并确定两盘相对运动时应充分考虑其复杂性和多变性：

①根据两盘地层的新老关系。分析两盘地层的相对新老关系有助于判断两盘的相对运动方向。对于走向断层，上升盘一般出露老岩层；但若断层倾向与岩层倾向一致且地层倒转或断层倾角小于岩层倾角时，则老岩层出露盘是下降盘。如果两盘中地层变形复杂，为一套强烈压扁的褶皱，则不能简单地根据两盘直接接触的地层时代来判定相对运动。如果横断层切过褶皱，对背斜来说，上升盘核部变宽，下降盘核部变窄，向斜则反之，此种效应亦体现在两盘地层的新老关系之变化。

②牵引构造。断层两盘的岩层若发生明显弧形弯曲则形成牵引褶皱，其弧形弯曲的突出方向指示本盘运动方向。一般说来，变形越强烈，牵引褶皱越紧闭。为了准确进行判断，应在平面和剖面上同时进行观察，并结合断层两盘其他指向标志作出适当结论。

③擦痕和阶步。擦痕和阶步是断层两盘相对错动时在断面上留下的痕迹。擦痕表现为一组比较均匀的平行细纹。在硬而脆的岩石中，擦面常被磨光和重结晶，有时附以铁质、硅质或碳酸盐质等薄膜，以致光滑如镜称为磨擦镜面。擦痕由粗而深端向细而浅端一般指示对盘运动方向。如用手触摸，可以感觉到顺一个方向比较光滑，相反方向比较粗糙，感觉光滑的方向指示对盘运动方向。

在断层滑面上常有与擦痕直交的微细陡坎被称为阶步，阶步的陡坎一般面向对盘的运动方向。在断层滑动面上有时可看到纤维状矿物晶体，如纤维状石英、纤维状方解石以及绿帘石、叶蜡石等。它们是相邻两盘逐渐分开时生长的纤维状晶体，称为擦抹晶体，许多擦痕实质上就是十分细微的擦抹晶体。当断层面暴露时，各纤维晶体常被横向张裂隙拉断而形成一系列微小阶梯状断口，其陡坎亦指示对盘运动方向。阶步有正阶步和反阶步之分。在野外区分正阶步和反阶步可依据以下两点：其一，正阶步的眉峰常常成弧形弯转，而反阶步的眉峰则成棱角直切；其二，如果阶步有擦抹矿物或在眉峰部位有压碎现象则常为正阶步。

④羽状节理。在断层两盘相对运动过程中，其一盘或两盘的岩石中可产生羽状排列的张节理和剪节理。这些派生节理与主断层斜交，交角的大小因力学性质不同而有所差异。羽状张节理与主断层常成45°相交，锐角指示节理所在盘的运动方向。断层还可能派生两组剪节

理，一组与断层面成小角度相交，交角一般在15°以下，即内摩擦角的一半；另一组与断层成大角度相交或直交。小角度相交的一组节理，与断层所交锐角指示本盘运动方向。断层派生的两组剪节理产状一般不稳定，或被断层两盘错动而破坏，所以不易用来判断断层两盘的相对运动。

⑤断层两侧小褶皱。由于断层两盘的相对错动，两侧岩层有时可形成复杂的紧闭小褶皱或揉皱，它们与上述牵引构造不同，其轴面与主断层常成小角度相交，所交锐角指示对盘运动方向。

⑥断层角砾岩。如果断层切割并搓碎某一标志性岩层或矿层，根据该层角砾在断层面上或断层带内的分布特征可以推断两盘相对位移方向。有时断层角砾成规律性排列，它们变形的 XY 面与断层所夹锐角指示对盘运动方向。

（3）断层规模观测。野外要追索断层延伸的长度和涉及的宽度，并结合有关方法测定断距大小来确定断层规模。其中测定断距方法很多，如在露头上采用剖面法求解或根据断层造成缺失或重复的地层厚度来估算，亦可根据构造窗后缘与最远飞来峰之间距确定最短位移距离等。相对比较精确的方法是采用"平衡剖面法"，但必须掌握丰富的地质资料。真实的断层滑距一般要在上述资料基础上，根据断层的几何关系进行计算才能获得。

（4）断层期次的判别。由于受后期构造改造或本身重新活动，可使早期断层的运动方向或性质等方面发生转变。因此，野外要力求收集准确的相对时序关系的地质证据，其中较为重要的是结合构造要素组合规律和序列进行分析，如叠加的擦痕，构造岩交切分布，充填其中的岩体、岩脉被错开等。

在野外对断层观察研究过程中，要系统采集断层带内及其两盘的构造标本，特别是定向标本，以便室内进一步测试、分析和鉴定；对典型现象均应素描和照相。这些都是深入研究断层必不可少的基础性工作。

第六节　韧性剪切带的野外观察与研究

断裂在地壳中的发育具有层次性。浅层次形成脆性断层（简称断层）；在较深和深层次形成韧性断层（韧性剪切带）；脆性断层和韧性断层构成了断层双层结构。因为在它们之间还存在一个过渡层次作为二者纽带，故野外对韧性剪切带的某些观察可与断层研究内容参照进行。韧性剪切带是岩石在塑性状态下发生连续变形的狭长高应变带，一般产于变形变质岩区或岩体内。

一、剪切带常用分类方案

一般引用兰姆赛（Ramsay，1980）方案将剪切带分为4种类型。

A——脆性剪切带（断层）。具有清楚的不连续面，两盘位移明显。

B——脆韧性剪切带。在不连续面两侧的一定范围内，岩层或其他标志层发生了一定程度的塑性变形。

C——韧脆性剪切带。剪切带内发育有由剪切派生和张应力形成的、呈雁列状排列的张裂隙（脆性破裂），张裂隙之间的岩石一般受到一定程度的塑性变形。

D——韧性剪切带。剪切带与围岩之间无明显界线，但两侧岩石发生了相对位移且完全由塑性流动来完成，即错而似连。

二、韧性剪切带的观测内容

主要观测内容包括以下几个方面：

1. 韧性剪切带的识别

韧性剪切带的主要特征是发育高应变的面理和糜棱岩。在确定韧性剪切带时要注意观察并记录变质岩区或岩体中与区域面理不一致的高应变带面理（S），进而分析其和糜棱面理（C）的关系及其产状变化，如二者构成 S-C 组构，说明岩石已糜棱岩化，因而可以确定韧性剪切带的存在。

2. 韧性剪切带的几何学观测及范围确定

可进行的主要工作有：

（1）测量其总体方位、面理产状及其变化。

（2）界定其展布范围。

（3）观测韧性剪切带内、外的横向变化情况。

3. 运动学观测

主要内容有（图 8-17、图 8-18）：

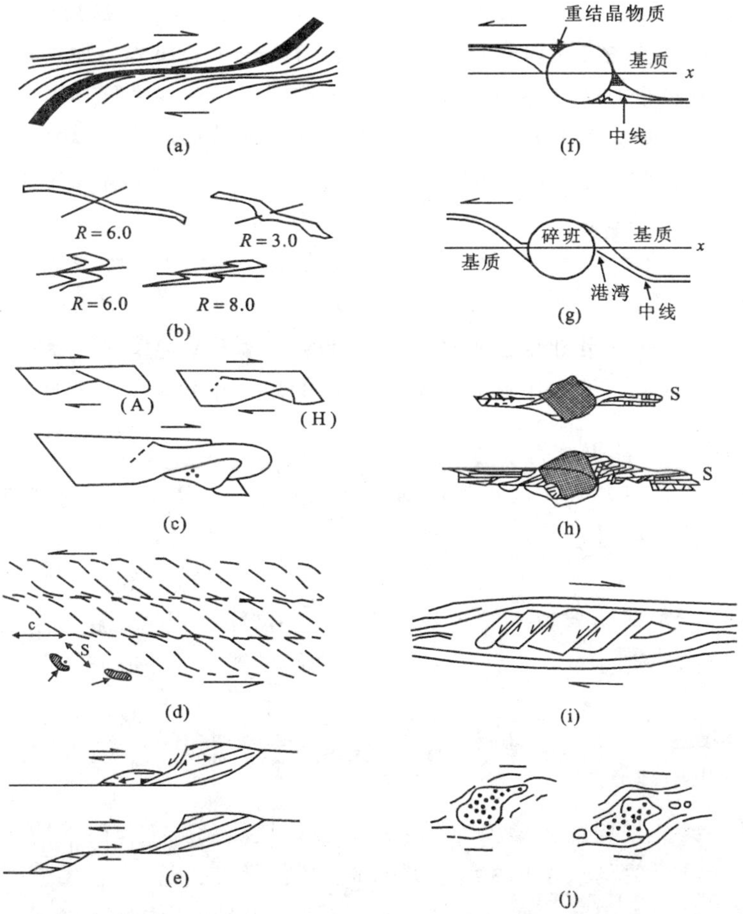

图 8-17　指示剪切运动方向的各种标志（据张克信等，2001）

（a）错开的岩脉；（b）不对称褶皱；（c）鞘褶皱；（d）收缩性 S-C 面理；（e）云母鱼；（f）σ形旋转碎斑系；（g）δ形旋转碎斑系；（h）不对称压力影；（i）多米诺骨牌构造；（j）旋转透镜体

（1）面理产状，包括剪切带内面理（S）和糜棱面理（C）。
（2）S面理和C面理的交角。
（3）拉伸线理（A线理）产状。
（4）鞘褶皱的几何形态、规模大小。
（5）糜棱岩的类型及展布规律。
（6）确定剪切运动方向等。

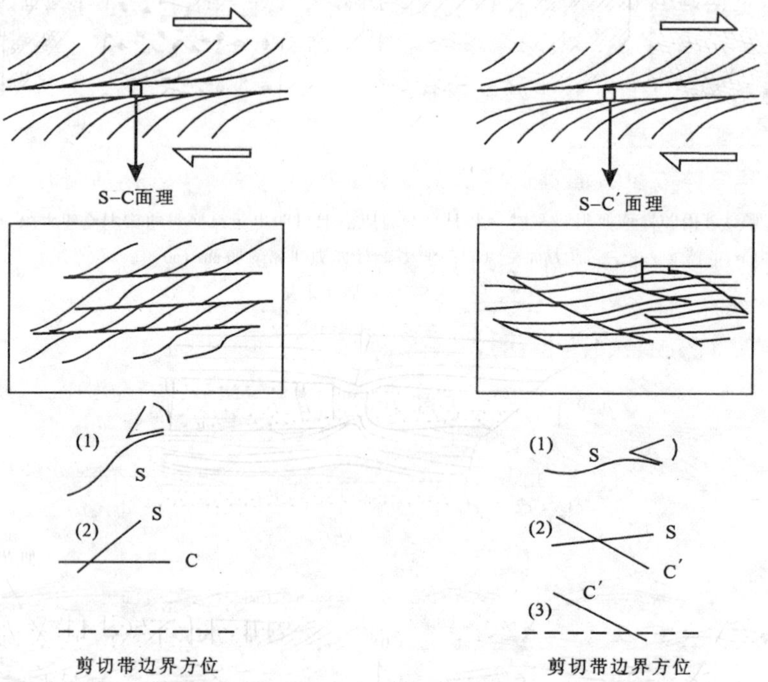

图8-18 收缩性S-C面理及伸展性S-C′面理
（据张克信等，2001）

4. 韧性剪切带与区域构造关系的研究

韧性剪切带的形成是与一定的区域构造运动相联系的，因此要注意研究诸如韧性剪切带的共轭关系、规模及与区域性褶皱和断裂的关系等，以分析其在区域构造研究中的地位和意义。

在野外工作中除对剪切带相关的典型现象进行素描和照相外，还应系统采集构造和岩石标本，特别是定向的构造标本，以便于室内在显微镜或透射镜下作进一步的研究。

第七节 构造变形区（构造变形带）的划分

在某一地区，尤其是构造变形较为复杂地区进行地质调查工作时，应充分考虑到变形局部相对强化现象所导致的构造不均一性。周口店及其邻区属于板内造山带，上述特征在不同区段均有不同程度显示。因此，在该区进行地质实践时应强调构造变形区或构造变形带的划分工作。

一、划分原则

利用构造类比法并综合变形-变质特点进行划分时应考虑到：①原岩类型（如沉积岩、岩浆岩、变质深成岩、变质表壳岩）；②变质程度（或变质相）；③变形程度；④空间展布（面状、线状或带状）；⑤构造环境（或构造背景）；⑥构造类型；⑦构造样式；⑧构造置换；⑨构造要素的透入性（非透入性或间隔性）；10构造期次等。

二、观察研究内容

呈面状或等轴状展布的构造单元，内部变质-变形相对较弱，故被一些学者称为弱应变域，在其内可进行原岩恢复工作。若为深成侵入体应进行单元、超单元的划分与归并；若为沉积-火山岩系则可对其进行层序划分和层序系统的建立。

呈线形或带状展布的构造变形带可视为强应变带，规模（延伸长度及出露宽度）不等。一般表现出碎裂岩化带、糜棱岩化带、劈理带、构造片理带、同构造片麻理带、混合岩化带、绿帘石化带以及硅化带等，其构造属性为脆性断裂或韧性剪切带。不论其规模如何，在其内进行原岩恢复及层序划分都较为困难或意义不大，调查重点应是对其组构特征以及几何学、运动学和动力学等方面进行研究。在此应特别强调对变质深成岩区进行应变带的划分工作，一般据其变形-变质程度及特征可划分为三种类型：强变形带中以具有变质分异的条带状片麻岩为重要特色；中等变形带是以发育构造片麻岩为特征；弱变形带或未变形带片麻状构造不明显或无片麻状构造出现。三种类型的变形带常互为过渡，故应按其自然状态表示在地质图上。在实习区的山顶庙西沟一带，原定为太古庙官地杂岩的部分区段，经近年观察可能具有变质深成岩的某些特征，故可参照表 8-8 的某些要点进行研究工作。

表 8-8　变质深成岩中变形强度级别划分标志简表（据房立民等，1991，略简化）

标志 \ 级别			弱变形	中变形	强变形
宏观标志	片麻理和条带		弱片麻理	中等发育	极发育
	单个条带宽度			较宽（7～3mm）	窄（约<3mm）
	条带劈开性			较弱	较好
	包体（长/宽）		一般<5/1	5/1～20/1	一般>20/1
	石香肠		不发育	偶见	较多见
	矿物拉伸线理		不发育	中等发育	较发育
	鞘褶皱或A型线理		未见	偶见	较多见
	钓状褶皱		未见	常见	较多见
微观标志	矿物粒度		大————	————	————→小
	石英（长/宽）		小————	————	————→大
	黑云母（Fe）含量		少————	————	————→多
	含水矿物量		少————	————	————→多
	矿物定向性		弱————	————	————→强
	斜长石	麻粒岩相	An=42～43	An=37～40	An=35～37
		角闪岩相	An=37～42	An=36	An=27～33

第九章　区域地质调查的基本知识、程序和方法[①②③④]

区域地质调查是一项系统的、重要的地球科学研究工作，涉及的知识、内容和方法很多，工作程序和要求亦有严格的规范。简单地将区域地质调查理解为纯生产型的地质填图，已是一种陈旧的、片面的观点。实践证明，不论从事何种类型的地质研究工作，其程序、方法和所具备的知识均与区域地质调查类同。在野外地质教学方面，选择以区域地质调查为基本手段而开展教学活动是目前尚无可替代的一种综合方法。通过此过程能够使初学者在三基（基本知识、基本技能、基本思维）和三新（新理论、新方法、新技术）方面得到全面训练和提高。但是，教学实习与正规区调项目相比还存在着一定差异，现仅按教学大纲要求和教学实习特点对有关内容简要介绍。

第一节　区域地质调查基本知识

一、概念及类型

区域地质调查传统上被称为区域地质测量或区域地质填图，简称区调、区测或填图，是指按照一定的任务和相应的规范要求，运用新理论、新技术、新方法开展的一项基础性、公益性、战略性的地球科学研究工作。在此需要强调的是，其一，以往将地质填图视为生产项目而与地质研究分隔开来的局面业已扭转，现阶段坚持野外与室内、局部与区域、生产与研究相结合的区调工作模式得到认可和推广；其二，早期以基础地质、矿产地质调查为主的、较为单一的区调方针，随着社会发展而拓宽到资源、环境和可持续发展等方面。因此，区域地质调查的概念和意义在很大程度上已发生了改变。

地质填图必须以野外观察为主要手段，以野外获得的资料为基础资料，应实事求是地、准确地按要求观察记录野外地质现象，取全、取准野外和室内分析的各项原始资料；应以当代地球科学系统观和国内外成熟的先进地质理论为指导，通过宏观与微观相结合的手段提高地质填图质量和研究程度；运用行之有效的新方法，充分应用RS、GIS、GPS等“多S”高新技术，尤其要充分发挥遥感技术在填图工作中的先导与基础作用，全面提高区域地质调查的科技含量和调查的质量与效率。

从不同的角度可将区域地质调查分为若干类型：以方法或学科划分有地质的、遥感地质的、地球物理的和地球化学的；按研究的对象则可分为专题性的和综合性的。若以地质的方法为主要手段，根据地质调查的精度要求和所填地质图比例尺大小并以国际分幅为单位则有：

---

① 中华人民共和国地质矿产部，1991，DZ/T0001-91 区域地质调查总则（1：50 000）。

② 中国地质调查局，2001，DD2001-02　1：250 000 区域地质调查技术要求（暂行）。

③ 赵温霞，1997，周口店教学实习指导书（试用教材）。武汉：中国地质大学（武汉）地学院。

④ 何海之等，1993，地质调查工作方法简明教程及周口店地质（上册、下册）。武汉：中国地质大学（武汉）地质系。

1. 小比例尺区域地质调查

此种类型地质调查又称概略地质调查，所运用比例尺为1∶100万、1∶50万。在一般情况下地质调查和地质填图路线的间距分别为10km、5km左右，即在相应比例尺的地形图上，路线间距为1cm左右。该类型区域地质调查被安排在地质空白区或地质研究程度较低的地区。其目的是测制上述相应比例尺的地质图件并概略地研究测区基础地质，发现找矿远景区等。

2. 中比例尺区域地质调查

此种地质调查类型又称区域地质调查，传统上运用比例尺为1∶20万、1∶10万。一般的地质调查和地质填图路线的间距分别为2km、1km左右。但该类型地质调查随着近年来地学理论、方法和技术的更新而在规范要求等方面进行了改革和调整；我国中比例尺地形图和数字地理底图数据库之数据已由过去1∶20万更改为按国际1∶25万分幅进行；国土资源部现将1∶25万地质图定位为新一轮国土资源调查的基础地质图件。因此，其地质调查目的和总体部署原则是，在中、大比例尺填图空白区或原已进行过中比例尺填图，但资料已十分陈旧的地区安排实测；对原已完成1∶10万区调或部分完成1∶5万填图区则进行修测。地质路线调查的精度视具体情况而有所区别：在空白区和自然环境恶劣区，单幅实测图幅总路线长度一般控制在2 500km以上，路线平均间距一般控制在5～8km；自然地理环境和穿越条件较好的区域，单幅实测总路线长度一般控制在3 500km以上，路线平均间距则控制在3～4km。修测图幅可将原测路线和新测路线一并综合考虑控制其精度。

3. 大比例尺区域地质调查

此种地质调查类型又称详细地质调查，所运用比例尺为1∶5万甚或更大，一般地质调查和地质填图路线间距按比例尺大小相应地为500m左右甚或更小。该类型地质调查在优先考虑国民经济建设需要基础上，按照构造单元完整性和地质矿产条件的相似性划分片区进行总体部署，并采用国际分幅的单幅或多幅联测。一般情况下此种调查安排在业已被圈定的有利成矿地段或已知矿区的外围，或在地质内容的某一方面具有特殊意义的地区。其目的是详细查明和研究有关地质状况并作出相应评价。

对某一地区地质调查精度及工作程度随所运用的比例尺大小不同而存在着差异，比例尺由小到大的变更，实则反映了工作程度的深入和研究精度的提高。所有这些均分别制定有正式的规范、要求和细则，可在以后的地质调查工作中参照执行。

以上仅是从尺度上且以常规的方法对地质调查进行概略分类，但实际上地学调查的领域和类型还有多种。在20世纪80年代后期，地质工作已由资源型转向为资源-环境型以服务社会多样化需求。在此种情况下，与区域地质调查同时进行或有所侧重的专项调查类型如环境、生态、减灾、国土、农业、林业、水利、交通、国防、医学、工程、人文等领域皆属于新一轮国土资源大调查的范畴，其成果如矿产地质图、水文地质图、环境地质图、旅游地质图、工程地质图和农业地质图等业已广泛服务于社会。按有关规范要求，广义国土资源地质调查中若干专项调查内容及其成果图件，必须以常规地质调查而成的地质图为底图进行编制。故狭义的基础地质调查内容、程序、方法以及完成一幅高精度的地质图仍是诸项地学工作顺利开展的关键。鉴于此，本次实习及本章所述重点当以后者为主。

二、调查内容及要求

区域地质调查和地质填图的内容和要求视区调类型不同而有别，除各类相关的总则、规范、技术要求、工作细则外，在主管部门下达的任务书中也能得到明确体现。经综合上述若干现行文献，并考虑到实习区的地质状况和实习目的要求，仅列出以下常规的地质调查内容。

1. 沉积学和地层学

要求查明测区内地层时代和各时代地层的岩性（沉积岩石学）、岩相、厚度及其变化特征，各地层间的接触关系及其类型；建立区内地层系统，划分地层填图单位进而开展沉积岩区地质填图工作；收集沉积地层、生物地层、事件地层等地层资料，研究测区内沉积地层的类型，空间变化规律，分析其形成时的古地理和古构造环境。

2. 岩浆岩岩石学

要求查明测区内岩浆岩的类型和期次，不同类型者的岩石学和岩石地球化学特征；岩体的规模、产状、空间形态；岩体的流动构造、塑性变形构造和破裂构造；岩体与围岩的接触关系；要求对复式岩体进行区分（单元、超单元的建立与归并）并确定填图单位进而开展岩浆岩区的地质填图工作；研究查明区内各类侵入体的成因机制、形成时代、构造条件及大地构造（区域构造）背景。

3. 变质岩岩石学

要求查明测区内变质岩的类型及其岩石学和岩石地球化学特征；划分变质相带；进行原岩恢复工作；划分不同的变质岩群或不同的变质地体；确定填图单位并开展变质岩区的地质填图工作；根据同位素年龄、叠加变质作用、变质岩群的产状、接触关系、不同期次的变质—变形等特征，综合研究分析变质作用发生的时代和序次以及变质作用的大地构造背景。

4. 构造地质学

要求查明测区内不同类型、不同样式、不同尺度、不同层次、不同期次的构造发育特点；利用构造解析的方法并依其叠加、置换、交切及区域角度不整合或平行不整合的关系，厘定变形序次及变形事件的时代；通过研究构造成因机制分析历次变形的运动学和动力学特征；综合分析测区沉积岩石学、变质岩岩石学、岩浆岩岩石学等方面的特点及与构造作用的相关性，确定测区的大地构造属性及厘定内部构造单元，阐明其相互关系及大地构造演化历史。

5. 矿产地质

要求对发现的矿点、矿化点进行检查；对已知矿产要收集资料进行研究以查明测区内矿产的种类、规模以及成因类型；研究分析各类矿产与地质作用的成因关系和时空分布规律并进行综合评价；通过各方面资料分析提出进一步的找矿方向。

6. 第四纪地质、地貌及新构造

应根据国民经济建设和国计民生的需要，或以地质环境综合评价为重点开展特定片（区）的第四纪区域地质调查。着重查明第四系的空间分布范围，第四系沉（堆）积物与地貌条件的关系，地形地貌特点（夷平面、阶地与洞穴等），物质成分、结构构造、厚度变化；收集有关古生物、古风化壳、古土壤、古文化层、古地震等资料，划分不同成因类型。对新构造运动的表现及特点进行调查，广泛收集资料，研究新构造运动的时期和类型；地质灾害多发地区，应查明引起灾害的地质构造背景及具体构造部位；地震发育地区，应收集有关地震方面的资料，对活动性断裂应尽量查明其延伸、规模、性质、产状及运动学特征，为分析研究区域地质灾害规律和环境工程评价提供依据。调查第四系中赋存的矿产（如砂金等），查明矿产赋存层位。

7. 其他专项调查

对区内具有旅游观赏价值和科学普及意义的典型地质现象和地理地貌景观均应进行调查研究和评价。涉及大、中城市和居民密集区周围的有关生态环境、灾害地质、工程地质、水文地质、农业地质等方面的内容，必须广泛收集资料并对城市环境、重要工业、农业区进行综合评价，以增强区域调查成果全方位面向社会服务的功能。上述内容应专门立项并按有关规范要求开展工作。

8. 专题研究

视具体情况可针对测区存在的重大基础地质问题（如变质核杂岩的构造特征及形成机制），或前沿课题进行专项调研；在地质填图项目实施中，如有重大发现（如新发现重要的矿化点；古人类遗迹等），应及时上报有关业务主管部门，经有关专家核实确为重大发现者应及时设立专题并追加经费予以支持，保证研究深入开展。

上述诸项调查和研究内容在设计书和任务书中都有明确要求，在工作过程中，因情况有较大变化需作适当调整或变更时，应及时报请主管部门审批。

第二节　区域地质调查的工作程序

区域地质调查一般遵循立项论证、收集资料及野外踏勘、设计编审、野外调查、资料整理、图件编制、野外验收、报告编写、成果验收、资料归档等程序。上述程序之间相互关联、互为反馈，是密不可分的一个整体。如资料整理、图件编制就应贯穿于整个项目实施之始终。现择其要点概述以便对区调工作全过程有所了解。

一、立项论证

立项论证由国家地质调查业务主管部门组织进行，并下达区域地质调查项目任务书。立项论证报告中必须确切论述区域地质调查要解决的主要问题。此外尚有调查区区域地质背景及立项依据，前人研究程度，目标任务实现的可行性论述；技术路线、方法、实施方案和工作量；组织管理、质量保证和预期成果；经费预算及申请者所在单位的审查意见和保证等。

二、资料收集

全面收集前人对调查区基础地质、地球物理、地球化学、遥感地质、矿产地质、环境地质、灾害地质、水文地质、工程地质等方面的研究资料，总结前人的工作成果，找出存在的问题，确定进一步野外工作的主攻方向，为设计书编写和制定详细的调查方案提供可靠的依据。

三、野外踏勘

踏勘目的是从整体上对工作区地质情况如各岩类发育以及分布概况、地质构造类型和样式及复杂程度等进行概略了解，并对室内收集的有关资料进行必要的验证。同时还要了解测区自然地理、地形地貌、植被覆盖、社会经济、道路交通等方面的工作条件和状况，为编制设计以及经费预算提供充分的依据。

四、设计编审

通过野外踏勘、遥感解译与前人资料研究，针对测区实际情况并根据主管单位下达任务书中的要求编写设计。设计书要求在任务书下达后的规定时间内完成，报项目主管部门审查批准后实施。经批准的设计书是进行区域地质调查、质量监控及其成果评审验收的主要依据。设计书的主要内容与立项论证报告类同，但编写时要从实际出发且要留有余地。实施过程中若有较大变化时应及时编写补充设计，报请原审批单位批准。

五、野外地质调查

野外地质调查内容及要求前已述及，但要强调的是，该工作程序为区域地质调查工作的主体，所占用的时间为完成总体任务的时间一半或更多。一项区调任务能否顺利完成涉及诸多因素，但主要取决于全队成员对测区地质构造的认识水平，工作方法运用是否合适，各类地质体填图单位是否合理和统一，点线布置观察的精度是否达到要求，各种原始资料相互符合程度以及良好的组织管理与协调工作。其程序一般经历典型解剖区的统一认识、统一要求和统一方法；实测地层或地质构造剖面；分组进行调查和地质填图；进行路线复查和专题研究等过程。

六、资料整理

区调资料整理虽然繁杂，但却十分重要而且贯穿于区调全过程。资料整理可分若干阶段，每一阶段各有侧重点。

1. 野外调查阶段的资料整理

野外阶段资料整理的目的在于把零星分散的各种实际资料进行日常综合整理，不断加以系统化、条理化并及时总结经验，逐步认识区域地质规律，及时发现问题，现场予以解决，使野外调查工作做到心中有数，目的明确，以便指导后续填图工作顺利进行。野外阶段对调查资料要求做到边调查、边整理和边综合研究。按工作性质可分当日、数日（2～3 天）或一项专门调查的资料整理。以前者为例即包括观测点位的校对，记录是否系统、连续、全面，各种地质体、构造要素的产状及各种参数是否完全并具有代表性；各种必须的样品是否采集并标注在文字记录和相关图件的相应位置上，编号有无错漏；各种素描、剖面图和照片是否都已在文字记录相应位置进行编号说明；要对产状要素及各类数字、编号、素描图、工作手图及时着墨。同时应完成当天地质路线小结，小结内容主要突出工作量、新发现或存在的问题以及解决问题的办法或处理意见。若发现有重大遗留问题应及时组织力量进行复查并将复查结果批注到原路线记录中的相应位置。实物资料的整理主要指各类样品的分类包装、清点并与记录本上标号逐一进行核对，同时进行填表登记造册。其他方式整理内容类同，只是更为系统和全面。

2. 阶段性和年度性资料整理

阶段性和年度性室内资料整理是野外资料逐步达到系统化的重要阶段，也是对已收集资料进行综合分析研究的中间环节。此阶段的整理应根据质量手册的规定进行，每次质检均应形成相关质量记录。其内容应包括野外记录、野外工作手册、野外总图、路线信手剖面图、素描图、照片、录象资料、实物标本、各类样品相互吻合；将各作业组在野外分片填制的野外地质图汇总到一起，由项目负责人主持进行系统连图和接图，以使区域地质图分阶段逐渐形成；及时清理各类实物标本和样品并填表造册登记，经核实无误和认真筛选后，填写样单送样测试；及时完成实测和修测剖面的整理和剖面图的编制工作。同时编写阶段性总结（半年报或年报），按期提交上级主管部门。

3. 野外资料验收前的综合整理

此阶段应完成的资料整理工作主要有：

（1）测区地质填图、剖面图及重点研究内容应全部完成；

（2）原始资料（含实物资料）已经进行系统整理，并进行了质量检查和编目；

（3）编制了野外地质图和实际材料图；

（4）编写了野外区域地质调查简报及工作小结等。

只有按要求全面完成相应工作后方能进行野外验收。

4. 最终报告编写前的综合整理

野外验收通过并按验收意见完成野外补充工作后可转入最终室内整理与综合研究。此阶段整理内容基本与前几个阶段相同，但应体现到综合性、深入性和全面性。其目的一是为最终报告编写作准备；二是按规定分门别类对原始资料编册以备上交归档。

七、野外验收

野外验收工作以设计书、任务书、设计审批书为依据，由主管部门组织进行。届时任务承担单位应提供野外记录簿、野外地质手图、野外地质清图、实际材料图、其他各种详细的原始资料以及野外区调简报等。必要时尚需选择适量的、重要的野外路线进行实地检查验收。其中甲、乙类地质点和剖面不到总数50%者不能评为优秀等级。上述验收检查合格者将被批准转入下阶段工作。验收过程中发现某些问题必须进行野外研究补课的，亦应按要求完成。

八、图件编制

1. 地质图件

地质图件的编制必须在野外调查全部结束并通过野外验收后方可进行，所用资料应与各项原始资料和基础图件吻合一致，所谓基础图件是业已完善的野外地质图和实际材料图。其操作程序严格遵循比例尺由大到小的原则。实际材料图、地理底图、地质图均按有关技术要求入机编绘。图示常规内容和图面要素不再阐述，但在此过程中应引起重视的问题有：

（1）成图时必须正确处理好与邻幅接图问题。

（2）小型地质体在图面上的取舍视本身规模（长、宽）和图件比例尺不同而异。但一般原则是，小于规定者可合并但性质不同者不得合并；有意义但规模不足限度者则可夸大表示；第四纪沉积物可按不同比例尺的技术要求处理，一般零星者可以合并或删去，若为含矿或具特殊成因者亦可夸大表示。

（3）图示内容必须客观真实，不论何种原因造成研究程度上的差异，编图时应如实加以反映而不能人为掩盖客观存在的问题；若因自然环境条件限制而不能穿越的区段，允许利用遥感解译资料，但要加以说明，以使用户有所了解。

（4）图框外除列出图例和图切剖面外，各图幅根据实际情况可创造性地表示某些内容，以突出该项目的重点和特色。

2. 其他专项调查图件

其他专项调查图件是指与区调同时进行的有关调查成果如环境地质图、旅游地质图、农业地质图等。这些专业性强的图件应按有关规范、技术要求编制，但必须以相应的地质图为底图进行，尽管其调查范围可能不同（一般情况下与区调范围相同，但在特殊情况下可超出测区）。

九、成果编制及验收

完成图幅的区调报告和图幅说明书并将其与实测剖面图、地质实际材料图、地质图、构造纲要图、矿产分布图、专题研究报告和相应的系列图件、各种原始资料以及项目竣工决算报告等一并提交于主管部门，由其组织评审验收。

十、成果登记与出版

成果验收通过后，地质图、地质报告必须按最终成果验收委员会提出的意见进行全面检查、修改和补充，并报上级主管部门审核认定后方可进行成果的登记和发布工作。地质调查成果的申报、认定、登记与出版工作按有关规定执行。地质图和地质报告应在最终成果验收通过后规定的时间内送出版社出版。

十一、成果提交与资料归档

最终成果除向主管部门提交出版印刷的地质图件等成果外，还应提交相应的数据光盘及图件与图层描述数据、报告文字数据等。另外，还应对全部原始资料进行归档，资料归档应在最终成果验收通过后规定的时间内完成。

第三节　区域地质调查的基本工作方法

区域地质调查所涉及的方法包括前述地质的、地球物理的、地球化学的以及遥感地质等多种方法。就地质方法而言亦可分为数种。下述为初学者应掌握的最基本方法。

一、地质罗盘的使用

地质罗盘的正确使用及各类产状要素的测定，是一个地质工作者应熟练掌握的最基本且最重要的技术之一。

1. 磁偏角校正

各地区的磁北方向与地北方向不完全一致，二者之间的夹角称磁偏角。为了在地形图上正确标定地质要素的地理方位，野外工作者首先要对罗盘进行磁偏角校正，使其读数能直接代表地理方位。磁偏角可以从测区正规地形图上查到，东偏取“+”，西偏取“－”。校正的方法是拨动其刻度盘。例如周口店地区磁偏角为西偏 5°（即为－5°），拨动罗盘的刻度盘，使 360°－5°＝355°的刻度对准指标（原 0°位置）即可消除因磁偏角引起的读数误差。

2. 面状构造要素测量

各种地质界面如层理面、片理面、片麻理面、劈理面、节理面、断层面、侵入体与围岩接触面以及岩体中的面状流动构造（流面）皆可视为面状构造而对其进行测量。现以层面为例介绍有关的测量步骤和方法。首先在层面上测出任一水平线，其两端的方位为岩层走向

(亦可在岩层面上滴水，则水流方向代表岩层倾向，与其垂直画一条线即为岩层走向)，将罗盘后端底线与走向线重合并使罗盘水平（即圆水准器水泡居中），此时罗盘北针所指读数为岩层倾向。再将罗盘侧边紧贴层面且垂直走向线，旋转测斜器使长水准器水泡居中，测斜针所指读数为岩层倾角。

有时由于上层面剥露不好或由于露头所限只能测量岩层底面，若此，应以罗盘 N 端朝倾斜方向读北针所指刻度；如以罗盘 S 端朝倾斜方向则读南针所指刻度，倾角测量方法同前。

在某些情况下可借助野外记录簿、图夹、硬纸板对暴露不佳或受到某种限制而不易直接测量的面状构造进行产状要素的测量。操作法是将上述物件置于与被测面相当或平行的位置上，再用罗盘在野外记录簿、图夹和硬纸板上进行测量。如某一节理面暴露范围有限，则可用硬纸板以相当的状态插入，而后在硬纸板上进行测量。此法需二人配合以保证测量的精度。

3. 线状构造要素测量

诸如矿物生长线理、皱纹线理、交面线理、石香肠构造、窗棂构造、杆状构造、擦痕、褶皱枢纽以及岩浆岩体中的线状流动构造（流线）皆可视为线状构造而对其进行测量。

倾伏向（指向）和倾伏角的测量在多数情况下需借助于铅笔、木棒或地质锤柄等置于与被测线状构造一致或平行的位置上，再用罗盘在锤柄等物件上进行测量。罗盘 N 端要朝构造线的倾伏方向且使其水平，罗盘轴线必须投影在锤柄上或与其平行，此时北针所指读数为倾伏向。将罗盘侧边置于锤柄之上，紧贴或与其平行均可，此时测斜针所指读数为倾伏角。为保证测量的准确性，亦需二人配合操作。

当线状构造包含在某一倾斜面内时（在断层或层间滑动面上发育的线理如擦痕），此线与该平面走向线间所夹的锐角即为其侧伏角。侧伏向则是构成上述锐角的走向线的那一端的大致方向，借助半圆仪（半圆量角器）即可进行测定。

4. 原生构造产状要素测量

对沉积岩中各种有定向意义的原生构造标志如波痕、斜层理、定向砾石等原始产状，即未经构造变动前的产状要素进行测量，是区域地质调查过程中为研究古地理环境和沉积物分布规律而进行的一项细致工作。原始方位确定是建立在对大量野外实测数据统计分析基础上获得的，然将野外测定的、因受构造作用影响而变动的产状换算成原始产状需用吴氏网图解法进行，工作量十分庞大。为了提高效率，可借助于被改进的罗盘、专门的仪器或工具在野外露头上直接测得原始产状数据。周口店实习区大、小砾岩山发育的本溪组底部的复成分砾岩，是相变还是构造所为一直未有定论，对其产状测量统计并恢复原始状态，以及进一步分析成因将是一项十分有意义的工作。

5. 测定产状要素的技术要求

上述各种产状要素的测定及有关数据的收集都应注意其可靠性、代表性和系统性。

所谓可靠性就是判断所测露头是否为基岩，是否因受到滑坡、山崩及塌陷等作用而使其空间位置发生了变化。这些非构造因素可影响一定的范围。非构造变动现象在软弱岩层如泥灰岩、页岩、千枚岩、片岩及含煤地层中常见，所发育的次生产状会使地层层序紊乱或歪曲地质构造现象（如周口店地区小砾岩山地层剖面所见），故要在测量产状之前认真观察分析，判别确认真假产状。另外，即使在基岩出露的区段，由于较强的构造变动而发育的诸如劈理、节理等次生面状构造也极易与原始层理相混。因此，在野外要仔细追索、观察并严格区分。鉴别层理与次生构造面理并分别测量统计，是前述构造地质学研究的一个重要手段。

测量产状要素时还要注意观察所选择的面状构造或线状构造是否具有代表性。以层理为例，当岩层产状在较大范围内比较稳定且层面较为平整时，在该层面上任选一点进行产状要素测定皆具有代表性。但由于受原生的、次生的、构造的、非构造的等诸多因素影响，在某一段岩层产状则可能发生局部变化，故要进行一定的追索并在宏观上观其总体产状特征以选择具有代表性者进行测量。尤其要注意的是，在构造变动强烈、构造现象复杂的区段，如实习区孤山口的复杂褶皱剖面，就很难选择一段能测出具有代表性产状的岩层，因为在较短距离内产状变化颇大，褶皱不同部位的产状皆不一致。在此种情况下，如果不同级别的褶皱具有成因联系且为同期产物，则可采用分段系统测量与制图（素描图或大比例尺剖面图）相结合的方法，大致恢复出由次级褶皱所呈现的包络面，它不仅反映了大一级褶皱的形态，而且还可将其视为简化了的褶皱岩层界面。

产状要素测量的系统性，是为了掌握某一地质体或某一构造在空间的展布状态及变化规律，因此，在路线地质观察中要培养关注产状变化并随时测量的意识。如在实习区牛口峪水库一副坝附近对小型“灯泡”花岗岩体的圈定，就应沿岩体与围岩接触的界线进行追索并系统测量接触面的产状，这样才能对其平面展布形态有进一步的了解。又如在煤炭沟、方头山一带对164背斜转折端的追索观察及填图，就应对南北两翼及转折端部位的产状进行系统测量并一一标绘在地形地质图上，仔细观察分析岩层产状从南翼→转折端→北翼依次显示出向南、向南东、向东、向北东、向北倾斜呈有规律的变化而表现出外倾转折之特点。

二、地质实测剖面的选择与测制

在地层学有关章节中，已对地层实测剖面的技术要求和测制方法进行详述，且也适合于火山岩等层状地质体。考虑到测制方法的相似性，对操作程序、计算公式及制图等方面不再重述，而仅对侵入体和变质岩区实测剖面的某些特殊要求简要介绍。

（一）侵入体实测剖面要点

以花岗岩类深成岩体为例，对侵入岩区测制剖面的目的、剖面位置和比例尺的选择以及测制的内容和具体要求给予说明。

1. 测制剖面目的

（1）解决深成岩体不同组合类型、深成岩体之间或内部接触关系，划分出相带、单元或归并超单元。

（2）建立侵入的相对序次，查明深成岩体与围岩的接触关系及深成岩体的形成时代。

（3）研究深成岩体的变形及就位机制。

（4）对剖面详细采样以获得单元、超单元的岩石学、岩石化学、地球化学、成岩温度、矿物学、含矿性等方面资料。

（5）查明岩体产状和（或）形态。

2. 剖面选择原则

（1）剖面应选择在基岩露头基本连续、垂直深成岩体内部构造线（相带界线、涌动接触界线、脉动接触界线等）、复式岩体关系基本清楚且构造简单的地段。

（2）实测剖面可以一个单元为对象测制，也可以一个超单元为对象测制，但要穿过整个应测的侵入体，并包括外缘接触带或蚀变带及部分未变质的围岩。

（3）选择剖面亦应广泛收集资料，包括前人的工作成果和野外踏勘所获得的资料。

3. 剖面比例尺

按1∶5万填图规范要求，路线剖面一般为1∶1万～1∶5千；实测剖面一般为1∶5千～1∶2千；也可根据调查精度或研究目的选择合适的比例尺。

4. 测制内容和要求

（1）观测确定深成岩体与围岩是侵入接触还是沉积接触亦或断裂接触，其接触面性质如何（平直的、波状的、锯齿状、枝叉状还是顺层贯入的）。

（2）观测深成岩体与其他岩类（沉积岩、变质岩、火山岩）、深成岩体与深成岩体之间以及深成岩体内部接触关系。

（3）划分侵入体单元、归并超单元并总结相关特点和变化规律。

（4）统计测量原生面理和线理以研究分析深成岩体的就位机制。

（5）观测剖面中所见的脉岩之特征并分析与侵入体的关系。

（6）查明接触变质晕的宽度，划分接触变质带。

（7）查明深成岩体形成后的构造变动及其特征。

（8）剖面上按要求系统取样，目的要明确、主次要分明、力求样品新鲜、分布均匀并考虑到室内测试方法和要求。

（二）变质岩区实测剖面要点

变质岩区测制剖面的目的是进一步认识填图单位的岩石类型、接触关系、变形—变质特征、区域构造轮廓、构造样式、构造变形强度以及地质事件演化序列等。

鉴于变质岩的特性，为更加合理地选择剖面位置提供充分依据，测制剖面的工作一般应在填图单位已确定，各类岩石类型及变形-变质带、区域构造轮廓已基本查明的基础上实施为宜。剖面具体位置的选择及测制要考虑到：

（1）应选择在地质内容齐全、具有代表性和露头发育良好的区段进行剖面测制工作。

（2）剖面除应控制所有填图单位并查明它们的接触关系外，还应覆盖不同的变形-变质带，并尽可能控制需要重点解剖的地段。

（3）实测剖面一般要求有较好的连续性，因此，填图单位齐全、构造简单者则为选择的有利区段。但由于露头欠佳或其他因素影响也可分段测制。

（4）剖面应全面地反映所观察到的地质现象，并系统地观测收集各种构造要素、变余示顶标志或者示序标志以及运动学、动力学标志等。

（5）按1∶5万填图规范要求，剖面比例尺一般为1∶2千～1∶5千，局部复杂地段可适当放大；也可根据实际需要选择合适的比例尺。

三、地质填图方法

1. 准备工作

前已述及的野外踏勘、地质剖面实测等皆为区域地质调查工作的有机组成部分，亦可视为地质填图的前期准备工作。除此之外还应作好必要的物品和业务准备工作。

（1）地形底图的选择。野外工作所用地形底图之比例尺应大于最终成果图的比例尺，如1∶5万区域地质调查使用比例尺为1∶2.5万或1∶1万地形图；1∶25万区域地质调查使用1∶10万或者1∶5万地形图。在一般情况下，不允许使用将较小的比例尺机械放大制成的地形底图。

地形图准备的数量应根据野外工作组织情况以及编制各种成果图、野外转绘清图的需要来确定。同时亦应准备少许的邻幅地形图以便外围调查或接图。

(2) 各种测量工具、取样工具、仪器、装备（包括集体和个人所用）等检查调试、核对落实。

(3) 填图单位的最终确定。根据有关规范的精度要求和测区实际情况，在前述踏勘、实测剖面及典型区段解剖的基础上，所有施测人员要明确填图单位，以便分组工作时按统一标准进行并和相邻地质路线（相邻填图小组）进行衔接。不同比例尺的填图单位要求亦不同，现以1∶5万区调总则为例给予阐明，其他比例尺的填图或其他类型的区域调查均有相应要求，不再赘述。

沉积岩区的填图单位分正式和非正式的两类岩石地层单位。正式岩石地层单位包括正式命名的群（超群、亚群）、组、段、层，其中组是基本填图单位。沉积地层必须分到组，若由于对区域地层研究有必要并在可能的情况下才划分到段和层或并组为群。为了在地质图上详细具体地表现正式岩石地层单位的各种特征和生物地层单位与年代地层单位地层特征及层位，还必须划分、研究和填绘非正式岩石地层单位。对具有特殊标志、形态、成因或某种有经济、实用意义的岩石单位，如标志层、含矿层等，一般均应作为非正式岩石地层单位填绘在图上。

侵入岩填图单位以单元作为基本的填图单位，独立侵入体和脉岩为非正式填图单位。

火山岩填图单位，可按地层学方法划分岩石地层单位，一般划分到组，必要时可划分到段和层，亦可按火山活动的规律性和火山地层的特殊性划分火山活动旋回。中深变质的火山岩应按变质岩的要求划分填图单位。

变质岩填图单位，在填图初期应按变质岩岩石类型和变质作用、变形作用特征划分非正式填图单位，在详细研究建造的基础上再确定正式填图单位。对沉积变质岩系，其变质地层间正常沉积接触关系、示顶标志清晰可靠，可按岩石地层单位的划分原则建立组一级填图单位，并可进一步划分到段。对中深变质侵入岩系，可按照不同深成岩的分布情况，分别建立或划分片麻岩杂岩与片麻岩两级填图单位。

填图单位确定得是否合理将直接影响到地质填图的质量，故每个填图组及其成员都应掌握的原则是：①一般情况下，填图单位不能大于地质调查精度所要求的最大地层单位的范围；②每一个填图单位应当有特定的岩性组合，如巨厚的单层、复杂的互层、完整的沉积旋回等；③每一个填图单位要具有明显的认别标志，包括岩石的颜色、成分、结构、沉积构造、区域变质特征、古生物或其组合特征等；④有一定的厚度和出露宽度，每一个填图单位的厚度和出露宽度不能过大或过小，最小单位在图上的表示宽度不小于1mm；⑤一个填图单位的特征与其他单位要有直观上的区别，如果区别不大，相邻填图单位之间应该有能使二者界线进行区分的标志层；⑥一个填图单位内部不应包含明显的沉积间断面如平行不整合或角度不整合。被不整合面限制的填图单位，若其出露宽度在图中不足1mm时，应夸大表示，不能与相邻单位合并。

2. 观察路线的布置

按规范要求，选择一定路线进行系统野外观察是地质填图的基本方法，其中包括：

(1) 穿越路线。基本垂直于地层或区域构造线的走向布置，按一定的间距横穿整个测区。地质人员沿观察路线研究地质剖面并按要求进行其他各项地质观察研究工作，同时标定地质界线。路线之间的地质界线用内插法或“V”字形法则来填绘。此方法优点是能较容易地查明层序、接触关系、岩相纵向变化以及地质构造基本特征，且投入工作量较少。而不足之处是相邻路线之间的地带未能直接观察，连绘的地质界线可能与实际情况有出入，并且可能漏掉某些较为重要的小型地质体、矿点或某些构造如横断层等。填图比例尺越小，路线间距越大，则上述不足越明显，但只要在相应比例尺精度要求范围内则是允许的。如果能有效地使用遥感地质资料尚可对其进行弥补。

（2）追索路线。沿地质体、地质界线及区域构造线走向布置，用于追索化石层、含矿层、标志层等层位，以及接触界线或断层等。此法可以详细研究地质体的横向变化。特别是对确定接触关系、断层、研究含矿现象极为有效，并且可以准确地填绘地质界线，适于对专门性质的问题进行研究。但在整个填图过程中不可能、也不必要对所有地质体或地质界线进行追索。

（3）全面综合路线。即以往所谓的全面踏勘路线。现考虑到应与踏勘阶段所进行的工作有所区别，故将其称为全面综合路线。它是将上述两种方法结合使用而开展填图工作。例如在穿越路线上为解决某个问题向路线两侧做短距离的追索；或在追索路线中因工作需要而穿越走向研究短剖面。此方法适于大比例尺地质填图或进行某项专题研究，亦或为解决某个地质问题。虽然获得资料丰富准确且研究程度较高，但投入工作量大。

观察路线布置应视预期解决的地质问题为依据，三种方法都是针对观察路线同地质构造走向线的关系而言。实际上，野外地质观察路线的具体布置还须考虑测区自然地理状况及穿越条件、露头分布情况、基站设置、野外工作组织等因素。每一条具体路线可以近似直线形，也可以是“之”字形或S形，甚或有曲折、迂回。从整个观察路线的布局来说，对地质构造复杂、地质体分布零散、矿点分布密集区，或者地形起伏大、穿越条件差、居民点稀少的地区，可围绕工作基站布置梅花形路线网，采用分区推进的办法。如果地质构造简单，或者地形条件有利则可布置平行路线网。布置观察路线的基本要求应是既能满足填图比例尺的精度且获得必要的地质信息和数据，又能发挥最好的工作效率。观察路线的布置必须因地制宜，应尽量避免布置多次横穿山脊和沟谷的路线。观察路线网的密度应按相应调查比例尺的技术要求并综合考虑其他因素灵活布置，一般没有明确规定。但常规上则是，不论何种比例尺，其路线间距在图上以1cm～1.5cm为宜，不应呆板地布置成均匀的几何网格，应根据地质构造的复杂程度及遥感图像的解译程度等因素进行加密或放稀。另外，从现行不同比例尺的填图规范来看，强调单幅实测路线总长度亦是一个重要指标。因此，观察路线的间距亦应考虑此种要求。

一般而言，经实地踏勘和遥感图像解译之后，每条路线的观察内容是可以预先设计的，故每条路线的布置都应该有既定的目的和任务，如追索某一标志层、接触带、断裂带等，使地质填图工作具有预见性、主动性而避免盲目性。对初学者来说，培养解决地质问题的应变能力是对地质填图工作者的基本要求。沿原设计路线工作过程中视地质现象的复杂性应对原方案进行修改或补充。例如在穿越路线上发现了矿化标志、化石点、断层、不整合界面等重要地质现象，就应改变原定路线方向而对其进行追索研究。

3. 观察点的布置和标测

（1）观察点的布置。在野外路线观察过程中需要及时标定观察点，其作用在于能准确地控制地质界线或地质要素的空间位置；使原始资料的编录条理化、系统化；控制各种地质资料的联系以及文、图资料与实地位置的符合；便于原始资料的整理、查阅和检验工作质量。

观察点的布置以能有效地控制各种地质界线和地质要素为原则。一般应布置在具有明确地质意义的位置，如填图单位的界线、标志层、化石点或岩相明显变化的地点；岩浆岩的接触带和内部相带以及单元或超单元界线；蚀变带、矿化点和矿体；褶皱枢纽、褶皱转折端、断层破碎带；节理、劈理测量统计点；线理测量统计点；代表性产状要素测量统计点；取样点、地质工程（如探槽等）、钻孔位置等。其他有意义的地质现象如水文点、地貌点、出土文物点亦应布置观察点。观察点没有固定的密度要求，应避免不顾及地质意义而机械地等距布点。

（2）观察点的标测。野外填图过程中在手图（地形底图）上标定观察点的位置，不能超过规范精度要求的允许误差范围，即不论何种比例尺，一般要求在野外手图上的误差不超过1mm。当地形地物明显时可直接目测标定点位。当地形细部特征不明显时，则可借助地质罗盘用后方交汇法确定点位，一般应三点交汇，其方位线间夹角应大于45°以提高精度。如三线相交不在一点而出现视差三角形时，则以其中心做点位。在野外工作中常以后方交汇法大致确定点位所在范围，而后再根据地形地物特征判定观察点的具体位置。上述几种方法与GPS定位结合更为准确。

若利用航空像片标定点位时，可先在像片上刺点，并于像片背面圈定和编号，然后根据地形地物特征转绘到地形图上。

在森林区或切割很深的沟谷等处视野狭窄，要准确判定观察点在地形图上的位置并非易事。为此，必须从已标定的点位开始向前进方向连续不断地进行路线目测，用罗盘测量路线方位，以步测定距离，借此标定待定点的位置。为保证精度要求，应尽可能地攀登高地，在视野较好的地段标定一些控制点，据此对点位进行校正。现阶段GPS的广泛使用已在很大程度上解决了此类难题。

4. 路线地质观察程序

路线地质观察的一般程序是：标定观察点的位置；研究与描述露头地质和地貌；系统测量地质体的产状要素及其他构造要素；采集标本和样品；追索与填绘地质界线；沿前进方向进行路线观察与描述；绘制信手剖面图和素描图等。地质人员在路线上必须连续进行地质观察，当某一观察点工作完毕后，无论沿穿越或追索路线皆应连续观察和记录到下一观察点，以了解和掌握如层序、岩性、产状要素、接触关系以及厚度等地质内容从此点到彼点的变化情况。若只孤立地对观察点进行研究描述而放弃路线地质观察，中间缺乏足够的系统性、综合性资料则很难对区域地质特征得出完整的认识。

另外，在地质路线观察过程中还应做到：

（1）坚持严谨的科学态度和求实的优良作风；坚持实践第一的观点。每个地质工作者都应该努力做到勤追索、勤观测、勤敲打、勤编录、勤思考，不断地进行综合分析并及时在现场检查验证。

（2）充分收集第一性资料；要善于发现问题，抓住关键，重点研究。

（3）不能对地质现象的取舍带有主观性，同时在工作中也要有理论指导而避免盲目性。

（4）在地质路线调查过程中，有时会遇到一些反常现象，它们往往具有特殊意义，故绝不应忽视。

5. 路线观察的编录要求

野外观察内容和收集资料的编录形式包括野外记录、地质素描和地质摄影等。

野外记录目前通用者仍为野外记录簿。除此之外，为了适应野外资料和数据的电子计算机自动处理而采用各种表格和卡片的形式。亦有利用小型磁带录音机、便携机（笔记本电脑、掌上机）进行编录。利用计算机辅助填图系统设计的记录格式详见后述。现仅对常规野外记录簿的使用要求和记录内容给予说明（图9-1）：

日期：2002.6.18　　地点：波北镇大坂街

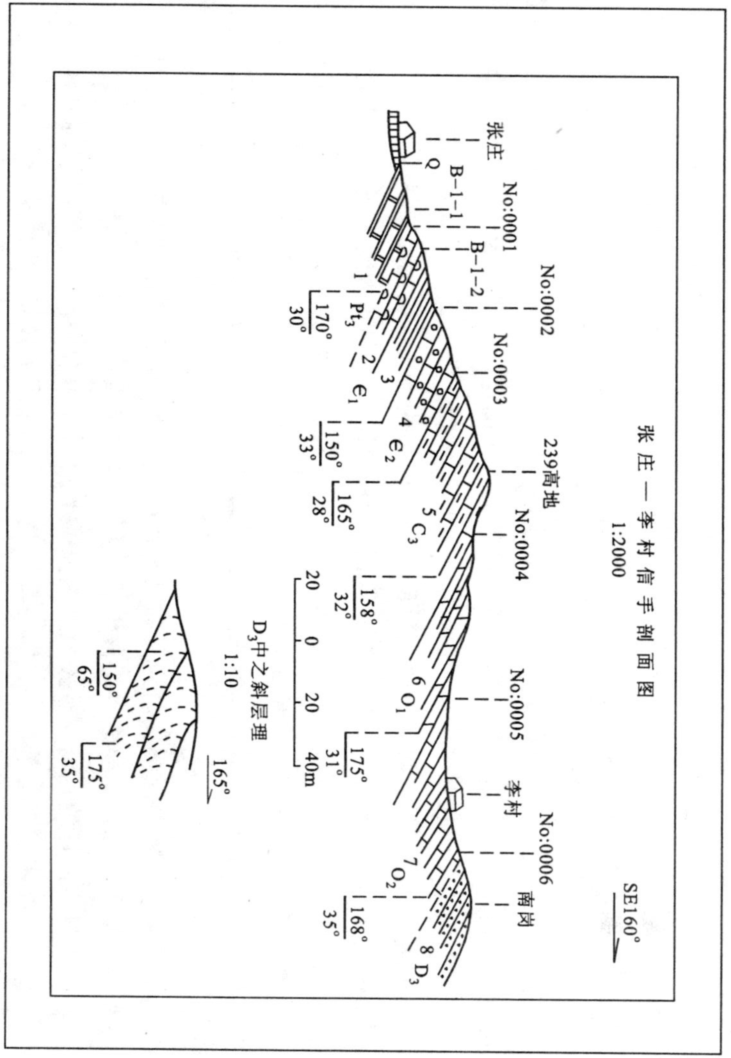

日期：2002. 6. 18　　地点：大坂街　　天气：晴　　10

	路线 1：基地—张庄—北岭—李村—南岗—基地 任务：观察描述∈—O 地层的岩性、岩性组合特点、地层层序及接触关系；绘制信手地质剖面图；定地点质并勾绘路线地质图。 人员：朱大江（记录），赵斌（掌图） 点号：　No：0001 点位：位于张庄 165°方向 28m 处公路旁 坐标：X：______；　Y：______ GPS：115°54′09″E；39°41′22″N 露头：人工，良好	
Pt_3	点义：Pt_3 与$\in_1$ 分界点（平行不整合接触） 描述：点北为 Pt_3（××组）大理岩，点南为$\in_1$（××组）豹皮灰岩 ××组 1. 灰白色大理岩：………………………………… …………………………可见出露宽度约 20m S_0：170°∠30°	B-1-1
$\in_1$	××组 2. 青灰色的豹灰岩：………………………… …………………………………××m S_0：173°∠32° 在该地层中采得寒武纪三叶虫化石，与下伏新元古代含叠层石大理岩直接接触，上下两套地层产状基本一致，其间缺失地层且有古风壳存在，为平行不整合接触，其他标志…… …………………………………………… …………………………………………… 路线地质：向南观察约 80m，可见…… S_0∥S_1：172°∠31°	B-1-2

图 9-1　野外记录簿记录内容及格式

(1) 野外记录簿的右页做文字描述，记录项目包括工作日期、观察路线的编号及路线起迄点和经由点；观察点编号、位置、坐标（含 GPS 数据)、点性、露头状况、观察内容和各种测量数据、标本和样品编号等。观察点及样品编号等应按统一要求进行记录和编录。

(2) 每本记录簿都应在封面上粘贴编录标签，并编制内容目录。

(3) 对观察点和观察线上所见到的全部客观地质事物，原则上要进行仔细而全面地记录。文字记录要准确、充实，切忌概念含混、词不达意。

(4) 记录时必须重点突出、主次分明。对重要的地质内容或首次观察的地质事物要详细描绘以表达出主要特征；对一般的或多次见到的地质现象则可以简略述之，着重记录其在不同区段的特殊性或差异性。

(5) 野外记录簿中应记述观察者对客观事物的分析判断、综合归纳以及每条路线的小结，以便及时总结规律，发现问题，深化认识。但在文字上应有明确说明，使资料利用者或验收者能一目了然地区分哪些是第一性资料，哪些是观察者的理性认识。

(6) 文字描述应当有系统性，由点到面，由表及里，由此及彼，条理分明，前后连贯。对路线地质上的连续观察内容更应将空间上的相互联系关系表达清楚。

(7) 文字记录中使用的地质术语应当符合通用惯例，有关专业名词应严格符合其定义或涵义。使用略语或代号应当按规范标准要求且全队统一，并前后一致。

(8) 两观察点之间应有前进方向、距离和地质观察记录。

地质素描是野外地质编录的另一重要形式。记录簿左页的方格纸供地质素描或制作信手剖面图所用。地质人员要养成随时随地画信手剖面和进行地质素描的习惯。素描应有主体，突出重点；素描线条要简洁，与素描主题无关的景物应当尽量简化，但切忌凭主观意图取舍地质内容。按一般要求，一本野外记录簿中 1/4 的页码应附有素描图或地质照片。

地质摄影比素描图更为真实准确，所以也是地质编录的重要手段。尤其是现代高新技术的发展，数码像机、数码摄像机已被广泛使用于野外而获得更多的地质信息。但因受各种景物的干扰，图像上往往会出现地质主题不鲜明的缺陷，故常需要素描图给予补充。在野外记录簿或专门登记表中也应按要求对每张普通相机的照片和各类数码图像进行详细编录。

6. 地质界线的确定及标绘

(1) 地质界线的确定。准确地标定地质界线是保证图面结构合理的前提。在基岩出露的地区可直接根据填图单位的标志及地质体的接触关系来确定地质界线的位置。但在森林、平原、草原戈壁等植被或现代堆积物、沉积物发育区则给地质界线的确定带来了难度。除了关键部位需采用人工揭露外，更多则是借助间接标志或其他方法来确定地质界线。

利用残坡积物判断地质界线的方法是，以低处分布的某种岩屑的最高出现位置作为其与不同岩性的界线所在地。利用此法是在已经确立标准地层剖面，对主要界线性质和构造状况都基本搞清的情况下才具有较大可靠性。

利用地貌特征判断地质界线，特别是利用遥感图像进行现场地质解译是间接确定地质界线的重要手段。

利用地球物理、地球化学资料亦可在某些情况下有助于地质界线的判断或确定。但实际情况往往比较复杂，因此，要多种手段结合，相互验正，以保证地质界线确定的可靠性。

(2) 地质界线的标绘。前述有关地质调查类型及图件编制中已涉及到此方面内容，现综合不同比例尺的技术要求给予概括。即在填图过程中，在图上仅填绘按比例尺折算直径大于 2mm 以上的闭合地质体和宽度大于 1mm、长度大于 3mm 以上的线状地质体。如果小于上述限度，但具有特殊意义的地质体或断层，可按比例尺夸大至1mm×3mm表示在图上，但要注意尽量反映其真实的平面形态和产状。

地质界线的标绘应在现场据其出露情况直接填绘在地形图上。采用方法是以观察点为基点，测量地质体产状后，根据"V"字形法则将地质界线沿地层走向向两侧延伸1/2线距。若露头好且视野开阔的地段，除由观察点控制的一段地质界线外，还可选择地质构造转折部位、地质界线通过山脊及沟谷的位置等处，按目测标定观察点的方法遥测一些辅助控制点，然后根据"V"字形法则将整段地质界线连绘出来。

四、标本和样品的采集

标本、样品的采集和处理是区域地质调查过程中一项不可少的工作。需要采集的类型繁多，其总体要求是：采样目的要明确，采样应具有代表性和真实性，不可随手拈来来源不明的岩块；一般要采取新鲜岩石；认真进行标本样品的编录工作。前述有关章节已对某些特殊者的采集要求给予提示，现根据教学实习特点对以下几种标本的采集工作给以简要说明。

1. *岩矿鉴定或陈列标本*

（1）采集要求。

沉积岩标本。对调查区内各时代地层剖面的每一种代表性岩石，均应按层序系统采集，有沉积矿产的地段和沉积韵律发育地段应加密采集。

岩浆岩标本。按岩性、相带、脉岩和填图单位采取代表性的和过渡类型的标本。另外，对析离体、捕虏体、蚀变带、接触带、烘烤边、冷凝边、岩体中穿插的脉岩、与岩体接触的各种围岩等亦应采集标本。

变质岩标本。按变质程度系统取样，应分别对不同夹层、混合岩（分基质和脉体）系统采集鉴定标本。

矿石标本。据其类型、组分、结构构造、围岩蚀变、矿石和围岩的关系等特征进行采取，同时还应采集供做矿相学研究的光片标本。

（2）标本的规格。陈列标本一般不应小于9cm×6cm×3cm；供鉴定用者一般不应小于6cm×4cm×3cm；对于矿物晶体、化石、构造等标本则规格不限。尽可能采取新鲜岩石，但可适当保留少许风化面，以便全面再现原始的野外直观特征。

（3）编录和整理。应对采集的标本立即填写标签、登记和编号。在记录簿中亦应注明采样位置和编号。系统采送的鉴定样品应附剖面图或柱状图。送出的样品应留副样以便核对鉴定成果。

标本和标签应当一起包装，注意不使标签损坏或散失。对于特殊或易磨损者要用棉花或软纸包垫。任何薄片、光片在磨制前都应根据需要在标本上画线示出切片部位及范围。

2. *古生物化石标本*

采集的要求及注意事项详见地层学有关章节。

3. *岩组分析定向标本*

此种标本的采取，是为了在室内仍能恢复其野外产状，以及进一步观察测定如线理、面理等构造要素，据此还可确定切制薄片的方位以及测定薄片本身的产状。采取前先要对标本定向，即要求在露头上先准确标明定向符号而后进行采取。根据不同的地质条件采用不同的定向方法：

（1）产状要素法。野外选择如层面、片理面、断层面及其他与矿物定向排列直接有关的结构面视为定向面，在其上量画出产状要素符号，并在记录中注明，同时亦应示出顶、底面。采取构造定向标本应尽可能测定 b 轴的指向。

(2) 自然方位法。若一些结构面显示不清的块状构造岩石，采样时首先在固定的基岩露头上修凿出 20cm×20cm 见方的平面，然后在其上量画出东西、南北方位线，同时测量附近的岩层或其他面状构造的产状要素以供参考。

上述量画的定向线，其精度误差不得超过 1°，可在岩石上平行地画出 2～3 条方向线以保证其精度和质量要求。所有定向标本均不得进行击打修饰。

第四节　区域地质报告的编写及要求

正规地质报告编写内容和格式按相关规范要求进行。现针对教学实习提出的要求是，每个学生独立完成一份地质报告，约一万字。地质报告所附图件有地层实测剖面图、综合地层柱状图、实际材料图、地质图和构造纲要图等。图件的格式和内容要符合规范要求。同时还应有素描图、地质信手剖面图等若干插图，力求使地质报告文图并茂。各部分的基本内容是：

第一部分　绪　言

实习区的地理位置、行政区划；道路交通、自然经济地理、工农业状况；实习的目的、任务和内容；起止时间、组队和分组情况及指导教师；完成的工作量（地质调查面积、地质观察路线及观察点数，实测剖面长度、独立填图面积、标本和样品数量等）及工作成果。

第二部分　地　层

地层概述，以“组”为单位由老至新对其分布、岩性及其岩石组合、化石情况、岩相及厚度变化情况、地层接触关系等进行描述和总结。若有含矿层则应详加说明。要充分利用实测地层剖面图、地质图及不同区段的信手剖面图等资料。实习区部分地层之岩性已发生变质，其变质作用和变质程度亦不同，可按时代对其简述。

第三部分　侵入岩

实习区岩浆岩活动概况，主要侵入体的岩石类型、活动期次、各岩体的相互关系及接触变质情况。侧重对房山复式岩体进行描述，其内容包括展布位置、平面形态、面积、岩相带的发育及划分（或单元的划分与归并）、复式岩体的构成、侵入时代、与围岩的接触关系、接触热变质带的分布、岩浆热动力变形及岩体侵位机制等。

其他小型岩体及岩脉仅作概略描述。

第四部分　构　造

实习区大地构造位置、主要构造类型发育情况、区域构造线的展布、构造形成时代及序次等。对主要构造可按构造类型如褶皱构造、断裂构造分类述之；亦可按构造区段如东区断裂构造为主、西区褶皱构造为主分区述之；还可按构造期次或序列对早期构造、主期构造和晚期构造分别描述其特点。

第五部分　地质矿产及其他资源环境概况

分别概述各主要地质矿产的位置、矿床类型、矿石特点、矿体产状、规模、找矿标志、矿床成因、找矿远景等。其他如土地资源、地学旅游资源和地下水资源等概况及资源环境评价视收集资料情况灵活掌握。

第六部分　地质发展史

在综合分析实习区各方面资料基础上，将各种地质事件联系起来划分地质发展演化序列，由老至新对不同阶段的地质演化特征进行概要总结并简要阐明各阶段形成的环境和大地构造性质。

第七部分　结　语

对整个实习过程进行总结评价，包括主要成绩、新的认识、新的发现和本人在思想上、业务上的收获和体会。简述实习中存在的问题和不足，并对今后教学实习工作提出建议，最后应对有关单位和工作人员表示谢意等。

另外尚有几点需要说明，其一，若在实习过程中采用现代高新技术并利用计算机辅助填图系统开展工作者，应完成各类数字化地质图件和提交电子地质报告；其二，学有余力者可对某些感兴趣的地质问题进行深一步的专题研究，其成果可在地质报告中单列章节论述；其三，变质岩可视变质类型分别归于相应的地层（如区域变质岩）、侵入岩（如接触变质岩）和构造（如动力变质岩）等相关部分，也可独列一章对不同成因的变质岩类分别描述；其四，上述报告提纲在成文时应按章节编排，但绪言、结语两部分可不单独设章排序。

第十章　高新技术在野外地质中的应用

为了加强高新技术的应用，从2000年起，周口店基地实现了现代高新技术与传统野外地质方法相结合的实践教学模式。以国家地质学理科以及工科基地班为试点单元，以组为单位配备笔记本电脑（Notebook Computer）、全球定位系统（GPS——Global Position System）、数码相机（Digital Camera）、便携式现场分析测试仪（Portable Analyzer）和对讲机。一改以往地质工作者只用三大件（锤子、罗盘、放大镜）且完全靠手工操作的局面。实现了从野外定点、地质素描到地质图件制作等环节直接使用数字技术进行工作的流程。经过近三年的实验和实践，业已将高新技术所涉及的教学内容逐步推广普及到所有地质类专业。为了使参与实习的学生能更好地理解和掌握这些新技术，特把与之有关的知识和注意事项介绍如下，供同学们实习时参考。

第一节　GPS的原理及应用

一、概　述

目前GPS已广泛应用于交通运输、军事和野外作业等各个领域。如交通中心可以通过GPS系统动态了解车辆、轮船、飞机的位置，随时对其进行调度，一旦出现紧急情况即可获得准确位置并采取相应措施；同时也可以利用GPS进行导航，顺利到达目的地。GPS在军事上应用更是越来越广泛。1999年北约轰炸南联盟时GPS发挥了不小作用，如侦察兵、飞行员、导弹的定位导航都是依靠高精度GPS，其精度达厘米级甚至达毫米级。在地学研究领域的全球或区域尺度上，利用高精度GPS可以监测板块移动和大陆隆升及水库大坝是否发生位移。周口店实习基地地质野外作业用的是中等精度的GPS接收机，主要用途为：定位、导航，其单机定位误差为15～25m RMS，甚至更大，受美国防部制定的选择有效政策（S/A——Selective Availability）控制，S/A关闭时精度高，S/A实施时精度降低。1996年3月30日美国总统克林顿宣布，为促进GPS民用的发展，将逐渐取消美国国防部制定的选择有效性政策，GPS的单机定位精度将逐渐提高（据网上消息，2000年5月美国已取消S/A）。1996年Ashtech公司开发了一种先进的技术，生产出GG24和GGRTK接收机，同时接受GPS和GLONASS（俄罗斯的GPS卫星系统）两个系统的卫星的信号并进行处理，使得GPS的定位精度不完全取决于美国的GPS卫星系统和SA政策。

发展实时差分技术可使定位精度达到厘米级。差分有许多方法，其中一种是将一台GPS接收机安置在基准站上进行观测，据基准站已知的精密坐标，计算出基准站到卫星的距离的改正数，并由基准站实时地将这一改正数发送出去。用户接收机在进行GPS观测的同时，也接收到基准站的改正数，并对其定位结果进行改正，从而提高精度。

为了打破美国对GPS系统的垄断，2002年3月欧盟决定研究生产自己的GPS系统——伽俐略系统，计划由30个卫星组成，定位精度达1m，2008年建成。

在目前情况下，GPS定位优势体现在地物标志不明显的地形平缓地区，如海洋、沙漠、黄土高原和平原地区。

1. 基本原理

GPS 接收机装好电池，开机，当接收到 3 颗以上卫星后，GPS 就进行计算，得出所在位置的经纬度，并由卫星状态图自动转换到“定位画面”，按定点按钮就可以记录此点的坐标，并自动给出数字序号作为点号供保存用。若使点意清楚起见可以修改点号。为了提高定位精度，可以使用 AVERAGE 求平均功能，在单点定位时，可将所存数据连续平滑，使单点定位精度更高。一般单机能够存贮 500 个点甚至更多，可以通过通讯接口和软件下载到计算机上进行处理。如果要得到与地形图相对应的直角坐标，选择 USER GRID（用户自定义网格坐标），需先输入所在位置的投影带（三度带或六度带）的中央子午线经度。六度带自东经 0°起，由西向东每隔经差 6°划分为一带（图 10-1）。带号 $n=\mathrm{Int}((x+6)/6)$；如 114°15′其带号应为 20。其实 1∶5 万地形图上的坐标就包含带号，如 1 923 680，前两位数字“19”为带号。带中央子午线经度 $L_0=6n-3$，20 带的中央子午线经度应为 $6\times20-3=117°$。根据周口店地区的地理位置，应属 20 带，为 GPS 设置的中央经度应为 117°。三度带自东经 1°30′起，由西向东每隔经差 3°划分为一带。$n=\mathrm{Int}((x+1.5)/3)$，带中央子午线经度 $L_0=3n$。在大比例尺（1∶10 000 或更大）测量时用三度带。周口店地区在三度带中属 39 带，GPS 的中央经度也为 117°。

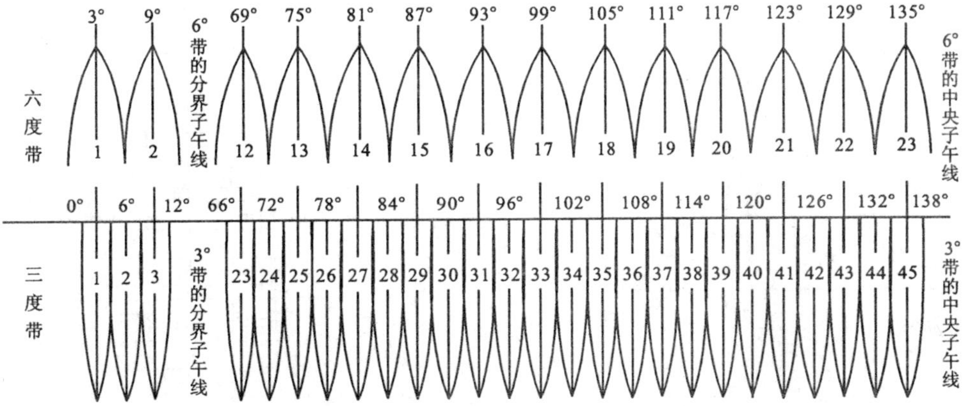

图 10-1　六度带和三度带划分示意图（据武汉地质学院测量教研室，1978，改编）

2. 坐标转换

因为地球是一个球体，用平面表示时需要投影变换。投影变换有很多种方法，如世界地图一般采用等差分纬线多圆锥投影，中国地图采用等积圆锥投影（$Q_1=25$，$Q_2=47$）；而我们用的 1∶5 万和 1∶10 万及 1∶1 万的地形图是采用高斯-克吕格投影。高斯-克吕格投影是用数学的方法解决球面展开平面的矛盾，其特点是：在很小的范围内，球面上的图形投影到平面后，图形的角度不变，即投影前后的图形是相似的。设想用一个圆柱横套在地球椭球的外面，并与设定的中央经线相切，将球面投影到柱面上，柱面展开就是一平面。投影结果有以下特点：

（1）中央子午线（central meridian）POP_1 的投影为一条直线，且投影后长度无变形，其余经线（longitude）为凹向中央子午线的对称曲线。

（2）赤道（equator）的投影也为一条直线，其余纬线（latitude）的投影是凸向赤道的对称曲线。

(3) 经纬线投影后，仍然保持互相垂直的关系，即投影前后角度无变形。

(4) 中央经线和赤道的投影为互相垂直的直线，成为其他经纬线投影的对称轴（图 10-2）。

高斯-克吕格投影其角度无变形，但在长度变形上，除中央子午线无变形外，离中央子午线愈远其变形愈大。变形过大对于图形表达不利。为控制变形，采用分带投影的方法，在比例尺 1∶2.5 万～1∶50 万图上采用 6°分带，对比例尺为 1∶1 万及大于 1∶1 万的图采用 3°分带。由于中央子午线和赤道投影后为一相互垂直的直线，从而建立平面直角坐标系统。为便于应用，在每一投影带内，引用一系列平行于 X 轴和 Y 轴的直线，而组成直角坐标网，其间隔一般为 1km 或 2km，故称公里格网。其横坐标 Y 位于中央子午线以东为正，以西为负；纵坐标 X 位于赤道以北为正，以南为负。我国领土全部位于赤道以北，故 X 值均为正。为了避免横坐标出现负值，我国规定将各带纵坐标轴西移 500km（图 10-3），即将所有 Y 值加上 500km，同时为了能从点的坐标值上直接说明其所属的投影带，而在 Y 坐标值前再加各带带号，以 18 带为例，原坐标值为 y=243 353.5m，西移后为 y=743 353.5m，加带号通用坐标为 y=18 743 353.5m。值得指出的是，这里的 x、y 坐标与通常坐标系的 xy 方向相反。

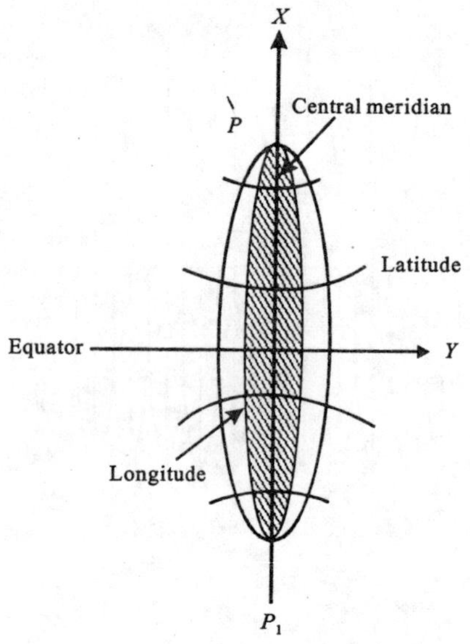

图 10-2　高斯-克吕格投影结果示意图

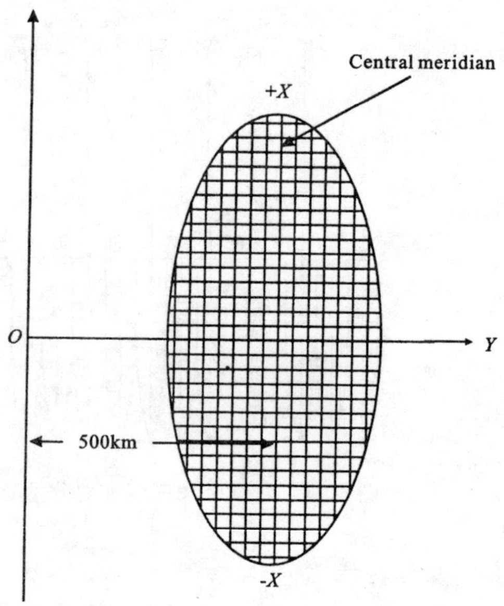

图 10-3　横坐标西移 500km 示意图

（据武汉地质学院测量教研室，1978，改编）

多数 GPS 具有地理坐标和直角坐标系统，只要正确设置即可获得直角坐标。如果 GPS 没有设置直角坐标系统功能则需要坐标转换，可以利用地理信息系统中函数进行转换（如 MAPGIS 或 MAPINFO、ARC/INFO、ARCVIEW），也可以根据上述原理自己编程或查表进行转换。

值得注意的是坐标系转换过程中，椭球参数的正确选择很重要，否则会得到不正确的结果。如黄院 281 高地（三角架所在地）的 GPS 实测坐标为 115°54′09″E，39°41′22″N；消除系统误差后为 115°54′07″E，39°41′22″N。在 1∶1 万地形上量出横坐标为（39）405 800，纵坐标为 4 395 711。如用 WGS84 坐标系转换则得到 405 856 和 4 395 623，与图上点位相比误差较大，若用北京 54 坐标参数转换则得到 405 806.7 和 4 395 701.7，误差则小于 10m。我国1952 年以前采用海福特椭球（该椭球 1924 年被定为国际椭球），从 1953 年起，开始改用克拉索夫斯基椭球，相当于北京 54 坐标系。1978 年我国决定采用国际大地测量协会推荐的“1975 年基本大地数据”中给定的椭球参数，并以此建立了我国新的、独立的大地坐标系，形成了1980 年的西安坐标系。而 GPS 缺省参数是 WGS84 椭球数（表 10-1）。

表 10-1　不同年代地球椭球体参数表

椭球体名称	年	长半轴 a	短半轴 b	扁率 e	备　注
白塞尔	1841	6 377 397	6 356 079	1/299.15	
克拉克	1880	6 378 249	6 356 515	1/293.5	
克拉索夫斯基	1940	6 378 245	6 356 863	1/298.3	北京 BJ-54
第十六届 IUGG	1975	6 378 140	6 356 755	1/298.26	西安 80
第十七届 IUGG	1979	6 378 137	6 356 752	1/298.257	WGS84
第十八届 IUGG	1983	6 378 136	6 356 751	1/298.257	

周口店实习区所在 1∶5 万图幅坐标范围为左下角 115°45′E，39°40′N；右上角 116°00′E，39°50′N。图面外框用短线标出了每一分的间隔，用虚线连成网格，就可以大致在图上找到相应经纬度数据的位置。如要精确标出，还可以进一步细分经纬网格（图 10-4）。

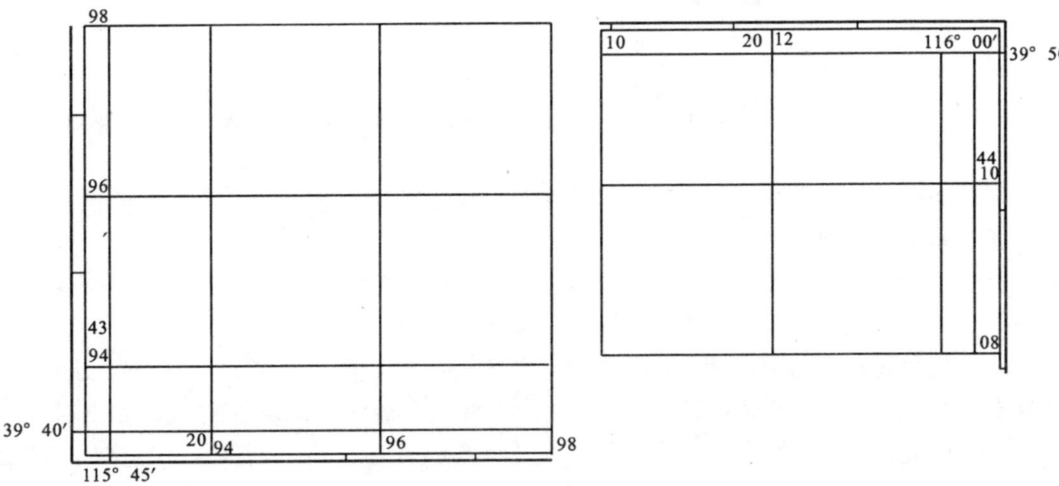

图 10-4　1∶5 万周口店幅地形图经纬度及公里网划分

二、定点和导航功能

1. GPS315 操作程序

装上电池，其结构如图 10-5，两节 5 号电池可连续工作 15h。

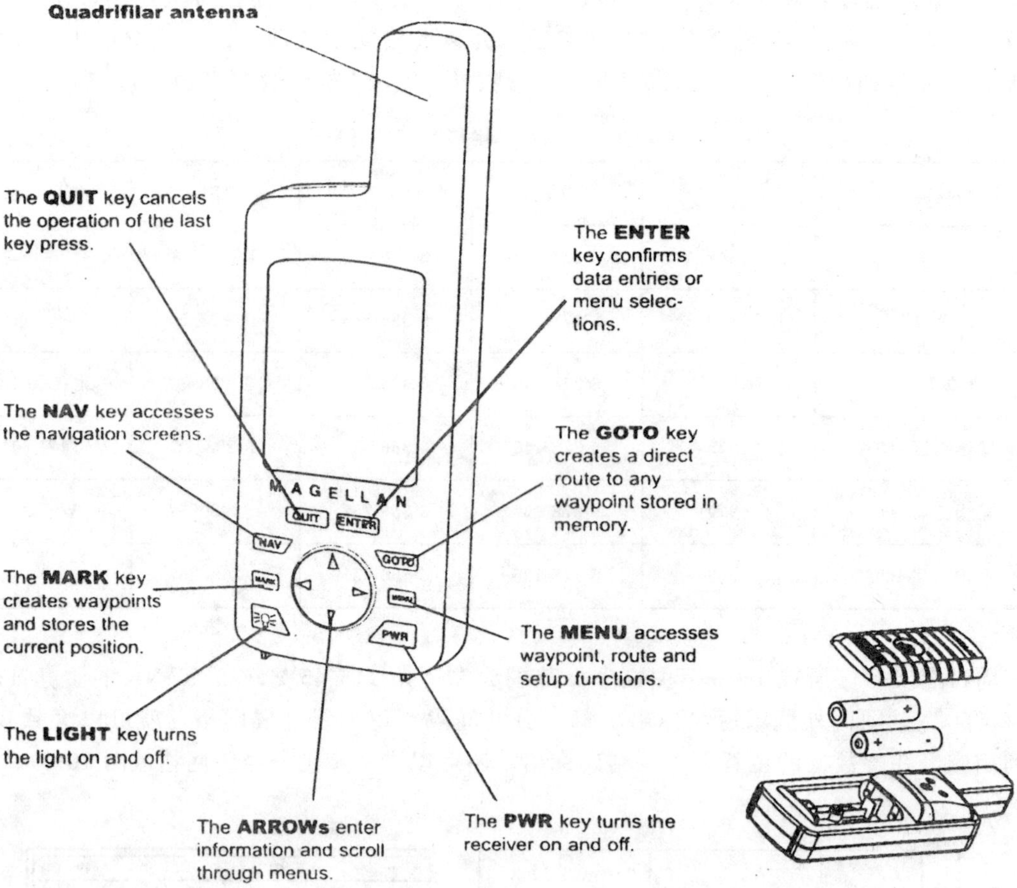

图 10-5　GPS315 功能键示意图

在开阔条件下，打开电源 PWR 键，并按下 ENTER 键，否则 10s 后自动关机，正常情况下开机后呈图 10-6 状态。

初始化：初始化不是每次都要做的工作。只有当清除了内存，或关机状态下位移 300 多英里后开机才需要进行初始化工作。

手动初始化过程：打开电源 PWR 键，并按下 ENTER 键，按 MENU 键选中 Setup→初始化状态（Initialize）→选择地区 Select region（Asia East→China NE，China SE，China W，Hong Kong），周口店地区可选择 China NE→高程 Elevation→时间 Time（08：05AM）→日期 Date（01JAN99）→陆地还是海洋 Land（Marine）按下 ENTER 键：

关闭导航屏幕：按 MENU 键选中 Setup→Select NAV SCREENS（选择 STATUS 和 POSITION，关闭其他 7 个）；

选择坐标系：按 MENU 键选中 Setup→Selecting a Coordinate System（PRIMARY→

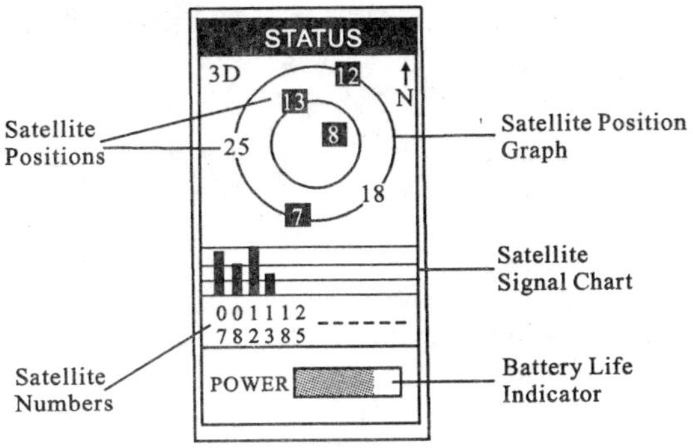

Satellite Positions	相对于操作者的卫星位置
Satellite Numbers	卫星序号对应卫星信号强弱的卫星
Satellite Position Graph	卫星位置图，其中两圈表示卫星高度，外圈为水平180°角，内圈为45°角，圆中心为90°角
Satellite Signal Chart	卫星信号强度，显示黑色强，浅色弱
Battery Life Indicator	电池能源指示，示意使用剩余时间

图 10-6　GPS 状态屏幕

LAT/LON→DEG/MIN/SEC)，缺省情况下 PRIMARY 选择 LAT/LON（经纬度），SECONDARY 选择 UTM：

Setup→Selecting Map Datum（PRIMARY→WGS84）；选择椭球参数；

Setup→Selecting Elevation Mode（3D）；选择高程模式；

Setup→Selecting Time Format（LOCAL AM/PM）；时间格式；

Setup→Selecting NAV Units（KM/KPH——适合于美国以外地区陆地使用）；

Setup→Selecting North Reference（MAGNETIC）；磁北级；

Setup→Selecting Light Timer（Always on）；夜光灯；

Setup→Selecting the Beeper（KEYS/ALARM）；鸣笛；

Setup→Selecting Personalize（Off/On 是否存入你的名字）；

Setup→Selecting Clear Memory；清除内存；

Setup→Selecting Baud Rate（1 200/4 800/9 600/19 200）；接收波长。

GPS315 设置直角坐标系（WGS84 转 BJ-54 坐标）：

MENU→SETUP→COORD SYSTEM→PRIMARY→USER GRID→TRANS MERC

A：LATITUDE OF ORIGIN 00.00000N

B：LONGITUDE OF ORIGIN 117.000 00E（为 6°分带的第 20 带的中央子午经线，视具体位置而定）

C：SCALE FACTOR 1.000 000 00

D：UNITS TO METERS CONV. 1.000 000 00

E：FALSE EAST. AT ORIGIN 00 500 000.0（横坐标西移 500km）

F：FALSE NORTH. AT ORIGIN 00000000.0

MAP DATUM→PRIMARY→USER→

LCL TO WGS84 DELTA A（−0 108.000M，两个坐标系椭球体长轴 a 之差，6 378 137−6 378 245=−108）；LCL TO WGS84 DELTA F（X 10，000）两个坐标系椭球体扁率 e 之差（0.006 694 479 246−0.006 693 421 6）＊10 000=+0.010 666；LCL TO WGS84 DELTA X 0000.0M；LCL TO WGS84 DELTA Y 0000.0M；LCL TO WGS84 DELTA Z 0000.0M

2. 定位

定位过程：在户外开阔的天空下，接通电源，进入状态屏幕显示进展情况，当捕获并锁定 3 颗以上的卫星信号时，手持机立即计算出当前的位置，并自动将画面切换到定位屏幕，将定位数据显示于该画面中（图 10-7）。（手持机静止状态时定位屏幕内有关数据表示平均值，一旦手持机开始移动即自动变换成实时数据）。

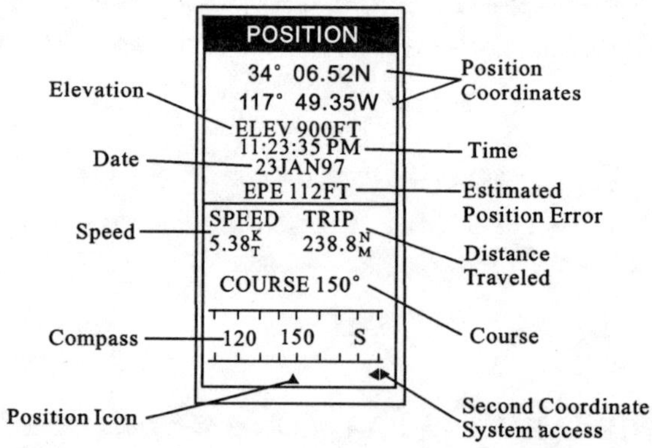

Elevation	海拔高度
Date	日期
Speed	速度
Compass	罗盘指示
Position Icon	在罗盘上位置
Position Coordinates	定位坐标
Time	时间
Estimated POsition Error	定位误差
Distance Traveled	行程
Course	进程
Second Coordinate System access	第二坐标系统转换

图 10-7　GPS 定位屏幕

定位精度：GPS 定位数据与已知地形点（测量控制点或地形地物标志明显点）可以判断定位精度。从表 10-2 数据可以看出，纬度数据非常一致，而 GPS 经度数据比实际地形数据系统偏高 2″左右。扣除系统误差后，GPS 定位精度可以满足要求。

保存航点（Saving Your Waypoint）：

任何定位点都可以人为定义一名字存入内存，像这样被存入的定位点称为航点。保存航点的方法是利用航点键（Mark）功能逐步实施，依据取名方式来划分，有下述两种方法。

表 10-2　GPS 与地形控制点坐标对比表

点　号	1	2	3	4
GPS 点	N39°40′56″ E115°54′03″	N39°41′8.5″ E115°54′03″	N39°41′22.3″ E115°54′8.7″	N39°41′27″ E115°54′14″
地形图控制点	N39°40′56″ E115°54′01″	N39°41′8.5″ E115°54′01″	N39°41′23.6″ E115°54′7.2″	N39°41′27.6″ E115°54′10.8″

A. 由手持机自动命名存储航点：

对已测出的定位点	MARK 保存	接受自动提供名称	SAVE 保存

B. 由操作者人为取名存储航点：进入 MARK 画面后（图 10-8），用上下左右键＋确认键设定航点名，SAVE 保存（本机可存储 500 个航点，并支持随时查询 MENU LANDMARKS ENTER）。若要编辑航点，可选择航点后，再按 MENU，选择 EDIT。若要输入一已知航点，可采用按 MARK 再按 MARK，然后再输入数据和航点名。

MARK
LMK　　010 39°41′22″N 115°54′09″E 285M 09：20：18AM 15AUG00 CREATE MSG SAVE LMK SAVE TO RTE

图 10-8　航点参考画面

删除航点（Deleting a User Waypoint）：

MENU—Selec—WAYPOINTS—ENTER—选择分类—ENTER—选择航点—Select—DELETE—WPT—ENTER—Select—Yes No—ENTER。

建立单点导航：

从当前位置到任意航点直达航线称为单点导航。利用单点导航键（GOTO）功能按下列步骤逐步进行。其他画面 GOTO 选择分类（MOB 机动点、USER 用户点、MAJOR CITIES 主要城市、LARGE CITIES 大城市、MED CITIES 小城市），ENTER 确认分类，选择航点 ENTER 确认。我们可以把基地点坐标存入 GPS 中，无论走到哪里，都可以利用 GOTO 指示我们回基地的方向和直线距离。

导航线路：

Creating a Man Over Board (MOB) Routes

Creating a Backtrack Route

建立多段导航线路（Creating a Multi-Leg Route）：（例如：从基地—孤山口—十渡）

MENU Routes ENTER Empty ENTER Create ENTER User ENTER Gu01 ENTER User sh01 ENTER Save Route

导航操作：

按导航画面导航

（1）按 GOTO 键，显示航点画面。

（2）用选中要驶向的航路点编号或名称是反白。

（3）按 ENTER 键确认后，GPS 自动转至导航画面，并计算出到现在（TRACK）的方位和所走里程（TRIP）等导航参数。

在导航画面中，GPS 12C/GPS 12XLC 行驶的偏航指标中，其中箭头方向指向要驶往的目的地方向，正上方表示航迹方向，所以偏右时应向右修正航向，偏左时应向左修正航向。一般 GPS 中有罗盘指示画面和高速公路画面供选取：①按 PAGE 键数次至 COMPASS（罗盘）或 HIGH WAY（高速公路）画面，如图 10-9，按 ENTER 键出现如图示菜单，想驶往哪一航路点，按上下选择至反白，再按 ENTER 键即选择了自己的目的地。②在 COMPASS 画面中，最上方为现在正驶向的航路点名称，如图 CAMP。

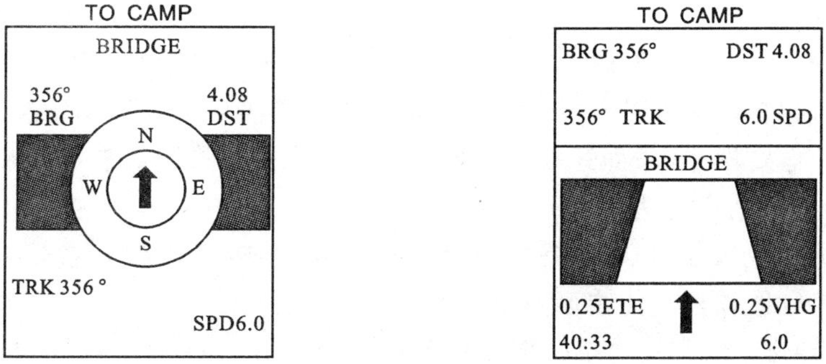

图 10-9 罗盘导航和高速公路导航画面

左上方显示，BRG（现在位置到正驶向目标的方位）信息、DST（距离）信息，右下方为TRK（航向）、SPD（实时速度）信息，中间为罗盘显示，箭头代表偏差角度，箭头指向正上方表明角度无偏差。

③在 HIGH WAY 画面中，上部显示四种信息，BRG、DST、TRK、SPD，内容同上。

左下方为 ETE（预计到达目的地所需时间），右下方 VMG（沿计划航线上的速度）信息，中间为高速公路画面。

④如果画面出现选择 HIGH WAY 和 COMPASS 画面，而不想改变时可按 PAGE 键即返回原画面。

按航迹画面导航：

按 1 次或数次 PAGE 键，出现航迹画面（图 10-10）。

（1）调整画面比例尺。按→键移光标至顶部左侧，按 ENTER 键，再按左右键，可变换画面比例尺（0.1～200km，共 12 档），变换到需要的比例尺后按 ENTER 键确认。

（2）移动画面。按→←↑↓键就可移动画面，观看周围航迹及目的地情况。此时，按 QUIT 键可退出“移动画面”状态。

例如在新疆戈壁滩、陕北黄土高原地区开展区域油气地球化学采样工作，先在室内设计好采样点位，并把直角坐标转换为经纬度输入 GPS（如果 GPS 有直角坐标系统则不用转换），实际工作过程中，用 GPS 指引到采样点附近，采样并准确定位。

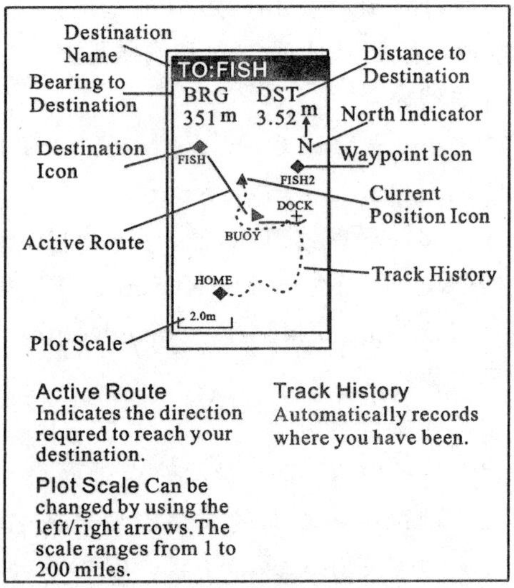

图 10-10　航迹画面

三、接口设定

GPS 的输入/输出共有五种方式：NONE/NONE、NMEA/NMEA、GRMN/GRMN、RTCM/——、RTCM/NMEA。

NMEA/NMEA：以国际标准的 NMEA 0180、0182、0183（1.5/2.0）等协议输出卫星定位的有关信息。

GRMN/GRMN：GPS 拥有 GARMIN 自己的专用传输协议，可和其它类型的 GARMIN 接收机相互传送航路点、航线乃至卫星历书等信息，进行上下载。

RTCM/………：接收 RTCM SC-104 2.0 的实时差分校正数据，波频率从 300～9600 可任意调节。GPS 差分后精度可达 1～5m。

RTCM/NMEA：接收 RTCM 差分信号的同时输出 NMEA 数据，并可调节 GARMIN 的 GBR21 信标接收的频率、传输速率等参数。

为便于熟练操作，将常用术语及缩写列于表 10-3 中。

表 10-3　GPS315 手持机常用术语及缩写

常用术语	中文含义	Land（陆地）	Marine（海洋）
Speed	速度	SPD	SOG
Bearing	方位	BRG	BRG
Distance	距离	DST	DST
Heading	航向	HDG	COG
Velocity Made Good	设定速度	VMG	VMG
Course To Steer	行程	CTS	CTS
Estimated Time of Arrival	到达时间	ETA	ETA
Time To Go	剩余时间	TTG	ETE
Cross Track Error	偏航差	XTE	XTE
Recorded Position	定位记录	Land/Mark	Waypoint
Units of Measure	测量单位	MILES/MPH or KM/KPH	NM/KNOTS

第二节　计算机成图技术

众所周知，传统的地质图件是以手工清绘而成。绘制和清绘过地质图的人都不会忘记，一笔一笔地勾描是多么辛苦！不仅仅是费时，还要具有一定的技巧才能完成。最让人难以接受的是，当快完工时出现偶然错误，要么在完美的图件上留下难看的刮痕，要么从头再来。而用计算机成图不仅可以省去上述烦恼，还可以进行定量化处理，如建立地图数据库、地质单元的空间分析等等。

目前可用于计算机成图的软件比较多，常用的有 CorelDraw，AutoCAD，Arc/Info，MapInfo，MapGIS，Arc View，Photoshop，Photostyler。CorelDraw，AutoCAD 在地质成图中主要用于图件的矢量化，把位图变成矢量图。因为位图是由点阵组成的（*.bmp，*.tif，*.jpg，*.gif 等），不仅存贮空间大，而且不能单个图元编辑、修改，图形放大后会失真，从图 10-11 中可以看出，小图放大以后线条变得不圆滑。而矢量图则不一样，它考虑线段的起点和终点坐标，并用函数描述曲线，所以存贮空间小，且可以任意修改单个图元，图件放大、缩小不失真（图 10-12）；Arc/Info，MapInfo，MapGIS 是著名的地理信息系统（GIS）软件，它们不仅可以进行图件的矢量化，还可以进行空间数据管理，进行空间分析。Photoshop，Photostyler 等是用来处理图像的软件。总之，只要在野外采集必要的资料（点位坐标、产状要素、界线性质等）就可以用计算机完成图件编制工作。

一般地讲，进行计算机成图要注意几个问题：

（1）建立自己的工作目录，把编辑的文件放入工作目录中，不要与系统文件或其他文件混在一起，以便于管理。要养成对重要文件经常备分的习惯。

（2）图件内容建立图层管理，以便于后续编辑和调用方便。如我们可以把地形等高线放入图层 1，地名、地物标志放入图层 2，地层界线放入图层 3，……。也可以进一步细分，把不同方向的断裂放入不同图层、不同期次的岩浆岩放入不同图层。总之，图层分类越科学，对后续使用越方便、有利。

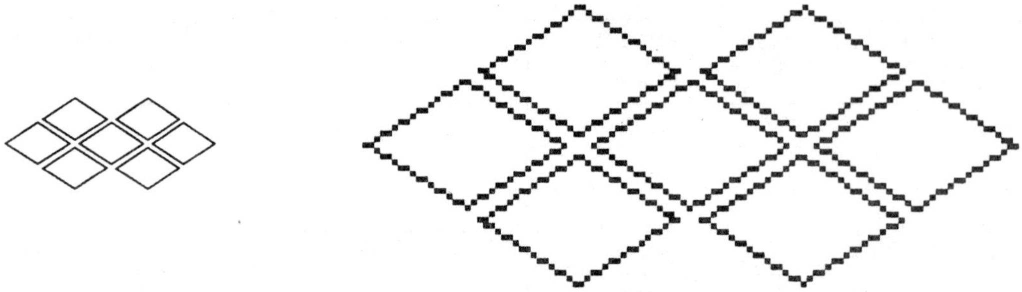

图 10-11　位图放大效果图

图 10-12　矢量图放大效果图

(3) 规范化图例,最好使用国标要求的线条、颜色和花纹,其中颜色是用 RGB(R 为红色,0～255,G 为绿色,0～255,B 为兰色,0～255)定义的。因为 RGB 模型是以光的颜色为基础,所以越大的 RGB 值对应的光量也越多。因此,较高的 RGB 值会产生较淡的颜色。如果这三个颜色值都为最大值,则产生的颜色为白色。因为 RGB 模型是通过增加光来产生颜色的,所以它被称为加色模型。如果把显示器上看到的颜色再现到纸上,那么将是用墨色而不是用光来再现他们。在纸上再现颜色最普通的方法是把青色、品红色、黄色和黑色的油墨组合起来。即用 CMYK[C 为青色(cyan),M 为品红色(magenta),Y 为黄色(yellow),K 为黑色]定义的。通常,构成 CMYK 颜色模型的这四种颜色,每一种都以(从 0～100)百分比的形式来描述。

通过反射某些颜色的光并吸收其它颜色的光，墨就可以产生颜色。黑色的墨吸收的光更多。因为 CMYK 颜色模型是以墨的颜色为基础的，所以百分比越高的颜色越暗。理论上，100%的青色、100%的品红色和 100%的黄色组合会产生黑色。实际上，为了弥补墨的缺陷，黑色墨必须被加到颜色模型中。因为 CMYK 颜色模型是通过吸收光来产生颜色的，所以它被称为减色模型。

RGB 和 CMYK 颜色模型都是以颜色再现的实际方法为基础。另外还有其他颜色模型，它们不基于颜色再现方法，却提供了操作颜色的不同方式。这里除上述颜色模型外还有几种可供使用的颜色模型。其中最常用的是 HSB 颜色模型。

HSB 颜色模型基于色度(Hue)、饱和度(Saturation)和亮度(Brightness or Lightness)。色度是基本的颜色。饱和度是颜色的浓度,或者说是与灰色的差距。亮度是颜色中包含白色的成分。饱和度为 0 的颜色是灰色(存在于从白色到黑色之间)。亮度为 0 的颜色是黑色;亮度为 100 的颜色是白色。因为 HSB 颜色模型不基于混合颜色,所以,使用这种模式可能更易于找到理想的颜色。

对定义好的线条、花纹、颜色和图元记录在系统库文件之中，应作好备分，否则系统改变就会丢失。如 MapGIS 系统中，图案库：FILLGRPH. LIB，线型库：LINESTY. LIB，子图库：SUBGRAPH. LIB，颜色库：COLORLIB. LIB 和 PCOLOR. LIB。不要使用定性的颜色，如浅蓝，各人画出的结果不尽一致。

（4）界线处理要遵循“地质图制作”要求。同时对同一图层的图元要注意先后顺序，先画母区，后画子区。这样充填颜色后不致于发生遮盖。对于要充填颜色的封闭图元的共用边，有的软件需要画两次（图 10-13）。一般情况下先后画的线很难完全重合（a），即便是放大后进行细致的调整也不能令人满意。在 CorelDRAW 中可以利用调整先后次序或修剪功能解决此问题。调整次序只是用一个图元盖住另一个图元（b），如果是分别显示就会把不正确的边暴露出来（c），如果分开来看，其两条共用边不平行（d）；修剪则产生两个完全一样的共用边（e），分开显示两个图元也都是正确的，其共用边是完全平行的（f）。在 MapGIS 中对于要充填的图元，每两个或两个以上线端员构成的结点最好不要相间，应相接或相交。再利用自动剪断线、节点平差、删除微短线、线转弧、拓扑重建，就可以自动充填颜色。再逐一修改比较省时省力。

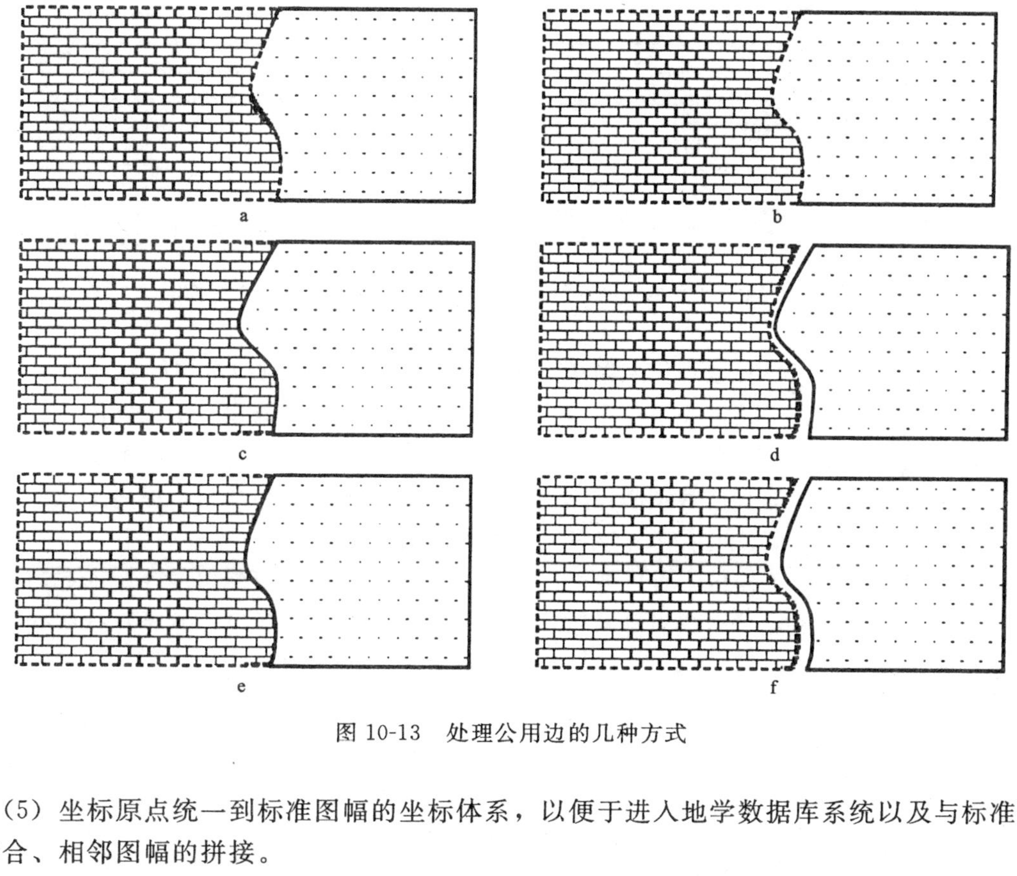

图 10-13　处理公用边的几种方式

（5）坐标原点统一到标准图幅的坐标体系，以便于进入地学数据库系统以及与标准图框相套合、相邻图幅的拼接。

以上介绍的是地质图件矢量化所需注意的问题。是编者结合以往地质成图中比较常见的问题的体会。因为用的是独立的商业软件，它们应用于地质图制作各有其优点，也有其考虑不到的地方。为此，中国地质大学 1999 年专门立项，由中国地质大学（武汉）资源信息研究所吴冲龙、刘刚等负责研制开发“计算机辅助区域地质填图实习系统”。该软件系统实现从野外地质观察、定点、记录等数据采集到室内成图、资料处理一体化。

该系统大致可分为：

（1）数据采集系统，以数据库作为其核心，结合地质观察描述的习惯和国家标准要求，以简洁的方式记录野外现象，包括点位、点性、露头类型和地质现象的文字或数字或代号或素描或照片记录等（图 10-14）。

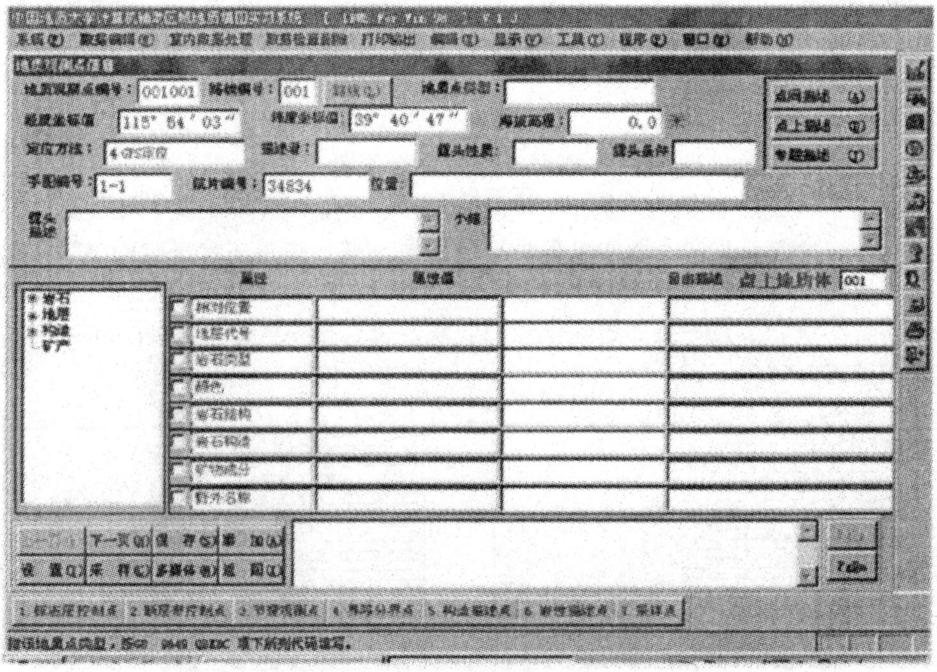

图 10-14　计算机辅助区域地质填图系统的野外数据录入界面

（2）资料整理系统，在地理信息系统（Arcview）平台上，处理常用的地质图件。该平台与上述数据库具有动态连接关系。可以根据图上的位置查找数据库中记录的内容，也可以根据数据库中的点位连接到图上。可以完成实际材料图、地质图、构造纲要图。另外还有相对独立的实测剖面图和地层柱状图制作软件。可以代替手工计算和制图，提高工效。

（3）专题研究部分有关内容参考该课题组提供的说明书。

事实上对于一个新工作区，首先要做的事是要把区域地理底图分图层（地形等高线、水系、公（铁）路、居民点、高程点等）数字化到系统之中，并注意坐标原点及投影变换与实际地图相一致。也可以把前人成果、遥感图像等放入不同图层中。

第三篇

野外实践教学内容及要求

第十一章　路线地质教学及要求

路线地质教学是在教员带领指导下进行的。学生通过不同类型的地质教学路线详细观察和实习，应系统掌握常规的地质调查基本工作方法，并对所配备的GPS、数码相机、便携机（笔记本电脑）等进行熟练操作，快速准确地运用计算机辅助填图软件系统采集、存储以及处理各种野外地质信息；同时还要求通过若干条路线教学之后使得学生对实习区的自然地理和地质概况全面进行了解（图0-1、图0-2、图0-4、图4-3）。地质教学路线据其内容分为实习区踏勘、岩石、地层、侵入体、构造及综合地质路线等部分，本着先易后难、循序渐进的实习原则和认知规律，其教学进程应大致按上述顺序进行。但若考虑到实习总体工作安排和某些情况变化则可能对一些路线的内容进行分解或合并。路线教学的方式、方法和手段应具有灵活性，视学生掌握的程度可采用启发式、互动式等。

为保证教学质量和实习工作有序进行，严格要求和强化训练的教学思想应始终贯穿于整个实习过程中，而路线教学则被视为首要的、关键性的教学环节。因此，每条教学路线实施的前一天，带班教员应将其教学任务、路线、目的、要求及有关注意事项告知于学生，使其思想、业务、装备及物品有所准备；当天出队前列队清点人数及检查相应的准备工作；路线结束后于野外现场列队清点人数，逐人、逐组、逐项对图件、野外记录簿、标本、样品等进行业务教学检查验收以及逐件对各类仪器进行检查验收；布置当天室内整理的内容和要求；为加深理解，还应根据路线内容提出某些问题供学生讨论思考。返基地后对室内工作进行指导、检查和小结，要求学生及时用常规地质方法或计算机软件系统对野外所采集的属性数据、图形数据以及其他相关地质信息进行处理、存储。不合格者进行返工或制定有效措施给予补救。该教学阶段应按地层、岩石、侵入体、构造等内容进行阶段小结，可采用讨论、文字报告和教员讲授或辅导等教学方式进行，以求学生对各项实习内容逐步理解掌握。

路线1　实习区踏勘

一、路线教学前准备工作

因该路线为本次教学实习的第一条野外教学路线，故带班教员应认真作好以下各项准备工作：

（1）出发前五分钟各班分组列队，组长负责清点人数，班长负责报告全班出勤情况。

（2）检查学生个人的铅笔、小刀、地形图、野外记录簿、放大镜、地质锤、地质罗盘、小背包以及以小组为单位配备的仪器等野外必带物品是否齐全。

(3) 严格检查学生着装及水壶、常用急救药品等携带情况。

(4) 简介本次路线概况、教学目的及要求；强调教学纪律、安全纪律、群众纪律、保密纪律及其他有关注意事项。

路线前准备工作及列队检查应作为一项教学程序和制度坚持于整个实习过程之中。

二、教学路线

煤炭沟—萝卜顶—二亩岗。

三、教学内容及要求

(1) 认识实习区地形、地物及了解实习区自然经济地理概况。

(2) 了解实习区基础地质、环境地质、旅游地质、第四纪地质及农业地质概况。

(3) 地质罗盘的使用方法。

(4) 纸质地形图的使用和保管。

(5) 调试测验GPS、数码相机、便携式电脑等仪器并在数字化地形图上定点。

四、教学进程及安排

(一) 煤炭沟口东壁基岩天然露头

(1) 了解学生前期野外地质实习中罗盘使用情况，再次复习讲解其结构、使用方法及磁偏角的校正。据有关军测地形图资料得知，实习区的磁偏角为西偏5°06′。为使罗盘指针读数换算成地理方位角读数，应转动罗盘刻度盘，使基线对准355°即可。

(2) 复习提示岩层（或面理）产状三要素的概念，引导学生正确区分层理和其他面理（节理、劈理），寻找较为平整的岩层面独立多次测量产状要素，教员严格检查校正。

(二) 萝卜顶、二亩岗及其附近

两处及其附近教学内容相同，若同时到达数个教学班可隔一定距离择点开展教学活动以免相互干扰。

(1) 讲解纸质地形图的折叠方法及保管要点。教会并演示纸质地形图定位的正确方法，即用罗盘长边与地形图纵边一致且使二者同步转动到磁针北端指向0°为止，则此时地形图的方位与实际方位一致。引导学生利用地形地物（尤其强调利用微观地形且特征显著者）定点；训练学生掌握GPS、数码相机和数字化地形图使用方法；利用便携式电脑存储所采集的地质信息或资料。

(2) 在目之所及的区域内教员可由远而近（亦可反之）对实习区及邻区的自然地理及地貌情况分区进行介绍：上寺岭（海拔1 307m）—连三顶（海拔1 170m）山梁主体高度在海拔1 000m左右，其东南麓坡脚海拔高度200m左右，相对高差大于500m，属中山区；连三顶东侧的凤凰山（海拔736m）和上寺岭东南及南侧高度超过海拔500m的山区，其切割深度大于200m，为低山区；南大寨、车厂—长沟峪、升平山、太平山等向北西凸出的弧形地带海拔高度100～500m，为丘陵区；房山—周口店之东南的平原区海拔低于80m，则可称为山前平原区。

升平山、太平山之间的周口河源于上寺岭南坡，流向南东经周口店注入华北平原，上游于山口村西侧分为两支，其一为长沟峪河，另一为西庄河。由乱石垅—周家坡—山顶庙—向源山—蘑菇山—房山西—磨盘山—簸箕掌围限的牛口峪水库为工业废水净化的场所。

(3) 教员在视野范围内可对太平山、官地、山顶庙、房山西、磨盘山等处及其附近区域内的基础地质、环境地质、旅游地质、第四纪地质及农业地质给予介绍，重点为地层、构造、侵入岩和矿产等内容：

①地层发育情况。太古宇官地杂岩展布于官地至山顶庙一带，主要岩性为各种片麻岩、浅粒岩、变粒岩、斜长角闪岩等。

中元古界铁岭组展布于一条龙至周家坡一带，房山西附近可见零星露头，岩性为透闪石（硅灰岩）大理岩，局部偶见千枚状板岩之夹层。

新元古界下马岭组分布于一条龙—山顶庙—房山西一带，由板岩、片岩组成；龙山组展布范围同上，但空间连续性较差，主要岩性为变石英砂岩，由于质地坚硬而构成向源山、蘑菇山、房山西等山峰之脊岭；景儿峪组仅见于一条龙南坡，其岩性为薄层状大理岩。

下古生界府君山组为豹皮灰岩和泥质条带灰岩，在一条龙、羊屎沟以及向源山与山顶庙之间可见出露；馒头组—毛庄组为板岩夹灰岩透镜体，分布范围同上；中、上寒武统（未分）为鲕状灰岩、泥质条带灰岩夹板岩，在三不管沟、山顶庙、房山西均有出露；马家沟组主要岩性为灰岩、白云质灰岩夹板岩，分布于太平山南、北坡及房山西一带。

上古生界除本溪组夹有一层生物碎屑灰岩外，该组及上覆太原组、山西组和杨家屯组构成一套碎屑岩系。

②构造概况。主体褶皱构造为 164 背斜和太平山向斜，其轴迹近东西向展布；萝卜顶—二庙岗及煤矿沟尚有北北东向叠加褶皱存在。

主要断裂构造发育在一条龙—羊屎沟—山顶庙—房山西一带且呈弧形展布；在大砾岩山与小砾岩山之间存在两条断层，一条为近南北向延伸的横断层，另一条为北东—南西向延伸的斜断层，二者平面构成楔形，规模虽然不大，但地层效应明显且易于观察，应作为不同类型的断层给予介绍。

③侵入岩。实习区岩浆侵入活动以中、酸性为主，面积最大者为房山复式岩体，花岗闪长岩构成主体，次为石英闪长岩和闪长岩等，为燕山运动晚期的产物。复式岩体位于房山西北，视野内的东山口、官地、磊孤山皆为其出露处。平面上近于圆形，直径 7.5～9km，面积约 $60km^2$，为一中等规模的岩株。

另有小型侵入体，如分布于牛口峪水库一副坝南北两侧的“灯泡”花岗岩、一条龙西端的“龙眼”花斑岩等。

④矿产。实习区以非金属矿产资源为主，其近所见的含矿层位或采矿点有：

煤。主要开采层是石炭—二叠系以及下侏罗统两个层位。前者采煤区位于周口店附近，主要含煤地层山西组共有七层煤总厚 9.89m，其中可采煤四层总厚 8.74m，太平山南、北坡均可见小型煤矿开采点；后者见于长沟峪，含煤十三层，可采煤八层总厚 12.56m，属中型矿床且正在开采中。

石灰岩。水泥用石灰岩赋存于下奥陶统地层中，下寒武统府君山组亦有部分灰岩可达此种工业原料要求。制灰用石灰岩产于马家沟组、府君山组和张夏组等数个层位，可见石灰岩的采场和烧灰窑遍布上述岩层分布区，其中有一定规模者为太平山南坡 164 背斜一带。

花岗岩。房山岩体中质纯者是颇负盛名的建筑石材，在东山口、枪杆石、磊孤山均有现行采场。

大理石。实习区可作大理石原料的主要是景儿峪组大理岩，次为铁岭组中大理岩。质纯者可视为“汉白玉”。周家坡一带即有铁岭组大理岩的开采场所。

红柱石。实习区下马岭组、太原组、山西组、本溪组皆为含红柱石的层位，但以下马岭组的红柱石片岩所含红柱石质量最好，符合高级耐火材料的要求。太平山北侧一条龙至骆驼山一带所见之探槽即为勘探该矿种所布置，查明该处红柱石片岩中红柱石晶粒含量为5%～10%，已达工业要求。

在此应给学生强调世界遗产资源（北京猿人遗址）和上述中小型矿产资源开发、利用、保护和可持续发展的相互协调关系并对实习区环境地质、灾害地质、旅游地质、工程地质、农业地质等予以简介。

（4）测制二亩岗—萝卜顶信手地形剖面图（1∶2 000）；训练用罗盘测方位和坡角；训练目估和步测距离；全程使用电子仪器和数字化技术采集存储有关信息和数据，并按计算机软件系统和标准图式制作图件。

五、思考与讨论

（1）与室内教学相比，野外实践教学的特色是什么？

（2）与北戴河前期野外教学相比，其教学内容、方式、方法上有何差异？本人应在思想、业务等方面继续作好哪些准备工作？

（3）在上述基础上于室内完成本次路线小结。

路线2　八角寨—拴马庄桥地层观察路线

一、教学路线

八角寨分水岭—八角寨东南坡—拴马庄桥。

二、教学内容及要求

（1）观察描述中元古界雾迷山组上部至新元古界龙山组的岩性及其组合特征、原生沉积构造、古生物化石情况及了解各组地层厚度。

（2）观察地层的接触关系。

（3）绘制信手地层柱状图（1∶5 000）及典型地质现象素描图。

（4）系统采集地层岩石标本。

（5）观察认识不同线理并分析构造意义，掌握其测量方法并收集相关数据。

三、地层剖面介绍

该剖面是实习区中、新元古界出露最好且连续性较佳区段，自下而上可见：

雾迷山组（Jx_1w）：出露于孤山口至八角寨一带，主要岩性为灰色中—薄层结晶白云岩、灰质白云岩、燧石条带白云岩等，厚度＞500m，本路线仅观察该组第四段。

洪水庄组（Jx_2h）：以灰黑色含锰质板岩为主，底部和顶部夹有含锰结晶白云岩及白云岩透镜体，最大厚度38m。

铁岭组（Jx_2t）：据其特征可大致分为三段，下部为灰白色厚层状含砂（或岩屑）白云岩，具大型交错层理和羽状层理；中部为深灰色薄层含燧石条带（或结核）的结晶白云岩、泥质白云岩；上部为灰色厚层状叠层石白云岩。铁岭组总厚186m，其中下部厚76m，中部厚62m，上部厚48m。

下马岭组（Qb_1x）：据其特征可大致分为三段，下部为褐绿色含磁铁矿粉砂质千枚状板岩及板岩，厚17m；中部为暗绿色板岩夹黑色、灰黑色炭质板岩，局部呈互层，厚90m；上部为褐灰色粉砂质板岩夹薄层状变质细砂岩，厚60m。下马岭组与下伏铁岭组之间为平行不整合接触，接触界面凹凸不平，30～50cm厚的褐铁矿型古风化土壤层可视为古风化壳之标志。

龙山组（Qb_2l）：据其特征可大致分为两段，下部为灰色—褐灰色厚层至中层状变中粗粒石英砂岩，简称“龙砂”，厚6m；上部为浅灰色千枚岩状板岩，简称“龙板”，厚度＞2m。

四、教学进程及安排

（1）该路线是第一条系统地质观察路线，故应首先对常规的野外记录格式和内容以及野外记录簿的使用给予规定和说明。

（2）教员对各组地层总体特征介绍之后，学生则逐层系统观察对比岩性组合特征，描述记录岩石成分、结构构造并进行正确命名。

（3）此条路线是以地层教学为主，诸如层理与劈理的关系、层内褶皱等构造内容的讲授要适度。但按路线教学要求，对八角寨一带发育的滑移线理和交面线理、下马岭组底部的矿物生长线理、拴马庄桥一带的豆荚状褶皱等则应观察识别、描述、测量并分析成因和构造意义。

路线3、4　黄院东山梁地层观察路线及地层剖面测制

一、教学路线

黄院东山梁239高地—285高地—探槽北端。

二、教学内容及要求

（1）观察描述新元古界龙山组至下古生界马家沟组地层的岩性及其组合特征、古生物化石情况及地层接触关系。

（2）详细划分地层单位并按实测剖面精度要求分层。

（3）系统采集地层岩石标本。

（4）常规方法测制信手剖面图（1∶5 000）。

（5）用GPS、便携式电脑及相应软件系统实测地层剖面图（1∶2 000）。

三、地层剖面介绍

本剖面是实习区内新元古界及下古生界发育齐全的地层剖面。东部周口店—房山一带虽有上述地层大部出露，但因构造、变质作用的影响（不排除岩相变化）使其岩性、岩性组合、地层厚度及空间上的连续性变化颇大。为便于对比，对此剖面详细观察和深入了解则是必要的。现自下而上介绍如下：

龙山组（Qb_2l）：该组基本特征已在路线2详细描述，但在此应作如下补充观察：其一，区分判别下部变石英砂岩之层理；其二，鉴别上部斑点状板岩之特征；其三，比较两处地层厚度（此剖面该组厚19m）。

景儿峪组（Qb_2j）：可分两段，下段由灰白色中薄层状大理岩夹灰黑色大理岩组成，厚

25 m；上段为钙质板岩，厚11m。燕山地区该组中曾采到乔氏藻，时代为晚元古代。

府君山组（$\in_1f$）：可分两段，下段为深灰色中厚层状豹皮灰岩夹白云质灰岩；上段为灰色中厚层状纹带灰岩夹豹皮灰岩，总厚约45m。该组曾采到三叶虫（雷氏虫）化石。府君山组与下伏景儿峪组为平行不整合接触，其间虽有地层缺失，但不整合的直接标志欠佳。可向学生提供区域地质资料以及对比上下两套地层岩性及古生物化石情况，以示对不整合的鉴别。

馒头组、毛庄组（$\in_{1+2}m$）：毛庄组应属中寒武统，但在该剖面与馒头组界线不易划分，可合并简称为馒毛组（表1-1）。主体岩性为灰色、灰黄色、浅灰绿色千枚状板岩夹灰黄色大理岩透镜体，厚49m，在实习区东部羊屎沟本组中曾采到三叶虫碎片。

徐庄组（$\in_2x$）：主要岩性为灰色千枚状板岩、粉砂质板岩夹薄层状灰岩和泥质灰岩，上部板岩中附有孔雀石薄膜，厚35m。

张夏组（$\in_2zh$）：灰绿色千枚状板岩、粉砂质板岩与中厚层鲕状灰岩、结晶灰岩互层，板岩与灰岩比例在3∶2～4∶1之间；厚134m。北京西山地区本组中产三叶虫（德氏虫）。该组岩性及其组合与徐庄组在此剖面中实属过渡，可告知学生层序划分及界线确定的依据是鲕状灰岩的层数明显增多且单层变厚，所含鲕粒较大且特征显著。

黄院组（$\in_3h$）：即前人所称的"崮—长—风"（崮山组＋长山组＋风山组）组合或总称上寒武统而不予分组，后据黄院东山梁层型剖面而起名。主要岩性为灰绿色、黄绿色薄层状泥质条带灰岩夹少量鲕状灰岩，沿走向可出现少量竹叶状灰岩，厚约120m。

在实习区东部一条龙—骆驼山—山顶庙一带岩性相变为灰绿色板岩、灰绿色薄层变质粉砂岩夹薄层鲕状灰岩、结晶灰岩、泥质条带灰岩及竹叶状灰岩等，厚约200 m。在牛口峪水库东岸泥质条带灰岩中曾采到三叶虫（蝴蝶虫）；泥质粉砂岩中曾采到褶盾虫、圆货贝、小海豆芽等化石，含化石的层位已包含了整个上寒武系，但其间地层分界难于确定，总称中上寒武统，在填图中可视为一个岩石地层单位。

冶理组（O_1y）：浅灰色—青灰色中厚层纹带状结晶灰岩、豹皮状白云质灰岩夹黄绿色板岩，厚约110m。曾采到房角石、蛇卷螺、原古杯等化石。

亮甲山组（O_1l）：以浅灰色中厚层状结晶白云岩为主，夹有膏溶角砾岩2～3层，厚70m。

马家沟组（O_1m）：青灰色厚层状结晶灰岩、纹带状灰岩夹白云质灰岩，局部地段夹有褐色钙质板岩，厚200～300m。该组产阿门角石。

四、教学进程及安排

（1）该条路线是第一次训练学生制作信手地质剖面图，除进一步加强定点、观察、记录、描述外，尚要学会掌握用罗盘测方向、测坡度角、目估或步测距离以及信手地质剖面图的制作方法和技巧。教员应在黑板上示范画出信手剖面图以供学生参考。初学者制图时易将地形起伏夸大和岩层倾角画陡，教员要随时提醒并给予纠正。

（2）黄院东山梁植被不发育，岩石露头良好且地层连续，可作为实测剖面的选择区段之一。若此，则应安排两次教学活动。第一天详细划分地层，制作信手地质剖面图并选择其中一段（选择在239高地或281—285高地地形有一定起伏和变化的地段，以便训练学生多种工作方法和技巧），按实测剖面的精度进行分层工作。

（3）实测地层剖面工作安排三个阶段。第一阶段为野外实测，时间一天，严格按计算机软件系统要求完成野外属性数据、图形数据的采集和存储；标本、古生物化石的采集和编号等工作。第二阶段于室内进行标本整理、原始资料核对及各类数据处理。第三阶段个人完成地层实测剖面图并上交教员审核。

（4）黄院地质剖面中褶皱构造、构造置换等内容丰富且典型直观，但此路线是以安排地层观察为主，所见构造现象仅给予简介即可。

路线5、6　太平山南坡地层观察路线及地层剖面测制

一、教学路线

太平山南坡162.9高地—南洛凹南山脊。

二、教学内容及要求

（1）观察描述上古生界本溪组至杨家屯组地层的岩性及其组合特征、古生物化石情况、地层接触关系并初步进行沉积岩相分析。

（2）详细划分地层单位并按实测剖面的精度要求分层。

（3）系统采集地层岩石标本和生物碎屑灰岩、含煤层系中的古生物化石标本。

（4）常规方法制作地层信手剖面图（1∶2 000）。

（5）按计算机软件系统在数字化地形图上定点、勾绘地质界线和实测剖面（1∶2 000）。

三、地层剖面介绍

本剖面与太平山北坡大砾岩山、小砾岩山地层剖面分别位于太平山向斜的南北两翼，均为实习区观察研究上古生界地层发育状况的有利区段。由于岩相变化和构造影响使三者存在一定差异。现以本剖面为例自下而上逐层简介，余者则以此为基础进行对比。

本溪组（C_2b）：

1. 灰绿色厚层状硬绿泥石角岩，厚2～3m。

2. 灰色红柱石角岩，厚4.5m。

3. 杂色（灰—深灰色、黄—灰黄色、褐色、粉红色等）粉砂质板岩，厚18m。

4. 灰色生物碎屑灰岩，厚0.8～1m。含海百合、刺毛虫、䗴类化石或其碎屑。

5. 灰色、浅灰色板岩，厚15m。含植物碎片等化石。该层中黄铁矿假晶具良好的压力影构造而被称为“压力影板岩”。

6. 灰色、灰黑色红柱石角岩，厚15m。

该组与下伏马家沟组为平行不整合接触关系，但在本路线其标志不大明显，可在煤炭沟口补充观察。

太原组（$C_2—P_1t$）：

7. 灰白色中厚层中细粒变石英砂岩。上部泥质胶结物渐多，粒度变细而为红柱石石英砂岩，厚13m。为便于沉积旋回划分一般将该层称为“Ⅰ砂”。

8. 灰黑色板岩，厚1m。

9. 含红柱石细粒石英砂岩，厚2～3m。

10. 黑色板岩夹炭质板岩（含煤层位，又称为煤线），见有植物化石碎片，厚30m。该层称为“Ⅰ板”及“Ⅰ煤”。

11. 灰黄色薄层状粉砂质板岩及变质粉砂岩，厚 12m。

山西组（$P_{1-2}s$）：

12. 褐灰色中厚层中粗粒变质岩屑砂岩，底部偶含角砾，发育单向交错层理，厚 9m。该层称为“Ⅱ砂”。

13. 黑色炭质板岩夹煤层，厚 14m。含植物化石及其碎片。该层称为“Ⅱ板”及“Ⅱ煤”。

14. 深灰色中厚层状中细粒变质岩屑砂岩，厚 8m。该层称为“Ⅲ砂”。

15. 黑色炭质板岩、粉砂质板岩夹煤层，含植物化石及其碎片，厚 13m。该层称为“Ⅲ板”及“Ⅲ煤”。

杨家屯组（P_2y）：

16. 浅灰色厚层状变质复成分角砾岩。

四、教学进程及安排

(1) 该条路线被设计为用常规方法和现代高新技术进行路线地质填图。因此，应按要求在各组地层分界处标定地质点。可首先安排在 162.9 高地附近（北侧）展开纸质地形图和开启便携式电脑呈显数字化地形图，对照地形地物标志，并在教员提示下标定出马家沟组与本溪组的分界点，余者由学生定出。

(2) 按路线地质要求勾绘地质界线。仍先由教员指导勾绘马家沟组与本溪组之间的地质界线，余者由学生完成，注意地形效应及“V”字形法则的正确运用。所勾绘的地质界线于地质点两测沿地层走向延长 0.5cm 即可。

(3) 若选择该路线为地层实测剖面区段，则具体要求及安排同黄院路线（路线 3、4）。黄院东山梁剖面与此剖面相比各有所长，前者植被少，露头好，但距基地较远，工作时间受到交通工具的限制；后者距基地较近，步行往返且工作时间机动，但植被发育使某些岩性段有所覆盖，给分层和测量岩层产状等带来一定难度，但沿走向观察仍能达到要求，亦可使学生对“穿越法”、“追索法”有所了解。

五、思考与讨论

路线 2、3、5 等均为以地层为主的教学路线，现提出以下问题供思考讨论，并写出地层小结。

(1) 各时代地层主要特征是什么？

(2) 各时代地层接触关系如何？

(3) 能否与北戴河实习区所发育的同时代地层进行区域对比？

路线 7　太平山北坡地层观察路线

一、教学路线

太平山北坡小砾山岩—二亩岗。

二、教学内容及要求

(1) 基本教学内容及要求同太平山南坡地层路线（路线 5、6）。

(2) 与太平山南坡同时代地层岩性、岩性组合、地层厚度、岩相和沉积旋回以及岩层产状等进行对比并寻找异同点，从而熟悉掌握上古生界地层发育情况及特征。

三、思考与讨论

（1）太平山南、北坡地层是否对称重复出现？其总体产状有何变化？能否识别或恢复出某一构造类型和形态？

（2）本溪组地层岩性组合在南、北坡有何差异？经对比若有差异是岩相变化还是构造所为？

（3）杨家屯组岩性特征在南、北坡有何变化？

（4）南坡所划分的沉积旋回，其特征在北坡是否明显？

路线8　磊孤山—东山口侵入岩体观察路线

一、教学路线

磊孤山—官地——条龙北坡。

二、教学内容及要求

（1）了解房山复式岩体位置、规模、平面形态及侵入时代。

（2）了解观察并描述复式岩体相带或单元划分标志及各自岩石学特征。

（3）观察认识岩体的原生构造并进行测量。

（4）观察描述析离体、捕虏体及浆混体（成因不明者可统称包体）发育的位置、含量变化、形态特征并进行岩性鉴定。

（5）观察鉴别不同岩体、岩脉的穿插关系及形成的先后顺序。

（6）观察描述岩体与围岩的接触关系。

（7）横穿岩体相带测制岩体信手地质剖面图并对典型地质现象进行素描和利用数码相机拍照。

（8）分别按常规方法和GPS、计算机软件系统在纸质地形图、数字化地形图上定地质观察点并勾绘相带界线及岩体与围岩的接触界线。

（9）系统采集不同相带基岩标本和不同风化类型的样品，以便镜下薄片鉴定和利用便携式测试分析仪进行地球化学测试分析工作。

三、复式岩体概况介绍

复式岩体位于房山区西北，平面上近于圆形，直径7.5～9km，面积约60km^2，为一中等规模岩株。接触面产状较陡，一般倾向围岩。复式岩体早期侵位的是石英闪长岩体和闪长岩体，后期侵位的是花岗闪长岩体，前者因后者的侵入穿插而破裂成若干个小岩体散布于花岗闪长岩边缘。岩体直接侵入的地层为下二叠统，但接触热变质晕影响的地层为中侏罗世龙门组，据此分析侵入时代应在中侏罗世以后；同位素年龄资料统计，其值变化在100～140Ma之间，较准确地厘定为燕山运动晚期的产物。另外，东山口石英闪长岩体的全岩钾氩法同位素年龄为131.1Ma，证明与花岗闪长岩基本同时。

花岗闪长岩体直观而醒目的特征是钾长石斑晶在岩体内有规律的变化，据其大小、含量和环带的变化，前人将岩体从外向内划分为边缘相、过渡相和中央相。它们大致呈同心环状展布，其间无明显界线。岩体之中央相现为工业区及大片建筑物所覆盖，故此路线的观察亦可从过渡相开始。

按新的填图规范和要求，在侵入岩区尚要进行单元、超单元的划分、归并等项工作。一些学者业已对该岩体进行了相关研究，但也有不同的认识，在此种情况下仍可暂按前人较为成熟的划分方案进行教学。

四、教学进程及安排

1. 磊孤山东南坡采场

此处为岩体过渡相，相距不远有多个采石点，其地质内容皆同且岩石露头均佳。若有数个教学班可安排在不同处进行观察。教学进程可依次安排介绍岩体地质概况、岩体工作方法、过渡相岩石观察描述、原生构造的观察与测量、过渡相与边缘相分界、定点及在地形图上勾绘岩相界线，以此为起点开始制作岩体信手地质剖面图。

从磊孤山东南坡向南至127.2高地的路线地质中，除完成过渡相与边缘相的分界任务外，还应安排观察浆混体、析离体、捕虏体由内向外其大小、形状、数量及成分变化的有关内容。在这一带蘑菇石成群出现，千姿百态、景观秀美，可安排学生在此照相、素描并讨论其成因，引导学生回忆地质风化作用及特征。

2. 127.2高地南侧

该观察点为花岗闪长岩体边缘相与石英闪长岩的分界。依次安排如下观察内容并完成相应工作：127.2高地南侧为花岗闪长岩与石英闪长岩接触关系所在，二者岩性、粒度及颜色的差异、原生构造交切关系、伴生岩脉与二者关系、三者形成顺序等均为主要观察内容，确定岩性分界点并勾绘地质界线；继续绘制地质信手剖面图。

3. 官地村西侧大路旁

观察描述复式岩体与围岩的接触关系。岩体在此处的岩性为石英闪长岩，露头良好、岩石新鲜、便于观察描述。围岩为太古宇官地杂岩，岩性为灰色、灰黄色片麻岩，已风化，其中有长英质脉体发育。可提示岩体与围岩呈侵入接触，其证据和标志在官地村村东等处可见，将在另外路线中安排观察此项内容。

于此点完成岩体信手地质剖面图。

4. 官地村西约300m处101.8高地

此点位于公路旁侧，所观察露头被称为“枪杆石”。观察描述数种侵入岩（其中有脉岩）岩性特征并观其穿插关系。可展开讨论，最后完成定点、勾绘地质界线及素描和照相等任务。

5. 一条龙北坡

为岩体与围岩接触处，描述岩体的岩性特征并给予正确定名；围岩的岩性组合特征并判断其时代归属和组名。详细观察二者的侵入接触关系（岩体呈树枝状侵入于围岩中）。

完成定地质点、勾绘地质界线和侵入接触关系素描及照相任务。从磊孤山—127.2高地—官地村西侧采用穿越路线进行地质观察，而从此点至一条龙西端（被称为“龙头”）则采用追索路线进行工作并勾绘岩体与围岩接触地质界线。

五、思考与讨论

（1）通过此路线观察实践，本人岩浆岩岩石学的知识掌握程度如何？还需在哪些方面加强？

（2）侵入体的观察研究及工作方法与地层学的工作方法有何差异？

（3）房山复式岩体岩石学特征、岩体内部相带（单元）划分标志、岩体内部及边缘的各类“包体”、岩体的原生构造及岩体与围岩接触关系等地质现象或内容观察及了解程度如何？

（4）试分析复式岩体侵位机制。

（5）个人写出有关岩体观察研究小结。

路线9 车厂—龙门口复式岩体热动力变形构造观察路线

一、教学路线

龙门口东沟—龙门口东山梁。

二、教学内容及要求

（1）观察描述复式岩体西北缘岩性特征。

（2）观察识别发育于岩体边缘的韧性剪切带、同构造片麻岩、挤压片理等热动力变形构造，测量有关数据。

（3）识别如S-C面理组构、旋转碎斑、书斜式构造（“多米诺骨牌”构造）、曲颈状构造等可指示韧性剪切方向的运动学标志并分析判断剪切方向。

（4）观察识别发育于岩体中的脆性破裂带并对其规模、产状等进行测量，据其伴生构造（如羽状节理）和标志物（如捕虏体、析离体）错开来判断运动方向及力学性质。

（5）综合不同观察点上各种构造标志、构造类型和构造关系，对岩体西北缘构造现象进行构造分期配套工作。

（6）在教员提供区域资料基础上对复式岩体的侵位机制进行分析。

（7）完成各观察点上典型构造素描和使用数码相机进行拍照。

三、教学进程及安排

1. 东沟小河旁

该点教学安排顺序为岩体的岩性特征；观察由黑云等矿物及由扁平状捕虏体、浆混体、析离体显示的面状构造（同构造片麻岩、挤压片理）或组构并进行产状测量；观察韧性剪切带的表现特征、规模、产状、运动学标志和性质；剪切带发育的间隔、尾端变化、剪切带与挤压片理带的先后交切关系等。

2. 东山梁西坡

观察程序同上，但S-C面理组构、由粗粒钾长石发育而成的旋转碎斑、“多米诺骨牌”构造、曲颈状构造较发育且形态更为典型。可向学生提示，该点发育的韧性剪切带运动方向和产状是否与前点有异？二者关系如何？应带着问题进行观察分析和研究。

3. 东山梁

首先观察挤压片理带的发育状况并测量产状，与前二点对比是否异同；而后识别脆性破裂带表现特征、规模、产状、伴生构造和运动学特点（左行和右行）；判断分析挤压片理带、韧性剪切带和脆性破裂带三者交切关系及形成顺序。

四、思考与讨论

与地层路线相比，构造现象观察和研究的特点是要善于将不同区段看来似乎彼此孤立、零散不全的资料联系起来进行归纳、整理和综合分析，以求得到较为合理的解释。在以后有关构造路线中应有意识地加强空间和时间方面的地质思维训练。现按此思路提出问题以供思考和讨论：

(1) 宏观上已确定出某一韧性剪切带的的运动学特征（某一地质体如析离体已明显被错开），其旁侧微观构造如旋转碎斑、“多米诺骨牌”构造等是否也表现出相关的运动学特征？

(2) 位于相距不远的两点，各自发育方位不同、运动学特征不同（如其一为左旋性质，另一为右旋性质）的剪切带能否将二者配套并进行构造应力分析？

(3) 该教学路线中所观察到的诸多构造能否进行分期？其依据是否充分？

(4) 诸多岩体热动力变形构造集中发育于岩体西北边缘，能否在上述构造应力分析的基础上与复式岩体的侵位机制相联系？

五、提示

由黑云母等矿物及扁平状捕虏体（析离体）显示的面状组构于岩体边缘最为发育。面理一般与岩体接触界面平行且多倾向于围岩，东南边缘倾角较缓，为40°～60°；西北边缘较陡，为80°～90°。经对捕虏体（析离体）进行观察及应变测量，得知岩体西北边缘变形程度最强，可能反映了岩浆侵位时从东南向西北斜向上拱之效应。岩体边缘（尤其是西北边缘）发育有由韧性剪切带、同构造片麻岩、挤压片理等构成的强变形带，最瞩目者为车厂—龙门口一带长约6km、最宽处达700m、总体呈新月形且弧顶指向北西的强变形带。该带内部又叠加了间隔性小型韧性剪切带，它们切割了前者而构成局部高应变带，其组合为雁列式或共轭式。共轭式韧性剪切面之钝夹角平分线指示了挤压方向。它们所示挤压方向在新月形强变形带内因部位不同略有变化，但总体则呈放射状展布且来自岩体中心。

路线10　164褶皱构造观察路线

一、教学路线

164采石场—137高地—煤炭沟。

二、教学内容及要求

(1) 观察确定构成164背斜的地层时代、描述岩性及其组合特征和岩层厚度变化。

(2) 观察识别164主体背斜构造的形态特征并对其进行描述。

(3) 观察鉴别主体背斜不同部位之伴生构造发育状况并分析构造意义。

(4) 厘定该路线中的早期构造、主期构造和晚期构造的类型、特征、成因、相互关系并初步进行序次划分。

(5) 系统进行各种构造要素的测量及有关野外属性数据、野外图形数据收集存储工作，采集有关构造标本和构造岩标本，制作典型构造素描图和利用数码相机拍照。

(6) 分别要求用常规方法和高新技术在纸质和数字化地形图上定出主体构造不同部位的构造观察点。

(7) 利用便携式电脑和计算机软件系统标定第四系与基岩分界点并勾绘第四系地质界线。

(8) 学会远景素描的方法与技巧。

三、教学进程及安排

1. 第一采石场西侧开阔地带

选择一点为164背斜轴迹大致通过处以便能观其转折端及两翼之全貌。教学程序如下：

教员对164背斜概况简介并示出其主要部位；提示远景素描制作的原理、方法和技巧并进行示范；学生通过认真观察、分析、比较和归纳完成该主体构造全貌景观图。

2.162.9高地南侧陡坎下

该点为164背斜北翼，按序定出第四系与基岩分界点并勾绘第四系界线；测量北翼岩层产状并标注于景观图相应位置；观察早期层内紧闭褶皱之规模、形态并进行有关线理、面理要素的测量，分析与主期褶皱的关系；判别早期褶皱枢纽与其转折端处发育的线理关系；从运动学角度分析其属性（A型或B型）。

3. 第一采石场中部背斜转折端及其附近

观察转折端的形态并测量枢纽及两翼产状；认识翼部小型伴生构造如阶步、擦痕并进行运动方向的判定；进一步掌握线理（擦痕或滑移线理）倾伏向（指向）和倾伏角、侧伏向和侧伏角诸产状要素的测定方法；判别上述线理和主体背斜枢纽关系，从运动学角度分析主期褶皱属性（A型或B型）。

4.137高地北侧陡坎下

定地质点并勾绘第四系地质界线；测量主体背斜（164背斜）南翼产状并标注于景观图相应位置，观察翼部同构造的次级从属小型褶皱发育情况、形态特征及构造意义；在此处观察测量与层理近直交的陡倾劈理（该类构造在转折端和北翼均有发育），描述其特征、鉴别其类型并思考与主期褶皱成因是否有关。

5.137高地

该点位于164背斜南翼，顺序观察早期小型顺层剪切带、早期小型层内紧闭褶皱；主期褶皱的轴面劈理；观察石香肠构造、楔入褶皱、火炬状节理及陡倾劈理等。对上述诸多小构造的发育情况、表现特征、规模、形态、产状及构造意义进行详细测量、记录、描述、素描照相并初步进行成因、配套及期次的研究和划分工作。

6. 煤炭沟

煤炭沟一带为164背斜倾伏端处。要求顺沟在短距离内制作一大比例尺横向构造剖面图，观察背斜核部及两翼地层发育状况并进行对比，其两翼地层是否对称重复出现。沿煤炭沟东壁追索马家沟组上层界面并系统测量岩层产状，从产状变化规律理解外倾转折的含义。

四、思考与讨论

（1）该路线构造现象典型，内容丰富而复杂，要对各观察点所获得的多种信息联系起来进行综合分析。发育于层内的紧闭褶皱，其轴面劈理和早期小型顺层剪切带显然与总体层理平行（S_1平行于S_0），而在层内紧闭褶皱转折端处发育的滑移线理又与其枢纽产状一致，此种褶皱成因如何？

（2）层内紧闭褶皱的枢纽与164背斜主体褶皱枢纽近于一致，这种现象说明了什么问题？

（3）从164背斜两翼、转折端及枢纽的产状分析该构造的空间形态如何？

（4）从主体褶皱的伴生构造标志（从属褶皱的倒向、阶步和擦痕的动向等）能否恢复其成因机制？

（5）其他小型构造如近南北向的陡倾劈理、楔入褶皱、火炬状节理等在成因上能否与主体褶皱相联系？

路线11　龙骨山—鸽子洞褶皱构造观察路线

一、教学路线

北京猿人遗址—鸽子洞。

二、教学内容及要求

有关褶皱构造的教学内容及要求同164褶皱构造路线（路线10）。

三、教学进程及安排

1. 鸽子洞

确定此处地层时代并对其岩性、岩性组合特征进行描述；对该点发育的褶皱形态分析研究，测量有关褶皱要素产状并完成景观素描图；观察描述粗大线理构造，测量产状并对其成因类型及构造意义进行解释。

2. 鸽子洞北侧采石场

此处为164背斜构造向西延伸部分，观察内容与前条路线基本相同。补充两点：其一，纵向上据褶皱枢纽变化特征判断在此是倾伏还是扬起？其二，同一背斜构造在不同区段的剖面上形态变化如何？应该指出的是，此采场与164采场相距1 600m左右，实则为同一褶皱纵向上不同部位的人工剖面。如果再将路线10之煤炭沟横剖面结合起来，即为垂直164背斜轴迹的、由三个不同部位的剖面组合起来的联合构造剖面。这就是构造解析学中对构造形迹分段研究的一种基本方法。

路线12　孤山口复杂褶皱及小型构造观察路线

一、教学路线

孤山口火车站铁路旁峭壁。

二、教学内容及要求

（1）了解地层时代及观察描述岩性及其组合特征。

（2）观察识别和描述与褶皱构造相关的各类典型构造，进行各种构造要素的测量及有关资料的收集工作。

（3）观察不同级别的褶皱构造形态特征及其相互关系。

（4）对其他各类小构造的意义进行解释。

（5）制作典型构造露头素描图及景观素描图并利用数码相机拍照。

三、教学进程及安排

1. 铁路南西侧高地

介绍区域地质背景及孤山口复杂褶皱所处的构造位置；了解地层时代及岩性组合特征；远观铁路北东侧峭壁褶皱构造总体轮廓；完成构造景观素描图并用数码相机拍照。

2. 铁路北东侧峭壁

从北西到南东顺序观察以下构造点：

(1) 褶皱位态观察点。此点发育一小型褶皱构造，三度空间暴露良好，可进行两翼、枢纽、轴面劈理和相关线理等要素的产状测量，在此基础上进行褶皱位态分类。

(2) 次级从属褶皱观察点。大型褶皱中常发育有同构造期的次级从属褶皱，两翼从属褶皱具有不对称性而被称为S形或Z形，转折端处则为对称的M形（背斜）或W形（向斜），总体构成SMZ形或SWZ形组合。因此，对其进行观察研究是厘定大型褶皱的基础。该点大一级褶皱为一向斜构造，除两翼发育有上述类型的次级从属褶皱外，其转折端发育的则为对称的W形。另外，在此还应掌握有关褶皱倒向、褶皱包络面等概念并加以利用。

(3) 滑劈理（褶劈理）观察点。观察此点滑劈理（褶劈理）表现特征及间隔大小，并对其结构形态进行分类。

(4) 石香肠构造及楔入褶皱观察点。该点除发育石香肠构造与楔入褶皱外，尚有火炬状节理发育。注意观察描述小型构造的表现特征并分析其构造意义。

(5) 劈理与节理观察点。观察厘定劈理与节理的类型及表现特征；劈理与节理的产状和排列（扇形、反扇形）特征及与褶皱构造的关系；不同岩性层中劈理发育情况及其组合特征（劈理折射）；劈理与层理的关系并用其判定层序正常或倒转。

3. 铁路南东侧峭壁

观察描述岩性组合特征及厘定大型线理构造类型、形态；测量线理产状要素；分析大型线理与褶皱构造的关系以及相邻不同岩层中构造类型的差异性。

4. 火车站旁

观察认识鞘褶皱，尤其是在不同剖面上的形态特征，了解成因机制及构造意义。

路线13　萝卜顶—煤矿沟叠加褶皱构造观察路线

一、教学路线

萝卜顶—二亩岗—煤炭沟。

二、教学内容及要求

(1) 观察厘定叠加褶皱并描述剖面——平面形态特征和空间展布方向。
(2) 识别叠加褶皱存在的依据。
(3) 利用计算机软件系统测制构造剖面图。

三、教学进程及安排

1. 萝卜顶—二亩岗区段

以杨家屯组底部变质角砾岩为标志层追索，可见平面形态呈花边状、哑铃状，或呈不规则状圈闭；区别层理与劈理并分别系统测量产状即能厘定出与太平山向斜轴迹（呈东西向延伸）大致垂直的一组NNE向（NE10°左右）展布的叠加褶皱群；制作萝卜顶—二亩岗东西向构造剖面图以观察叠加褶皱的剖面形态特征。

2. 煤矿沟

鉴别区分层理与劈理，分别测量产状；观察追索山西组变质砂岩和板岩空间展布方向；制作东西向构造剖面图以厘定NNE向叠加褶皱。

四、思考与讨论

本路线识别出的 NNE 向叠加褶皱伴生有典型的轴面劈理，一般倾角陡倾，走向亦为 NNE 向。应联系到 164 采场和 137 高地业已观察到的陡倾劈理走向、楔入褶皱枢纽、石香肠长度（*b*）指向以及火炬状雁列脉交线方向均呈 NNE 向，它们是否为同一应力场的产物？可否视为 NNE 向叠加褶皱的伴生构造或相关构造？

路线 14　官地—羊屎沟变质岩综合观察路线

一、教学路线

官地—羊屎沟—骆驼山—三不管沟。

二、教学内容及要求

（1）观察描述太古宇官地杂岩岩性组合特征及与房山复式岩体接触关系，了解形成时代、区域地质构造位置和成因背景。

（2）观察描述接触热变质岩的岩性特征、岩石类型、分析变质作用条件并划分变质相带。

（3）认识剥离断层及其表现特征，识别与其有关的伴生构造。

（4）观察描述沿断裂发育的的岩脉之岩性、变形特征及构造意义。

（5）观察地层发育情况并侧重注意地层缺失、各层厚度变化及与断层的关系。

（6）利用便携式电脑和计算机软件系统测制信手地质剖面图（1∶2 000）并勾绘路线地质图。

（7）厘定并观察层内紧闭褶皱，观其发育特征及赋存层位。

（8）系统采集各种岩石标本和构造定向标本。

（9）完成各种典型地质现象素描图和使用数码相机进行拍照。

三、教学进程及安排

1. 官地村东侧

于官地村东大路旁观察描述太古宇官地杂岩的总体面貌特征并与沉积岩系、岩浆侵入体进行对比；观察变质杂岩与房山复式岩体的接触关系并沿接触界线追索，确定接触类型；观察片麻理构造并测量产状，对变质杂岩的岩性、岩性组合进行观察描述，至少应区分出 4～5 种岩石类型并对其进行命名。

教学提示：太古宇官地杂岩分布于房山岩体南北两侧及东缘，出露面积总计不足 0.5km^2，区域上构成房山变质核杂岩构造的一部分。主要岩性组合为黑云母斜长片麻岩、混合花岗岩、斜长角闪岩、浅粒岩、黑云母变粒岩、角闪石变粒岩。关于官地杂岩的成因及时代曾有两种观点：其一认为是太古宙古老变质岩系；其二认为是元古宙乃至古生代变质沉积岩系，经房山复式岩体岩浆混杂所致。近年来通过岩石学、岩石化学、副矿物及稀土元素分配特征等方面的研究并结合野外产状及所处的区域构造位置分析，尤其是测定出杂岩中锆石 Pb-Pb 年龄值约 2 449Ma 的数据之后，现已确认该套杂岩时代应为太古宙，属于华北陆块古老结晶基底的一部分。

2. 乱石垅附近101.4高地一带

为变质岩构造观察点。观察认识官地杂岩中发育的小型韧性剪切带、小型褶皱构造、透入性面理及线理构造；识别糜棱岩并观察认识其宏观结构和构造。

3. 官地村南101.3高地附近

为主剥离断层（发育于基底与盖层间）观察点。该点零星岩石露头之岩性为糜棱岩，应为主剥离断层活动的产物。除此之外，可用地层效应作为识别断层存在的标志：该点之北为官地杂岩分布区；该点之南约100m即为铁岭组地层出露处，其下部洪水庄组、雾迷山组等大套地层缺失。主剥离断层向东延伸到山顶庙西沟，断层许多识别标志更为清楚，有关内容待后续路线学习观察。

4. 羊屎沟沟头

铁岭组出露点。观察描述该组岩性及其组合特征；与八角寨剖面相比其厚度变化情况；识别鉴定透闪石大理岩、透辉石大理岩中特征矿物透闪石、透辉石等。

5. 骆驼山西北侧

可见铁岭组与下马岭组之间为断层接触。观察断层面的特征并测量产状、断裂带的宽度及构造岩发育状况及类型、断层两盘的鞘褶皱等伴生构造特征及其构造意义，两盘地层厚度变化等，综合诸方面标志判定断层性质。观察描述下马岭组岩性变化及其组合特征，鉴定红柱石、石榴石等矿物；鉴定描述石榴石云母片岩、红柱石云母片岩岩性特征及空间分带现象；了解接触热变质作用地质条件及与区域变质作用的叠加关系。

6. 骆驼山南侧至三不管沟

观察描述下马岭组至中上寒武统各组地层的岩性、岩性组合及厚度变化，与已知地层路线进行相应层位对比；分析判断各组地层间的接触关系是何种性质并了解走向断层引起地层缺失的情况；在教员提示下认识发育于盖层中的剥离断层系统。

7. 三不管沟采石场

观察描述该点脉岩的宽度、产状并正确定名；观察岩石的变形特征、产出部位并分析与剥离断层的关系及多期变形依据（中上寒武统与马家沟组之间亦为剥离断层接触，脉岩发育于剥离断层带中，二者在平面上延伸一致）；厘定发育于马家沟组中的小型层内紧闭褶皱并观察其形态特征和产状特征，分析其构造意义。

四、思考与讨论

本路线为一条综合观察教学路线，地质内容丰富，包括地层、变质岩、脉岩、断裂及其相关构造等。在路线教学获得诸项资料基础上对下述问题进行思考与讨论：

（1）本路线所现的变质作用类型有几种？接触热变质作用的地质背景是什么？

（2）与八角寨—拴马庄桥地层剖面、黄院东山梁地层剖面进行对比，该路线中各组地层分子多有保留，唯其厚度锐减，分析是相变还是断层作用所为？

（3）试对主剥离断层、盖层剥离断层系统表现特征进行归纳总结。

（4）按剥离断层的含义应为一种低角度的正断层，而该路线中所观察到的剥离断层倾角皆已变陡甚或直立，此种变化的构造意义如何？

（5）顺沿剥离断层发育脉岩之现象在实习区多处可见，其构造意义如何？

路线15　房山西断裂构造观察路线及东部独立实践区踏勘

一、教学路线

房山西—向源山—山顶庙。

二、教学内容及要求

（1）认识逆断层及表现特征，观其伴生构造发育状况、类型，要求学会利用伴生构造判定断层性质。

（2）鉴定描述相关断层岩类。

（3）沿断裂走向追索调查平面展布形态。

（4）观察断裂构造多期活动的表现特征，综合分析断裂活动期次。

（5）对东部独立实践区（填图区）的范围、地形地貌特征、穿越条件、基岩（地层、侵入岩体）出露状况、主体构造类型的性质及发育情况等进行全面了解并初步确定填图单元。

（6）制作典型地质现象素描并用数码相机拍照。

（7）利用便携式电脑和计算机软件系统测制编绘断层联合剖面图。

（8）系统采集构造岩标本。

三、教学进程及安排

1. 房山西99.7高地南西侧

此处为断裂构造观察点。步测断裂带出露宽度并定出所涉及地层的组名、岩性及层序；观察逆冲断层之断层面上发育的摩擦镜面、擦痕和阶步并判断断层运动方向；观察断裂带中次级断层、节理、劈理、小型揉皱、构造透镜体等伴生构造特征并掌握其指示断层动向的方法；观察描述破碎带内断层岩的发育情况及类型；测量断层面和伴生构造的有关数据并进行素描照相；根据断裂带中次级断层的表现特征、交切关系并参考区域地质资料，在教员提示下对该断裂构造带的活动期次进行划分。

2. 牛口峪水库一副坝附近

追索"灯泡"花岗岩体边界并观察围岩的时代及岩性；寻找岩体内部的地层残留体并确定其时代和岩性；描述花岗岩岩性特征；观察岩体平面展布形态。

3. 房山西110.8高地北侧

此处为人工露头观察点，亦为一断裂破碎带。观察内容及方法同第一点。制作大比例尺构造剖面图，分析两处断裂构造有何联系。

4. 牛口峪水库三副坝—蘑菇山剖面观察

确认该剖面中地层时代、岩性及其组合特征；观察描述蘑菇山北西侧断裂构造特点及下马岭组地层中小型褶皱构造。

5. 牛口峪水库管理局附近

对牛口峪水库周围山头的相对位置，植被发育情况、路径分布及穿越条件宏观上进行观察；对地层、岩体大致分布区域、露头发育情况亦进行认真观察，以求对牛口峪一带的地形、地貌、地质等情况有所全面了解，为在此区段独立填图奠定良好基础。

6. 山顶庙与向源山之间

依次安排以下观察内容：

（1）龙山组的岩性、产状变化及平面展布形态。

（2）府君山组的岩性、产状变化、平面形态及与相邻地层接触的关系。

（3）馒头组—毛庄组的岩性、产状变化、平面形态及与相邻地层接触的关系。

（4）中、上寒武统的观察内容同上。

（5）房山复式岩体的岩性及与围岩的接触关系。

（6）断裂带中脉岩岩性及其发育情况。

（7）断裂带在平面上分支或汇合现象。

（8）中、上寒武统中小型韧性剪切带及层内紧闭褶皱表现特征。

7. 污水净化厂大门附近

此处视野开阔，可对向源山以西地形、地质概况宏观上进行了解以便独立填图前的路线布置和设计。

8. 山顶庙西沟

依次安排以下观察内容：

（1）主剥离断层（此处太古宇官地杂岩与下马岭组直接接触）两盘地层岩性特征、地层缺失情况，断裂带宽度、构造岩发育情况，混合岩化、绿帘石化和硅化表现特征。

（2）官地杂岩中发育的糜棱岩在露头—标本尺度上的表现特征。

（3）房山复式岩体在此区段为何种岩性及与围岩的关系。

（4）第四系分布情况。

四、思考与讨论

经前期若干路线观察，区内主要构造类型均已涉及，在此基础上完成有关构造方面的研究小结，内容包括：

（1）区内褶皱构造的类型、特征、序次、成因机制。

（2）断裂构造小结，内容基本同上。

（3）各种小型构造与大型构造关系。

路线 16　大砾岩山综合观察路线及中东部独立实践区踏勘

一、教学路线

大砾岩山—太平山—方山头。

二、教学内容及要求

（1）识别厘定横断层和斜断层。

（2）观察描述本溪组至杨家屯组地层岩性及岩性组合特征并与太平山南坡相应层位对比。

（3）观察厘定太原组、山西组中发育的次级褶皱构造。

（4）进一步认识太平山向斜构造并比较两翼地层及构造上的差异。

（5）利用便携式电脑和计算机软件系统测制信手地质构造剖面图（1∶2 000）并勾绘路线地质图。

（6）对中东部独立实践区（填图区）进行踏勘。

三、教学进程及安排

1. 大、小砾岩山之间

依据太原组与山西组地层错开来厘定横断层和斜断层的存在并观其平面组合形态。

2. 大砾岩山至太平山山梁

观察该段地层发育情况和各组岩性及其组合特征；识别太原组、山西组中次级褶皱构造；制作信手地质构造剖面图（1∶2 000）；确定地层分界点并勾绘地质界线。

3. 太平山山梁

了解中东部填图区范围；进一步熟悉地形地物；观察测区基岩出露情况及地层展布概况；进一步熟悉164背斜、太平山向斜、NNE向叠加褶皱等主要构造展布位置和总体轮廓；了解测区穿越条件等。

4. 方头山

仍按上点观察内容及程序对方头山以南地区进行全面了解以便为独立填图的设计工作作好准备。

路线17　周口河地貌和第四纪地质观察路线及中部独立实践区踏勘

一、教学路线

周口河桥—北京猿人遗址博物馆—探矿所—三不管沟口。

二、教学内容及要求

（1）观察周口河河谷及相邻区段地貌特征，识别有关坡积物、冲积物、洪积物并进行划分与对比，了解周口店地区第四纪地质概况。

（2）按要求利用便携式电脑和计算机软件系统测制周口河河谷第四系横向联合剖面图。

（3）参观北京猿人遗址博物馆，观察岩溶地貌和洞穴堆积。

（4）中部独立实践区（填图区）踏勘，其范围包括周口河河谷区段及其相邻地区。作为新型国土资源调查及填图试验区，除常规踏勘内容外，还应了解有关环境地质、水文地质、工程地质、灾害地质、旅游地质及农业地质等方面情况。

（5）了解新型国土资源调查规范要求、图示要素，确定第四系填图单位、路线布置原则。

（6）按要求系统采集第四纪沉积物样品和水样品等，以供便携式测试分析仪测试分析。

三、教学进程及安排

1. 龙骨山一带较高地段

介绍实习区第四纪地质地貌概况，在目之所及范围内引导学生观察太平山、龙骨山、周口河等处构造剥蚀丘陵区、岩溶化丘陵区和侵蚀堆积河谷区等各类地貌单元及特征。

2. 猿人洞

观察猿人洞所处地貌位置；洞穴形态特征及与地质构造的关系；洞内堆积物层序及岩性特征；了解堆积物中古生物化石、古人类化石和古人类文化遗迹。

3. 山顶洞

基本观察要点同前处。

4. 参观北京猿人遗址博物馆

5. 周口河桥

观察三级阶地发育状况及表现特征；对比河谷两岸阶地发育的横向差异；向上游至钻探所远观其纵向变化；周口河水质污染状况并采取水样品。

6. 老牛沟口

观察描述并制作第四系地质剖面，其内容包括沉积物类型、岩性、岩相、厚度并分层；采取标本和样品；横穿周口河谷至东岸完成河谷横剖面图（1∶2 000）。

7. 探矿所

观察内容包括：

(1) 周口河河谷在此段变窄（谷宽仅 100～150m）而成为峡谷且为不对称的 V 形谷：东岸谷坡陡峻，坡度达 40°～60°，局部近于直立，谷坡皆为基岩；西岸谷坡较为平缓，其上发育较厚的中、晚更新世坡积物。

(2) 周口河东岸为侵蚀岸，由于重力侵蚀不仅使坡度变陡且形成临空面，使得太平山西端形成复杂的滑坡系统（至少有三个滑坡体构成），滑坡面均向西侧周口河方向倾斜，滑体岩块崩落已在坡脚处形成大小混杂的重力堆积而构成倒石堆地貌，业已成为地质灾害。可让学生了解滑坡危害性的同时探讨其形成的地质背景。（提示：滑坡发育的地质背景及主要影响因素是，其一，河谷临空面的形成；其二，NE、NW 向断层或节理构成斜坡块状体结构的薄弱面；其三，C—P 煤系地层粘土矿物含量较多且较为破碎而易形成软弱滑动界面；其四，该处煤矿采空区导致山体失衡）。

(3) 测制该段河谷横剖面图，要求同前点。

8. 三不管沟口

观察内容有：

(1) 观察周口河上游低山丘陵区地貌特征。

(2) 观察周口河平面形态，即在此点向上游沟谷渐宽，至西庄—东山口一带已宽达 1km 而成为宽谷。

(3) 观察低山丘陵区植被和农作物类型及发育状况。

(4) 分别于三不管沟口（基岩以碳酸盐岩为主）、东山口（基岩以花岗岩类为主）、升平山北侧（基岩以碎屑岩为主）采取土壤样品和水样品，返基地后用便携式测试分析仪进行化验对比。

9. 鸡骨山东侧公路桥

自前点沿周口河顺流而下至该点，观察教学内容有：

(1) 沿途了解周口河河谷平面形态变化呈串珠状：三不管沟上游宽达 1km；钻探所区段仅 100 余米；下游向南东渐宽，至周口店以南呈开阔扇状倾入华北平原。

(2) 沿河谷纵向追索观察阶地变化特征。

(3) 了解山前倾斜洪—冲积平原区（房山—牛口峪—云峰寺—周口村一线以南）地形特征，农作物类型及发育状况。

(4) 按前述要求制作周口河河谷横剖面图以便对比。

(5) 在该点及其附近采取适量水样品和土壤样品，将其化验分析结果和上游各点进行对比。

路线18 东山口—乱石垅变质岩、岩浆岩综合研究路线及北部独立实践区踏勘

一、教学路线

东山口—乱石垅—细脖子沟。

二、教学内容及要求

北部独立实践区（填图区）是指三不管沟以北区域。以往独立填图实践主要是在盖层区进行，仅侧重于对学生进行地质调查方法和能力训练，而对其科学研究意识培养不够。选择该区段填图则可对基底变质岩系、房山岩体等方面进行深入研究，同时还涉及到与新型国土资源调查相关的某些内容。

（1）研究基底结晶变质岩系——官地杂岩（Arg）岩石学特征、变质程度、展布范围、区域构造位置、形成时代及其内部韧性变形形迹。

（2）研究房山复式岩体岩石学特征、各种包体（捕虏体、析离体、浆混体）分布规律及成因、岩体内部相带（或单元）划分标志、不同岩体和岩脉形成相对顺序以及它们与围岩的接触关系。

（3）北部填图区第四纪地质、工程地质、环境地质和农业地质等现状调查。

（4）进行全面踏勘以便为独立填图和小型专题研究作好准备工作。

三、教学进程及安排

1. 一条龙西端

了解北部填图区范围；主要地质体展布区域；观察花岗岩丘陵地貌特征；洪积物组成的地貌形态及其岩性、结构特征，纵向变化规律及剖面上新老洪积扇的关系。

2. 乱石垅一带

该区段主要观察石英闪长岩、花岗闪长岩、官地杂岩（Arg）及部分盖层岩系分布区域，各种地质体接触关系，尤其是寻找研究主剥离断层存在依据等。划分填图单元，确定填图方法，设计填图路线，明确研究专题。

3. 细脖子沟一带

该区段临近工业废水排泄场所——牛口峪水库南西侧，观察净化后的水质和土壤状况及对植被、农作物影响情况。在教员指导下按要求从乱石垅—细脖子沟一带系统采取水样和土样进行化验分析研究，以便填图时圈定出可能存在的污染区。

路线19 升平山—木岩寺地层、构造综合研究路线及西部独立实践区踏勘

一、教学路线

煤仓南沟—升平山—木岩寺—娄子水西。

二、教学内容及要求

升平山—黄院一带是近东西向构造和北东向构造复合部位，是研究板内造山的有利区

段。为加强此方面深入研究和利用高新技术进行区调工作，于近期在周口河以西开辟扩展该处为独立实践区（填图实验区）。主要教学和研究内容包括：

（1）在较大区域内对地层进行观察和对比。

（2）观察近 E—W 向构造（印支期）与 NE—NNE 向构造（燕山期）复合关系，了解燕山式板内造山作用表现形式和区域构造格局。

（3）对新开辟的独立实践区（填图区）进行全面踏勘。

三、教学进程及安排

1. 煤仓南沟（升平山北坡）—升平山

（1）了解地层发育状况。观察研究升平山南、北坡出露的地层并与太平山南、北坡进行对比。据区域地质资料得知，在升平山山脊部和北坡尚有中、上二叠统红庙岭组地层出露，应对其岩性、岩性组合等特征进行观察描述。

（2）了解分析构造发育状况。据前期教学路线观察，从升平山南坡至龙骨山依次出露有山西组、太原组、本溪组和马家沟组，完全可以与太平山南坡地层进行对比，而两处北坡地层发育却迥然不同。若此，业已确认的太平山向斜是否延伸到升平山？该处构造样式和特征如何？是太平山向斜枢纽波状起伏导致扬起、倾伏亦或叠加作用引起的构造变化？还是周口河河谷有断裂存在而对两侧地层、构造有所影响？应让学生带着问题进行填图和专题研究。

2. 木岩寺北东侧 387 高地

沿升平山山梁向西至该处。沿途了解观察西部填图区范围、基岩出露状况及区域地层展布概况；划分填图单元；熟悉测区地形地物和穿越条件；系统测量收集不同期次、不同类型的线理和面理产状。

3. 木岩寺—娄子水西

此段路线与西侧黄院东山梁地层剖面平行且相距不远，大部地层可进行对比。要求学生厘定划分各组地层并对其岩性、岩性组合进行观察描述；识别典型地质构造现象，尤其注重对上述各种线理、面理的观察、测量和研究，分析是否有构造叠加、复合或交切；制作信手地质构造剖面图（1∶2 000）并勾绘路线地质图。

路线 20　黄山店断裂、褶皱综合观察研究路线

一、教学路线

恒顺厂—黄山店—鸡场。

二、地质概况介绍

此观察研究路线与南西侧八角寨—拴马庄教学路线所出露的地层可以对比，自下而上为雾迷山组、洪水庄组、铁岭组和下马岭组。但该区段却能观察到一系列倒转褶皱构造，其倒转翼部的洪水庄组、下马岭组软弱层系中发育有逆冲断层，二者组合称为褶皱—冲断构造。此种构造类型在实习区西部黄山店、黄元寺、上方山、霞云岭等处皆有发育且颇具特色。

黄山店一带发育的倒转褶皱表现为两翼岩层产状平缓且向南倾斜。清楚者为该村北山以下马岭组为核部，铁岭组、雾迷山组（洪水庄组由于断层破坏而缺失）为翼部的倒转向斜构造，山脚正常翼与山梁倒转翼分别由雾迷山组中的叠层石正常与倒转显示出来。

三、教学内容及要求

（1）进一步熟悉中元古界、新元古界地层岩性及其组合特征。

（2）识别厘定褶皱—冲断构造，并对其特征及组合样式进行观察研究和描述。

（3）观察认识原生沉积构造、软沉积变形构造表现特征，研究它们在较大尺度构造之不同部位的分布状况及构造意义。

（4）制作构造景观素描图、典型地质现象素描图并用数码相机拍照。

四、教学进程及安排

1. 恒顺厂水渠旁

该处为一倒转背斜正常翼所在，出露有雾迷山组厚层状白云岩。观察认识正常层位发育的叠层石、泄水构造、冲刷构造、小型生长断层及扰动层理等原生沉积构造和软沉积变形构造，并对其进行测量、素描、照相和描述。（提示：原生构造形态完整、厚层状白云岩内部的矿物定向不明显、次生构造线理和面理欠发育等现象说明该处岩石变形强度不大，在较大构造尺度上可视为一相对稳定的弱应变域）。

2. 黄山店村东侧北沟口

此处为黄山店北山倒转向斜正常翼所在，出露为雾迷山组厚层状白云岩，观察认识正常层位发育的叠层石构造。

3. 黄山店小学后侧南沟口

观察描述内容如下：

（1）向北远观前已述及的黄山店北山大型倒转—平卧褶皱全貌及转折端形态，向学生提示其枢纽呈 NNE75°～80°方向延伸，轴面向 SSE 倾斜。与褶皱相伴的逆冲断层，在更北侧的黄元寺东沟 628 高地附近为其消失点。

（2）在该处业已褶皱的雾迷山组中观察叠层石形态特征。由于冲断层的影响（不排除次一级顺层剪切作用）使得纹层向上穹起的墙状叠层石和柱状叠层石变形歪斜，极端者呈现平卧和倒转的状态（此大型构造标本已采运基地，作为地质展景置放，可进一步在室内观察）。提示学生，与第 1 观察点原生沉积构造对比，此区段显示出强变形带之特征。

4. 黄山店村西公路壁

从黄山店村西沿公路观察，依次出露倒转向斜下翼铁岭组薄层状白云质结晶灰岩和核部下马岭组千枚状板岩。观察认识露头尺度的各类小型构造诸如豆荚状褶皱、层劈关系、构造置换等现象并进行测量、描述、素描和照相，同时分析与大一级构造关系。

5. 鸡场

黄山店村西三岔路口至部队营房一段基岩露头连续而良好，仍为倒转向斜下翼铁岭组薄层状白云质结晶灰岩，是一强应变带所在。其中小型紧闭褶皱、肠状褶皱、杆状构造、劈理置换以及露头尺度上的 S—C 组构等现象典型直观，是进行构造解析和小型专题研究的理想场所。该区段与褶皱相伴的较大规模的逆冲断层未见发育，如此强烈变形则是顺层剪切作用所致。

路线21　东岭子—下苇店区域地质考察路线①②③

一、教学路线

东岭子—磁家务—东庄子—下苇店。

二、教学内容及要求

（1）考察房山岩体北侧区域地质并与实习区进行对比。

（2）理解板内（陆内）造山作用的表现特征及在区域尺度上的差异性。

三、教学进程及安排

1．东岭子北东侧公路剖面

自东岭子沿公路向北东观察如下内容并与实习区相关地质现象进行对比：

（1）东岭子石英闪长岩体。观察岩性特征、空间展布形态、与实习区所见岩类对比并分析侵位机制。

提示：此岩体与实习区官地—东山口一带分布的暗色石英闪长岩岩性类同且为同时代产物，均呈孤立零散状分布于复式岩体外缘，其成因是晚期花岗闪长岩以气球膨胀式侵位、脉动上涌和向周围扩张，导致早期残破的石英闪长岩外壳向外围运移就位。

（2）构造片麻岩带。观察岩石类型、岩性组合特征、变质—变形程度、接触关系并与实习区所见同类地质体进行对比。

提示：分布在实习区房山复式岩体南缘官地—乱石垅—山顶庙一带的片麻岩类可与之进行对比，同属官地杂岩组成部分。该带南段被房山复式岩体之石英闪长岩（东岭子岩体）侵入其中；北侧与寒武系—奥陶系地层呈断层接触。构造片麻理陡倾至直立，在露头尺度可观察到由暗色不连续纹带和浅色条带构成的流状构造、长英质眼球状构造、石英极度拉长而呈拔丝构造等糜棱岩之特征，与实习区山顶庙西沟杂岩带中的糜棱岩相似，均为S—L构造岩。

（3）剥离断层。此点剥离断层直接的构造标志欠佳，但地层缺失效应明显。可向学生提示，与实习区羊屎沟等处相比，官地杂岩在该段直接与寒武系—奥陶系接触而未见中、新元古界地层出露，说明剥离断层在岩体北侧导致的构造流失现象更为明显。

2．东庄子—李各庄考察路线

考察路线沿大石河进行，所见地层包括新元古界下马岭组、龙山组、景儿峪组和寒武系府君山组，观察内容有：

（1）东庄子采石场大型鞘褶皱。鞘褶皱由府君山组灰岩中的白云岩夹层所显示（夹层厚约40cm）。在垂直褶皱 X 轴的采壁上，可见2～3层白云岩呈不规则眼球状圈闭；平行 Y 轴的南、北两壁则呈平卧褶皱形态，远观鞘褶皱枢纽向东凸出，从而在三度空间上表现出该构造全貌。此处尚可观察测量府君山组豹皮灰岩中业已强烈变形的“豹斑”（未变形时为不规

---

① 傅昭仁等，1987，北京西山南部构造变形-变质固态流变构造。推覆构造及岩浆热动力构造。北京地质学会。

② 金振奎等，1995，北京西山下苇店中上寒武统沉积学野外考察指导书。石油大学（北京）地球科学系沉积学及岩相古地理学教研室。

③ 中国前寒武纪及早古生代地层讨论会，1999，北京西山野外地质考察指南。北京：中国地质大学（北京）等。

则的等轴状，如实习区黄院剖面所见)，多呈长条状、不规则椭圆状成带分布而构成拉伸线理，其指向为 SE 130°，与上述鞘褶皱枢纽大体一致。

(2) 李各庄大型叠加褶皱。于李各庄村南铁路旁远观背形构造宏观特征：转折端开阔圆滑，轴面直立，貌似简单背斜构造。两翼由内向外分别由府君山组、馒头组—毛庄组、张夏组和上寒武统组成，但核部却包容龙山组、景儿峪组构成数个规模不等的翻卷褶皱和平卧褶皱，即早期褶皱的轴面作为变形面再次发生弯曲。

为使学生加深理解，可进一步缩小观察尺度和范围，至檀木港村背形转折端处观察：于村西陡壁上发育一个中等规模的、由景儿峪组条带状大理岩构成的完整清楚的平卧背斜构造，其中更次级的从属褶皱显示出紧闭的“SMZ”组合样式。

此点观察后的总结要点是，其一，从时间上要区别褶皱形成的世代关系；其二，从尺度上要厘定褶皱的级别关系。

3. 下苇店地层观察剖面

(1) 剖面概况

剖面位于门头沟下苇店一带，所观察的寒武系地层沿公路和铁路旁壁连续分布，露头极佳。与实习区黄院东山梁同时代地层相比，该剖面各组地层未有缺失，变质和变形作用弱。各组地层的岩性及其组合、岩相、厚度、原生沉积构造和接触关系等方面均可与华北其他地区同时代地层进行区域对比，反映了陆块（板块）相对稳定的属性。按乔秀夫等（1990）层序地层所划序列，本剖面共划分 14 个层序。实习区内未能分解的下寒武统馒头组、上寒武统黄院组在此均能准确地分别厘定出馒头组、毛庄组和崮山组、长山组、凤山组。

(2) 教学要点

①按前人研究成果和在露头上画出的标志线逐层观察接触关系、岩性及其组合特征；

②观察描述典型地质现象如丘状层理、刨蚀构造、竹叶状灰岩排列方式等并素描和照相；

③了解各组地层厚度；

④分析沉积环境。

此地层剖面观察后的总结要点是，与实习区进行对比，认识稳定区与活动区在沉积作用等地质事件上表现出的差异性；进一步理解实习区的活动性是板内（陆内）造山作用的结果。

路线 22　孤山口—十渡旅游地质及区域地质考察路线

一、教学路线

孤山口—三岔村—十渡。

二、教学内容及要求

(1) 了解实习区西部三岔村—十渡一带区域地质特征并与实习区进行对比。

(2) 理解板内（陆内)）造山作用特征及区域地质构造的不均一性。

(3) 分析十渡峡谷形成的地质背景并对其旅游资源进行评价。

三、教学进程及安排

1. 孤山口火车站两侧峭壁

作为一条独立教学路线（路线 12）已介绍，故从略。本路线只所以从该变形—变质作用复杂区段开始，是便于与下述各观察点进行对比。

2. 孤山口—三岔村观察路线

此段路线大致沿三岔复式背斜轴迹自东向西观察。组成复式背斜核部及两翼的地层皆为雾迷山组，轴向 NE 60°左右，孤山口一带为其倾伏端所在，路线 12 观察到的复杂褶皱实为倾伏端之北翼。向西纵向追索至下中院与三岔村分水岭处（488 高地一带）为复式背斜转折端部位，虽被次一级褶皱复杂化，但由于露头良好仍能清楚地观其全貌；再向西至三岔村一带，背斜总体形态渐变为开阔平缓的构造样式；从三岔村开始向西，背斜轮廓已不明显，岩层呈低角度的波状起伏直至水平。

要求分段于孤山口火车站、488 高地一带和三岔村等处制作背斜构造横剖面图（即联合构造剖面图），加深对该复式背斜区域变化特征的认识以及学会剖析大型构造的思路和方法。

3. 三岔村—十渡观察路线

沿途所见仍为雾迷山组岩性，岩层大部近水平或呈低角度的单斜层，局部发育开阔平缓的断续褶皱。

4. 十渡峡谷区观察路线

十渡因拒马河蜿蜒蛇曲、涉河穿越需十次设渡而名，是古冀西山通往北京的大道。区内展布的地层为水平或近水平状态产出的雾迷山组白云岩、白云质灰岩，是北京乃至华北地区少见的喀斯特峰林地貌景观区。峡谷内奇峰屹立，流水清澈，有“北方大峡谷”、“北方小桂林”之称，近年来已开辟为旅游区和影视拍摄基地。

“远观取其势、近视得其质”，从峡谷口向内（总体向北）依次安排的教学观察内容有：

(1)一渡。为拒马河汇入华北平原处。在此观察识别河流阶地；远观三皇山风景区由水平岩层组成的峰林地貌并绘制景观素描图和照相；在公路旁侧观察发育良好且未变形的大型叠层石。

(2)三渡。此段河床平缓、水流缓慢，引导学生观察岩层与水面近于平行，以加深理解水平岩层的概念；观察缝合线构造、层间张节理、“巧克力方盘式”石香肠构造、挤入褶皱等，并进行素描和照相；观察区域节理的发育状况，并且测量其产状和岩层（两组区域节理分别为 NW320°∠83°、SN120°∠85°；岩层产状为 SE100°∠5°)，在此基础上分析拒马河数度弯曲的地质背景。

(3) 六渡。大致呈 NE 向展布的煌斑岩脉，经风化剥蚀后构成次级峡谷而显示出“一线天”旅游景观。

(4) 七渡。发育有开宽圆滑的、规模不大的短轴状褶皱构造，由两个背斜和一个向斜所组成。褶皱轴向近东西延伸，向南北两侧岩层产状渐缓趋于水平。理解在以水平岩层为主的区域内，出现褶皱构造是应变局部化的标志。此种褶皱一般多为断续褶皱，观察时注意产状逐渐变化的特征。

(5) 八渡。观察局部应变强化而形成的断坪、断坡构造并进行素描和照相。

(6) 十渡。参观由国家民政部授予的爱国主义教育基地——平西抗日烈士陵园，此处已被我校挂牌辟为德育教育基地。

四、思考与讨论

(1) 从岩层变质—变形较为明显的实习区，经过三岔一带地质构造过渡区，直至十渡未经变质—变形或变形微弱区，这种在区域上由强到弱的地质变化特征说明了什么问题？联系到北部下苇店一带亦属于变质—变形较微弱区段，试综合分析实习区大地构造属性，总结板内（陆内）造山作用的表现特征。

(2) 分析十渡峡谷区形成的地质构造因素。

(3) 综合分析、评价周口店及其邻区地学旅游资源、自然景观和人文旅游资源并提出合理开发和规划意见。

五、提示

(1) 经区域地质调查研究，大致以房山复式岩体为中心，往北、往西之半径约15km的范围内，岩浆活动及变质、变形作用均较为强烈（东部、南部虽为山前平原区，但经地震资料分析亦有一定的活动性），说明实习区属于板内造山活动带，但此类造山机制尚待深入研究。

(2) 十渡峡谷形成的地质背景概括为，其一，此区段碳酸盐岩发育；其二．呈水平状态的岩层被两组近直立的区域性节理所切割（煌斑岩脉亦受区域性节理或断层控制）；其三，地壳急剧抬升等。

路线23　长流水—上寺岭登山训练及区域地质考察路线

一、教学路线

黄山店—长流水—上寺岭。

二、教学内容及要求

(1) 攀登实习区内最高峰上寺岭（1 307m）以训练艰苦奋斗、团队协作、野外生存等能力。

(2) 鸟瞰实习区地形、地质全貌。

(3) 宏观了解北岭叠加向斜构造和其核部的岩石地层单位。

(4) 典型地质现象素描、照相并采集主峰岩石标本。

三、教学组织、进程及安排

(1)此路线宜安排在地质报告编写阶段进行。首先选择数名身体条件好和具有登山经验的师生选线、设营、试登；选拔培训队员并传授野外生存、登山技术和注意事项；组织落实大本营和各攀登营地负责人以及后勤、医务人员；准备交通工具、通讯设备、登山设备、医疗器械、药品、食品和饮料等；成立登山领导小组并严明登山纪律，所有人员必须接受统一指挥。

(2) 选择晴天攀登，时间一天，无论登顶成功与否，下午3时所有师生必须返回大本营（长流水村）。

(3) 登山队员以梯队形式编组，梯队队长、教练由教工担任。

(4) 早上6点乘车出发至大本营，各攀登营地负责人先行出发，然后各梯队依序攀登。

由于身体条件或其他原因不能继续攀登者，由梯队负责人就近安排在某一营地休息或由营地负责人组织下撤，梯队和营地负责人之间必须有严格移交手续。

（5）登顶队员在主峰不宜过久逗留，一定要有妥善的计划和安排，并为返程留有充足时间。当完成各项教学任务和身体得到恢复后准确清点人数并及时撤退返回。

（6）此项教学活动可灵活安排，亦不硬性要求所有师生参与。若有下列情况之一者即取消该项教学活动：其一，未经校方和国家登山协会批准；其二，天气状况不佳（炎热、阴雨或大风等）；其三，上述各项准备工作未能全面落实。

第十二章　独立实践与专题研究

第一节　独立实践区地质简介及教学要求

独立实践（填图）是十分重要的教学环节。为顺利完成该项实习任务和填图前的踏勘、路线布置和工作设计，在对各独立实践区（填图区）地质情况简要介绍的同时亦提出相应的教学要求。每一独立实践区（填图区）涉及的地质问题和实习的侧重点不同，因此，在保证教学质量的前提下并考虑到时间和进度，每班选择两个区域进行综合训练为宜（图 0-2、图 0-4、图 4-3）；填图组织仍以原教学小组为基本单位。

一、东部独立实践区

范围大致包括牛口峪水库外围房山西至山顶庙一带。区内分布的地层有官地杂岩（Arg）、中、新元古界和下古生界等；侵入体包括“灯泡”岩体和房山复式岩体一部分；构造以断裂为主，多为走向断层且构成地层间的接触界面。另外，牛口峪水库作为排污场所导致的环境地质、水库渗漏涉及的工程地质、房山西活动断裂与地震关系等均为重要的地质调查问题。

在该区进行独立填图需乘车往返，牛口峪和山顶庙均有公路通行可作为送、接地点。教学要求除进行常规地质调查方法训练外，尚要利用 GPS、便携机、数码相机和便携式测试分析仪进行地质数据、信息采集和处理等现代高新技术训练。重点解决的基础地质问题主要是断裂构造，包括其空间展布、存在标志、性质（正断层、逆断层、脆性断层）、相对活动时间以及活动断裂对工程地质（牛口峪水库大坝渗漏）和地震地质（房山西断裂旁侧设有地震监测站，可收集有关信息和资料）的影响等方面。在调查研究过程中还应在牛口峪水库及其附近按要求系统采取土样、水样并利用便携式测试分析仪进行化验，了解工业废水净化程度以及排泄和渗漏后是否对周围环境造成影响并作出相应评价。

二、中东部独立实践区

位于牛口峪水库和南洛凹之间的太平山南北坡。出露的地层为下古生界马家沟组至上古生界杨家屯组，各类岩石在区域变质基础上又叠加了热变质作用。主体构造是以褶皱为主，包括著名的太平山向斜和 164 背斜；北坡发育有横断层和斜断层，但规模较小。马家沟组灰岩、太原组和山西组含煤层是测区主要矿产，但由于开采所导致的灾害地质（滑坡）和由于烧制水泥和石灰造成的环境污染较为严重。

在该区进行独立填图步行往返。常规地质调查方法训练和高新技术运用等方面教学要求同前。要解决的基础地质问题是上古生界地层在太平山南北坡发育的差异性是相变还是构造作用所致；马家沟组和本溪组间的平行不整合界面在南北坡差异的影响因素等。重点应加强不同世代的褶皱构造研究，其中包括印支早期（或前印支期）层内紧闭褶皱、无根褶皱的成因机制、表现特征及与后期褶皱作用的叠加关系；印支主期形成的太平山向斜、164 背斜成因机制及诸多伴生构造的特点和组合样式；萝卜顶、二亩岗、煤矿沟等处发育的近南北向（或北北东向）褶皱是印支主期褶皱由于枢纽波状起伏所致亦或是燕山期横跨叠加褶皱等问题。

另外，对测区小型煤矿和石灰岩的过量开采导致植被破坏和滑坡、烧石灰和生产水泥对测区大气污染等灾害地质、环境地质和可持续发展问题亦应在教员指导下进行调查并提出资源合理开发和综合利用的建议。

三、中部独立实践区

北至三不管沟，南至周口村一带，主体为周口河河谷区段，在此区工作步行往返。测区基本地质概况是，除在钻探研究所附近的升平山、太平山基岩区分布有石炭系—二叠系地层外，大部为第四纪坡积物、冲积物、洪积物和洞穴堆积。选择新辟此区进行填图，是为及时配合新一轮国土资源大调查而进行相关的技术方法培训。调查和填图内容包括第四系地层的划分与对比、地貌类型的识别与图示、第四纪地质与全球变化、灾害地质（太平山西端滑坡系统）、环境地质（上游工业区废水对周口河水质及下游土质污染程度与状况）、农业地质（河谷两岸及上游基岩类型与土壤类型关系、土壤侵蚀程度、土地资源及利用、植被及农作物发育状况）、旅游地质（世界遗产资源——北京猿人遗址开发利用与保护）等方面。教学要求是，其一，充分利用先进装备和现代技术开展工作，如按要求系统采取测区的土样和水样，用便携式分析仪进行化验分析；其二，严格按照新一轮国土资源调查的有关规范和细则进行区调填图；其三，利用便携机（笔记本电脑）和计算机软件程序直接成图。

四、北部独立实践区

测区范围大致为三不管沟以北的东山口、官地、乱石垅、长沟峪煤矿区、迎峰坡、磊孤山一带。在该区进行填图乘车往返，长沟峪煤矿区、东山口、官地均有公路通行可作为送接地点。

测区地质情况较复杂。官地—乱石垅一带为“官地杂岩”分布区；一条龙—羊屎沟一带为中、新元古界分布区；长沟峪煤矿区南侧为上古生界分布区；迎峰坡—磊孤山—东山口一带为房山复式岩体分布区；官地与东山口、长沟峪煤矿区与良各庄之间尚有一定面积的第四系覆盖。重点解决的基础地质问题是“官地杂岩”岩石类型、变质—变形特点以及变质核杂岩的空间结构和组合样式；房山复式岩体之浆混体成因、岩体相带（单元）划分标志和侵位标志。另外，对上述两处第四系覆盖区也要投入一定的工作量进行环境地质和农业地质的调查研究。教学要求是，在解决基础地质问题的过程中加深基本知识的理解并重点对变质核杂岩的构造背景、复式岩体的侵位机制等进行深入研究；在调查农业地质、环境地质方面掌握新一轮国土资源调查与评价的规范与要求；熟练掌握常规地质调查研究方法和学会利用多种现代地质技术进行野外工作的能力。

五、西部独立实践区

测区范围北至长沟峪煤矿区、南至娄子水、东至龙骨山、西至黄院。区内出露地层为新元古界至古生界，其中发育有两个不整合界面。根据构造世代和褶皱样式又可进一步分为三个小区：黄院一带为印支早期（或前印支期）紧闭同斜褶皱群，轴面大多向南倾斜，构造置换强烈；龙骨山至娄子水一带为印支主期开阔直立褶皱，轴迹近东西向延伸；长沟峪煤矿区南侧的升平山一带，则可能是燕山期呈新月形展布的北岭叠加向斜南东端延伸部位。区内业已开采的矿产有景儿峪组板材（钙质板岩、中薄层状大理岩）、马家沟组石灰岩和石炭系、二叠系煤矿等。

此区是为了充分利用现代化设备和高新技术而扩展的独立实践填图区域，故教学要求的重点是在大范围内广泛采集各种属性数据、图形数据等地质信息，全程利用计算机软件程序和“多S”技术填图、成图。在全面系统掌握现代地质技术和方法的同时．亦要求在区域上对前述三个小区的基础地质问题及彼此间的关系进行合理解释；用板内造山的观点对各小区的差异性进行探讨。

第二节　专题观察研究点地质简介及教学要求

专题研究活动一般不受实习大纲制约，旨在拓宽学生知识面、提高实践教学兴趣、培养科研意识及地质思维和创新能力。其内容大致包括：通过社会调查，了解实习区工矿业等经济活动与可持续发展问题；开展基础地质及农业、环境、工程、灾害、旅游地质等专题研究工作。学生在实习过程中对某些地学现象感兴趣而萌发进一步研究和探索的思想应得到支持和鼓励，但必须严格按照实习大纲要求，完成路线教学阶段、半独立实践阶段（路线考查或考核）、独立实践（填图）阶段等各项教学任务并在保证四基（基本教学秩序、基本教学内容、基本教学规范、基本考核标准）的前提下方能进行。

开展此项教学活动首先应作好选题工作，查阅或向教员咨询有关专题研究现状、前人研究成果和资料。在教员的指导下制定研究计划和程序。选题要结合实际而不能过大、过深，一题至少应有三人参加。专题的野外研究和资料收集工作一般安排在实习的中后期，最好与独立填图结合进行，时间2～3天。研究成果可视为实习报告的一部分并以创新分另计。现提供部分研究内容给以参考，研究者亦可自行选择或开辟新的研究题目和场所（图0-1、图0-2、图0-4、图4-3）。

一、不整合接触关系观察研究点

（一）位置

煤炭沟。

（二）地质简介

此点为马家沟组与本溪组的分界点。二者之间虽有地层缺失，但上下地层产状一致，故应为平行不整合接触关系。不整合界面暴露清楚且有古风化壳存在。

（三）观察研究要点

（1）测量不整合界面及上、下地层产状并进行对比。

（2）观察分析古风壳物质组成并测量其厚度；有条件时取样分析。

（3）观察研究不整合界面是否有构造滑动现象。

（4）不整合接触关系除煤炭沟外，在太平山南坡的164背斜两翼、162.9高地以及太平山北坡的大砾岩山、小砾岩山都可观察到。可对其上、下地层发育情况和岩性及其组合特征进行对比研究，尤其是太平山北坡不整合界面之上的复成分砾岩（本溪组底部，习称“三好砾岩”）有一定厚度，而在南坡该套岩性却未见出露。此种缺失是地层相变还是断层构造所为？前人一直未有定论，可作为一个研究重点给予探索。

(5) 通过阅读资料了解此不整合界面的区域展布、形成的大地构造背景、地壳运动性质、构造运动名称并研究分析大地构造意义。

二、马家沟组上部砾岩观察研究点

（一）位置

煤炭沟口东壁164背斜转折端处。

（二）地质简介

在162.9高地北侧的马家沟组与本溪组接触界面处，即马家沟组顶部亦含有一层灰岩质角砾，但角砾破碎零乱。而该处相同层位的灰岩质角砾则呈透镜状、椭球状、扁平状，其长轴大者可达5cm左右。初步观察，砾石长轴方向与164背斜枢纽一致。

（三）观察研究要点

(1) 在马家沟组分布区域内（考虑到交通方便和时间因素，调查区域不宜过大，可限于太平山南北两坡）顺层追索观察，在同一层位中是否能够寻找到新的同类砾石分布露头，分析研究此种地质现象是否具有普遍性。

(2) 根据砾石的成分、形状、赋存层位、排列方式、产出状态分析研究是同生角砾、岩溶角砾还是构造角砾。

(3) 若为构造角砾则在该点进行砾石应变测量，分析其成因背景，是与剥离断层有关还是与164背斜褶皱作用过程中的层间滑动相关。

三、下苇店上寒武统风暴流沉积观察研究点

（一）位置

下苇店铁路旁。

（二）地质简介

该处上寒武统与实习区黄院地层剖面同时代地层（黄院组）相比，显示了陆块稳定型沉积之特征，表现出岩性、厚度变化不大且可在区域上进行对比。上寒武统之崮山组、长山组和凤山组在此剖面可以区分开来。各组竹叶状石灰岩发育是一重要特色，岩性呈灰色，单层厚度15～60cm。竹叶状砾屑含量70%左右，其大小为1.5cm×0.3cm～10cm×1.2cm；竹叶状砾屑成分大部为灰泥石灰岩，仅少许为鲕粒石灰岩。据观察，竹叶状砾屑排列方式为平行状、叠瓦状和菊花状。

（三）观察研究要点

(1) 观察认识竹叶状砾屑排列的三种方式并对其形状特征进行描述、素描和照相。

(2) 分析不同排列方式的竹叶状砾屑所反映的搬运方式、水流强度。

(3) 通过研究菊花状竹叶石灰岩结构形态、刨蚀构造、丘状波痕等进一步理解风暴流沉积特征，分析各组（崮山组、长山组、凤山组）地层沉积环境。

四、恒顺厂原生沉积构造及软沉积变形构造观察研究点

（一）位置

恒水厂水渠旁侧。

（二）地质简介

恒水厂一带出露的迷雾山组厚层状白云岩变形微弱，矿物定向不明显。在水渠旁侧峭壁

上发育有良好的泄水构造、冲刷构造、扰动层理、小型生长断层；该区段附近还发现有纹层向上穹起的藻叠层石等。这些软沉积变形构造和原生沉积构造皆限于雾迷山组同一套层序内。

（三）观察研究要点

（1）认识各类原生沉积构造和软沉积变形构造。

（2）分类对其发育状况、形态特征进行观察、测量、描述并进行素描和照相。

（3）可与路线教学中所见同类地质现象进行对比，如黄山店一带雾迷山组中发育的变形藻叠层石构造等。进一步了解原生沉积构造和软沉积变形构造发育的层位、变形程度和差异。

（4）理解构造变形在区域上的不均一性并建立强应变带和弱应变域的基本概念。

五、牛口峪一带化石采集研究点

（一）位置

山顶庙东沟—牛口峪水库管理处—房山西。

（二）地质简介

此区出露的中、上寒武统以鲕状灰岩、泥质条带灰岩为主夹薄层变质粉砂岩。由于断层影响使得地层连续性较差，仅从岩性上难以与地层发育良好的黄院、下苇店等同时代地层剖面进行对比。虽然在牛口峪水库东侧泥质条带灰岩中曾采到 *Blackwelderia* sp.（蝴蝶虫）、变泥质粉砂岩中采到 *Ptychaspis* sp.（褶盾虫）、*Obolus* sp.（圆货贝）和 *Lingulella* sp.（小海豆芽）等化石，但含化石的层位包含了整个上寒武统，组间地层界线仍难于确定。若通过化石的采集和进一步鉴定能解决上述问题，将是一件十分有意义的工作。

（三）采集研究要点

（1）此处构造变形较强，劈理发育，岩石破碎。采集化石应避开破碎带，同时要认真观察层劈关系。

（2）对所采到的化石无论是完整个体还是碎片都应妥善包装，按要求进行编录登记。

（3）室内进一步对化石标本整饰和鉴定。

（4）根据化石资料，尽可能地对牛口峪一带中、上寒武统地层进行分解并厘定各组地层界线。

六、厘定岩浆活动期次观察研究点

（一）位置

官地村西 101.8 高地（枪杆石）。

（二）地质简介

此点为岩体、岩脉交切穿插关系观察研究点。在范围不大的露头上，可见岩性有花岗闪长岩、石英闪长岩、伟晶岩和花岗细晶岩脉。据其交切穿插关系，前人对岩浆活动期次和顺序见解不一，有岩浆活动三次和四次之分。对其详细研究并能准确划分活动期次，显然有助于对房山复式岩体侵位机制乃至整个实习区的岩浆活动规律加深了解，故具有一定的研究意义。

（三）观察研究要点

（1）进一步观察描述各类岩性并给予正确定名。

(2) 观其原生线理、面理及接触界面的交切关系；冷凝边发育状况及部位；对岩性、颜色、粒度变化进行详细认真观察；鉴别是否有某种岩体的捕虏体或残留体存在及其赋存状态和地质意义。

(3) 在枪杆石附近适当扩大范围进行追索，宏观上观察不同岩体、岩脉的分布状态及相互关系。

(4) 对不同岩体、岩脉的接触界面和相关的原生线理、面理的产状进行测量。

(5) 采集不同岩类标本于室内进行鉴定分析。

(6) 进行露头素描、照相并制作大比例尺平面地质图。

(7) 可查阅房山复式岩体资料，同时结合岩体教学路线中所获得有关资料（如127.2高地观察点所见）和本观察点的资料联系起来进行综合分析，最后对本区的岩浆活动期次和顺序进行厘定。

七、变形脉岩观察研究点

(一) 位置

鸽子洞采石场北壁。

(二) 地质简介

于马家沟组灰岩中顺层发育的煌斑岩脉（?），在某些区段业已变形为断续分布的构造透镜体和石香肠构造。

(三) 观察研究要点

(1) 采取脉岩标本进行镜下鉴定，观其微观变形特征并正确命名。

(2) 测量脉岩宽度，观察描述脉岩构造透镜体、石香肠体的形态特征并进行素描、照相。测量与香肠体相关的楔入褶皱枢纽和香肠体的有关要素。

(3) 据上述资料分析脉岩早期贯入和后期变形背景，是与东西向主期褶皱构造有关还是与NNE向叠加褶皱有关？参考区域资料并和房山复式岩体及与复式岩体相关的脉岩比较（如枪杆石处发育的脉岩），初步分析其形成时代。

(4) 参考路线教学和独立填图阶段观察到的、发育于剥离断层带中变形脉岩的特征并与之进行对比，试分析它们是否为同期产物。

八、房山复式岩体中“包体”观察研究点

(一) 位置

磊孤山及其附近。

(二) 地质简介

房山复式岩体不同部位发育的许多“包体”被前人分别称为捕虏体、析离体和浆混体等。对它们的成分、形态、空间分布规律等进行研究，有助于相带（或单元）正确划分和侵位机制分析。

(三) 观察研究要点

(1) 选择不同研究区段对各类“包体”的形态、规模、产状进行统计测量，对典型者进行素描和照相。

(2) 按要求系统采集标本、样品，对其矿物学特征、岩石化学特征进行深入研究。

(3) 在上述工作基础上，布置数条横穿岩体相带（单元）的路线，观察各类“包体”区

域上发育特征和分布规律。

(4) 综合分析其成因以及在房山复式岩体相带（单元）划分中的意义，进一步探讨岩体侵位机制。

九、节理观察研究统计点

(一) 位置

164 第一采场。

(二) 地质简介

于 164 采场不同位置发育有多组节理，它们或与近 EW 向 164 背斜构造有关，有的则可能与 NNE 向叠加褶皱有关。

(三) 观察研究要点

(1) 选择典型露头，利用节理交切等关系进行分期配套。

(2) 选择一定部位或区段进行系统测量和统计。

(3) 室内对所获得资料进行归纳整理，制作节理玫瑰花图或节理等密图，分析节理与大型构造之间的关系及其形成时的应力状态。

十、火炬状节理观察要点

(一) 位置

164 采场。

(二) 地质简介

此种构造现象在 164 背斜的南翼（137 高地）和北翼（第二采场、第三采场）均有良好发育，前人对其成因有着不同认识。节理多被方解石等物质充填使其特征更为显著。

(三) 观察研究要点

(1) 选择典型露头观其火炬状、雁列脉状特征并进行素描和照相。

(2) 观察单脉性质并测其产状，观察两列脉体汇合特征并分析是否具有共轭性质。

(3) 测量统计脉体产状，用赤平投影图解求出两列脉体交线方位，分析交线所代表的构造意义。

(4) 分析成因机制并判断与何种大型构造有关。

十一、层内小型紧闭褶皱观察研究点

(一) 位置

164 采场。

(二) 地质简介

此类小型层内紧闭褶皱构造发育在 164 背斜两翼的马家沟组灰岩中，规模大小不等，从手标本尺度到露头尺度均可见到。除本点外，在鸽子洞马家沟组、三不管沟马家沟组、山顶庙中、上寒武统、乱石垅铁岭组乃至八角寨—拴马庄桥剖面和黄院东山梁剖面的地层中亦有发育。为观察研究方便，可在周口店附近几处开展工作。

(三) 观察研究要点

(1) 对其形态特征和位态特征进行观察研究，尤其是对转折端的形态、两翼被压扁、拉长或改造等状态进行详细观察、描述、素描和照相。

(2) 系统测量与其有关的线理、面理产状，观察这些构造要素与原始层理的关系。

(3) 利用本人收集的资料并参考前人研究成果，对此类构造的成因及相对活动期次进行研究。

十二、137 高地小型构造观察研究点

(一) 位置

137 高地。

(二) 地质简介

此处发育的地层为马家沟组，位于 164 背斜南翼。在不大范围内所见小型构造有层内紧闭褶皱、小型顺层剪切带、节理、劈理、石香肠以及楔入褶皱等。小型构造类型齐全，观察研究内容丰富。

(三) 观察研究要点

(1) 正确认识厘定各种小型构造。

(2) 分类对各小型构造的发育情况、形态特征进行系统测量。

(3) 根据各类小型构造的关系进行构造期次的划分、配套工作，分析研究它们与某一大型构造的关系。

十三、一条龙断裂构造观察研究点

(一) 位置

一条龙北西端铁路旁。

(二) 地质简介

断裂带宽数米，从该点延伸到山顶庙附近，是区内弧形断带的主干断裂之一。断层北东盘为铁岭组，南西盘为下马岭组。断裂带内断层岩发育且类型较全，带内有闪长玢岩 (?) 贯入，岩脉变形强烈。

(三) 观察研究要点

(1) 从地层缺失情况并参考区域资料分析断层早期活动特点及性质。

(2) 测量断裂带的宽度，断层面及两盘岩层的产状。前人研究成果认为，其早期活动为低角度的剥离断层，试分析现在断面陡倾的原因及构造意义。

(3) 采取构造岩标本进行鉴定和分类。

(4) 对断裂带中发育的脉岩采取标本进行鉴定，对其变形特征进行观察研究。应考虑到脉岩早期贯入时断裂为何种性质，后期脉岩强烈挤压呈片理化，构造影响又使片理化再进一步碎裂岩化，此变化过程与断层的多期活动和性质的转化有何关系。

(5) 在剖析该点断裂活动期次及性质转化的基础上，进一步对一条龙—骆驼山—山顶庙—房山西弧形断裂带的发展演化进行解释。

十四、向源山北西向断裂观察研究点

(一) 位置

周家坡、向源山、山顶庙一带。

(二) 地质简介

该区段地质构造较为复杂。以往区调成果和教学研究皆将此处视为弧形（走向）断裂带

通过处，数条走向断裂在此分支交汇而导致数个断片出现。近年来在教学实践过程中，通过初步研究认为，除上述因素外尚可能有一组呈北西向延伸的横断层和同方向展布的岩脉存在。

（三）观察研究要点

（1）查明北西向断裂的规模、产状、性质、区域展布规律以及与走向断裂的关系。

（2）查明北西向岩脉之岩性、产状及与同方向断裂的关系。

（3）填制该区段大比例尺构造解析图，查清断裂活动、岩脉贯入等地质事件序列；分析弧形断裂带西段（一条龙—羊屎沟区段）和东段（房山西区段）断裂构造差异性；研究弧形断裂形成背景。

十五、岩石应变测量观察研究点

（一）位置

三不管沟口、大砾岩山、小砾岩山、162.9高地北侧。

（二）地质简介

三不管沟口及其附近的中、上寒武统灰岩中的变形鲕粒，大砾岩山与小砾岩山本溪组底部复成分砾岩中的变形砾石，162.9高地本溪组板岩中的压力影构造等皆可视为应变测量的标志。

（三）观察研究要点

上述各观察点需在带班教员指导下，对初拟的每一种应变测量标志进行认真观察，观其变形特征是否清楚。具体统计、图解、分析研究的方法和步骤与带班教员商定。

十六、山顶庙矿化现象观察研究点

（一）位置

山顶庙东沟、西沟及其附近。

（二）地质简介

该区段（尤其是山顶庙西沟）地层出露既有基底官地杂岩，又有多呈断片形式出现的盖层岩系；岩浆活动除房山岩体外，尚有不同方向、不同类型的岩脉发育；褶皱、断裂等构造复杂；混合岩化、绿帘石化、糜棱岩化、碎裂岩化等变质—变形作用强烈。近期教学实践过程中曾发现数处有金属矿化（镜铁矿、褐铁矿）现象，这对以非金属矿产为主体的实习区而言是一个有意义的研究课题。

（三）观察研究要点

（1）野外详查矿化类型、特征及矿化规律，按要求收集有关资料、填制矿点普查卡片并进行必要的素描和照相。

（2）系统采集与矿化有关的矿石及围岩标本和样品，进一步测试分析。

（3）综合分析矿化地质背景，探讨地质意义。

第三节　基地内部教学研究资源及教学要求

近年来在基地开展有数项省部级和校级教学研究项目，这些项目的实施极大推动了基地内部教学建设。其中的地质陈列室、岩矿鉴定室、信息技术实验室、图书资料室和地质展景

（简称“四室一景”）即为系列研究建设成果。学生可充分利用这些资源以便野外地质资料二次开发、阶段总结、专题研究等。

一、地质陈列室

室内墙壁嵌有6块大型铝合金玻璃展览厨窗，各按前言、区域地质背景、岩石和地层、中小尺度构造形迹、资源和环境及新构造运动、野外地质训练掠影等标题用大字示出，各部分内容则用教学实习路线图、实习区及外围不同比例尺的彩色地质图、区域地质背景图、典型地质剖面图、综合地层柱状图以及彩色照片进行布置和附有简要文字说明。靠墙排列的18个标本柜（架）井然有序地陈列着数百块实习区内典型岩石、地层、构造、化石、矿物和矿产标本（多数已磨制成光面）并配有准确的中、英、俄数种文字标签和说明。两个长方形玻璃柜分别堆叠含有文化层的周口店洞穴堆积物剖面和实习区土壤类型剖面，所附简要说明示出实习区关于第四纪地质与全球变化、农业地质、环境地质等与新一轮国土资源调查相关的教学实习最新研究成果。陈列室中由教工亲自塑造的、面积2m×4m、比例尺为1∶5 000的实习区沙盘模型是参照1∶50 000、局部1∶10 000比例尺的军测地形图和遥感图像资料精确雕塑而成，缩聚了实习区及邻区地形地貌。田园村落明显、山梁沟壑清晰、酣畅淋漓、气势磅礴；其侧面绘有纵、横向区域地质剖面图，地质内容准确丰富。

可在地质陈列室开展教学活动的内容包括熟悉实习区交通位置、自然地理概况、地形地貌概况、教学路线分布、独立填图实践区范围；大地构造位置与地质发展演化史；地层发育状况；岩石类型；构造类型及世代、级别、组合样式和表现特征；侵入体的类型、期次、规模、岩性、空间形态、产出部位及侵位机制；资源、环境、新构造及其他与国土资源调查相关的内容等。

地质陈列室的参观与学习可反复多次进行，以助于阶段总结、专题研究或地质报告的编写。

二、岩矿鉴定室

该室配备有十余台偏光显微镜和所有经典教学路线的系统岩石薄片、实习区典型岩石结构构造的显微照片图册和详细规范的鉴定报告书。学生野外对岩石的手标本初步肉眼鉴定后，可在该室通过镜下观察进一步准确补充描述和定名；为丰富地质报告内容，要求学生必须有适量岩石薄片鉴定结果和镜下素描附于其中，以提高地质报告的水平和质量；开展专题研究的学生应采集与研究题目有关的少许岩石标本，切片镜下鉴定，以对野外资料二次开发利用和深入研究。

三、信息技术实验室

配备有功能齐全的微型计算机、数码相机、GPS各15套以及扫描仪和彩色打印机等先进仪器设备。运用计算机技术和区域地质填图软件系统在该室可进行的工作包括：

（1）野外地质数据、信息的存贮、管理与分析处理。

（2）计算机地质制图。

（3）计算机地质模拟与分析。

随着现代地质科学技术的手段和方法不断更新，师生在教学实习和专题研究过程中还可能涉及到更多的计算机技术问题，故需对本室的硬件和软件不断补充、建设以及研制和开发。

四、图书资料室

现存图书资料包括近年出版的基础地质学各科教材、不同版本的实习指导书、实习区及邻区多年来基础地质研究成果之专著和论文、第三十届国际地质大会野外参观路线资料以及数十种地学期刊和杂志；不同比例尺、不同类型且正式出版的图件（地质图、构造图、矿产资源图、水文地质图、地震震源分布图、灾害地质图、环境地质图）；实习区各种典型地质现象、各条教学路线地质剖面图以及地质图、构造纲要图、实际材料图等大批教学挂图；大量优秀实习报告、教员教案、教学档案等，内容极为丰富。包括专题研究在内的各个教学阶段，师生均可在此查阅、借阅有关图书和资料。

五、地质展景

位于“四室”户外约 $80m^2$ 的地质展景由数十块大型到巨型标本（最大者 0.4m×0.4m×0.8m）安放垒砌而成，从露尺度上代表了实习区若干典型地质现象。展景地面由仿石地砖呈阶梯状铺设，四角设置石凳，具有浓厚的地质文化氛围。学生通过对野外地质体认识实习、基地内部地质展景游览、地质陈列室内手标本参观和显微镜下岩矿鉴定，实质上是从宏观到微观、在不同尺度上反复认识某一地质现象的全过程。近年来上述教学配套建设，在很大程度上弥补了以往室内教学与野外实习的脱节现象，在以后的实践教学和专题研究过程中要充分利用这些教学资源以达到更好的效果。

基地“四室一景”采用开放式管理并配有教员答疑辅导。需要强调的是，这些基础教学建设成果不仅为我校师生实习创造了良好条件，亦是基地对外开放的一个窗口。曾有许多兄弟院校师生、科研生产单位的专家学者及外国地质代表团和留学生前往参观学习，其中不乏珍品。师生在充分利用基地内部教学研究资源的同时，除倍加爱护外尚应不断补充，使之更加丰富。

第十三章　教学程序及实习成绩评定

根据多年来周口店实践教学经验并遵循新型教学实习大纲要求，对实习阶段划分、各阶段主要教学内容、阶段总结方式及掌握要点、阶段考核（考查）、全队教学成果展示和质检及最终实习成绩评定标准给予说明，旨在师生能明确此项实践教学活动的性质、目的和任务，以便使其顺利有序进行。

第一节　实习目的及实习阶段划分

一、实习目的

本次实习是一次综合性的野外地质调查基本训练，通过理论和实践相结合的教学活动，使学生在系统掌握常规的野外地质调查和研究所具备的基本知识、基本方法和基本技能的同时，也能在一定程度上对现代地球科学技术发展的新思想、新理论、新方法、新技术有所了解和训练。在此过程中还应强调的是，其一，野外实践教学的重点是培养学生观察识别能力、动手能力、理论联系实际能力、综合分析和地质思维能力以及强化训练其语言—文字—图形表达能力；其二，周口店实践教学应体现我校办学的传统与特色，培养学生严谨求实、奋斗进取、团结协作、组织纪律和主动体验艰苦的精神，因此，提高学生综合素质亦是实习目的之一；其三，培养学生开拓创新和科学研究意识，为后续课程的教学及新型人才的健康成长奠定良好基础。

二、实习阶段划分

若野外实习按 6 周计，则依据实习目的和由简到繁、循序渐进的认知规律划分为 6 个阶段进行教学活动：

（1）实习动员及准备阶段 1 天。

（2）认知教学（路线地质教学）阶段 14 天。

（3）半独立实践（野外考查或考核）教学阶段 2 天。

（4）独立实践（地质填图）教学阶段 7 天。

（5）第二课堂教学活动（社会调查及专题研究）阶段 4 天。

（6）地质报告编写阶段 6 天。

如果总的实习时间有所变化，则将上述 6 个阶段的教学内容进行适当调整即可。

第二节　各阶段主要教学内容及教学要求

一、实习动员及准备阶段

实习动员具体内容由带班教员负责，其中包括：

（1）认真学习实习大纲，明确实习目的、任务和要求以及各教学阶段主要教学内容、教学要点、考核评分标准等。

（2）综合考虑学习和身体状况以及组织能力，按每组5人左右分教学活动小组并推选组长。

（3）强调实习规章制度和注意事项，尤其是学习纪律、安全纪律、保密纪律、群众纪律以及团结协作精神。师生一切从严要求的思想应体现在整个实习过程中。

（4）明确实习期间的评优标准、评委会组成以及优秀个人、优秀集体的名额和指标。

（5）实习业务准备由带班教员通过带领学生参观地质陈列室、图书资料阅览室、岩矿鉴定室、信息技术实验室和地质展景等，初步了解实习区交通位置、自然地理概况、大地构造位置和区域地质背景及区内地质概况、地质研究历史和研究现状、基地发展史和教育史；教员应了解学生前期室内教学和野外实践教学活动情况，对基础地质理论知识掌握的程度等，以便作好教学衔接工作。

（6）实习装备、仪器、资料和个人文具用品的准备情况亦由带班教员检查落实，其中包括：①野外装备如工作服、登山鞋、草帽、水壶等。②个人野外实习用品如地质包、地质锤、放大镜、罗盘、野外记录簿、图夹、铅笔、小刀、橡皮等。③个人资料如地形图等（在教员指导下于地形图上划好每格为1km^2 的坐标方格网）。④小组实习装备或用品如便携计算机、GPS、数码相机、样品袋、记号笔、标本纸等，需调试者应在室内及时进行。⑤小组和个人急救药品等。

带班教员应严格逐人、逐组检查落实，上述各项缺少或未完善者要采取措施予以解决，否则不得进行野外作业。

二、认知教学阶段

该阶段是整个教学实习的关键，在教员带教下通过10余条野外标准路线和典型直观的地质现象完成以下教学内容：

（1）了解实习区地形、地貌、地质、资源和环境概况。

（2）学会熟练使用地形图、罗盘、GPS、数码相机、便携计算机和计算机软件系统进行野外地质工作。

（3）矿物、岩石手标本鉴定描述定名；标本和样品采集要求、方法、规格及包装。

（4）侵入体产状、规模、时代；岩石学特征；相带（或单元）划分；侵入接触关系；内部析离体、浆混体和边缘部位捕虏体特征及分布规律；不同部位原生构造、次生构造特征及组合样式；侵位机制分析等。

（5）变质岩类型、岩石学特征、标型矿物识别、变质作用的地质构造背景、变质相带划分标志及温压条件分析等。

（6）地层和沉积岩方面包括层理识别、层劈关系、原生沉积构造、化石采集鉴定与整饰、接触关系、岩性及岩石组合特征、地层划分对比及时代确定、地层厚度变化及岩相分析等。

（7）构造类型、特征、样式、序列、层次、级别及演化等。

（8）野外记录簿的描述内容及记录规范。

（9）典型地质现象素描图绘制。

（10）地层实测剖面的选择、测制及成图。

（11）地质路线布置的原则和方法。

（12）地质观察点的布置原则及观察、描述和记录内容。

（13）地质界线勾绘原则和方法。

（14）熟悉并正确使用各种规范的地质代号、符号等。

为使学生尽快掌握上述各项教学内容，在教学方式、方法和手段等方面师生都应积极探索、改革和创新，以保证教学质量并为以后各阶段实习奠定良好的基础。此阶段教学重点可归纳为：

（1）虽然多数观察路线具有综合性，但在具体教学过程中应有重点，可按地层、岩体、构造大致将路线进行学科分类。因此，在此阶段至少安排3～4次室内讲课，其内容是按学科介绍野外基本工作方法或要点；同样也要安排3～4次阶段性的单科实习内容总结。

（2）野外观察路线以认知教学及教员带教为主，对地质现象客观介绍，对成因简单介绍，据学生实际接受能力对抽象或外延内容的讲授要适度。主讲对各类地质体或地质现象的识别和观察要领；标本、样品、地质信息或地质数据采集操作的步骤和方法。

（3）地质信息、地质数据等原始资料描述记录和图示的规范化；熟悉计算机辅助填图系统数据结构综合表并能快速按属性进行处理或存贮。

（4）"三基"训练和现代地质高新技术的运用应始终贯穿在每条教学路线中。

（5）为加强学生的主观能动性和提高学习的热情和兴趣，以单科教学为主的观察路线，在初始的2～3个观察点以教员带教为主，其后若干观察点以学生观察讨论为主，教员辅之。

（6）野外实践教学活动虽然具有一定的灵活性，但教学大纲的严肃性师生都应认真对待。此阶段教学活动是整个实习的基础环节，师生应按要求完成各项基本教学内容并进行评分，未达标者不得进入下阶段教学实习活动。

三、半独立实践教学阶段

该阶段具有考核性质，是检验前阶段学生对教学内容掌握的程度以及是否已具备下阶段实习的知识和能力。教学活动是安排2次野外路线考查和1次室内考核。野外考查路线的选择应是综合地质内容且难易适中。个人独立考查路线的具体教学要求是，每个学生均要独立观察识别各种地质现象、采集标本样品、收集各种图形数据和属性数据等地质资料、正确描述记录、规范绘制素描图和地质信手剖面图、勾绘路线地质图或地质草图。强调独立思考和判断能力，不允许相互抄录。小组考查路线的内容和基本要求同上，但侧重于检验以组为单位所配备的各种现代化仪器运用情况和掌握的熟练程度、组员间配合协调和团结协作情况等。野外考查过程中带班教员仅向学生明确考察路线位置、考察时间和考查要点，但不具体解答地质问题。

野外考查重点是检验学生从事区域地质调查和研究的若干技能，室内考核则应侧重于学生对基础地质知识掌握的程度如岩矿鉴定和描述（手标本肉眼鉴定和镜下薄片鉴定）、地层划分原则及测区填图单元厘定、侵入体基本知识和野外工作方法、构造基本知识及野外识别和解析方法、常规且基础的区调方法等。其考核方式由带班教员灵活掌握，如讨论或提问、实物鉴定、读图分析或笔试等。

通过野外考查和室内考核，应据学生对基本知识掌握的程度和技能熟练程度综合评分，未达标者要及时采取有效措施补课。该阶段应进行1～2次业务总结，使师生对教学中存在的问题都能心中有数，以便在后续阶段改进和提高。第一次全队性质量检查安排此时进行，检查项目有野外记录簿、剖面图、综合柱状图等，其方式是全队展示、评分。

四、独立实践教学阶段

据了解，目前国内外还没有另外一种新型实践教学方式能代替通过地质填图来对学生进行全面训练的功能。因此，独立实践教学活动仍采取沿续多年的成功模式——地质填图来进行。

依据地质特色和地质构造的复杂程度共划分了五个独立实践区段（详见前述）以供选择或组合。采用常规地质填图方法其实践面积为 $2km^2$ 左右，利用现代地质技术进行填图其面积为 $6km^2$ 左右甚或更大。独立填图实践既是对前期教学效果的检验，亦是对学生进一步综合性地全面训练，该阶段教学活动进展如何，将直接影响整个教学实习的质量。教学进程和具体要求有：

（1）教学活动方式与前期的区别是，教员与学生转换角色，教员发挥指导和辅导作用，提倡学生之间和师生之间就某些地质问题展开讨论以激发学生学习的兴趣和热情，提高以学生为主体的教学互动功能。

（2）教学组织方式是以教学小组为单位开展教学活动。

（3）教学程序和教学要求分别为测区踏勘、路线设计和工作计划制定，时间 1 天。独立填图的时间为 6 天左右，该阶段由组长负责，其他成员密切配合。地质路线的布置、地质观测点的确定、地质界线的勾绘由全组成员讨论以尽可能达到共识，持不同意见者应掌握具有说服力的证据。在共同完成填图任务的同时，每个学生对地质现象观察、地质信息采集、描述记录和勾绘地质界线等方面都要独立地进行操作，不允许追求进度而分工。提倡对某些地质问题展开讨论并各抒己见，但要尊重事实以培养严谨的科学态度和求实的良好学风。野外补课阶段安排 1～2 天，对确属难点、疑点问题可在教员指导下于现场共同商讨解决。

（4）教员在此阶段要掌握教学进程、严控教学质量。初始阶段指导学生对测区实施踏勘，对学生路线设计和工作计划要进行审批修正。正式填图前期可不到现场指导以便发挥学生独立工作的主动性和创造性。填图后期和补课阶段针对普遍性的地质问题或难点到野外答疑辅导。在整个填图阶段，教员每天都应在室内逐一检查各组填图工作并抽查手图或野外记录簿；对利用便携计算机和计算机辅助填图系统进行工作的小组，则要检查其地质信息、地质数据处理和存贮情况。对学生填图中遇到的问题要及时答疑，不符合填图基本要求和规范以及存在教学质量问题要求及时返工。根据需要，应在教学小组或全班进行教学讨论或总结以便交流经验，共同提高。独立实践的成绩是整个实习成绩的重要组成部分，填图结束后除带班教员对每个学生在该阶段的成绩进行综合评定外，第二次全队性质量检查验收也在此时进行，其方法是将各班学生的野外记录簿、手图等进行展示和评分。

五、第二课堂教学活动阶段

该项教学活动内容侧重于两个方面，其一，野外专题研究，含基础地质及农业、灾害、工程、环境、旅游地质等方面；其二，利用基地教学设施对前期各阶段野外第一手资料进行二次开发。上述活动的开展仅限学有余力者，若各项基本教学要求未能达标的学生则用此学时进行补课。

开展第二课堂教学活动旨在提高学生的学习兴趣，培养科研意识和创新能力，教员应尊重学生的选题并给予指导。选题要结合实际，要综合考虑时间、经费和本人基础知识掌握的程度。此项活动可以在实习的中后期开展，亦可延续到校内进行；其成果可以体现在地质实习报告中，亦可单独成文。在研究阶段尚可组织一些不同形式的小型学术研讨会以便交流和提高学生求知欲。开展此项教学活动不受教学大纲制约，评定成绩时将其视为创新分另计。

六、地质报告编写阶段

该阶段是教学实习总结性环节，是培养学生对野外采集的各种地质数据、地质信息进行整理、归纳和处理的初步能力；对各种标本、样品等实物进行鉴定化验和对各种基本地质图件整饰、清绘的动手能力；运用基础地质知识和理论进行分析、正确的地质思维和编写地质报告的综合能力。为了进行全面训练和总结，按大纲要求，地质报告不得以论文形式编写，每个学生都应独立完成主要附图及若干插图的编绘任务。文、图均应在教员审查合格并签字后方可定稿，文字部分抄袭和图件明显有误者重做。地质报告评分仅为整个实习成绩的一部分。开展第二课堂教学活动的学生可将其成果体现在地质报告中，但不强调研究的深度和解决问题的程度。

第三次全队性质量检查的主要内容为地质实习报告，在全队展示评分的基础上，每班选择 2～3 本优秀报告带回学校展评。

第三节　实习成绩评定

野外实习成绩评定具有综合性，应全面考虑学生野外期间学习和工作态度、基础知识掌握程度、动手能力、思维能力、野外及室内作业完成情况和地质报告编写质量等方面。带班教员可自制表格登记平时各项成绩，最终成绩经综合后则按优秀（90～100），良好（80～89.5），中（70～79.5），及格（60～69.5）和不及格（0～59.5）给出。第二课堂教学活动的创新分和全队性的质检评分另计，由实习队作为平衡调整、教学实习评优的参考因素并报向教务处和学生所在院系。

附件一　典型岩石描述实例[①]

岩石的野外观察内容是重要的第一手资料，必须认真记录。主要包括岩性、产状、结构构造和可以辨认清楚的矿物成分，以及估计出来的百分含量。在野外的记录中，露头岩石中存在的重要现象要进行素描，以便作为岩石成因讨论时的重要资料。最后要注明岩石标本采集的地点和采集样品的数量，标本编号。据乐昌硕（1984）、朱勤文（1989）[①]研究成果并考虑野外工作的适用性，现举出常见岩性描述实例如下。

一、侵入岩的描述实例

1. 辉长岩（山东济南）

岩石暗灰色，色率50%，中粒等粒结构，主要矿物粒径为2～5mm，块状构造。主要矿物为辉石和斜长石。暗色矿物有：辉石，呈黑色，短柱状至等粒状，有时可以见到解理，两组解理面近直交；可见少量黄绿色具有玻璃光泽的橄榄石和具有珍珠光泽的黑云母片；暗色矿物含量约50%。浅色矿物为斜长石，呈灰白色，长板状，玻璃光泽，平整的解理面上常见聚片双晶纹。岩石较为新鲜。

岩石定名：暗灰色中粒辉长岩。

2. 黑云母花岗岩（北京杨坊）

岩石较新鲜，呈浅肉红色，中粗粒结构，块状构造。主要由钾长石、斜长石、石英以及少量黑云母组成。岩石中长英质矿物含量占90%以上，其中钾长石呈浅红色，板状，外形不规则，颗粒大小为2mm×3mm，含量约45%；斜长石，浅灰色，板状，自形程度较好，颗粒大小为2mm×2.5mm，含量约20%；石英，呈烟灰色，半透明，他形粒状，含量>25%，粒径为2mm～3mm。暗色矿物主要为黑云母，呈鳞片状，黑褐色，含量<10%，有的已经蚀变为褐色的蛭石或者绿泥石。副矿物为榍石和磁铁矿，含量甚微，<1%。

岩石定名：浅肉红色中粗粒黑云母花岗岩。

3. 斑状花岗岩（北京八达岭）

岩石浅灰色，色率10%，似斑状结构，基质为中、细粒结构，块状构造。斑晶为钾长石，肉红色，常见卡氏双晶，玻璃光泽，粒度为1～2cm，含量约10%～15%，基质主要由石英和长石组成，石英呈粒状，无色透明，油脂光泽，贝壳状断口，含量30%；长石呈灰白色，可见板状晶形，解理面呈玻璃光泽，含量45%～50%；少量暗色矿物为黑云母和长柱状角闪石。岩石较为新鲜。

岩石定名：浅灰色斑状黑云母花岗岩。

二、喷出岩的描述实例

1. 玄武岩（南京方山）

岩石紫褐色，斑状结构，基质隐晶—微粒结构，气孔构造。斑晶为伊丁石和斜长石，含

---

① 朱勤文，1989，岩类学简明教程。中国地质大学岩石教研室。

量约10%。伊丁石呈棕色，片状晶体，可见解理，呈玻璃光泽；斜长石，灰白色—白色，呈细长板状，长轴一般为4mm，解理面较平整而且呈强玻璃光泽，偶尔可见聚片双晶纹。基质中可见1～2mm的斜长石微晶，其余为隐晶质。岩石气孔发育，约占整个岩石的10%～15%，大小不等，在1～10mm之间，一般为5～6mm。气孔呈圆形至椭圆形，孔壁较光滑，没有次生矿物充填。岩石较新鲜。

岩石定名：紫褐色气孔状伊丁玄武岩。

2. 凝灰岩（河北大庙）

岩石浅灰黄色，凝灰结构，块状构造。岩石主要由<2mm的凝灰级碎屑组成，其中晶屑约15%，其余为肉眼不可辨认的火山灰，尚有少量角砾（<5%）和浆屑（5%～10%）。晶屑为长石和石英，长石呈无色透明，板状，发育阶梯状解理面，玻璃光泽；石英呈无色透明，粒状，油脂光泽，贝壳状断口。火山灰部分呈瓷状断口，具粗糙感。角砾一般呈灰—黑色，等轴粒状，粒径2～5mm，隐晶质，光泽暗淡。浆屑呈黑色或黄色，蝌蚪状或撕裂状，长轴5～15mm，一般无定向性。

岩石定名：浅灰黄色流纹质凝灰岩。

3. 熔结凝灰岩（北京延安小张家口）

岩石浅灰红色，熔结凝灰结构，假流纹构造。岩石主要由塑性岩屑、晶屑和火山灰（含塑性玻屑）组成。塑性岩屑呈肉红色，透镜状、长扁豆状或长条状定向分布，长约5mm至几厘米，含量约20%，有的边缘呈撕裂状，较大者可见斑状结构，斑晶为长石和石英。晶屑为石英和长石，含量约为10%，石英以粒状、油脂光泽为特征，长石呈无色板状，解理面呈阶梯状，玻璃光泽。含少量（5%）角砾和岩屑，呈多边形棱角状，有紫红色、灰色和黑色等，均为隐晶质。

岩石定名：灰红色流纹质熔结凝灰岩。

三、沉积岩描述实例

1. 砾岩（河北宣化）

岩石浅灰色，碎屑物约占85%，胶结物约占15%。碎屑中砾级约占75%，砾石大小很不均匀，最大可以达到20mm，多数为5～10mm（约占砾级碎屑的60%），呈次圆—圆状，分选性差。岩石呈细砾结构，块状构造。局部可见砾石呈不明显的定向排列。

砾石成分以白云岩和石灰岩为主，此外还有硅质岩和少量喷出岩。白云岩砾石多呈白色，硬度小，其粉末滴加5%冷稀盐酸起泡微弱，有的白云岩具有硅质条带。石灰岩砾石滴加5%冷稀盐酸剧烈起泡。硅质岩砾石中主要是灰—黑色燧石，隐晶质，致密坚硬，亦有少量石英以及棕红色碧玉。喷出岩砾石较少，呈灰色和紫红色，可能为中性喷出岩。

小于2mm的碎屑多呈次圆状，以岩石碎屑为主，成分类似于砾石的成分。这些碎屑为杂基，与胶结物一起构成填隙物。

胶结物为浅灰色，局部带有浅绿色，滴盐酸剧烈起泡，可知含有较多钙质。其中少量绿色矿物可能为绿泥石。

岩石定名：浅灰色钙质胶结碳酸盐岩质细砾岩。

2. 砂岩（河北宣化）

岩石暗紫褐色，颜色不均匀。碎屑约占90%以上，胶结物含量少于10%。碎屑分选良好，大小均一，粒度为0.3～0.5mm，为中粒砂状结构。碎屑几乎全为石英，无色透明，滚圆度高（圆状为主）。胶结物主要为铁质，含少量硅质。铁质胶结物为暗紫褐色，分布不均匀，有的地方呈团块状或者条带状，部分已经风化成为褐铁矿。硅质胶结物无色，多已经结晶为石英质，致密坚硬，使岩石呈明显的油脂光泽。块状构造。

岩石定名：暗紫褐色铁质中粒石英砂岩。

3. *石灰岩（山东张夏）*

岩石暗紫褐色，滴加5%稀盐酸剧烈起泡。具有鲕粒结构，鲕粒占70%左右，暗棕色，大小均一，一般在1.5～2mm之间，个别达3mm，圆形为主，少数呈椭圆形，可见鲕粒具有同心层状结构，中心核为方解石单体，方解石解理面呈明显的玻璃光泽。鲕粒之间的填隙物部分色调较鲕粒稍浅，为隐晶质，根据颜色推测，其成分为混入较多铁质的泥晶基质。岩石断口不平整，块状构造。

岩石定名：暗紫棕色鲕粒灰岩。

四、变质岩描述实例

1. *角岩（河北庞家堡）*

岩石黑色，斑状变晶结构，块状构造。变斑晶为堇青石，圆柱状，粒度为1～0.5mm，含量约20%，烟灰色，玻璃光泽，无解理，贝壳状断口，风化面上有的形成褐铁矿薄膜（可与石英区别）。基质为隐晶质，可能为角岩结构。

岩石定名：黑色堇青石角岩。

2. *角岩（北京周口店）*

岩石为深灰色，块状构造，斑状变晶结构。变斑晶为红柱石，自形，长柱状，横断面为正方形，大小相近，长约5～10mm，因遭风化后光泽暗淡。在岩石的新鲜面上斑晶与基质不好区分，但是在风化表面上，因为红柱石变斑晶比基质具有更强的抗风化能力，故经过差异风化后，红柱石变斑晶明显，含量约15%。基质颗粒细小不容易鉴定，只能分辨其中有细小的黑云母，为暗褐色，珍珠光泽，呈细小鳞片状。此岩石为泥质岩经过热接触变质而成。

岩石定名：深灰色红柱石角岩。

3. *片岩（山西繁峙）*

岩石为灰白色，片状构造，斑状变晶结构，基质为鳞片变晶结构。变斑晶为石榴石，呈暗紫红色，粒状，大小为5mm左右，有的晶体可以见到完好的晶形，含量约5%。基质由白云母和石英组成，白云母呈鳞片状，含量约60%；石英为细小他形粒状，含量约35%，由于基质中有大量的白云母，使岩石具明显的丝绢光泽。

岩石定名：灰白色石榴石云母片岩。

4. *黑云母斜长片麻岩（河北建屏）*

岩石为灰白色，具明显的片麻状构造，中粒等粒变晶结构（花岗变晶结构）。主要矿物成分有斜长石（50%）、石英（25%～30%）、黑云母（20%）。斜长石为白色板状，石英他形，略有拉长状。黑云母为黑褐色，片状，与粒状长英矿物相间分布，岩石呈现片麻状构造。斜长石有的有绿帘石化。

岩石定名：黑云母斜长片麻岩。

5. *混合片麻岩（辽宁建平）*

岩石灰白色，中粒鳞片粒状变晶结构，片麻状构造，暗色矿物断续定向排列构成片麻理，其含量约30%。暗色矿物为黑色柱状角闪石和黄褐色具珍珠光泽的黑云母。浅色矿物为长石和石英，石英呈粒状，油脂光泽，含量约15％；长石大部分为灰白色，可见少量浅肉红色，板状，解理面上呈玻璃光泽。

基体与脉体的界线一般不明显，但暗色矿物分布不均，可见长英质岩石条带，在暗色矿物含量较高（基体）的片理面上呈强烈的珍珠光泽。

岩石定名：角闪黑云混合片麻岩。

附件二　周口店地区常见矿物鉴定表

（据外表特征）

黄铁矿　FeS_2　Pyrite　（Py）

等轴晶系，常见完好晶形。主要单形为立方体、五角十二面体以及八面体。在立方体的晶面上常见到互相垂直的三组晶面条纹。集合体常呈致密块状、分散粒状和球状结核。颜色为浅铜黄色，表面常具有黄褐色。条痕绿黑色或褐黑色。强金属光泽。不透明。无解理。硬度 6～6.5。性脆。

本区变泥质岩类中常见此矿物存在，如太平山南坡本溪组板岩中，黄铁矿以变斑晶形式出现且多显示为压力影构造。

磁铁矿　$FeFe_2O_4$　Magnetite　（Mt）

等轴晶系。晶体常呈八面体，少数为菱形十二面体。集合体通常呈粒状或致密块状。铁黑色。条痕黑色。半金属光泽。硬度 5.5～6。性脆。无解理。具强磁性。

本区变泥质岩类中常见此矿物存在，如拴马庄一带下马岭组底部含磁铁矿千枚状板岩。另外，在房山岩体及其他小型中酸性侵入体中亦含有少许磁铁矿。

石英　SiO_2　Quartz　（Qz）

三方晶系。常呈完好晶形。单形多为六方柱、菱面体。有时发育三方双锥和三方偏方面体。柱面常具横纹。显晶质集合体有晶簇状、梳状、粒状、致密块状；隐晶质集合体有壳状、肾状、鲕状、球状。瘤状者称燧石；具同心带状构造且常由多色的石髓成层平行排列者称为玛瑙。常为无色或乳白色，因含杂质可呈黑、紫、黄、绿或玫瑰色。玻璃光泽，无解理，贝壳状断口，具油脂光泽。硬度 7。

本区多种岩石的主要组成矿物之一，分布极为广泛。

橄榄石　$(Mg, Fe)_2[SiO_4]$　Olivine　（Ol）

斜方晶系。晶体呈柱状或厚板状，但完好晶形者少见，一般多为粒状。镁橄榄石为白色、淡黄色或淡绿色，随 Fe^{2+} 含量增高而成深黄至黄色，通常为橄榄绿色。玻璃光泽。解理 {010} 中等，{100} 不完全。常见贝壳状断口。硬度 6.5～7。有时橄榄石常因易蛇纹石化而光泽性差。

本区房山侵入体接触带处，如东山口铁路附近铁岭组大理岩中有含量不均的橄榄石出现。

石榴石　$A_3B_2[SiO_4]_3$（其中 $A=Mg^{2+}$、Fe^{2+}、Mn^{2+} 和 Ca^{2+} 等，$B=Al^{3+}$、Fe^{3+}、Cr^{3+} 等）　Garnet　（Gar）

等轴晶系。常呈完好菱形十二面体或四角三八面体之晶形及二者之聚形。集合体常为粒状或致密块状。颜色随成分而异，有深红、黑、玫瑰、褐红、蜜黄、鲜绿、褐黑等色。玻璃光泽，有时近于金刚光泽，断口油脂光泽。解理平行 {110} 不完全或无解理。硬度 6.5～8.5。

石榴石在本区分布广泛，尤以房山侵入体周围接触热变质带中为甚，如羊屎沟下马岭组中典型的石榴石-十字石变质带。

红柱石　Al_2［SiO_4］O　Andalusite　(And)

斜方晶系。晶体呈柱状，横断面近正四边形。断面上见有黑色包裹物者称空晶石。集合体为放射状或粒状，呈放射状者形似菊花，故又称为菊花石。颜色有灰色、黄色、褐色、玫瑰色、红色或深绿色，无色者少见；玻璃光泽。解理平行｛110｝中等，｛100｝不完全。硬度6.5～7.5。

此种矿物为典型的接触热变质矿物，故在本区房山侵入体周缘羊屎沟、太平山南坡、北不同时代地层的多类岩石中广泛产出。

蓝晶石　Al_2［SiO_4］O　Kyanite/Cyanite　(Ky)

三斜晶系。常沿｛100｝呈扁平的柱状晶形。有时呈放射状集合体。蓝色、青色或白色。玻璃光泽，解理面呈珍珠光泽。解理｛100｝完全，｛010｝中等，｛001｝有裂开。硬度随方向不同而异，变化在4.5～7之间。性脆。

本区含蓝晶石的岩石以泥质岩和长英质变质岩类为代表；空间上主要与顺层韧性剪切带、剥离断层及其他强应变带有关。

十字石　$FeAl_4$［SiO_4］$_2O_2$（OH）$_2$　Staurolite　(Stau)

斜方晶系。晶体呈短柱状。双晶极为特征，常呈正十字形或斜十字形穿插双晶。有时呈不规则的柱状。深褐、红褐及黄褐色。玻璃光泽。解理｛010｝中等，硬度7～7.5。

房山侵入体围岩的接触热变质带中，在变泥质岩、变长英质岩中出现十字石和铁铝榴石等而构成了十字石-铁铝榴石变质带。

锆石（又名锆英石）　Zr［SiO_4］　Zircon　(Zr)

四方晶系。晶体呈四方柱或四方双锥状；集合体呈粒状。褐黄色、灰色或无色。金刚光泽，断口为油脂光泽。硬度7～8。性脆。

此类矿物作为副矿物赋存于房山花岗闪长岩中；亦可作为副矿物出现于变长英质岩石中，如一条龙附近下马岭组变质岩中呈磨圆状的锆石。

榍石　CaTi［SiO_4］O　Sphene（Spn）（Titanite）　(Ttn)

单斜晶系。常见晶形为具有楔形横断面的扁平信封状晶体。有时为板状、柱状、针状、粒状集合体。颜色有蜜黄色、褐色、绿色、灰色、黑色、玫瑰色。条痕无色或白色。透明至半透明。玻璃光泽或近金刚光泽，断口油脂光泽。解理｛110｝中等。硬度5～6。

榍石作为副矿物分布于本区中、酸性岩浆岩中。

符山石　Ca_{10}（Mg，Fe）$_2Al_4$［Si_2O_7］$_2$［SiO_4］$_5$（OH，F）$_4$　Vesuvianite/idocrase（Ves）

四方晶系。晶体常呈短柱状。集合体为致密块状、粒状或柱状。颜色为各种不同色调的褐色，亦呈黄色、灰色、绿色及黑色。透明。玻璃光泽。解理｛110｝不完全。硬度6.5～7。性脆。

本区房山侵入体附近中、新元古界或寒武、奥陶系透辉石大理岩中有此种矿物出现。

绿帘石　Ca_2FeAl_2［Si_2O_7］［SiO_4］O（OH）　Epidote　(Ep)

单斜晶系。晶体柱状，晶面有明显的纵纹。集合体常呈柱状、放射状、晶簇状、粒状。颜色有黄绿色、灰色、绿褐色或近于黑色。强玻璃光泽。解理｛001｝完全，｛100｝不完全。硬度6.5。

此种矿物赋存于本区多种岩石之中，分布广泛。

透辉石　CaMg［Si_2O_6］　Diopside　(Di)

单斜晶系。常呈短柱状晶体，其横断面为正方形或正八边形。集合体呈粒状、柱状、放射状或致密块状。颜色为白色至灰绿色，条痕为白色。玻璃光泽。解理 {110} 中等至完全，解理面交角近于 90°。硬度略大于小刀（5.5～6）。

本区房山侵入体附近不同时代的大理岩中多见此种矿物存在，如羊屎沟一带铁岭组透辉石大理岩。

透闪石　$Ca_2Mg_5[Si_4O_{11}]_2(OH)_2$　Tremolite　(Tr)

单斜晶系。晶体常呈细柱状、针状。集合体为柱状、放射状和纤维状。无色或灰白色。玻璃光泽，纤维状者呈丝绢光泽。透明到半透明。解理 {110} 完全。解理面夹角为 124°。硬度 5～6。性脆。

本区此种矿物分布及赋存状态多与透辉石一致。二者可从晶体及横断面形态、解理夹角、颜色等方面相区别。

普通角闪石　$Ca_2Na(Mg,Fe)_4(Al,Fe^{3+})[(Si,Al)_4O_{11}]_2(OH)_2$　Hornblende (Hb)

单斜晶系。晶体常呈柱状，横断面呈假六边形。集合体为细柱状、纤维状。深绿色到黑绿色。条痕白色或无色。玻璃光泽。解理 {110} 完全，两组交角近 120°（124°）。硬度 5～6。

本区官地、东山口等处太古宙黑云斜长片麻岩、斜长角闪岩及燕山期花岗闪长岩、石英闪长岩中皆有此种矿物存在。

矽线石　$Al[AlSiO_5]$　Sillimanite　(Sill)

斜方晶系。单体针状，柱面上可见有纵纹。在岩石中常呈放射状、纤维状集合体出现，也常在其他矿物中呈毛发状包裹体存在。灰色、浅褐、浅绿等色。玻璃光泽。解理 {010} 完全，硬度 6～7。

房山岩体周围 50～100m 范围内的变泥质岩和变长英质岩石中有此矿物存在，且与石榴石、白云母、黑云母等组合为矽线石变质带。

白云母　$KAl_2[AlSi_3O_{10}](OH)_2$　Muscovite　(Ms)

单斜晶系。晶体呈板状、片状。横切面呈假六方形或菱形。集合体呈片状、鳞片状。无色或带有浅黄、浅绿、浅灰色。玻璃光泽，解理面呈珍珠光泽。{001} 极完全解理，薄片具有弹性。解理面上常发育有压线纹。硬度与指甲接近（2～3）。细小鳞片状的白云母异种称绢云母。

本区岩浆岩、变质岩中多有白云母存在。

黑云母　$K(Mg,Fe)_3[AlSi_3O_{10}](OH,F)_2$　Biotite　(Bi)

单斜晶系。假六方片状、鳞片状、板状晶体。黑色、深褐色。玻璃光泽。解理面呈珍珠光泽。{001} 极完全解理。薄片具有弹性。硬度 2。黑云母风化后可变成蛭石。

黑云母为本区岩浆岩、变质岩等多种岩石中最常见的造岩矿物之一。

硬绿泥石　$(Fe,Mn)_2Al_2[Al_2Si_2O_{10}](OH)_4$　Chloritoid　(Ctd)

单斜晶系。晶体常呈假六方片状，集合体呈玫瑰花状，双晶常见。暗绿色至绿黑色。玻璃光泽。解理平行 {001} 完全。性脆。硬度 6.5～7。

硬绿泥石是经受浅变质作用的泥质岩中常见矿物。在本区太平山南、北坡本溪组底部普遍发育的硬绿泥石角岩中此矿物含量一般＞60%。

绿泥石　Chlorite　(Chl)

绿泥石族矿物的总称。按化学成分可分为两个亚类：

(1) 富含镁的一组矿物可统称为“正绿泥石”，为常见的绿泥石。其化学成分可表示为：

$(Mg, Fe)_{6-p}(Al, Fe^{3+})_{2p}Si_{4-p}O_{10}(OH)_8$

(2) 富含铁且大部分成胶体状的绿泥石统称为"鳞绿泥石"(主要为鲕绿泥石)。其化学成分可表示为:

$(Fe, Mg)_{n-p}(Fe, Al)_{2p}Si_{4-p}O_{10}(OH)_{2(n-2)} \cdot xH_2O$ (n 常近于 5)

本族矿物为单斜晶系。晶形常呈假六方片状或板状晶体,但晶体少见,常呈鳞片状集合体。富铁的鲕绿泥石常为鲕状集合体,具同心层构造。颜色呈瓶绿色,可深可浅。玻璃光泽,解理面上呈珍珠光泽。{001} 解理极完全。解理薄片具挠性。硬度 2~2.5。

本族矿物见于本区多种变质岩石中;在花岗闪长岩体中则作为岩浆期后产物出现。

蛇纹石　$Mg_6[Si_4O_{10}](OH)_8$　Serpentine　(Serp)

蛇纹石有多种,呈叶片状者叫叶蛇纹石;呈纤维状者叫纤维蛇纹石;呈胶状者叫胶蛇纹石。叶蛇纹石和胶蛇纹石通常呈致密块状,纤维蛇纹石呈纤维状集合体。颜色为带有各种色调的绿色、深绿、黑绿,常有蛇皮状青绿色斑纹。油脂或蜡状光泽。纤维蛇纹石具丝绢光泽。硬度 2~3。

本区东山口一带含橄榄石大理岩中的橄榄石经常沿裂隙发生蛇纹石化。

斜长石　Plagioclase　(Pl)

由钠长石分子 $Na[AlSi_3O_8]$ 和钙长石分子 $Ca[Al_2Si_2O_8]$ 两种组分组成的类质同象系列的总称。晶体常呈板状和板柱状。双晶普遍,最常见者为聚片双晶。白色、灰白色,少数为浅红色;基性斜长石颜色有时加深。玻璃光泽。解理 {001} 完全,{010} 中等至完全,两组解理交角 86°24′~86°50′。硬度大于小刀(6~6.5)。

斜长石是本区岩浆岩和变质岩中主要造岩矿物,分布普遍。

正长石　$K[AlSi_3O_8]$　Orthoclase　(Or)

单斜晶系。晶体呈短柱状或厚板状。双晶常见,主要为卡斯巴贯穿双晶或接触双晶。集合体为粒状或块状。常为肉红色或黄褐、灰白等色。玻璃光泽。解理 {001} 完全,{010} 中等至完全,两组解理交角 90°(故名正长石)。硬度 5.5~6。

本区中、酸性岩浆岩及数种变质岩中皆有产出。

方解石　$Ca[CO_3]$　Calcite　(Cc)

晶体形态多样。常见单形为菱面体 $\{10\bar{1}1\}$、$\{01\bar{1}2\}$、复三方偏三角面体 $\{21\bar{3}1\}$、六方柱 $\{10\bar{1}0\}$ 和平行双面 {0001}。常见有聚片双晶和接触双晶。集合体呈晶簇、粒状、致密隐晶质、鲕状、钟乳状、泉华状和土状。白色或浅黄、浅红、紫、褐等色。无色透明者称为冰洲石(由于盛产冰岛而得名)。解理平行 $\{10\bar{1}1\}$ 三组完全。硬度 3。加冷稀 HCl 剧烈冒泡。

方解石为本区分布最广的矿物之一,见于多种沉积岩和变质岩中。

白云石　$CaMg[CO_3]_2$　Dolomite　(Dol)

晶体常呈菱面体状,聚片双晶发育。集合体常呈粒状、致密块状,有时呈多孔状、肾状。纯者为白色;含铁者常为灰色,风化后表面呈褐色。玻璃光泽。解理平行 $\{10\bar{1}1\}$ 三组完全。硬度 3.5~4。遇冷稀 HCl 缓慢起泡,加热方剧烈反应。

白云石与方解石同为本区分布广泛的矿物。

石膏　$Ca[SO_4] \cdot 2H_2O$　Gypsum　(Gy)

单斜晶系。晶体常呈板状,少数呈柱状。晶面上可见纵纹,接触双晶常见。裂隙中多形成平行纤维状的石膏,其纤维垂直于裂隙壁发育,此种类型即称为纤维石膏;无色透明的晶体称为透石膏。由于含其他杂质可染成灰、褐、黄等色调。玻璃光泽,解理面呈珍珠光泽,纤维状集合则呈丝绢光泽。{010} 方向有一组极完全解理，平行 {111} 中等解理，{100} 不完全解理，解理薄片有挠性。硬度 1.5～2。

周口店西部黄院、龙宝峪、长流水一带马家沟组底部、亮甲山组顶部发现有膏溶角砾岩存在，是寻找石膏矿产的重要线索。

硬石膏　Ca [SO_4]　Anhydrite　(Anh)

经常呈粒状集合体出现，物理性质多与石膏同，唯其硬度较大，为 3～3.5。解理平行 {010} 完全，{100} 与 {001} 中等，可裂成似立方体解理块，加热不放出水分。

成因、产状及产地同石膏。

石墨　C　Graphite　(Gp)

六方晶系。晶体呈六方鳞片状或片状。通常为鳞片状集合体。铁黑色。不透明。金属光泽。条痕亮黑色，平行 {0001} 有极完全解理。薄片具挠性，有滑感，易污手。硬度 1。

房山复式岩体西部接触带外带石炭系内有石墨矿产出。

在肉眼观察和鉴定矿物时，一定要在确定地质体产状的基础上充分利用小刀和放大镜等基础鉴定工具。也就是说，首先要区分出三大类岩石以缩小鉴定范围，再依据矿物特征来鉴定岩石。

对于沉积岩，主要的矿物是碳酸盐矿物、石英和长石类（岩屑不考虑在内）。碳酸盐矿物与石英和长英类的区分办法是用小刀刻划硬度，注意刻划一定选择在矿物的晶面上，至于长石类矿物和石英则用解理和油脂光泽发育与否区分。

对于岩浆岩，一般发育橄榄石、辉石、角闪石、黑云母、斜长石、钾长石和石英七种造岩矿物。橄榄石的颜色最特征，以其橄榄绿色区分于其他矿物。普通辉石、普通角闪石和黑云母要根据晶形、解理和光泽的表现特征来区分：首先区分黑云母，办法是用小刀将上述矿物的粉末剥离至手心或一张白纸上，再用肉眼或放大镜观察其形态，若为片状，则属黑云母；然后根据晶形长短、解理面的平展性和光泽的强弱来区分，一般来说，普通辉石为短柱状，解理的阶梯明显、解理面的反光性较普通角闪石弱；而普通角闪石为长柱状，解理面因阶梯不发育而具较好的平展性，故其解理面光泽较强。岩浆岩中二种长石如果同时存在，可用矿物的颜色区分，钾长石为肉红色而斜长石为灰白色。另外，二者解理的阶梯性也有差异，斜长石的解理面平展，阶梯状不明显，而钾长石则相反，这一特征在含长石岩石的新鲜断面上尤为明显。

对于变质岩，除岩浆岩中七种造岩矿物和碳酸盐矿物外，还会出现一些特征的变质矿物，这些矿物只需抓住主要鉴定特征即可确定出来。如石榴石的褐—红色、粒状晶形和无解理，在手标本断面上往往显示凸出的具多个晶面的晶粒。符山石断面呈浅黄绿色，四边形断面，长柱状且柱面具纵向晶面花纹。红柱石虽也呈假正方形断面，但矿物颜色为灰白色，而且晶体常含碳质包裹体而使其颜色变深。这两种矿物因变质岩原岩和变质作用方式不同而不能共生在一起。透辉石和透闪石两者的颜色较浅，可以此区分于岩浆岩中的普通辉石和普通角闪石；而且后述两矿物的区分原则也适用于透辉石和透闪石。另外，还有蓝晶石的淡蓝色和硬度异向性，十字石的柱状、十字形双晶均十分特征。

借助小刀、放大镜等简单工具和盐酸等常备试剂在野外对矿物进行肉眼初步鉴定是地质工作者的基本功。要养成勤观察、多鉴定的良好习惯，同时还要掌握如光泽、硬度、颜色、解理、结晶习性等重要鉴别特征。若在野外盲目鉴别矿物和随意给其定名而把希望寄于室内的测试分析鉴定的结果上，则必然会影响野外的工作质量，故应引起重视。

附件三 常用图例、花纹、符号[①②③]

1. 岩石特征成分、结构构造图例

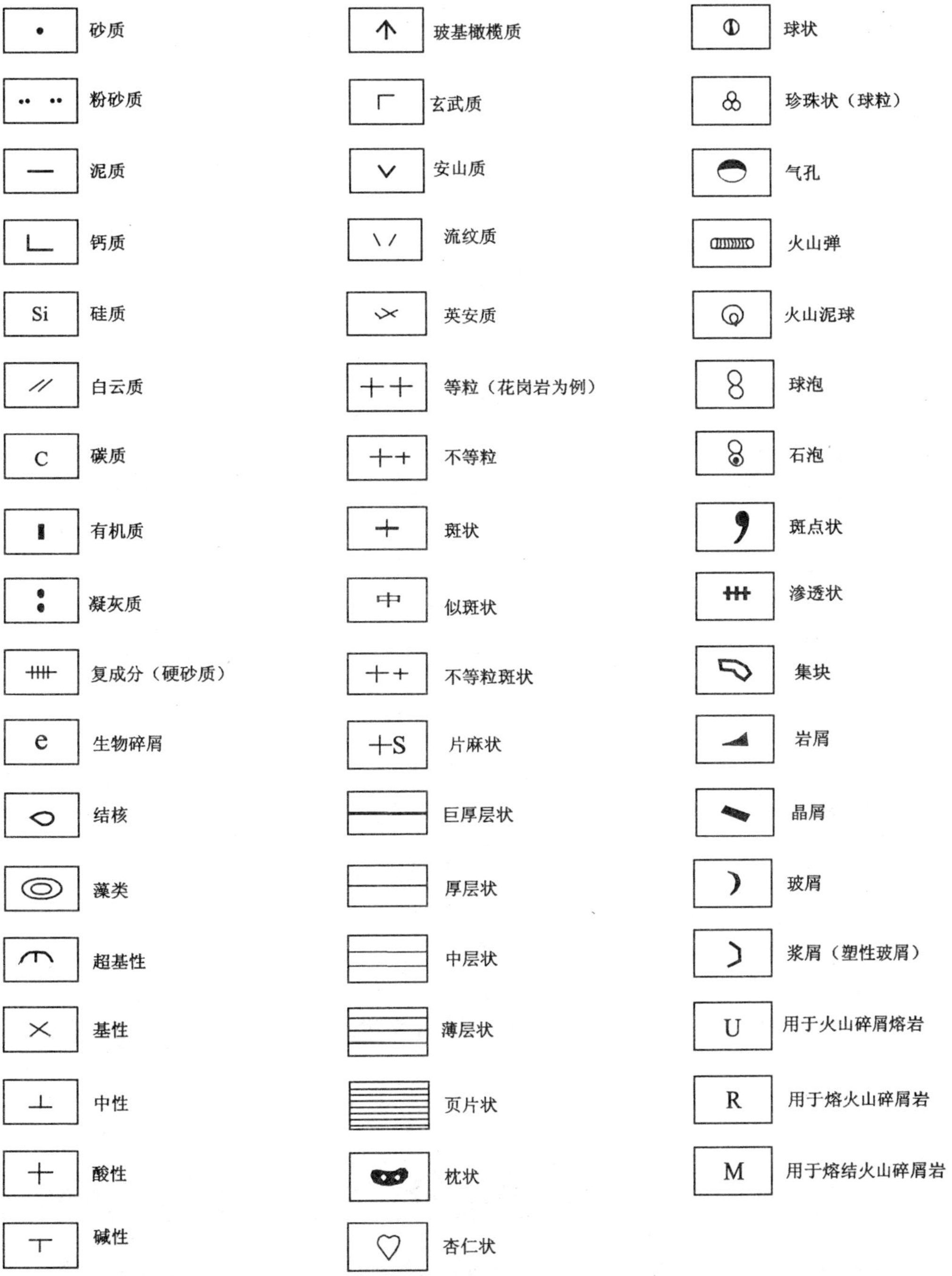

①国家技术监督局发布，GB958-89。区域地质图图例(1∶50 000)。

②王京名主编，1997，1∶50 000区域遥感地质填图野外工作细则。武汉：中国地质大学(武汉)江西遥感区调队。

③中国地质调查局，2001，DD2001-02。1∶250 000区域地质调查技术要求(暂行)。

d 用于沉火山碎屑岩	瘤状	眼球状
碎屑	鲕状	分枝状
角砾状	透镜状	网状
砾状	豹皮状、斑花状	香肠状
条带石	结晶	雾迷状
竹叶状	条纹（痕）状	

2.沉积岩花纹

松散堆积物花纹

砾	细砂	淤泥
漂砾	粉砂	泥炭土
岩块、碎屑	黄土	冰水泥砾
砾石	红土	贝壳层
砂砾石	粘土	植物堆积层
角砾	钙质粘土	人工堆积
砂姜	碳质粘土	化学沉积
砂	有机质粘土	腐殖土层
粗砂	蠕虫状粘土	填筑土
中砂		

沉积岩花纹

角砾岩	硅质角砾岩	粗砾岩
砂质角砾岩	铁质角砾岩	中砾岩
泥质角砾岩	巨砾岩	细砾岩
钙质角砾岩	砾岩	含角砾砾岩

砂质砾岩
砂砾岩
石英砾岩
石灰砾岩
复成分砾岩
钙质砾岩
硅质砾岩
凝灰质砾岩
铁质砾岩
冰碛砾岩
砂岩
含砾砂岩
粗砂岩
中砂岩
细砂岩
石英砂岩
长石砂岩
长石质砂岩
长石石英砂岩
碎屑砂岩
海绿石砂岩

复成分砂岩
粘土粉砂质砂岩
泥质砂岩
钙质砂岩
凝灰质砂岩
铁质砂岩
含铜砂岩
含磷砂岩
含油砂岩
交错层砂岩
斜层理砂岩
粉砂岩
含砾粉砂岩
含砂粉砂岩
粘土砂质粉砂岩
泥质粉砂岩
钙质粉砂岩
凝灰质粉砂岩
铁质粉砂岩
含碳质粉砂岩
含钾粉砂岩

页岩
砂质页岩
粉砂质页岩
钙质页岩
硅质页岩
碳质页岩
含碳质页岩
凝灰质页岩
铁质页岩
铝土页岩
含锰页岩
含钾页岩
油页岩
粘土岩（泥岩）
高岭石粘土岩
水云母粘土岩
蒙脱石粘土岩
泥晶灰岩（泥状灰岩）
砂质灰岩
含泥质灰岩

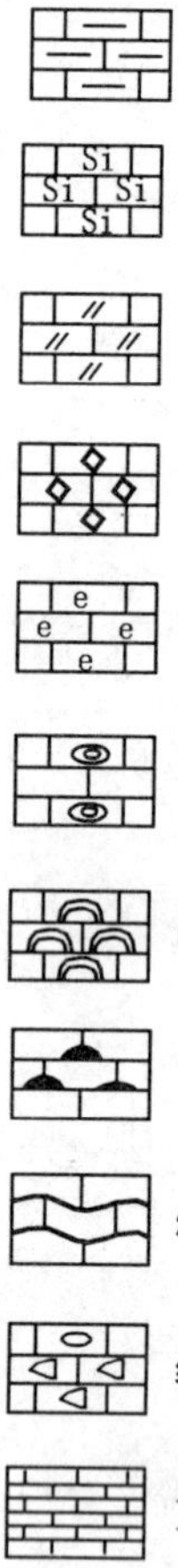

泥质灰岩
硅质灰岩
白云质灰岩
结晶灰岩
生物碎屑灰岩
含藻灰岩
礁灰岩（未分）
含燧石结核灰岩
燧石条带灰岩
结核灰岩
页片状灰岩

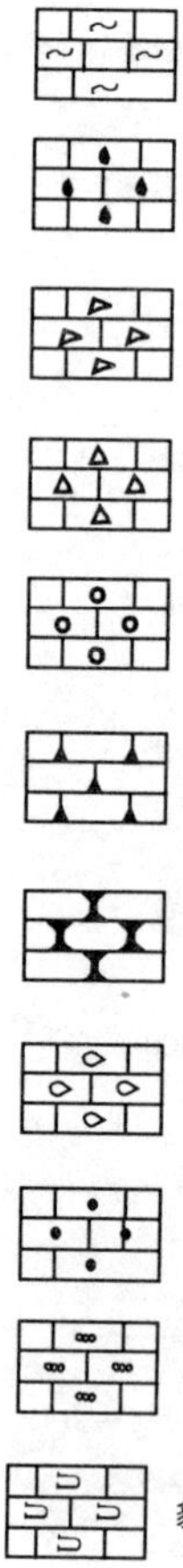

条带状灰岩
斑点状灰岩
碎屑灰岩
角砾状灰岩
砾状灰岩
球粒灰岩
瘤状灰岩
竹叶状灰岩
鲕状灰岩
串珠状灰岩
豹皮状灰岩

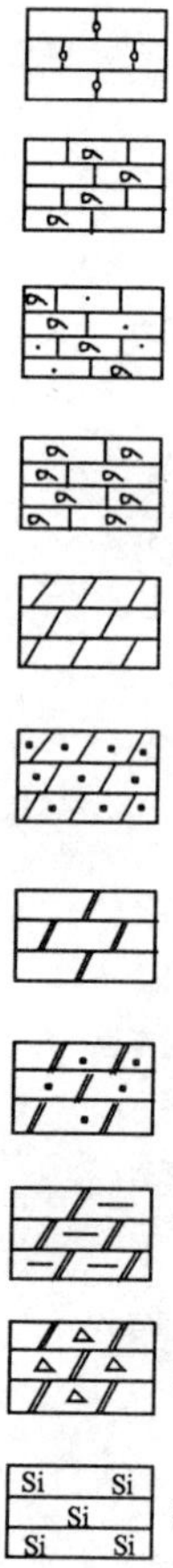

亮晶灰岩
粒泥灰岩
泥粒灰岩
颗粒灰岩
泥灰岩
砂质泥灰岩
白云岩
砂质白云岩
泥质白云岩
角状白云岩
硅质岩

3. 岩浆岩花纹

侵入岩

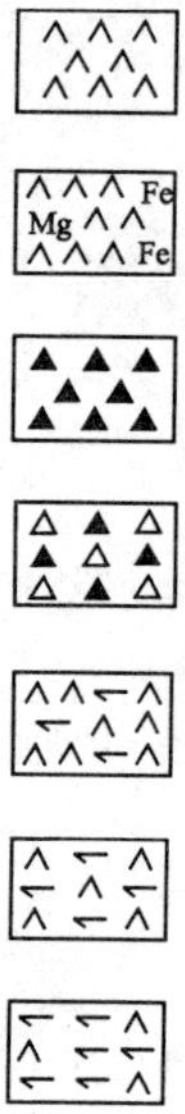

橄榄岩
镁铁橄榄岩
纯橄榄岩
角砾云母橄榄岩（金伯利岩）
辉石橄榄岩
辉橄岩（橄辉岩）
橄榄辉岩

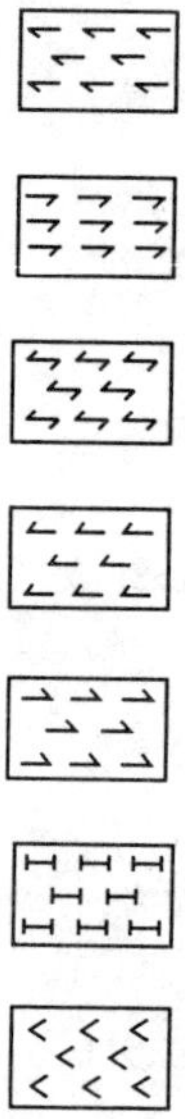

辉岩
二辉岩
紫苏辉石岩
古铜辉石岩
顽火辉石岩
透辉石岩
角闪石岩

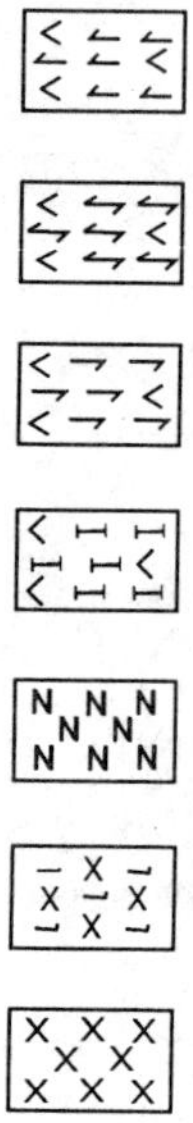

角闪辉石岩
角闪紫苏辉石岩
角闪二辉岩
角闪透辉石岩
斜长岩
苏长岩
辉长岩

含长辉岩
含长紫苏辉岩
含长二辉岩
含长透辉石岩
二辉辉长岩
橄榄辉长岩
玢岩
辉长玢岩
辉绿岩
辉长辉绿岩
辉绿辉长岩
石英辉绿岩
辉绿玢岩
闪长岩
辉长闪长岩
辉石闪长岩
角闪闪长岩
黑云母闪长岩
石英闪长岩
花岗闪长岩
堇青花岗闪长岩

正长闪长岩
闪长斑岩
闪长玢岩
石英闪长斑岩
花岗闪长斑岩
花岗岩
角闪花岗岩
紫苏花岗岩
更长环斑花岗岩
黑云母花岗岩
白云母花岗岩
二云母花岗岩
钾长花岗岩
斜长花岗岩
二长花岗岩
白岗岩
花岗斑岩
花斑岩
二长岩
石英二长岩
二长斑岩

正长岩
辉石正长岩
角闪正长岩
黑云母正长岩
石英正长岩
英辉正长岩
正长斑岩
霞石正长岩
霞石正长斑岩
霞斜岩
霓霞岩
霓辉岩
碳酸岩
方解石碳酸岩
白云石碳酸岩
稀土碳酸岩
煌斑岩
混合角闪正长岩
碎斑状花岗斑岩
斜长煌斑岩
花岗质伟晶岩

云煌岩	花岗细晶岩	斑霞正长岩
二长花岗斑岩	辉长伟晶岩	

喷出岩

熔岩

苦橄岩	辉石安山岩	辉石粗面岩
苦橄玢岩	角闪安山岩	角闪粗面岩
玻基橄榄岩	黑云母安山岩	黑云粗面岩
玻基辉橄岩	安山玢岩	石英粗面岩
玻基纯橄岩	英安岩	粗面斑岩
玄武岩	流纹岩	粗安岩
苦橄玄武岩	流纹斑岩	粗安斑岩
橄斑玄武岩	石英斑岩	响岩
辉斑玄武岩	碱流岩	霞石响岩
拉斑玄武岩	霏细岩	白石榴响岩
杏仁状玄武岩	霏细斑岩	黝方石响岩
方沸玄武岩	珍珠岩	细碧岩
伊丁玄武岩	松脂岩	角斑岩
碱玄岩	黑曜岩	石英角斑岩
安山玄武岩	浮岩	碱性粗面岩
安山岩	粗面岩	碱性玄武岩

火山碎屑岩

集块岩	火山角砾岩	凝灰岩

流纹质集块熔岩	流纹质熔结角砾集块岩	流纹质岩屑晶屑凝灰岩
流纹质角砾集块熔岩	流纹质熔结集块角砾岩	流纹质晶屑凝灰岩
流纹质集块角砾熔岩	流纹质熔结角砾岩	流纹质玻屑凝灰岩
流纹质角砾熔岩	流纹质熔结凝灰角砾岩	流纹质晶屑玻屑凝灰岩
流纹质凝灰角砾熔岩	流纹质熔结角砾凝灰岩	流纹质浆屑凝灰岩
流纹质角砾凝灰熔岩	流纹质熔结凝灰岩	流纹质岩屑玻屑凝灰岩
流纹质凝灰熔岩	流纹质集块岩	流纹质岩屑晶屑玻屑凝灰岩
流纹质熔集块岩	流纹质角砾集块岩	流纹质沉集块岩
流纹质熔角砾集块岩	流纹质集块角砾岩	流纹质沉角砾集块岩
流纹质熔集块角砾岩	流纹质火山角砾岩	流纹质沉集块角砾岩
流纹质熔角砾岩	流纹质凝灰角砾岩	流纹质沉火山角砾岩
流纹质熔凝灰角砾岩	流纹质角砾凝灰岩	流纹质沉凝灰角砾岩
流纹质熔角砾凝灰岩	流纹质凝灰岩	流纹质沉角砾凝灰岩
流纹质熔凝灰岩	流纹质岩屑凝灰岩	流纹质沉凝灰岩
流纹质熔结集块岩		

4. 变质岩花纹

区域变质岩

板岩	凝灰质板岩（中性）	绿泥千枚岩
钙质板岩	绢云板岩	千枚岩
硅质板岩	绿泥板岩	钙质千枚岩
砂质板岩	空晶板岩	石英千枚岩
碳质板岩	红柱石板岩	绢云千枚岩

绢云绿泥千枚岩
片岩
石英片岩
角闪片岩
黑云片岩
二云片岩
绿泥片岩
石墨片岩
石榴片岩
阳起片岩
十字片岩
红柱片岩
堇青片岩
蓝闪片岩
滑石片岩
蛇纹片岩
橄榄片岩
斜长绿泥片岩
角闪石英片岩
榴云片岩
蓝晶硅线片岩

十字黑云片岩
钠长绿泥片岩
硬绿云母片岩
白云石绿泥片岩
阳起蛇纹片岩
帘石黑云片岩
含蓝晶石黑云片岩
蓝晶黑云片岩
角闪石榴云母片岩
正片麻岩
花岗片麻岩
片麻岩、副片麻岩
钾长片麻岩
黑云钾长片麻岩
白云母钾长片麻岩
二云钾长片麻岩
角闪钾长片麻岩
辉石钾长片麻岩
硅线钾长片麻岩
二长片麻岩
斜长片麻岩

角闪斜长片麻岩
十字黑云片麻岩
硅线二云片麻岩
蓝晶云母片麻岩
榴云片麻岩
浅粒岩
变粒岩
变质砂岩
长石石英岩
石英岩
角闪变粒岩
黑云变粒岩
紫苏钠长变粒岩
斜长角闪变粒岩
榴辉变粒岩
橄榄变粒岩
麻粒岩
蓝晶石正长麻粒岩
紫苏辉石长英麻粒岩
辉石麻粒岩
透辉石培长石麻粒岩

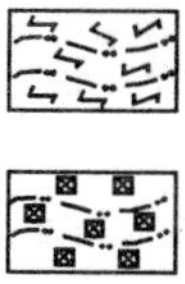
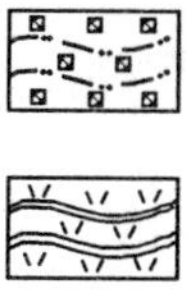
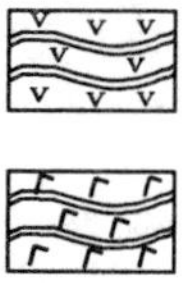

紫苏麻粒岩	硬玉岩	变安山岩
刚玉岩	变流纹岩	变玄武岩

接触变质交代蚀变岩

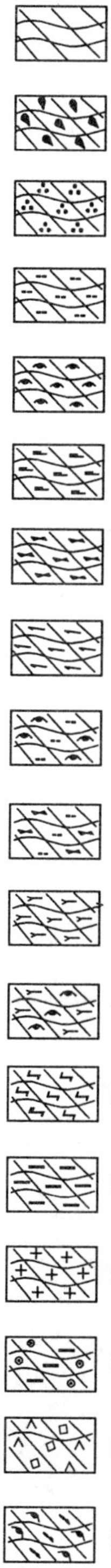
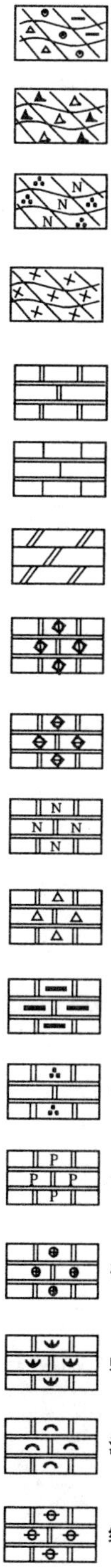

角岩	石榴透辉硅灰石角岩	方柱石大理岩
斑点角岩	符山石硅灰石角岩	透闪石大理岩
石英角岩	长英角岩	阳起石大理岩
黑云母角岩	辉绿角岩	黝帘石大理岩
堇青石角岩	大理石	符山石大理岩
绢云母角岩	大理石化灰岩	石榴石大理岩
红柱石角岩	白云质大理岩	石榴石辉石大理岩
辉石角岩	白云石大理岩	镁橄榄石大理岩
堇青石黑云母角岩	菱镁石大理岩	透辉石大理岩
红柱石黑云母角岩	钠长大理岩	透辉石硅灰石大理岩
硅线石角岩	硅灰大理岩	镁橄榄石透辉石大理岩
硅线石堇青石角岩	石墨大理岩	透辉石矽卡岩
紫苏辉石角岩	含石英大理岩	硅灰石矽卡岩
透辉石角岩	含磷大理石	石榴石矽卡岩
透闪石角岩	磷灰石大理岩	透灰石石榴石矽卡岩
石榴石透辉石角岩	蛇绿石大理岩	条带状石榴石矽卡岩
橄榄石尖晶石角岩	滑石大理岩	镁橄榄石硅镁石矽卡岩
红柱石堇青石角岩	绿帘石大理岩	

透辉石岩

尖晶石透辉石岩

镁橄榄石尖晶石岩

符山石矽卡岩

方柱石矽卡岩

钙铝榴石矽卡岩

绿帘石矽卡岩

阳起石矽卡岩

方柱石石榴石矽卡岩

角砾状方柱石矽卡岩

角砾状石榴石矽卡岩

混染岩

闪长质混染岩

动力变质岩

碎裂岩

碎裂花岗岩

碎裂灰岩

压碎岩

闪长压碎岩

灰岩压碎岩

构造角砾岩

糜棱岩

超糜棱岩化闪长岩

糜棱岩化闪长岩

玻化岩

千糜岩

花岗千糜岩

绢云千糜岩

混合岩和混合花岗岩

混合质片岩

条带状混合二云片岩

眼球状混合质黑云变粒岩

混合质片麻岩
混合质副片麻岩

混合质黑云中长片麻岩

混合质正片麻岩

混合质变粒岩

混合质糜粒岩

混合岩

渗透状混合岩

斑点状混合岩

眼球状混合岩

香肠状混合岩

条纹（痕）状混合岩

条带状混合岩

分枝状混合岩

网状混合岩

角砾状混合岩

雾迷状混合岩

黑云斜长角砾状混合岩

角闪雾迷状混合岩

均质混合岩

斜长角闪均质混合岩

混合花岗岩

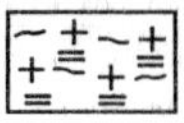 白云母混合花岗岩

气成热液蚀变（多用于平面图，红色表示）

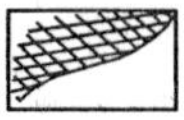 夕卡岩化

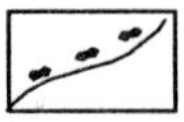 阳起石化

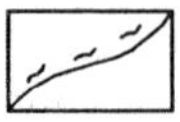 绿泥石化

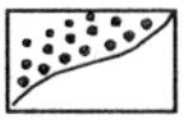 角岩化

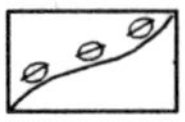 绿帘石化

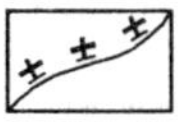 高岭土化

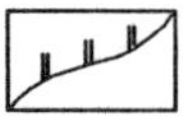 大理岩化

 黝帘石化

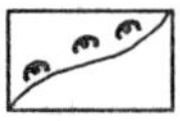 叶蜡石化

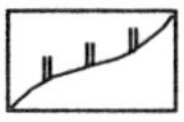 白云岩化

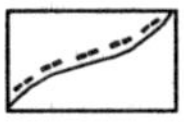 黑云母化

 滑石化

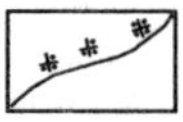 石英岩化

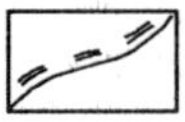 白云母化

 蛇纹石化

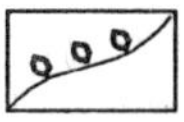 碳酸盐化

 绢云母化

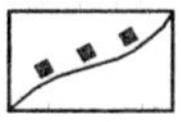 磁铁矿化

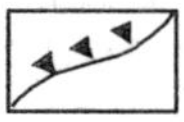 电气石化

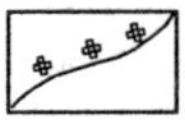 硅化

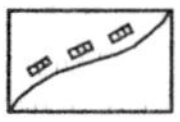 黄铁矿化

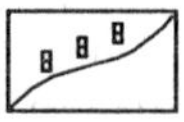 方柱石化

 钾长石化

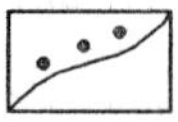 黄铜矿化

 透辉石化

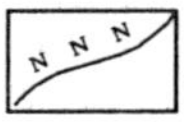 钠长石化

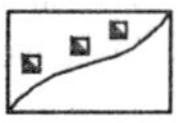 褐铁矿化

5.常用岩石名称符号

深成侵入岩

v 辉长岩

vσ 斜长石

δ 闪长岩

δo 石英闪长岩

δβ 黑云母闪长岩

ξδ正长闪长岩

vδ辉长闪长岩

Γ 未分花岗岩

γ 花岗岩

ηγ 二长花岗岩

γκ 白岗岩

γδ 花岗闪长岩

γβ 黑云母花岗岩

ξγ 钾长花岗岩

η 二长岩

ηo 石英二长岩

Γo 斜长花岗岩类

ξ 正长岩

γξ 花岗正长岩

浅成侵入岩

βμ 辉绿岩 辉绿玢岩

δμ 闪长玢岩

γπ 花岗斑岩

ι 细晶质岩石

γι 花岗细晶岩

λπ 石英斑岩

γδπ 花闪长斑岩

ηπ 二长斑岩

ξπ 正长斑岩

ρ 伟晶质斑岩石

γρ 花岗伟晶岩

χ 煌斑岩

其他常见岩石

br 角砾岩
cg 砾岩
ss 砂岩
ds 岩屑砂岩
st 粉砂岩
sh 页岩
cr 粘土（泥）岩
ms 泥岩
ls 灰岩
ml 泥灰岩

dol 白云岩
si 硅质岩
sl 板岩
ph 千枚岩
sch 片岩
gn 片麻岩
og 正片麻岩
pg 副片麻岩
gnt 变粒岩

mi 混合岩
im 均质混合岩
mss 变质砂岩
hs 角岩
mb 大理岩
tr 碎裂岩
sb 构造角砾岩
ml 糜棱岩
pm 千糜岩

脉岩符号

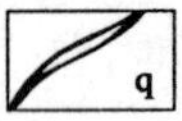

石英脉

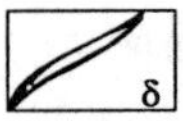

中性岩脉

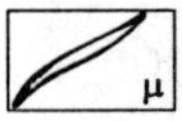

玢岩脉

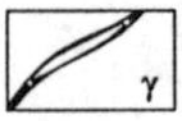

酸性岩脉

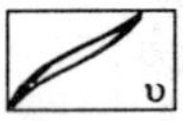

辉长岩脉

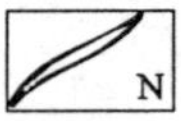

基性岩脉

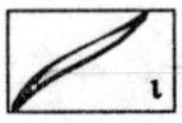

细晶岩脉

煌斑岩脉

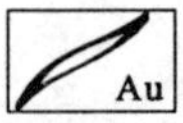

矿脉(符号用元素符号)

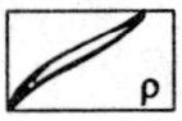

伟晶岩脉

6.第四纪堆积物成因类型及沉积相花纹

成因类型及符号

Q^{al} 冲积
Q^{pl} 洪积
Q^{pal} 洪冲积
Q^{el} 残积
Q^{dl} 坡积
Q^{eld} 残坡积
Q^{col} 崩积
Q^{dp} 地滑堆积
Q^{ch} 化学堆积
Q^{s} 人工堆积
Q^{ca} 洞穴堆积

第四纪沉积相花纹

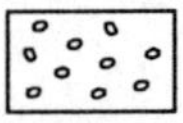
冲积

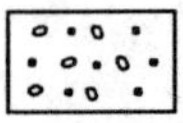
洪积

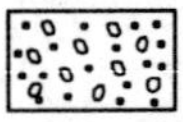
冲积洪积

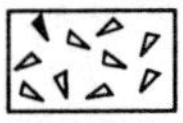
坡积

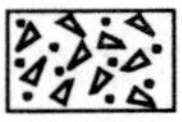
残积

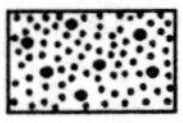
风积（砂）

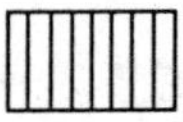
黄土

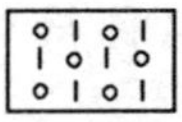
冰碛

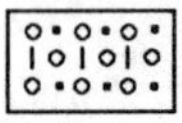
冰水堆积

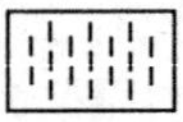
湖积

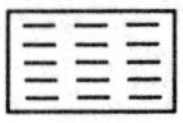
海积

沼泽堆积

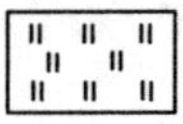
化学堆积

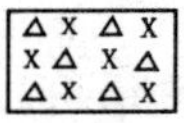
火山堆积

7.沉积构造图例

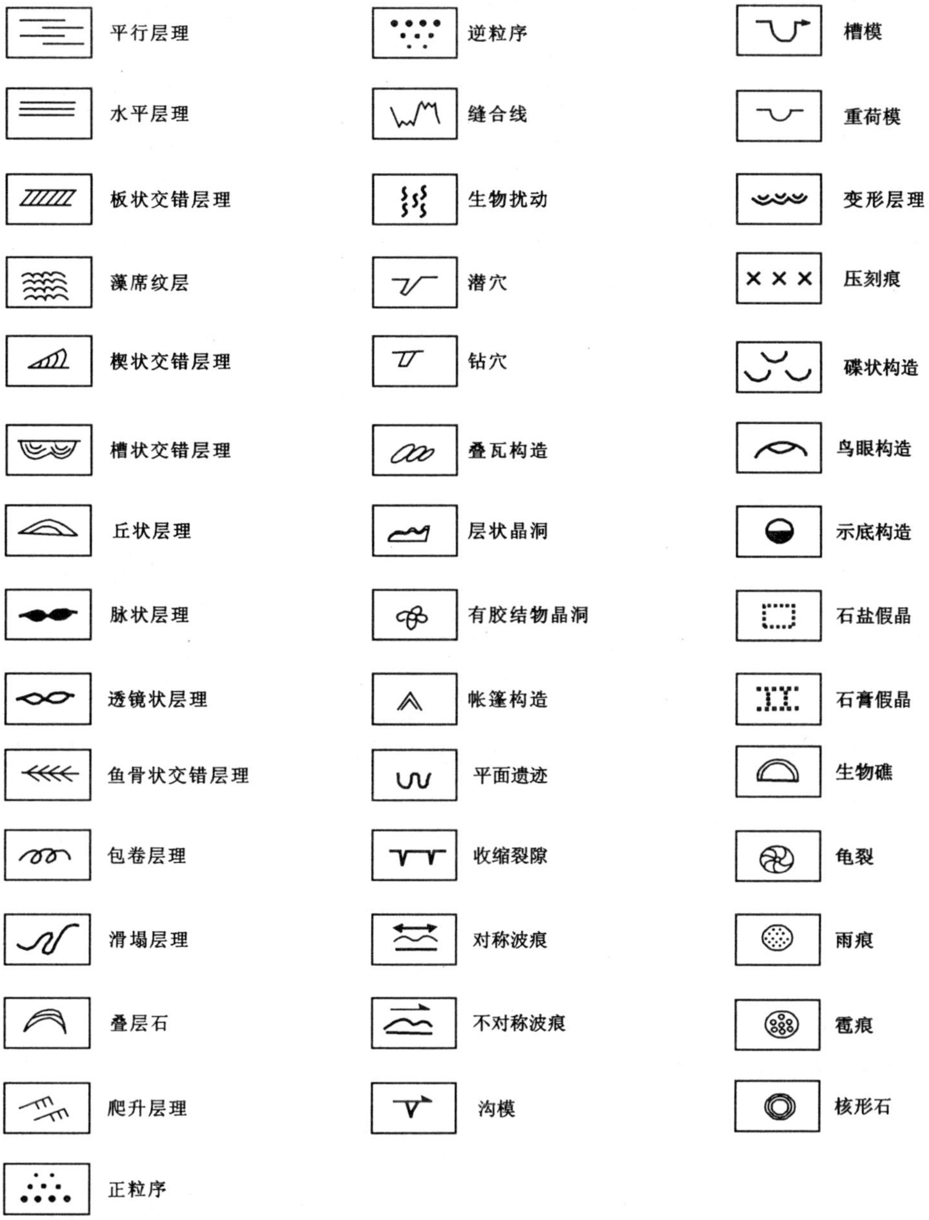

8.化石图例

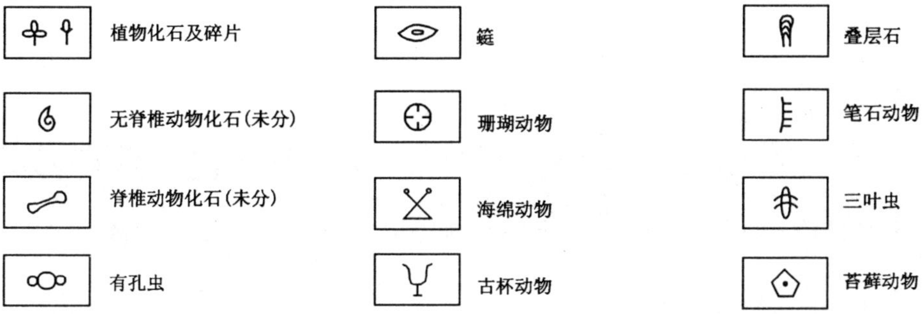

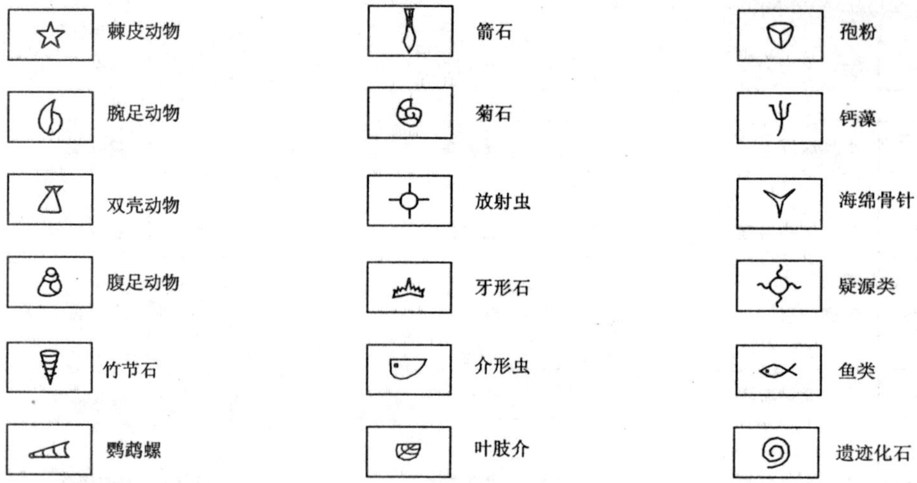

9. 地质体接触界线符号

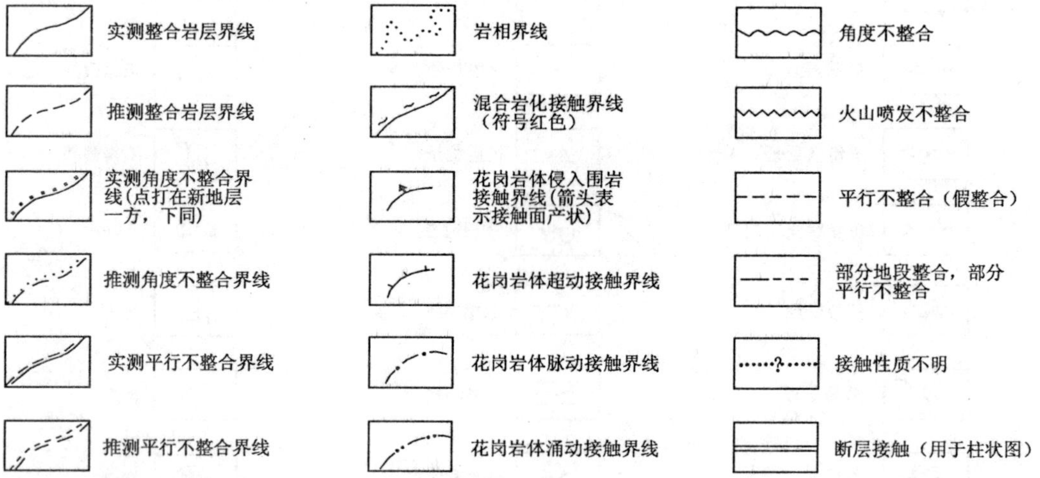

10. 地质体产状及变形要素符号

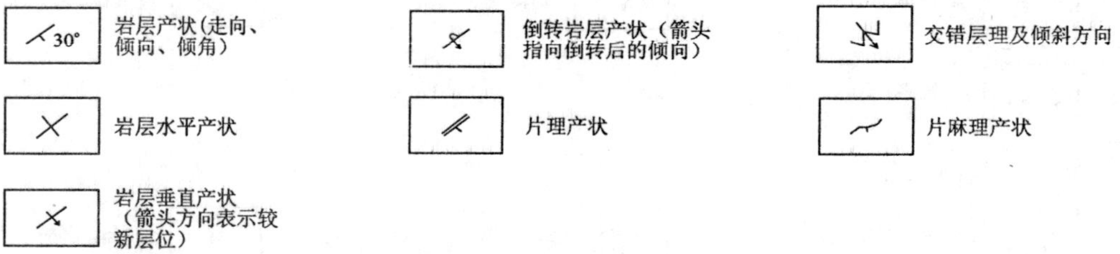

11. 构造符号

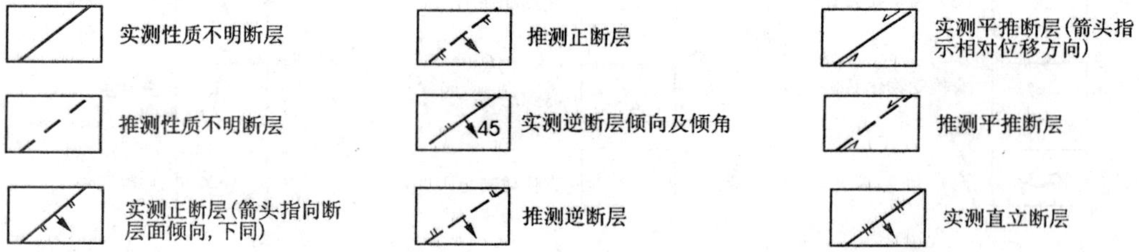

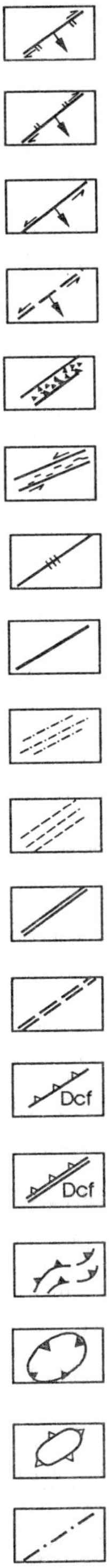

平移正断层

平移逆断层

实测走滑断层

推测走滑断层

断层破碎带

剪切挤压带

直立挤压带

区域性断层

韧性剪切带

脆韧性剪切带

实测复活断层

推测复活断层

早期剥离断层(英文字母为代号)

晚期剥离断层(英文字母为代号、齿指向断层倾斜方向)

逆冲推覆断层(箭头表示推覆面倾向)

飞来峰构造

构造窗

隐伏或物探推测断层

航、卫片解译断层

基底断裂

背斜

向斜

复式背斜

复式向斜

箱状背斜

箱状向斜

梳状背斜

梳状向斜

短轴背斜

短轴向斜

倾伏背斜

扬起向斜

鼻状背斜

穹窿

隐伏背斜
隐伏向斜

背斜轴线

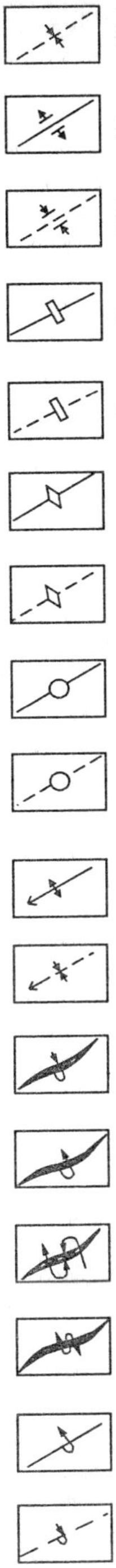

向斜轴线

复式背斜轴线

复式向斜轴线

箱状背斜轴线

箱状向斜轴线

梳状背斜轴线

梳状向斜轴线

短轴背斜轴线

短轴向斜轴线

倾伏背斜轴线

扬起向斜轴线

倒转向斜(箭头指向轴面倾斜方向)

倒转背斜(箭头指向轴面倾斜方向)

向形构造

背形构造

倒转背斜(箭头指向轴面倾向)

倒转向斜(箭头指向轴面倾向)

12.标本和样品符号

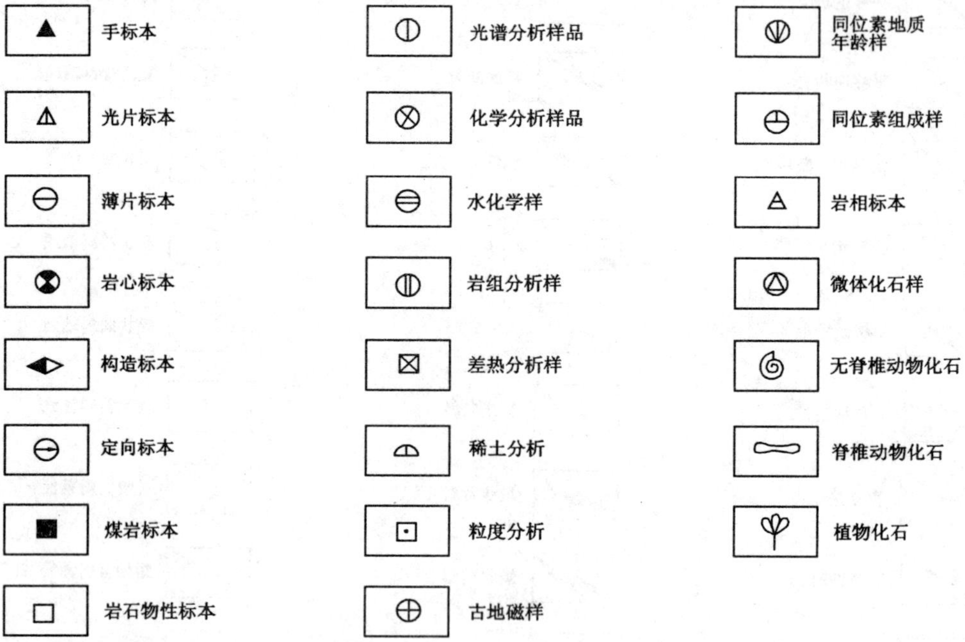
手标本
光片标本
薄片标本
岩心标本
构造标本
定向标本
煤岩标本
岩石物性标本
光谱分析样品
化学分析样品
水化学样
岩组分析样
差热分析样
稀土分析
粒度分析
古地磁样
同位素地质年龄样
同位素组成样
岩相标本
微体化石样
无脊椎动物化石
脊椎动物化石
植物化石

参　考　文　献

安静中、濮长萱主编，1994，江山作证．武汉：中国地质大学出版社．

鲍亦冈等，1983，论北京地区燕山运动．地质学报，57（2）：195～204．

蔡孟裔、毛赞猷、田德森，2000，新编地图学教程．北京：高等教育出版社．

曹伯勋、田明中等，1994，北京周口店新发现的洞穴堆积物研究．武汉：中国地质大学出版社．

车自成、刘良、罗金海，2002，中国及其邻区区域大地构造学．北京：科学出版社．

程捷、田明中等，1996，周口店新发现的第四纪哺乳动物群及其环境变迁研究．武汉：中国地质大学出版社．

程裕淇，1984，变质岩的一些基本问题和工作方法．北京：中国工业出版社．

地质矿产部地质辞典办公室，1983，地质辞典（一），普通地质、构造地质分册　下册（构造地质、地质力学）．北京：地质出版社．

地质矿产部区域地质司，1987，火山岩地区区域地质调查方法指南．北京：地质出版社．

杜远生、童金南主编，1998，古生物地史学概论．武汉：中国地质大学出版社．

房立民等，地质矿产部直属单位管理局，1991，变质岩区 1∶5 万区域地质填图方法指南．武汉：中国地质大学出版社．

傅昭仁、蔡学林，1996，变质岩区构造地质学．北京：地质出版社．

高秉璋等，地质矿产部直属单位管理局，1991，花岗岩类区 1∶5 万区域地质填图方法指南．武汉：中国地质大学出版社．

国家地质总局书刊编辑室，1979，区域地质调查野外工作方法（第一分册），准备工作、一般工作方法、地层．北京：地质出版社．

国家地质总局书刊编辑室，1980，区域地质调查野外工作方法（第二分册），侵入岩、火山岩、沉积岩、变质岩．北京：地质出版社．

河北省地质矿产局，1989，河北省　北京市　天津市区域地质志．北京：地质出版社．

刘宝□主编，1980，沉积岩石学．北京：地质出版社．

刘宝□、曾允孚主编，1985，岩相古地理基础和工作方法．北京：地质出版社．

刘德良等，1997，地球与类地行星构造地质学．合肥：中国科学技术大学出版社．

陆润民，1996，计算机绘图原理及运用．北京：清华大学出版社．

马文璞，1992，区域构造解析——方法理论和中国板块构造．北京：地质出版社．

马杏垣，1965，北京西山的香肠构造．地质评论，23（1）：13～26．

马杏垣，1983，解析构造学刍议．地球科学，第 3 期（总 21 期）：1～9．

马杏垣等，1987，中国前寒武纪构造格架及研究方法．北京：地质出版社．

马宗晋、马瑾等，1965，北京西山野溪一带不协调箱状褶曲的研究．地质学报，45（1）：42～54．

乔秀夫、高林志，1990，北京西山寒武系层序地层．中国地质科学院　地质研究所所刊，第 22 号：1～5．

邱家骧主编，1985，岩浆岩岩石学．北京：地质出版社．

单文琅、宋鸿林等，1991，构造变形分析的理论、方法和实践．武汉：中国地质大学出版社．

宋鸿林等，1984，从构造特征论北京西山的印支运动．地质评论，30（1）：77～80．

宋鸿林，1995，变质核杂岩研究进展、基本特征及成因探讨．地学前缘，2（1～2）：103～112．

宋鸿林，1999，燕山式板内造山带基本特征与动力学探讨．地学前缘，6（4）：309～314．

索书田等，1987，我国前寒武纪变质岩的构造特征．地球科学，12（5）：451～462．

谭应佳、叶俊林主编，1987，北京周口店地质及地质教学实习指导书．武汉：武汉地质学院出版社．
武汉地质学院测量教研室，1978，测量学．北京：地质出版社．
王根元主编，1989，矿物学．武汉：中国地质大学出版社．
王鸿祯主编，1990，中国地质事业早期史．北京：北京大学出版社．
王鸿祯主编，1999，中国地质科学五十年．武汉：中国地质大学出版社．
万天丰，1981，北京西山南大寨一八宝山断裂带的构造特征及形成机理的探讨．地质构造论丛（一）：152～164．北京：地质出版社．
魏家庸等，地质矿产部直属单位管理局，1991，沉积岩区1：5万区域地质填图方法指南．武汉：中国地质大学出版社．
徐绍铨、张华海、杨志强，1998，GPS测量原理及应用．武汉：武汉测绘大学出版社．
杨逢清、胡昌铭、张克信，1990，沉积地层工作指南．武汉：中国地质大学出版社．
杨森楠、杨巍然主编，1985，中国区域大地构造学．北京：地质出版社．
叶良辅，1947，老师作育的成功．地质论评，第十二卷：71～72．
叶良辅等，1920，北京西山地质志．地质专报甲种第一号．
野外地质工作参考资料编写组，1978，野外地质工作参考资料．北京：冶金工业出版社．
乐昌硕主编，1984，岩石学．北京：地质出版社．
游振东、王方正主编，1991，变质岩岩石学教程．武汉：中国地质大学出版社．
余素玉、何镜宇主编，1991，沉积岩石学．武汉：中国地质大学出版社．
张吉顺、单文琅主编，1990，北京西山地质研究．武汉：中国地质大学出版社．
张克信等，中国地质调查局编，2001，青藏高原区域地质调查野外工作手册．武汉：中国地质大学出版社．
赵温霞、曾克峰、李昌年等，2000，周口店地区新型地学教育资源开发利用与配置．地质科技情报，19（1）：50～56．
赵温霞、曾克峰，2000，北京西郊十渡地学旅游资源内涵．地质科技情报，19（1）：76．
赵温霞，2001，燕山式板内造山作用在北京西山的表现特征及若干启示．地质科技情报，20（2）：23～26．
赵温霞、李昌年、欧阳建平，2001，周口店野外地学实验室地质研究与建设新进展．地质科技情报，20（1）：30～34．
赵温霞、陈漱瑚、王春阳，2001，周口店野外实习区水文环境及其防污、防毒措施．地质勘探安全，8（1）：31～32．
赵温霞、陈漱瑚，2002，论“世界遗产”资源开发利用过程中的环境地质因素及其保护问题．安全与环境工程，9（1）：5～8．
郑亚东、常志忠主编，1985，岩石有限应变测量及韧性剪切带．北京：地质出版社．
周正国等，1992，对北京房山岩体填图单位的初步探讨．中国区域地质，第2期：156～160．
朱志澄，1991，逆冲推覆构造（第二版）．武汉：中国地质大学出版社．
朱志澄主编，1999，构造地质学（第二版）．武汉：中国地质大学出版社．
Martin S. Matthews，Carole Beggs Matthews，1994，轻松学会 CorelDRAW．北京：学苑出版社．
Ma Changqian，Wang Renjing and Yang Kunguang，1996，Magmatic Thermodynamic Structures of the Zhoukoudian Granodioritic Intrusion in the Western Hills of Beijing，Field Trip Guide．Beijing：Geological Publishing House．
Passchier 等著，1990，朱志澄等译，1992，高级片麻岩区野外地质工作方法．北京：地质出版社．
Song Honglin，Fu Zhaoren and Yan Danping，1996，Extensional Tectonics and Metamorphic Core Complex of the Western Hills，Beijing，Field Trip Guide．Beijing：Geological Publishing House．
Wang Fangzheng and Chen Nengsong，1996，Regional and Thermodynamic Metamorphism of The Western Hills，Beijing，Field Trip Guide．Beijing：Geological Publishing House．